剪映全面精通

视频剪辑+滤镜调色+美颜瘦脸+卡点配乐+电影字幕

周玉姣◎编著

清华大学出版社
北 京

内 容 简 介

本书从两条线，帮助读者全面精通剪映的剪辑、调色、特效、音频和字幕等技能。

一条是纵向技能线，通过50多个专家指点、80多个技能实例、260多分钟高清视频、1480多张图片全程图解，介绍剪映软件的核心技法，如视频剪辑、分割变速、画面裁剪、滤镜调色、转场动画、画面合成、节奏卡点、音频字幕以及特效使用等。

另一条是横向案例线，通过4章实战案例、11章专题内容，对各种类型的视频素材进行后期剪辑制作，如延时视频、四季美景、风光视频、旅游视频、古风人像、夜景视频、卡点视频、动态相册以及热门Vlog等，用户学后可以融会贯通、举一反三，轻松完成自己的短视频作品。

本书适合广大短视频剪辑、视频后期处理的相关人员阅读，包括视频剪辑师、Vlogger、剪辑爱好者、博主、视频自媒体运营者、旅游爱好者以及摄影摄像师等，还可以作为高等院校影视剪辑相关专业的辅助教材。

图书在版编目（CIP）数据

剪映全面精通：视频剪辑+滤镜调色+美颜瘦脸+卡点配乐+电影字幕/周玉姣编著. —北京：清华大学出版社，2021.10（2023.5重印）

ISBN 978-7-302-59057-6

Ⅰ.①剪… Ⅱ.①周… Ⅲ.①视频编辑软件 Ⅳ.①TN94

中国版本图书馆CIP数据核字（2021）第178887号

责任编辑：韩宜波
封面设计：杨玉兰
责任校对：翟维维
责任印制：沈　露
出版发行：清华大学出版社
　网　　址：http://www.tup.com.cn，http://www.wqbook.com
　地　　址：北京清华大学学研大厦A座　　**邮　　编：**100084
　社 总 机：010-83470000　　**邮　　购：**010-62786544
　投稿与读者服务：010-62776969，c-service@tup.tsinghua.edu.cn
　质量反馈：010-62772015，zhiliang@tup.tsinghua.edu.cn
印 装 者：北京博海升彩色印刷有限公司
经　　销：全国新华书店
开　　本：190mm×260mm　　**印　　张：**17.5　　**字　　数：**425千字
版　　次：2021年10月第1版　　**印　　次：**2023年5月第4次印刷
定　　价：88.00 元

产品编号：092505-01

写作驱动

本书是初学者全面学习剪映技能的经典畅销书。本书从实用角度出发，对软件的工具、按钮、菜单、命令等内容进行了详细解说，帮助读者全面精通软件。本书在介绍软件功能的同时，还精心安排了 80 多个具有针对性的实例，帮助读者轻松掌握软件的使用技巧和具体应用，以做到学用结合。并且，书中全部实例都配有视频教学录像，详细演示案例制作过程。

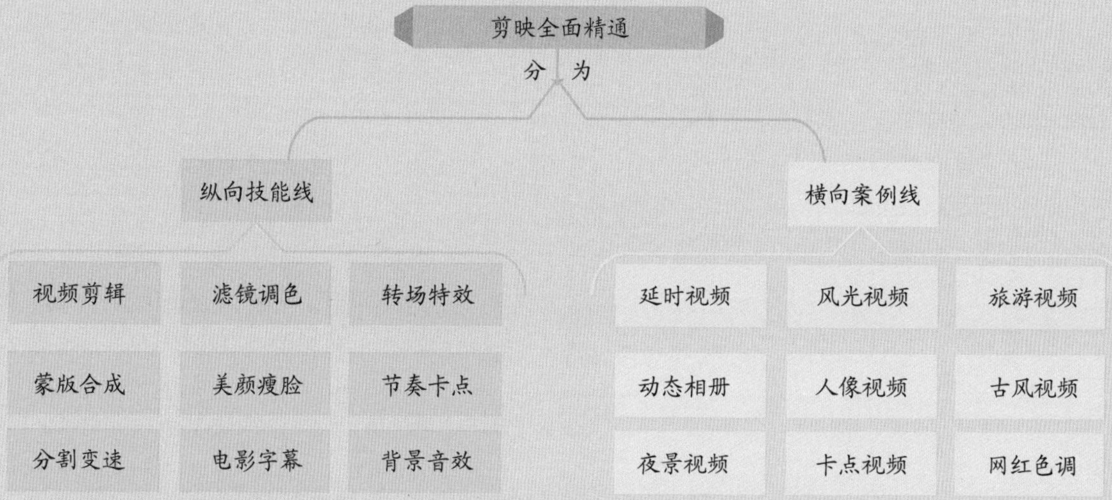

本书特色

1. 2 个软件版本全面掌握：本书主要采用剪映手机 App 版和电脑版作为操作平台，双管齐下，简单易学，适合学有余力的读者深入钻研，用户只要熟练掌握基本的操作，开拓思维，就可以全面精通剪映后期剪辑！

2. 50 多个专家提醒放送：作者在编写时，将平时工作中总结的各方面软件的实战技巧、剪辑经验等毫无保留地奉献给读者，不仅大大丰富和提高了本书的含金量，更方便读者提升软件的实战技巧与经验，从而大大提高读者的学习与工作效率。

3. 80 多个技能实例奉献：本书通过大量的技能实例来辅讲软件，共计 80 多个，包括软件的基本操作、视频剪辑、滤镜调色、美颜瘦脸、卡点配乐、电影字幕、转场过渡以及特效添加等内容，帮助读者从新手入门到后期精通，招招干货，全面介绍，让学习更高效。

4. 260多分钟的视频演示：本书的软件操作技能实例，全部录制了语音讲解视频，时间长达260多分钟，重现书中所有实例操作。读者可以结合书本，也可以独立地观看视频演示，像看电影一样进行学习，让学习更加轻松。

5. 260多个素材效果奉献：随书附送的资源中包含了180多个素材文件，80多个效果文件。其中素材涉及四季美景、个人写真、风光视频、古风人像、古城夜景、星空视频、延时视频、旅游照片、家乡美景以及特色建筑等，应有尽有，供读者使用。

6. 1480多张图片全程图解：本书采用了1480多张图片对软件技术、实例讲解、效果展示，进行了全程式的图解。通过大量清晰的图片，让实例的内容变得更通俗易懂，读者可以一目了然，快速领会，融会贯通，制作出更多精彩的视频文件。

特别提醒

本书在编写时，是基于当前剪映软件所截取的实际操作图片，但书从编辑到出版需要一段时间，在这段时间里，软件界面与功能可能会有调整与变化，比如有些功能被删除了，或者增加了一些新的功能等，这些都是软件开发商做的更新。若图书出版后相关软件有更新，请以更新后的实际情况为准，根据书中的提示，举一反三进行操作即可。

作者售后

本书由周玉姣编著，提供视频素材和拍摄帮助的人员还有刘华敏、刘娉颖、向小红、彭爽、杨婷婷、苏苏以及燕羽等人，在此表示感谢。

本书提供了大量技能实例的素材文件和效果文件，扫一扫下面的二维码，推送到自己的邮箱后下载获取。

由于作者知识水平有限，书中难免有不足之处，恳请广大读者批评、指正。

编　者

目录

CONTENTS

CONTENTS 目录

第1章 剪辑：随心所欲截取需要的视频片段

章前知识导读

剪映 App 是抖音推出的一款视频剪辑软件，拥有全面的剪辑功能，支持剪辑、分割、替换、缩放以及裁剪等功能。本章将为读者介绍剪映 App 的具体操作方法。

新手重点索引

- 剪辑视频：对视频进行快速剪辑
- 变速功能：调整视频快慢速度
- 动画效果：添加视频运动关键帧
- 添加片尾：制作统一的片尾风格

效果图片欣赏

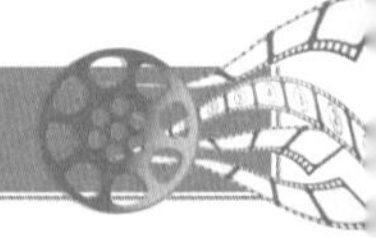

001 剪辑视频：对视频进行快速剪辑

在剪映 App 中，用户可以对视频素材进行分割、删除以及复制等操作，制作更美观、流畅的短视频。下面介绍使用剪映 App 对短视频进行剪辑处理的基本操作方法。

素材文件	素材 \ 第 1 章 \ 高铁风光 .mp4
效果文件	效果 \ 第 1 章 \ 高铁风光 .mp4
视频文件	视频 \ 第 1 章 \001 剪辑视频：对视频进行快速剪辑 .mp4

【操练 + 视频】
——剪辑视频：对视频进行快速剪辑

STEP 01 打开剪映 App，在主界面中点击“开始创作”按钮[+]，如图 1-1 所示。

STEP 02 进入“照片视频”界面，❶选择合适的视频素材；❷点击右下角的“添加”按钮，如图 1-2 所示。

图 1-1 点击“开始创作”按钮

图 1-2 点击“添加”按钮

STEP 03 执行操作后，❶即可导入该视频素材；❷点击“剪辑”按钮，如图 1-3 所示。

STEP 04 进入视频剪辑界面，❶拖动时间轴至 6 秒的位置；❷点击“分割”按钮，如图 1-4 所示。

STEP 05 执行操作后，即可分割视频，如图 1-5 所示。

STEP 06 ❶选择视频的片尾；❷点击“删除”按钮，如图 1-6 所示。

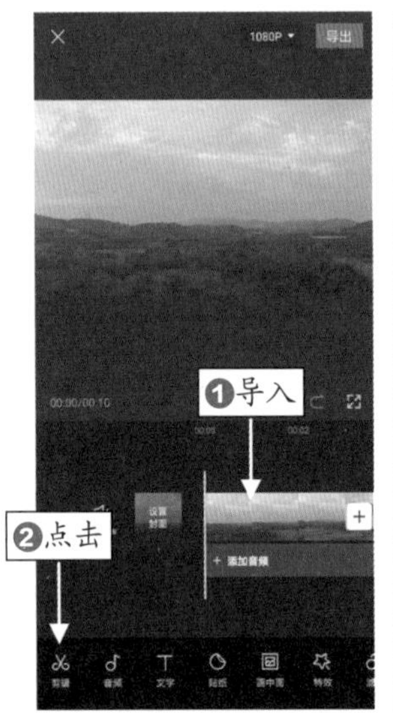

图 1-3 点击“剪辑”按钮

图 1-4 点击“分割”按钮

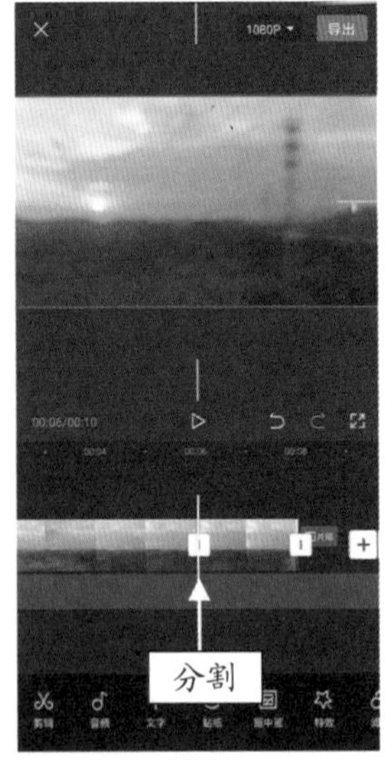

图 1-5 分割视频

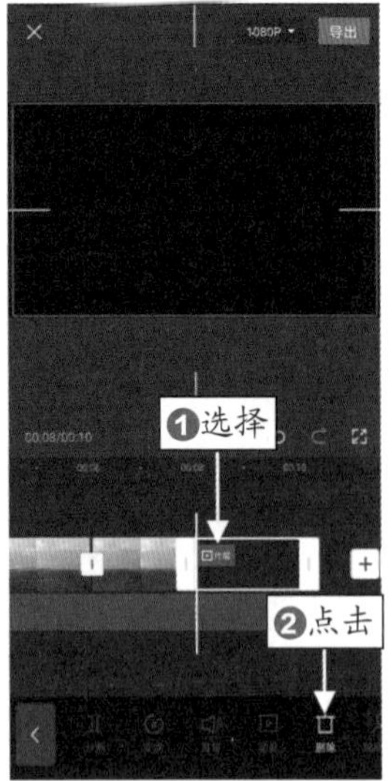

图 1-6 点击“删除”按钮

STEP 07 执行操作后，即可删除剪映默认添加的片尾，如图 1-7 所示。

STEP 08 ❶选择分割后的第 2 段视频；❷在“剪辑”二级工具栏中点击“复制”按钮，即可快速复制选择的视频片段，如图 1-8 所示。

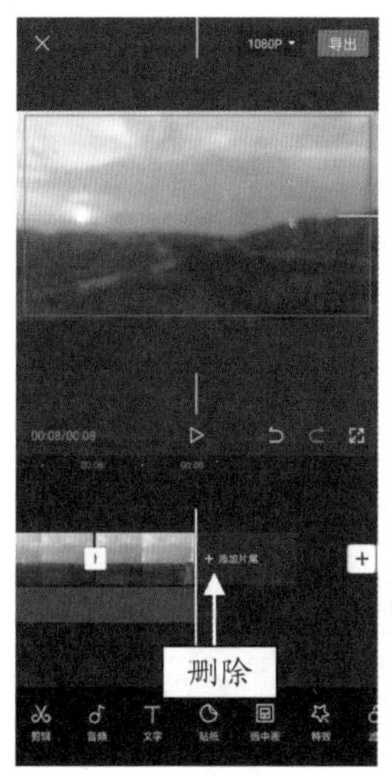

图 1-7　删除片尾

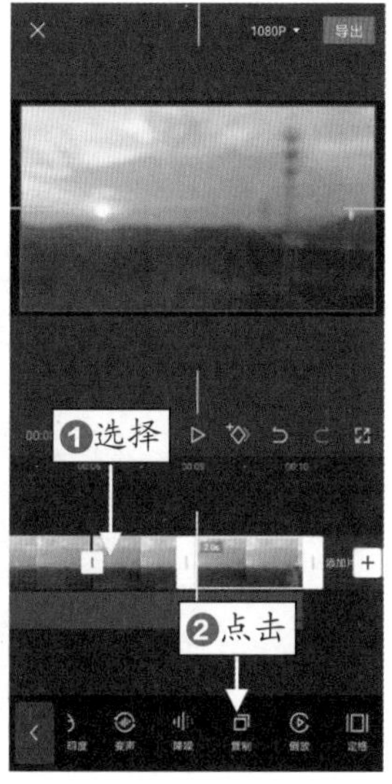

图 1-8　复制视频片段

STEP 09 ❶选择复制的视频片段；❷在“剪辑”二级工具栏中点击“音量”按钮，如图 1-9 所示。

STEP 10 在弹出的界面中，向左拖动白色圆环滑块，直到其参数变为 0，如图 1-10 所示。执行操作后即可将第 2 段视频静音。

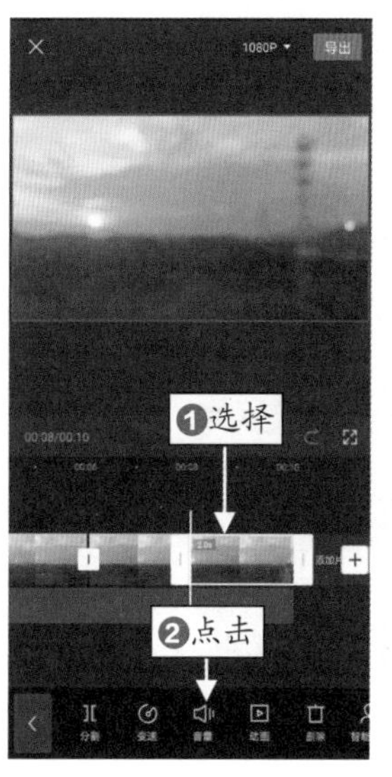

图 1-9　点击“音量”按钮

图 1-10　将参数调为 0

002 一键替换：快速更换视频素材

在剪映 App 中剪辑视频时，用户可以根据需要对素材文件进行替换操作，使制作的视频更加符合用户的需求。下面介绍剪映 App 的素材替换功能的具体操作方法。

素材文件	素材\第 1 章\星空夜景 1.mp4、星空夜景 2.mp4、星空夜景 3.mp4
效果文件	效果\第 1 章\星空夜景 .mp4
视频文件	视频\第 1 章\002 一键替换：快速更换视频素材 .mp4

【操练 + 视频】
——一键替换：快速更换视频素材

STEP 01 打开剪辑好的短视频文件，向左滑动视频轨道，找到需要替换的视频片段，选择该片段，如图 1-11 所示。

STEP 02 在下方工具栏中，向左滑动，找到并点击“替换”按钮，如图 1-12 所示。

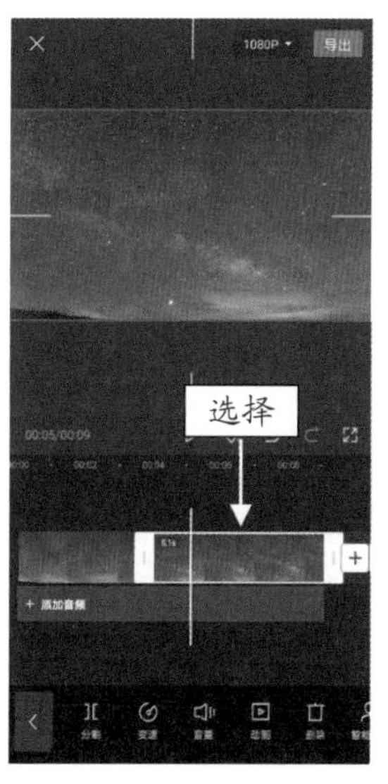

图 1-11　选择需要替换的视频

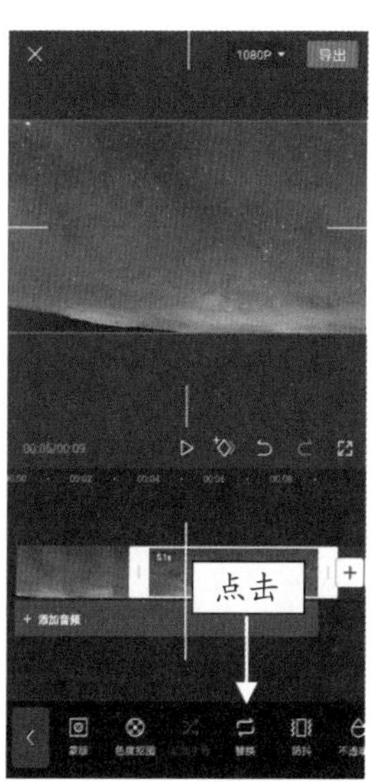

图 1-12　点击“替换”按钮

STEP 03 进入“照片视频”界面，选择想要替换的素材，如图 1-13 所示。

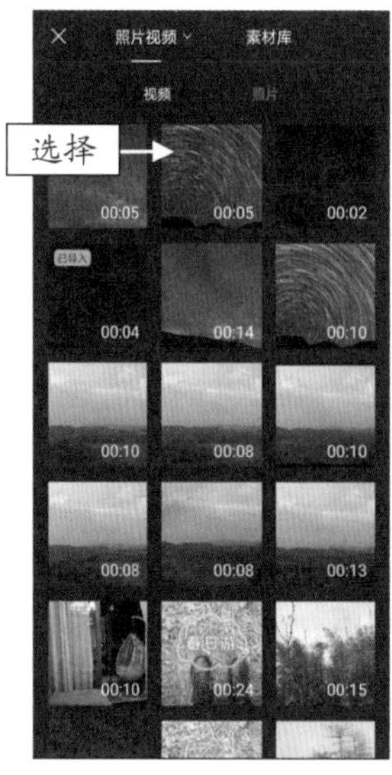

图 1-13　选择需要替换的素材

STEP 04 替换成功后，便会在视频轨道上显示替换后的视频素材，如图 1-14 所示。点击“播放”按钮▶，即可查看替换后的视频效果。

图 1-14　显示替换成功的视频素材

003 变速功能：调整视频快慢速度

在剪映 App 中，用户可以对素材执行变速操作，调整视频的快慢速度，下面介绍具体的操作方法。

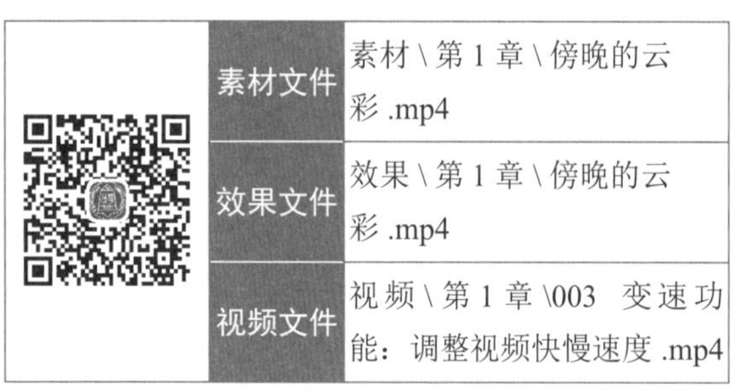

	素材文件	素材 \ 第 1 章 \ 傍晚的云彩 .mp4
	效果文件	效果 \ 第 1 章 \ 傍晚的云彩 .mp4
	视频文件	视频 \ 第 1 章 \003　变速功能：调整视频快慢速度 .mp4

【操练＋视频】
——变速功能：调整视频快慢速度

STEP 01 ❶在剪映 App 中导入一个视频素材；❷添加合适的背景音乐；❸点击底部的“剪辑”按钮✂，如图 1-15 所示。

STEP 02 进入“剪辑”界面，在二级工具栏中点击“变速”按钮◎，如图 1-16 所示。

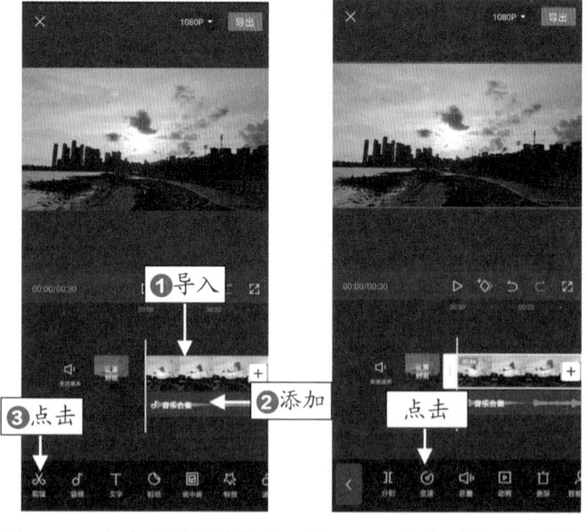

图 1-15　点击“剪辑”按钮　图 1-16　点击“变速”按钮

STEP 03 执行操作后，底部显示变速操作菜单，剪映 App 提供了“常规变速”和“曲线变速”两种功能，如图 1-17 所示。

STEP 04 点击“常规变速”按钮进入相应编辑界面，拖动红色的滑块，即可调整整段视频的播放速度，如图 1-18 所示。

图 1-17　变速操作菜单

图 1-18　拖动红色的滑块

STEP 05 在变速操作菜单中点击“曲线变速”按钮，进入“曲线变速”编辑界面，如图 1-19 所示。

STEP 06 选择“自定”选项，点击“点击编辑”按钮，如图 1-20 所示。

图 1-19　“曲线变速”界面

图 1-20　点击“点击编辑”按钮

STEP 07 执行操作后，进入“自定”编辑界面，系统会自动添加一些变速点，拖动时间线至变速点上，向上拖动变速点，即可加快播放速度，如图 1-21 所示。

STEP 08 向下拖动变速点，即可放慢播放速度，如图 1-22 所示。

图 1-21　加快播放速度

图 1-22　放慢播放速度

STEP 09 返回“曲线变速”编辑界面，选择“蒙太奇”选项，如图 1-23 所示。

STEP 10 点击“点击编辑”按钮，进入“蒙太奇”编辑界面，将时间线拖动到需要调整变速处理的位置，如图 1-24 所示。

图 1-23　选择“蒙太奇”选项

图 1-24　拖动时间线位置

STEP 11 点击“+添加点”按钮，即可添加一个新的变速点，如图 1-25 所示。

STEP 12 将时间线拖动到需要删除的变速点上，如图 1-26 所示。

图 1-25 添加新的变速点

图 1-26 拖动时间线

STEP 13 点击[- 删除点]按钮，即可删除所选的变速点，如图 1-27 所示。

STEP 14 点击右下角的✓按钮确认，完成曲线变速的调整，如图 1-28 所示。

STEP 15 播放预览视频，可以看到播放速度随着背景音乐的变化，一会快一会慢，效果如图 1-29 所示。

专家指点

除了根据音乐的变化调整速度外，也可以根据视频画面的转换来调整视频的播放速度。

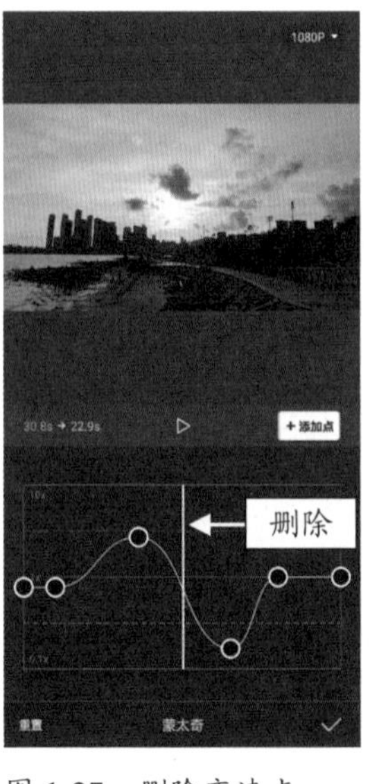

图 1-27 删除变速点

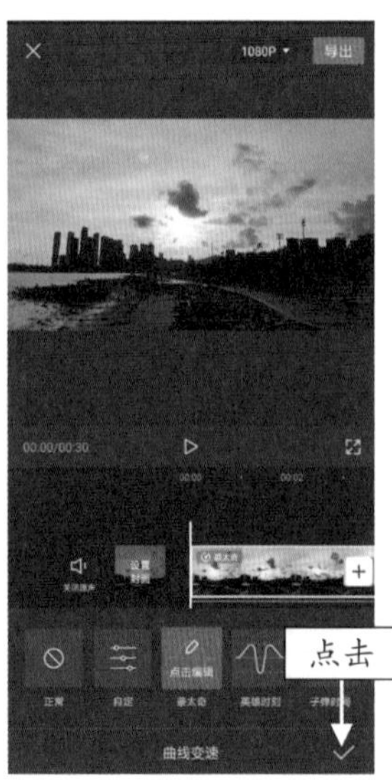

图 1-28 点击相应按钮

图 1-29 播放预览视频

004 逐帧剪辑：精确剪辑每帧画面

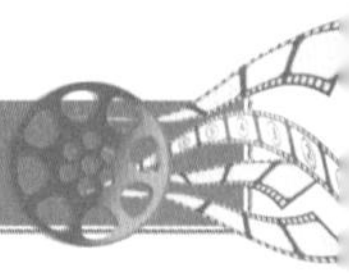

剪映 App 除了能对视频进行粗剪外，还能精细地对每一帧视频进行剪辑。当导入的素材位置不对时，还可以更换素材的位置，下面进行具体的介绍。

	素材文件	素材\第 1 章\沿海城市 1.mp4、沿海城市 2.mp4、沿海城市 3.mp4
	效果文件	无
	视频文件	视频\第 1 章\004　逐帧剪辑：精确剪辑每帧画面 .mp4

【操练 + 视频】
——逐帧剪辑：精确剪辑每帧画面

STEP 01 在剪映 App 中导入 3 个素材，如图 1-30 所示。

STEP 02 选中并长按需要更换位置的素材，所有素材便会变成小方块，如图 1-31 所示。

图 1-30　导入素材

图 1-31　长按素材

STEP 03 变成小方块后，即可将视频素材移动到合适的位置，如图 1-32 所示。

STEP 04 释放鼠标即可成功调整素材位置，如图 1-33 所示。

STEP 05 如果想要对视频进行更加精细的剪辑，只需放大时间线，如图 1-34 所示。

STEP 06 在时间刻度上，用户可以看到显示最高剪辑精度为 5 帧的画面，如图 1-35 所示。

图 1-32　移动素材位置

图 1-33　成功调整素材位置

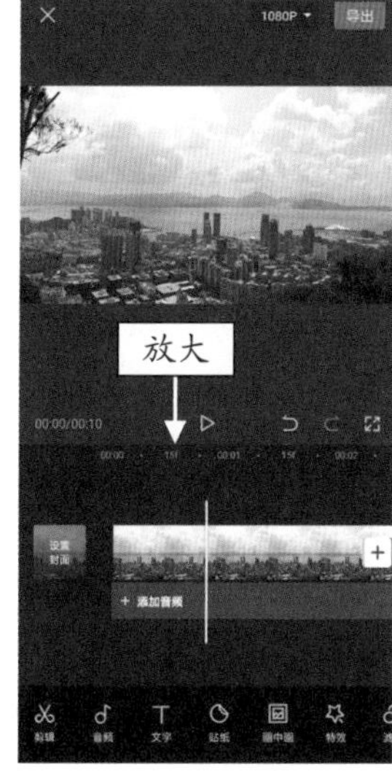

图 1-34　放大时间线

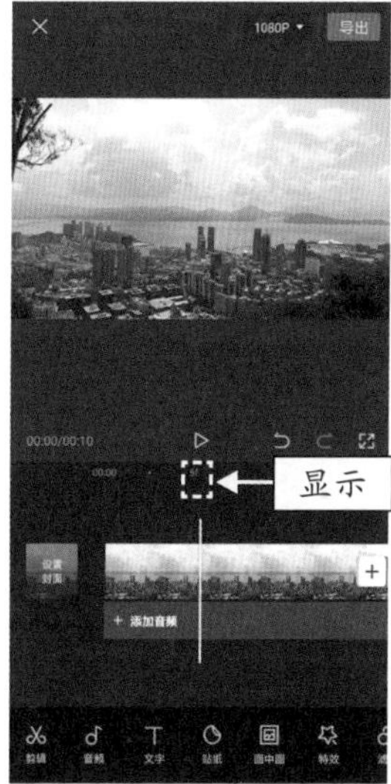

图 1-35　显示最高剪辑精度

专家指点

虽然时间刻度上显示最高的精度是 5 帧，大于 5 帧的视频可以任意分割，但用户也可以在大于 2 帧且小于 5 帧的位置进行分割，如图 1-36 所示。

图 1-36　大于 5 帧的分割（左）和大于 2 帧且小于 5 帧的分割（右）

005 裁剪画面：调整角度裁剪视频

为了让视频素材画面尺寸统一，用户可以使用剪映 App 中的裁剪功能来调整视频的尺寸大小。下面介绍具体的操作方法。

	素材文件	素材\第 1 章\沿途城镇.mp4
	效果文件	无
	视频文件	视频\第 1 章\005　裁剪画面：调整角度裁剪视频.mp4

【操练 + 视频】
——裁剪画面：调整角度裁剪视频

STEP 01 在剪映 App 中导入一段视频素材，如图 1-37 所示。

STEP 02 ❶选中视频素材，向左滑动下方工具栏；❷找到“编辑”按钮并点击，如图 1-38 所示。

STEP 03 在“编辑”工具栏中，有“旋转”“镜像”和“裁剪”3 个按钮，点击“裁剪”按钮，如图 1-39 所示。

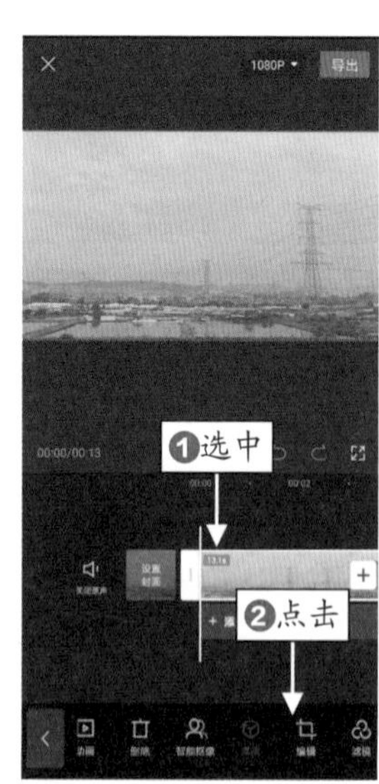

图 1-37　导入视频素材　图 1-38　点击“编辑”按钮

STEP 04 进入“裁剪”界面后，下方有角度刻度调整工具和画布比例选项，如图 1-40 所示。

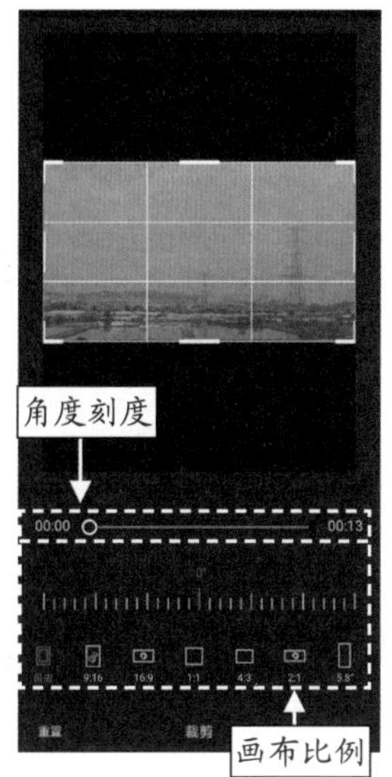

图 1-39　点击“裁剪”按钮　图 1-40　“裁剪”界面

STEP 05 左右拖动角度刻度调整工具，可以调整画面的角度，如图 1-41 所示。用户也可以选择下方的画布比例预设，根据自身需要，选择相应的比例裁剪画面，如图 1-42 所示。

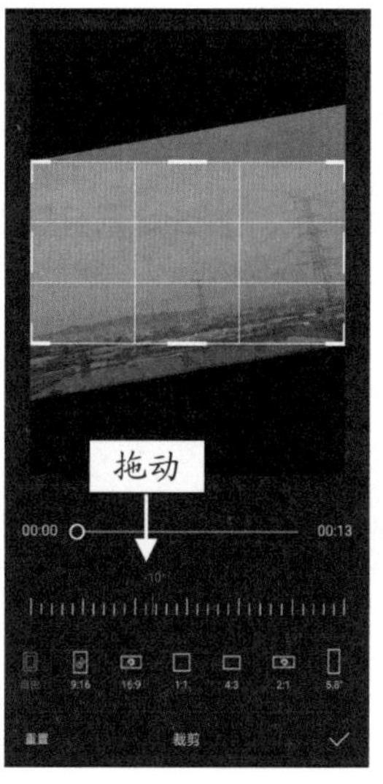

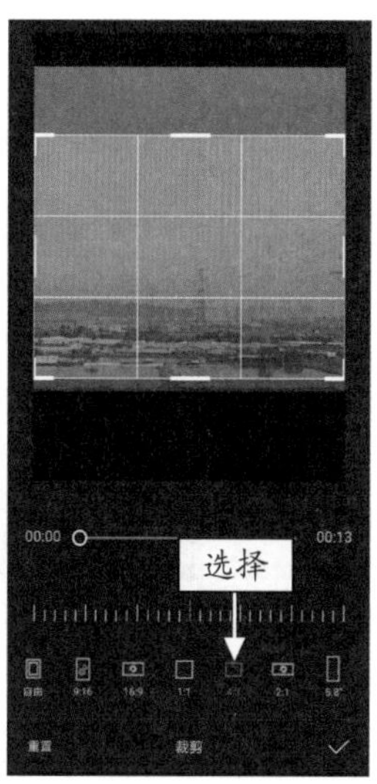

图 1-41　调整素材角度　　图 1-42　选择画布比例

006 关闭原声：消除视频背景杂音

在进行视频录制时，通常都会将现场的声音录进视频中，原视频的声音很多时候变成了杂音，以致影响视频后期的剪辑制作。为此剪映 App 为用户提供了关闭原声的功能，让用户在剪辑视频时可以更方便。下面介绍关闭原视频声音的操作方法。

素材文件	素材 \ 第 1 章 \ 列车之外 .mp4
效果文件	效果 \ 第 1 章 \ 列车之外 .mp4
视频文件	视频 \ 第 1 章 \006　关闭原声：消除视频背景杂音 .mp4

【操练 + 视频】
——关闭原声：消除视频背景杂音

STEP 01 在剪映 App 中导入一段视频素材，如图 1-43 所示。

STEP 02 点击视频轨道前面的“关闭原声”按钮，即可关闭原声，此时“关闭原声”按钮会变为“开启原声”按钮，如图 1-44 所示。

图 1-43　导入一段视频素材　图 1-44　点击“关闭原声”按钮

STEP 03 执行操作后，在预览窗口中预览播放视频，效果如图 1-45 所示。

图 1-45　预览播放视频

专家指点

关闭原声后，如果用户还想恢复原声，点击“开启原声”按钮即可。

007 动画效果：添加视频运动关键帧

为素材添加关键帧，可以制作出素材运动的效果。下面介绍在剪映 App 中添加素材运动关键帧的操作方法。

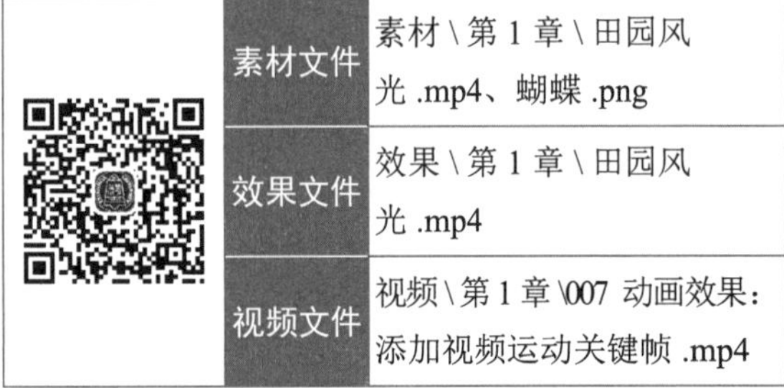

	素材文件	素材 \ 第 1 章 \ 田园风光 .mp4、蝴蝶 .png
	效果文件	效果 \ 第 1 章 \ 田园风光 .mp4
	视频文件	视频 \ 第 1 章 \007 动画效果：添加视频运动关键帧 .mp4

【操练 + 视频】
——动画效果：添加视频运动关键帧

STEP 01 ❶在剪映 App 中导入一段视频素材；❷点击“画中画”按钮，如图 1-46 所示。

STEP 02 进入“画中画”界面，在下方的“画中画”二级工具栏中，点击“新增画中画”按钮，如图 1-47 所示。

图 1-46　点击“画中画”按钮

图 1-47　点击“新增画中画”按钮

STEP 03 进入“照片视频”界面，❶添加一张图片素材至画中画轨道上；❷点击下方工具栏中的“混合模式”按钮，如图 1-48 所示。

STEP 04 执行操作后，向左滑动菜单，找到并选择“颜色减淡”效果，如图 1-49 所示。

图 1-48　点击“混合模式”按钮

图 1-49　选择“颜色减淡”效果

STEP 05 点击按钮，即可应用“颜色减淡”效果，调整素材大小并将其移动到合适位置，如图 1-50 所示。

STEP 06 点击按钮，视频轨道上会显示一个红色的菱形标志，表示成功添加一个关键帧，如图 1-51 所示。

图 1-50　调整并拖动素材

图 1-51　添加一个关键帧

STEP 07 执行操作后，拖动时间轴，再添加一个新的关键帧，对素材的位置以及大小可再做改变。重复多次操作，可制作出素材的运动效果，如图 1-52 所示。

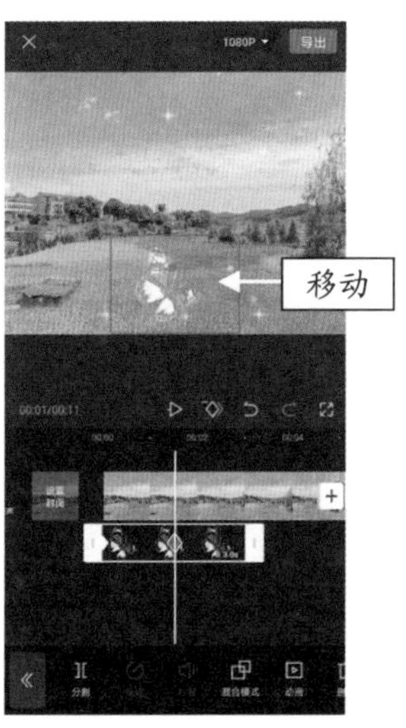

图 1-52　制作素材的运动效果

STEP 08 点击“播放“按钮，即可预览视频，效果如图 1-53 所示。

图 1-53　预览视频效果

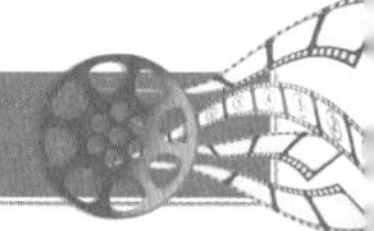

008 添加片尾：制作统一的片尾风格

经常看短视频的用户应该会发现，一般网红发的短视频，片尾都会统一一个风格，以账号头像作为结尾。下面介绍使用剪映 App 制作统一抖音片尾风格的具体操作方法。

	素材文件	素材\第 1 章\片尾白底 .mp4、片尾黑底 .mp4、片尾头像 .jpg
	效果文件	效果\第 1 章\片尾视频 .mp4
	视频文件	视频\第 1 章\008 添加片尾：制作统一的片尾风格 .mp4

【操练＋视频】
——添加片尾：制作统一的片尾风格

STEP 01 在剪映 App 中导入白底视频素材，点击“比例”按钮，选择 9:16 选项，如图 1-54 所示。

STEP 02 点击按钮返回，点击“画中画”|“新增画中画”按钮，❶选择一张照片；❷点击“添加”按钮，如图 1-55 所示。

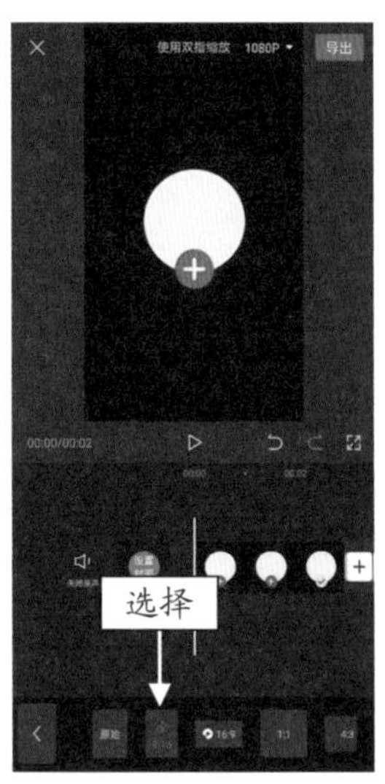

图 1-54 选择 9:16 选项

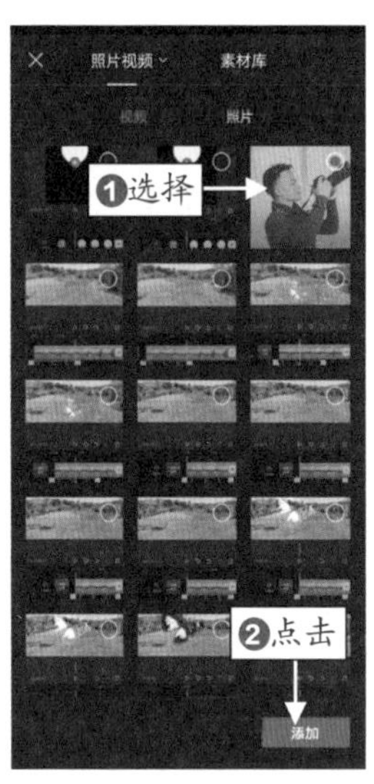

图 1-55 点击“添加”按钮

STEP 03 执行操作后，点击“混合模式”按钮，打开混合模式菜单后，选择“变暗”选项，如图 1-56 所示。

STEP 04 在预览区域调整画中画素材的位置和大小，点击按钮返回，点击“新增画中画”按钮，如图 1-57 所示。

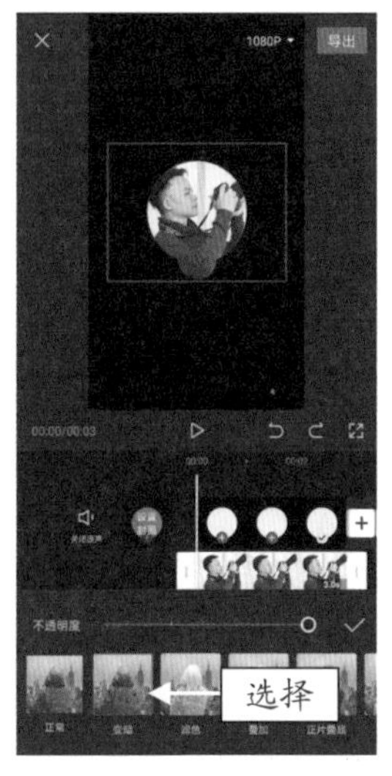

图 1-56 选择“变暗”选项

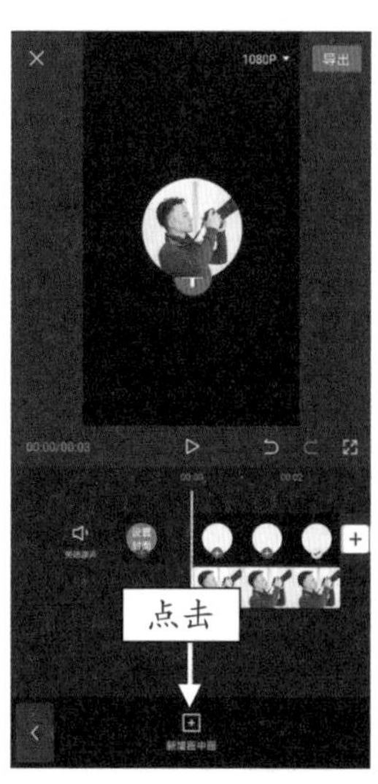

图 1-57 点击“新增画中画”按钮

STEP 05 进入“照片视频”界面，❶选择黑底素材；❷点击“添加”按钮，如图 1-58 所示。

图 1-58 导入黑底素材

STEP 06 导入黑底素材后，点击“混合模式”按钮，打开“混合模式”菜单后，选择“变亮”选项，如图 1-59 所示。

STEP 07 在预览区域调整黑底素材的位置和大小，如图 1-60 所示。

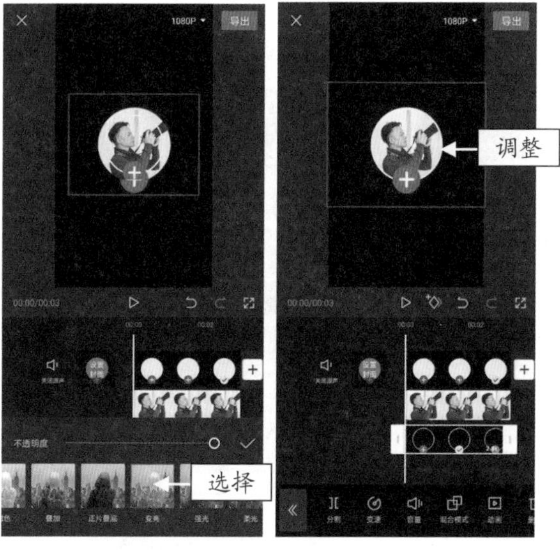

图 1-59　选择“变亮”选项　图 1-60　调整黑底素材

STEP 08 点击“播放”按钮▶，即可预览制作的片尾效果，如图 1-61 所示。

图 1-61　预览片尾效果

009 视频完成：导出视频并进行分享

	素材文件	素材 \ 第 1 章 \ 百年老素材 .mp4
	效果文件	无
	视频文件	视频 \ 第 1 章 \009　视频完成：导出视频并进行分享 .mp4

【操练 + 视频】
——视频完成：导出视频并进行分享

用户将视频剪辑完成后，需要将视频导出保存，在导出视频之前还可对视频进行相关设置：❶点击右上角“导出”按钮左侧的下拉按钮；❷在弹出的面板中对视频的分辨率和帧率进行设置，如图 1-62 所示。设置完成后，点击“导出”按钮，如图 1-63 所示。

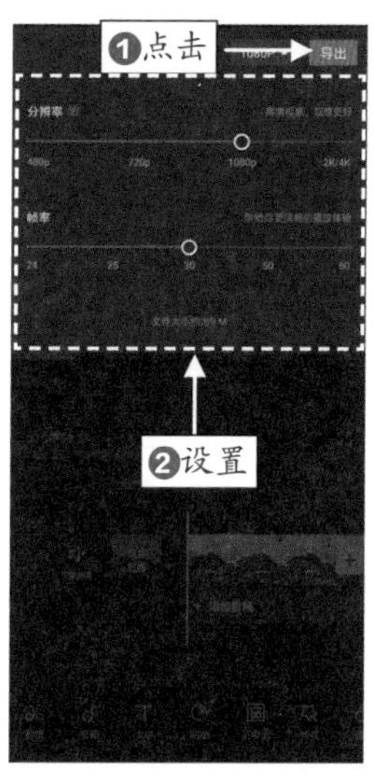

图 1-62　设置分辨率和帧率

图 1-63　点击“导出”按钮

在导出视频的过程中，用户不要锁屏或者切换程序，如图 1-64 所示。导出完成后，❶点击“抖音”按钮并选中“同步到西瓜视频”单选按钮，即可同时分享到抖音平台和西瓜视频平台；❷也可单独点击“西瓜视频”按钮，只分享到西瓜视频平台；❸点击“更多”按钮；❹在弹出的界面中点击“今日头条”按钮，将视频分享至今日头条平台，如图 1-65 所示。点击“完成”按钮，结束此次剪辑，如图 1-66 所示。

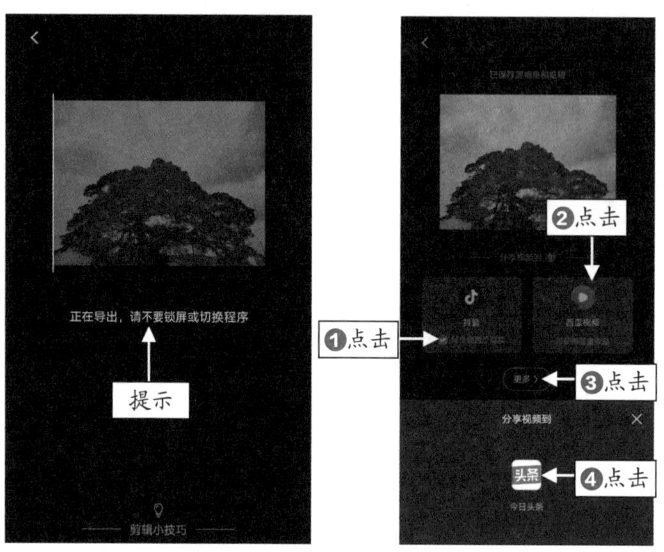

图 1-64　导出视频过程中

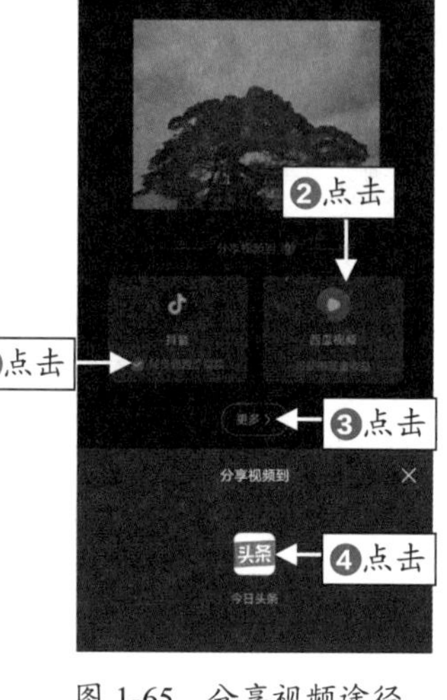

图 1-65　分享视频途径

图 1-66　点击“完成”按钮

第2章

滤镜：多款风格一键为视频进行美化

章前知识导读

为视频添加合适的滤镜，可以制作出不同影调的视频效果。本章将为读者介绍添加滤镜、质感滤镜、风景滤镜以及美食滤镜等多款风格滤镜，帮助读者找到合适的美化视频的滤镜。

新手重点索引

- 添加滤镜：增强短视频画面色彩
- 质感滤镜：让色彩更加自然清透
- 清新滤镜：瞬间调出鲜亮的画面
- 风景滤镜：让画面瞬间变小清新

效果图片欣赏

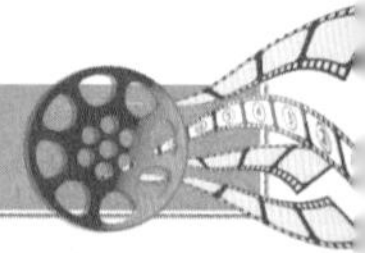

010 添加滤镜：增强短视频画面色彩

添加滤镜可以让你的视频色彩更加丰富、鲜亮。下面介绍使用剪映 App 为短视频添加滤镜效果的操作方法。

	素材文件	素材 \ 第 2 章 \ 日出美景 .mp4
	效果文件	效果 \ 第 2 章 \ 日出美景 .mp4
	视频文件	视频 \ 第 2 章 \010 添加滤镜：增强短视频画面色彩 .mp4

【操练 + 视频】
——添加滤镜：增强短视频画面色彩

STEP 01 ❶在剪映 App 中导入一个素材；❷点击一级工具栏中的“滤镜”按钮，如图 2-1 所示。

STEP 02 进入“滤镜”编辑界面，可以看到里面有质感、清新、风景以及复古等滤镜选项卡，如图 2-2 所示。

图 2-1 点击“滤镜”按钮

图 2-2 “滤镜”编辑界面

STEP 03 用户可根据视频场景选择合适的滤镜效果，如图 2-3 所示。

STEP 04 点击✓按钮返回，拖动滤镜右侧的白色按钮，调整滤镜的持续时间，使其与视频时间保持一致，如图 2-4 所示。

图 2-3 选择合适的滤镜效果

图 2-4 调整滤镜的持续时间

STEP 05 点击底部的“滤镜”按钮，调出“滤镜”编辑界面。拖动“滤镜”界面上方的白色滑块，可适当调整滤镜的应用程度参数，如图 2-5 所示。

STEP 06 预览视频效果后导出视频，如图 2-6 所示。

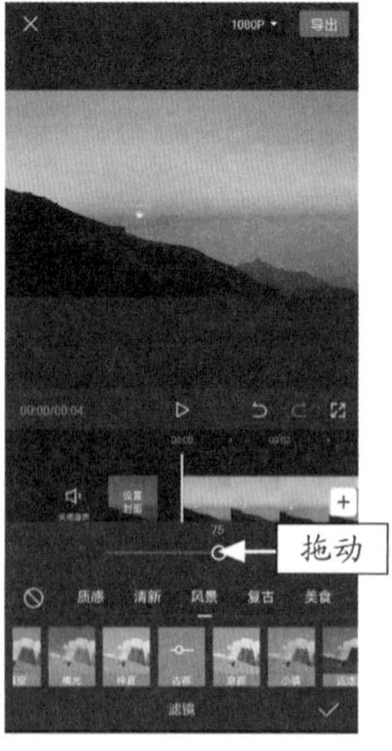

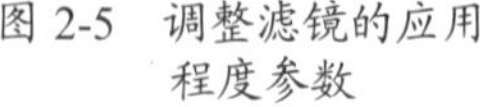

图 2-5 调整滤镜的应用程度参数

图 2-6 预览视频效果

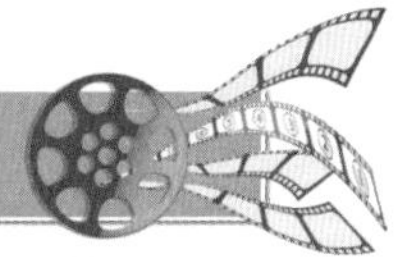

011 质感滤镜：让色彩更加自然清透

剪映 App 中的质感滤镜包括自然、清晰、白皙以及灰调等效果。下面介绍使用剪映 App 为短视频添加质感滤镜效果的操作方法。

	素材文件	素材 \ 第 2 章 \ 海浪翻涌 .mp4
	效果文件	效果 \ 第 2 章 \ 海浪翻涌 .mp4
	视频文件	视频 \ 第 2 章 \011 质感滤镜：让色彩更加自然清透 .mp4

【操练 + 视频】
——质感滤镜：让色彩更加自然清透

STEP 01 ❶在剪映 App 中导入一个素材；❷点击一级工具栏中的“滤镜”按钮，如图 2-7 所示。

STEP 02 进入“滤镜”编辑界面后，切换至“质感”选项卡，如图 2-8 所示。

图 2-7　点击“滤镜”按钮

图 2-8　“质感”选项卡

STEP 03 选择“自然”滤镜效果，让视频画面显得更加自然清透，如图 2-9 所示。

STEP 04 向左拖动“滤镜”界面上方的白色滑块，适当调整滤镜的应用程度参数，如图 2-10 所示。

STEP 05 用户也可以在其中多尝试一些滤镜，选择一个与短视频风格最相符的滤镜效果，如图 2-11 所示。

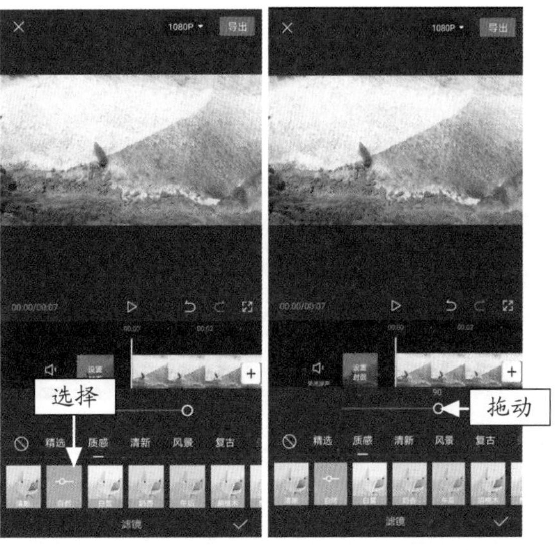

图 2-9　选择“自然”滤镜效果　图 2-10　调整滤镜的应用程度参数

图 2-11　选择合适的滤镜效果

STEP 06 选择好合适的滤镜后，点击按钮即可添加该滤镜。此时，将会生成一条滤镜轨道，如图 2-12 所示。

STEP 07 拖动滤镜右侧的白色滑块，调整滤镜的持续时长，使其与视频时长保持一致，如图 2-13 所示。

图 2-12　生成滤镜轨道

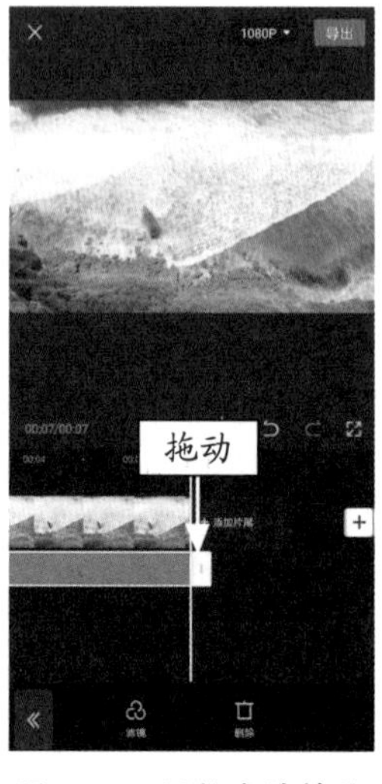

图 2-13　调整滤镜持续时长

STEP 08 点击“播放”按钮，即可预览视频效果，可以看到视频中的海水加了滤镜后变得更加自然透澈，如图 2-14 所示。点击右上角的“导出”按钮，即可导出视频。

图 2-14　预览视频效果

012 清新滤镜：瞬间调出鲜亮的画面

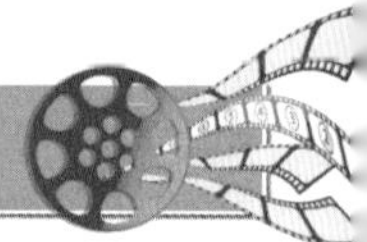

剪映 App 中的清新滤镜包括清透、鲜亮、淡奶油以及梦境等效果。下面介绍使用剪映 App 为短视频添加清新滤镜的操作方法。

	素材文件	素材 \ 第 2 章 \ 海湾美景 .mp4
	效果文件	效果 \ 第 2 章 \ 海湾美景 .mp4
	视频文件	视频 \ 第 2 章 \012 清新滤镜：瞬间调出鲜亮的画面 .mp4

【操练 + 视频】
——清新滤镜：瞬间调出鲜亮的画面

STEP 01 ❶在剪映 App 中导入一个素材；❷点击一级工具栏中的“滤镜”按钮，如图 2-15 所示。

STEP 02 进入“滤镜”编辑界面后，切换至“清新”选项卡，如图 2-16 所示。

图 2-15　点击“滤镜”按钮

图 2-16　“清新”选项卡

STEP 03 执行操作后，选择“鲜亮”滤镜效果，在预览区域可以看到画面效果，如图 2-17 所示。

STEP 04 向左拖动“滤镜”界面上方的白色滑块，适当调整滤镜的应用程度参数，如图 2-18 所示。

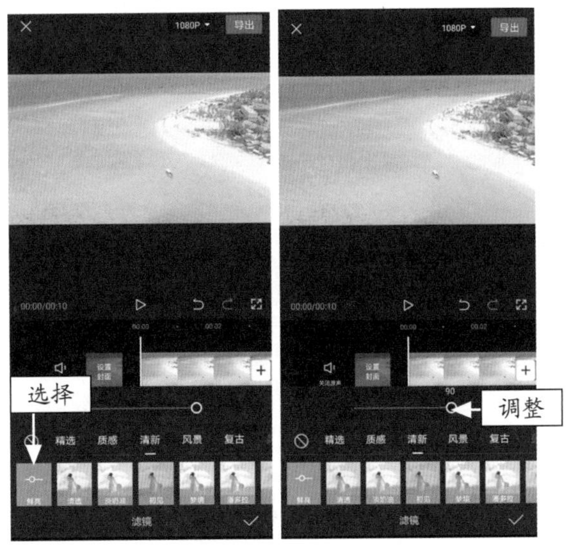

图 2-17　选择“鲜亮”滤镜效果　图 2-18　调整滤镜的应用程度参数

STEP 05 点击✓按钮即可添加该滤镜，此时在视频轨道的下方会生成一条滤镜轨道，如图 2-19 所示。

STEP 06 拖动滤镜右侧的白色滑块，调整滤镜的持续时长，使其与视频时长保持一致，如图 2-20 所示。

STEP 07 点击“播放”按钮▷，即可预览视频效果，可以看到视频添加了滤镜后变得更加鲜亮，如图 2-21 所示。点击右上角的“导出”按钮，即可导出视频。

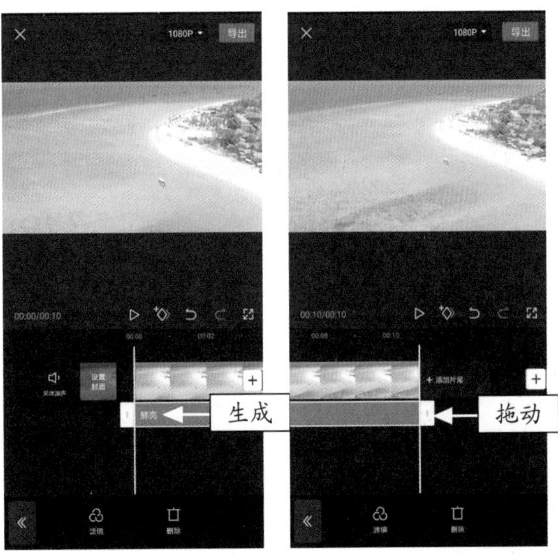

图 2-19　生成滤镜轨道　图 2-20　调整滤镜持续时长

图 2-21　预览视频效果

013 风景滤镜：让画面瞬间变小清新

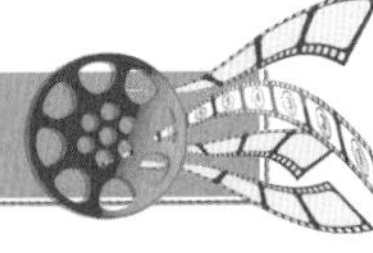

剪映 App 中有暮色、仲夏、晴空以及郁金香等风景滤镜。下面介绍使用剪映 App 为短视频添加风景滤镜效果的操作方法。

素材文件	素材 \ 第 2 章 \ 雾起东江 .mp4
效果文件	效果 \ 第 2 章 \ 雾起东江 .mp4
视频文件	视频 \ 第 2 章 \013 风景滤镜：让画面瞬间变小清新 .mp4

【操练＋视频】
——风景滤镜：让画面瞬间变小清新

STEP 01 ❶在剪映 App 中导入一个素材；❷点击一级工具栏中的“滤镜”按钮，如图 2-22 所示。

STEP 02 进入“滤镜”编辑界面后，切换至“风景”选项卡，如图 2-23 所示。

图 2-22　点击“滤镜”按钮

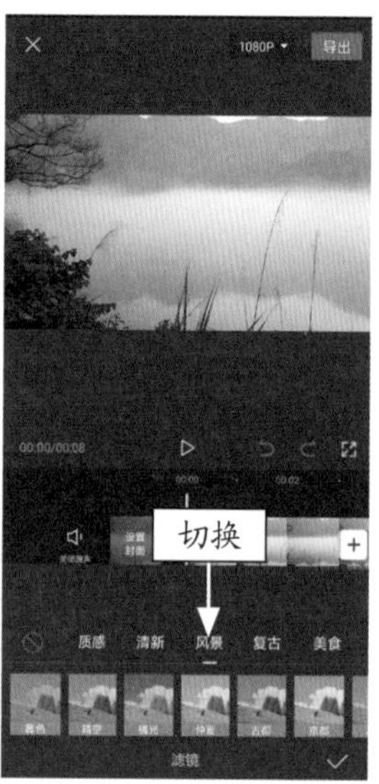

图 2-23　“风景”选项卡

STEP 03 ❶选择“仲夏”滤镜效果；❷向左拖动“滤镜”界面上方的白色滑块，适当调整滤镜的应用程度参数，如图 2-24 所示。

STEP 04 执行操作后，点击按钮即可添加该滤镜，拖动滤镜右侧的白色滑块，调整滤镜的持续时长，使其与视频时长保持一致，如图 2-25 所示。

STEP 05 点击按钮返回，❶拖动时间至起始位置；❷点击“新增调节”按钮，如图 2-26 所示。

STEP 06 进入“调节”编辑界面，❶选择“亮度”选项；❷向右拖动白色滑块，将参数调至 9，如图 2-27 所示。

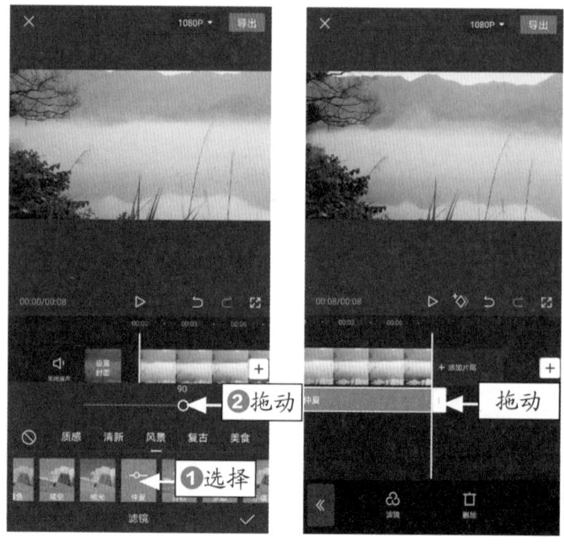

图 2-24　调整滤镜的应用程度参数

图 2-25　调整滤镜的持续时长

图 2-26　点击“新增调节”按钮

图 2-27　调节“亮度”参数

STEP 07 ❶选择“对比度”选项；❷向左拖动白色滑块，将参数调至 -10，如图 2-28 所示。

STEP 08 ❶选择“饱和度”选项；❷向右拖动白色滑块，将参数调至 9，如图 2-29 所示。

图 2-28　调节“对比度”参数

图 2-29　调节“饱和度”参数

STEP 09 ❶选择“锐化”选项；❷向右拖动白色滑块，将参数调至 10，如图 2-30 所示。

图 2-30　调节“锐化”参数

STEP 10 ❶选择“色温”选项；❷向左拖动白色滑块，将参数调至 -20，如图 2-31 所示。

STEP 11 ❶选择“色调”选项；❷拖动白色滑块，将参数调至 -16，如图 2-32 所示。

STEP 12 点击按钮返回，拖动“调节”效果右侧的白色滑块，调整“调节”效果的持续时间，使其与视频时间保持一致，如图 2-33 所示。

图 2-31　调节“色温”参数

图 2-32　调节“色调”参数

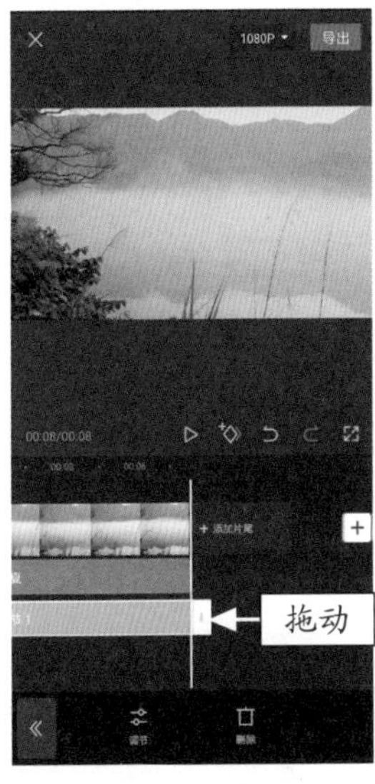

图 2-33　调整“调节”效果的持续时间

STEP 13 点击“播放”按钮，即可预览视频效果，如图 2-34 所示。点击右上角的“导出”按钮，将视频导出。

图 2-34　预览视频效果

014　电影滤镜：多种百搭的电影风格

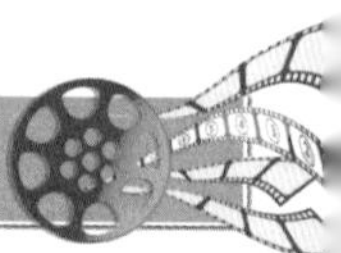

剪映 App 的电影滤镜包括情书、海街日记、闻香识人、敦刻尔克以及春光乍泄等效果。下面介绍使用剪映 App 为短视频添加电影滤镜效果的操作方法。

素材文件	素材 \ 第 2 章 \ 桥面拍摄 .mp4
效果文件	效果 \ 第 2 章 \ 桥面拍摄 .mp4
视频文件	视频 \ 第 2 章 \014 电影滤镜：多种百搭的电影风格 .mp4

【操练＋视频】
——电影滤镜：多种百搭的电影风格

STEP 01 在剪映 App 中导入一个素材，❶选中视频轨道；❷点击一级工具栏中的“滤镜”按钮，如图 2-35 所示。

STEP 02 进入“滤镜”编辑界面后，切换至“电影”选项卡，如图 2-36 所示。

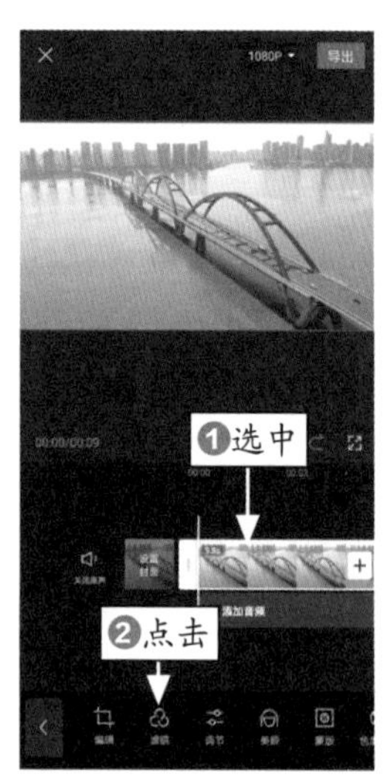

图 2-35　点击“滤镜”按钮

图 2-36　“电影”选项卡

STEP 03 用户可以在其中多尝试一些滤镜，选择一个与短视频风格最相符的滤镜，如图 2-37 所示。

STEP 04 ❶选择“海街日记”滤镜效果；❷向左拖动“滤镜”界面上方的白色滑块，适当调整滤镜的应用程度参数，如图 2-38 所示。

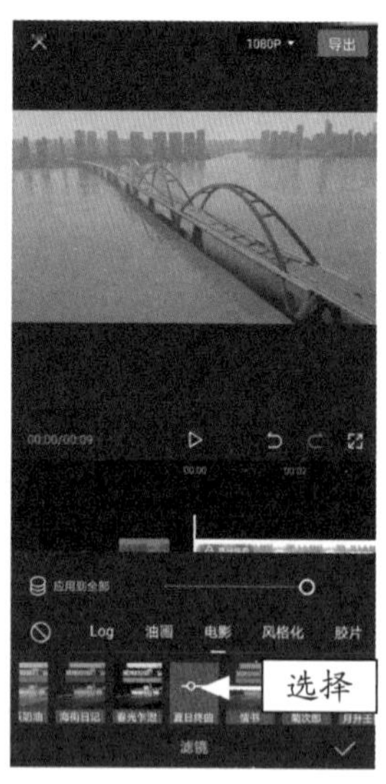

图 2-37　选择合适的滤镜效果

STEP 05 点击按钮即可添加该滤镜，因为第一步选中了该视频，所以这里没有显示添加的滤镜，默认为整条视频已添加该滤镜，如图 2-39 所示。

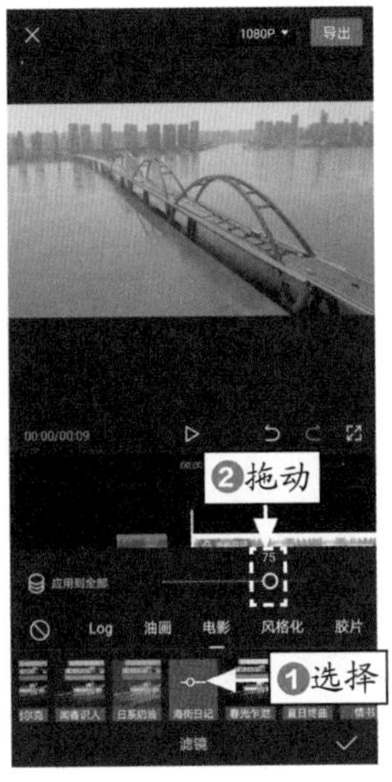

图 2-38　调整滤镜的应用程度参数

图 2-39　添加滤镜

STEP 06 点击“播放”按钮▶，即可预览视频效果，可以看到添加了电影滤镜后的视频画面，色调更加高级，更有大片的既视感，效果对比如图 2-40 所示。点击右上角的“导出”按钮，即可将视频导出。

未添加滤镜的视频效果

添加滤镜的视频效果

图 2-40　视频效果对比

专家指点

如果用户对添加了滤镜后的电影效果不太满意，可以参考 013 节中的操作步骤，通过“调节”功能适当调节视频的亮度、对比度、饱和度、色调以及色温等参数。

第3章

特效：轻松掌控打造炫酷的爆款视频

章前知识导读

剪映 App 的功能非常全面，应用剪映 App 可以制作出各种炫酷的视频特效，打造精彩的爆款短视频。本章将为读者介绍的是转场特效、多屏特效、开幕特效、文字特效、打字特效以及变声特效等制作方法。

新手重点索引

- 转场特效：制作水墨风特效视频
- 多屏特效：制作三屏画面效果
- 开幕特效：制作黑屏开幕视频
- 文字特效：制作文字随风消散效果

效果图片欣赏

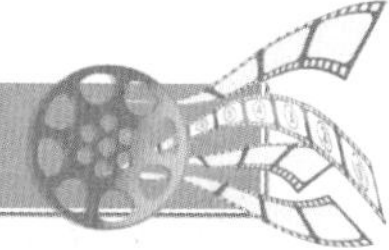

015 转场特效：制作水墨风特效视频

剪映 App 中有圆形遮罩、星星、爱心、爱心冲击以及水墨等遮罩转场效果。下面介绍使用剪映 App 中的遮罩转场制作水墨风特效视频的操作方法。

	素材文件	素材\第 3 章\美人如画 1.jpg ～美人如画 4.jpg
	效果文件	效果\第 3 章\美人如画 .mp4
	视频文件	视频\第 3 章\015 转场特效：制作水墨风特效视频 .mp4

【操练 + 视频】
——转场特效：制作水墨风特效视频

STEP 01 ❶在剪映 App 中导入相应的素材；❷点击两个片段中间的⎕按钮，如图 3-1 所示。

STEP 02 进入“转场”编辑界面后，切换至“遮罩转场”选项卡，如图 3-2 所示。

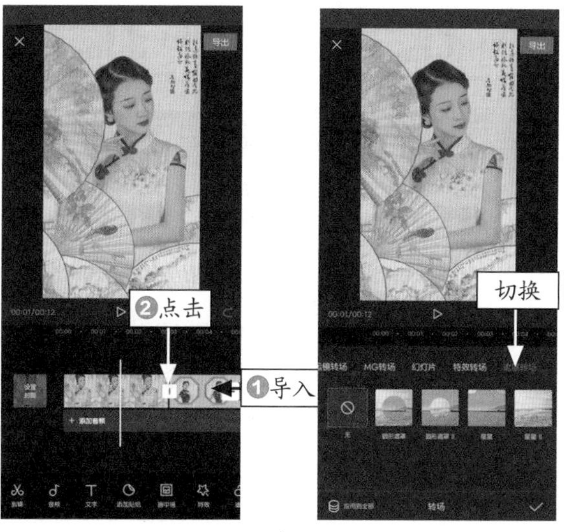

图 3-1　点击相应按钮　　图 3-2　“遮罩转场”选项卡

STEP 03 选择“水墨”转场效果，如图 3-3 所示。

STEP 04 适当拖动“转场时长”滑块，调整转场效果的持续时间，如图 3-4 所示。

STEP 05 依次点击“应用到全部”按钮和✓按钮，确认添加转场效果，点击第 2 个视频片段和第 3 个视频片段中间的⋈按钮，如图 3-5 所示。

图 3-3　选择“水墨”转场效果　　图 3-4　调整转场时长

STEP 06 ❶选择“画笔擦除”转场效果；❷适当拖动“转场时长”滑块，调整转场效果的持续时间，如图 3-6 所示。

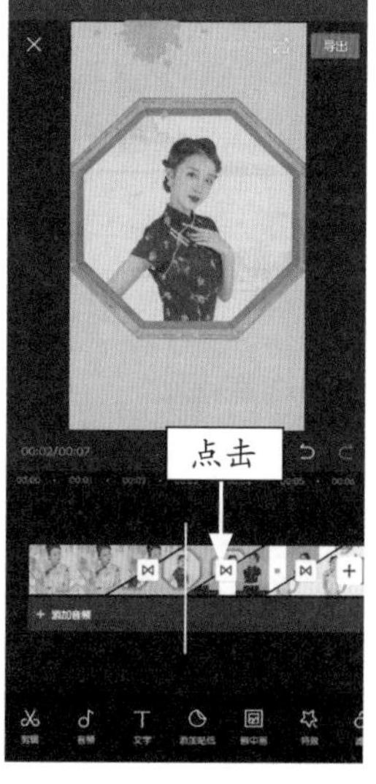

图 3-5　点击相应按钮

图 3-6　调整转场时长

STEP 07 添加合适的背景音乐，预览视频效果，可以看到添加了水墨特效转场后的视频，画面之间的过渡更加唯美，如图 3-7 所示。点击“导出”按钮，导出视频即可。

图 3-7　预览视频效果

016 多屏特效：制作三屏画面效果

三屏画面效果是指在同一个视频中同时叠加显示 3 个视频的画面，下面介绍具体的制作方法。

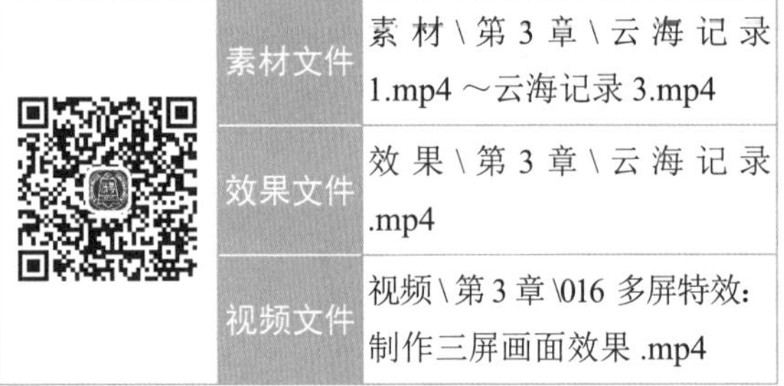

	素材文件	素材 \ 第 3 章 \ 云海记录 1.mp4 ～云海记录 3.mp4
	效果文件	效果 \ 第 3 章 \ 云海记录 .mp4
	视频文件	视频 \ 第 3 章 \016 多屏特效：制作三屏画面效果 .mp4

【操练 + 视频】
——多屏特效：制作三屏画面效果

STEP 01 ❶在剪映 App 中导入一个视频素材；❷点击一级工具栏中的“画中画”按钮，如图 3-8 所示。

STEP 02 进入“画中画”编辑界面，点击“新增画中画”按钮，如图 3-9 所示。

STEP 03 进入“照片视频”界面，❶在“视频”选项卡中选择第 2 个视频；❷点击“添加”按钮，如图 3-10 所示。

图 3-8　点击“画中画”按钮

图 3-9　点击“新增画中画”按钮

STEP 04 执行操作后，即可导入第 2 个视频，如图 3-11 所示。

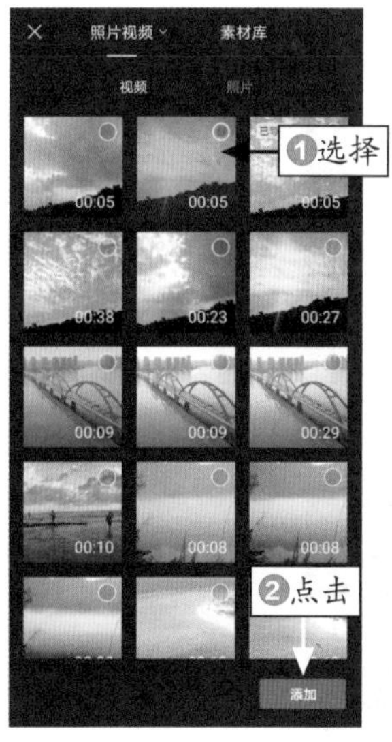

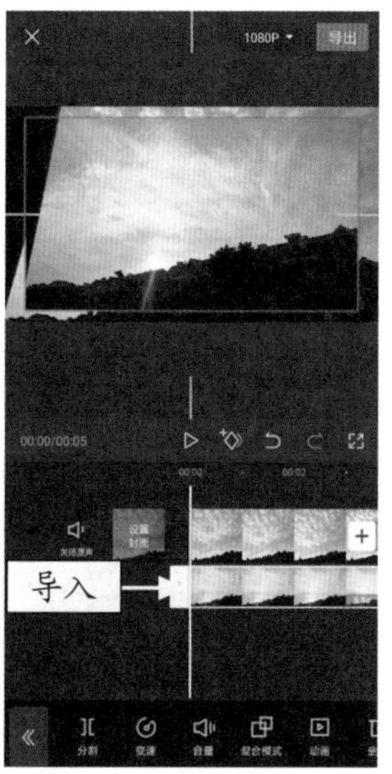

图 3-10　点击“添加”按钮　图 3-11　导入第 2 个视频

STEP 05 点击相应按钮返回主界面，在下方的工具栏中点击“比例”按钮■，如图 3-12 所示。

STEP 06 在“比例”菜单中选择 9:16 选项，调整屏幕比例，如图 3-13 所示。

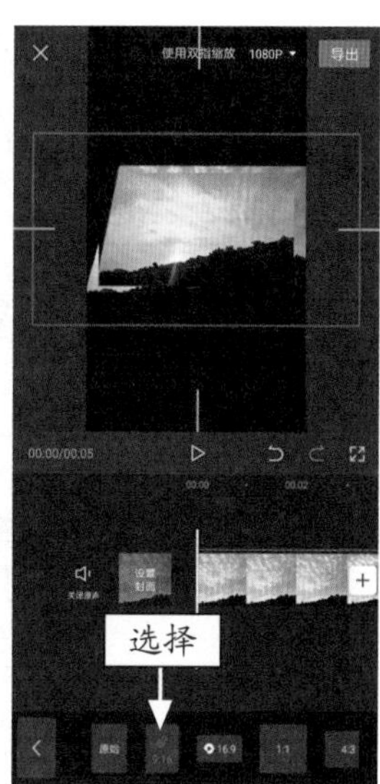

图 3-12　点击“比例”按钮　图 3-13　选择 9:16 选项

STEP 07 点击相应按钮返回“画中画”编辑界面，❶将第 1 个视频移至预览窗口最顶端的位置并调整大小；❷选择第 2 个视频；❸在视频预览区域放大画面并适当调整其位置，如图 3-14 所示。

STEP 08 点击“新增画中画”按钮，进入“照片视频”界面，❶选择第 3 个视频；❷点击“添加”按钮，如图 3-15 所示。

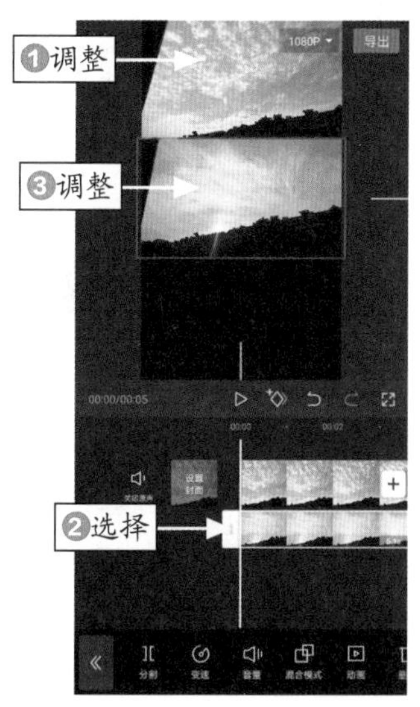

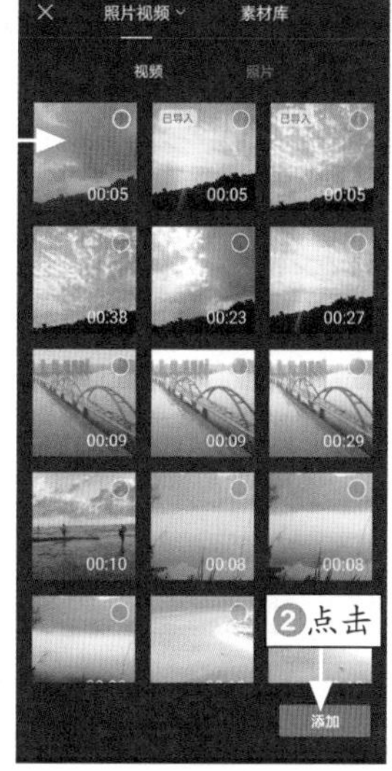

图 3-14　调整视频的大小和位置　图 3-15　添加第 3 个视频

专家指点

此处调整第 1 个视频的位置和大小时，需要在视频轨道中先选中第 1 个视频，如此才能在预览窗口中进行相应的调整。

STEP 09 添加第 3 个视频，并适当调整其大小和位置，如图 3-16 所示。

STEP 10 如果 3 个视频片段的时间长短不一，需要将 3 个视频片段的长度调成一致，如图 3-17 所示。

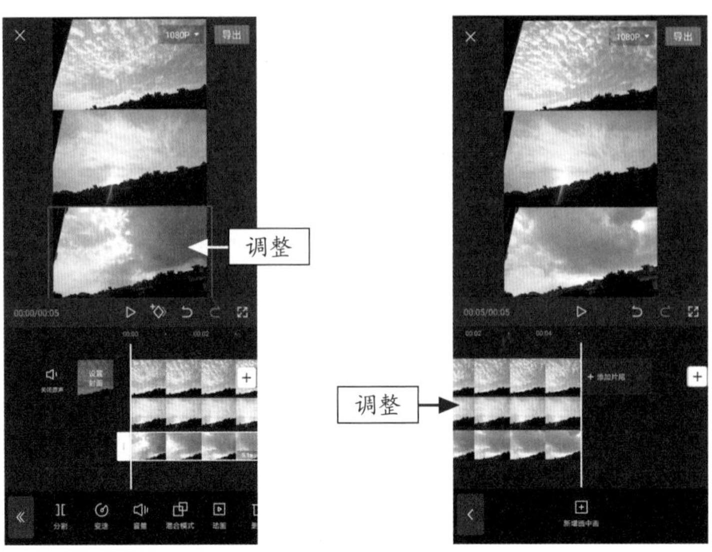

图 3-16　添加并调整视频　　　　图 3-17　调整视频长度

STEP 11 执行操作后，在预览窗口中预览视频效果，如图 3-18 所示。

图 3-18　预览视频效果

017 开幕特效：制作黑屏开幕视频

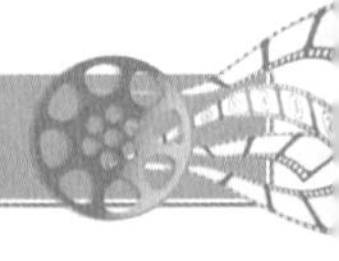

看抖音视频的时候，相信大家应该都看到过黑屏开幕的动态视频，下面介绍为夜景短视频作品添加特效的具体操作方法。

素材文件	素材 \ 第 3 章 \ 万家灯火 .mp4
效果文件	效果 \ 第 3 章 \ 万家灯火 .mp4
视频文件	视频 \ 第 3 章 \017 开幕特效：制作黑屏开幕视频 .mp4

【操练 + 视频】
——开幕特效：制作黑屏开幕视频

STEP 01 ❶在剪映 App 中导入一个视频素材；❷点击一级工具栏中的“特效”按钮，如图 3-19 所示。

STEP 02 进入“特效”编辑界面，在“基础”选项卡中选择“开幕”效果，如图 3-20 所示。

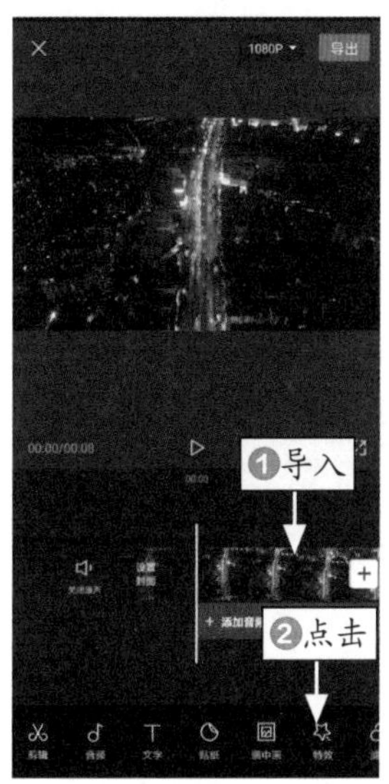

图 3-19　点击“特效”按钮

图 3-20　选择“开幕”效果

STEP 03 执行操作后，即可添加“开幕”特效，如图 3-21 所示。

STEP 04 选择“开幕”特效，拖动“开幕”特效右侧的白色滑块，调整特效的持续时间，如图 3-22 所示。

STEP 05 ❶拖动时间轴至合适位置处；❷点击“新增特效”按钮，如图 3-23 所示。

STEP 06 在“氛围”选项卡中选择“蝶舞”特效，如图 3-24 所示。

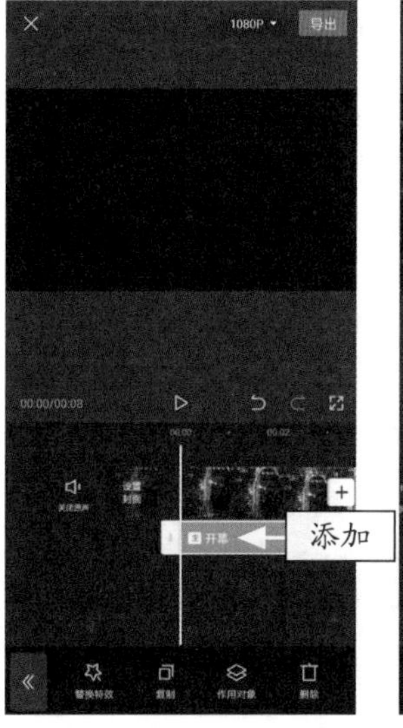

图 3-21　添加“开幕”特效

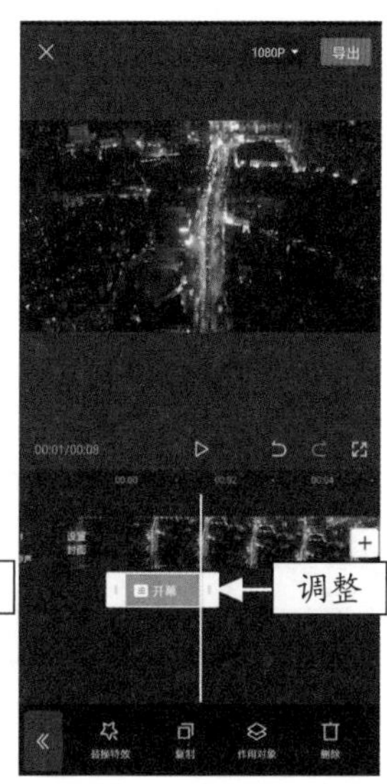

图 3-22　调整特效的持续时间

图 3-23　点击“新增特效”按钮

图 3-24　选择“蝶舞”特效

STEP 07 执行操作后，❶添加“蝶舞”特效；❷拖动“蝶舞”特效右侧的白色滑块至合适位置处，调整“蝶舞”特效的持续时长，如图 3-25 所示。

STEP 08 ❶拖动时间轴至“蝶舞”特效的结束位置处；❷点击下方的“新增特效”按钮，如图 3-26 所示。

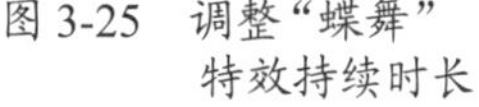
图 3-25　调整“蝶舞”特效持续时长

图 3-26　点击“新增特效”按钮

STEP 09 在“基础”选项卡中选择“闭幕”特效，如图 3-27 所示。

STEP 10 执行操作后在视频结尾处添加“闭幕”特效，如图 3-28 所示。

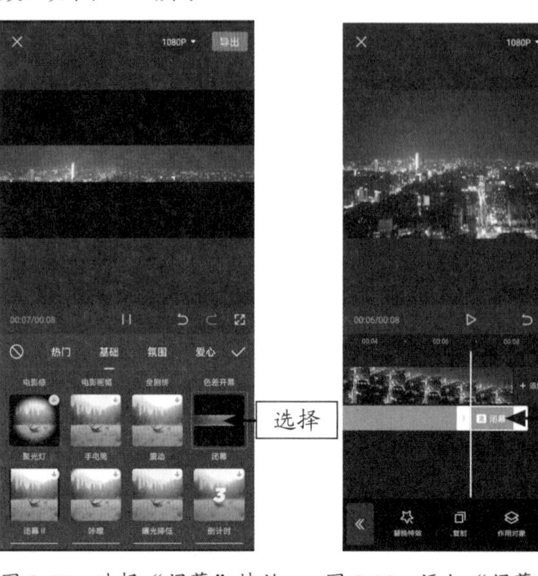

图 3-27　选择“闭幕”特效　　图 3-28　添加“闭幕”特效

STEP 11 在预览窗口中预览视频特效，点击右上角的“导出”按钮，即可导出视频，效果如图 3-29 所示。

图 3-29　导出并预览视频

专家指点

在剪映 App 中，为视频添加特效后，会自动添加一条特效轨道，添加的视频特效会显示在特效轨道中。视频特效默认的持续时长为 3 秒，用户可以通过拖动视频特效左右两端的白色滑块来调整特效的持续时长。

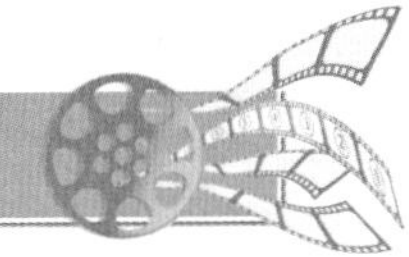

018 文字特效：制作文字随风消散效果

文字消散是非常浪漫唯美的一种字幕效果，让你的短视频更具朦胧感。下面介绍使用剪映 App 制作短视频文字随风消散效果的操作方法。

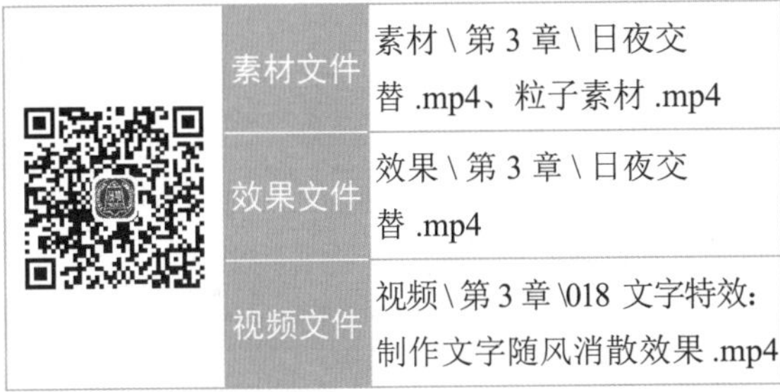

	素材文件	素材 \ 第 3 章 \ 日夜交替 .mp4、粒子素材 .mp4
	效果文件	效果 \ 第 3 章 \ 日夜交替 .mp4
	视频文件	视频 \ 第 3 章 \018 文字特效：制作文字随风消散效果 .mp4

【操练 + 视频】
——文字特效：制作文字随风消散效果

STEP 01 ❶在剪映 App 中导入一个视频素材；❷在下方的工具栏中点击“文字”按钮 T，如图 3-30 所示。

STEP 02 进入“文字”菜单界面，选择“新建文本”选项，如图 3-31 所示。

图 3-30　点击“文字”按钮

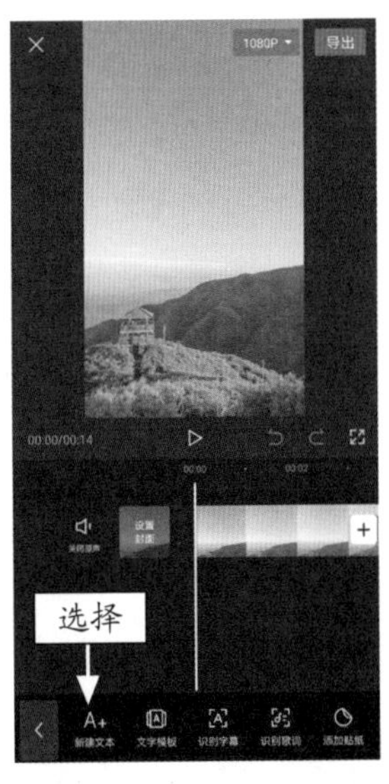

图 3-31　选择“新建文本”选项

STEP 03 在文本框中输入相应的文字内容，如图 3-32 所示。

STEP 04 点击 ✓ 按钮返回，再点击“样式”按钮，如图 3-33 所示。

图 3-32　输入文字内容　图 3-33　点击“样式”按钮

STEP 05 执行操作后，进入“样式”编辑界面，选择一个合适的字体样式，如图 3-34 所示。

STEP 06 拖动文本框右下角的 按钮，调整文本框的大小和位置，如图 3-35 所示。

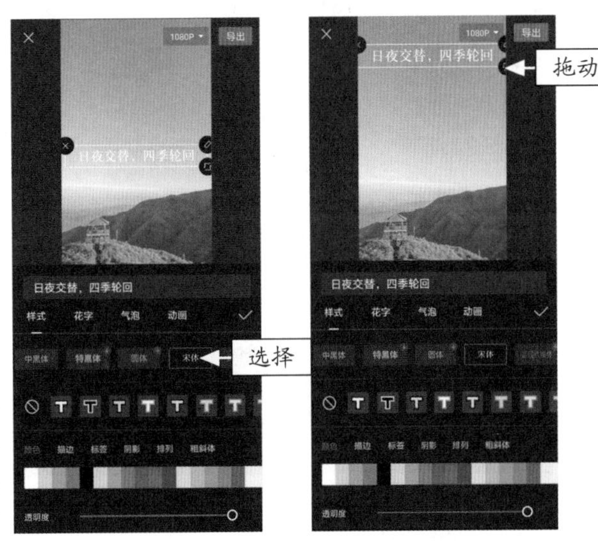

图 3-34　选择字体样式　　图 3-35　调整文本框

STEP 07 ❶切换至“动画”选项卡；❷在“入场动画”选项面板中找到并选择“向下滑动”动画效果，如

图 3-36 所示。

STEP 08 拖动底部的滑块，将动画的持续时长设置为 1.1s，如图 3-37 所示。

图 3-36 选择“向下滑动”动画效果

图 3-37 设置动画的持续时长

STEP 09 ①切换至“出场动画”选项面板；②找到并选择“打字机 II”动画效果，如图 3-38 所示。

STEP 10 拖动底部的滑块，将动画的持续时长设置为 1.6s，如图 3-39 所示。

图 3-38 选择“打字机 II”动画效果

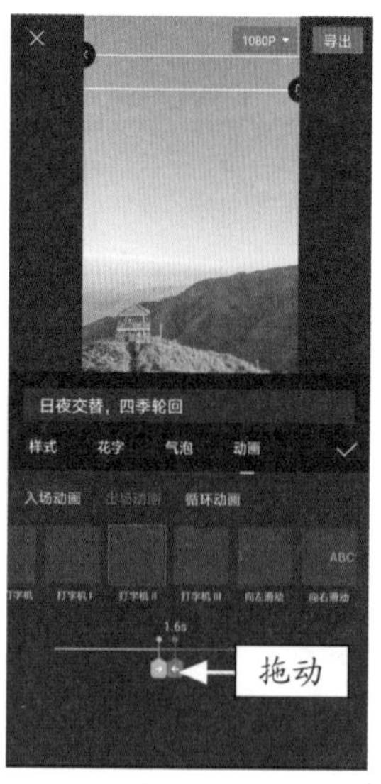

图 3-39 设置动画的持续时长

STEP 11 点击✓按钮返回，依次点击一级工具栏中的“画中画”按钮，再点击“新增画中画”按钮，①在画中画轨道中添加一个粒子素材；②点击下方工具栏中的“混合模式”按钮，如图 3-40 所示。

STEP 12 执行操作后，选择“滤色”选项，如图 3-41 所示。

图 3-40 点击“混合模式”按钮

图 3-41 选择“滤色”选项

专家指点

粒子素材用户可以通过素材模板网站平台购买下载，或者在抖音 App 中搜索粒子素材，下载抖音用户分享的素材。

STEP 13 点击✓按钮返回，拖动画中画轨道中的粒子素材至文字下滑后停住的位置，如图 3-42 所示。

STEP 14 选中轨道中的粒子素材后，调整视频画面的大小和位置，使其遮住整个文字画面，如图 3-43 所示。

图 3-42 拖动粒子素材

图 3-43 调整粒子素材的画面大

STEP 15 执行操作后，即可在预览窗口中预览视频，效果如图 3-44 所示。在界面的右上角点击“导出”按钮，将视频导出。

图 3-44　预览视频效果

019 打字特效：制作逐字打出效果

打字机动画给人一种怀旧的感觉，非常适合用在文艺类的短视频里面。下面介绍使用剪映 App 制作逐字打出文字动画效果的操作方法。

素材文件	素材 \ 第 3 章 \ 桥岸风貌 .mp4
效果文件	效果 \ 第 3 章 \ 桥岸风貌 .mp4
视频文件	视频 \ 第 3 章 \019 打字特效：制作逐字打出效果 .mp4

【操练 + 视频】
——打字特效：制作逐字打出效果

STEP 01 ❶在剪映 App 中导入一个视频素材；❷在下方的工具栏中点击“特效”按钮，如图 3-45 所示。

STEP 02 执行操作后，进入特效界面，如图 3-46 所示。

STEP 03 在“基础”选项卡中，选择“变清晰”特效，如图 3-47 所示。

STEP 04 点击✓按钮，即可添加该特效，拖动特效右侧的白色滑块，设置特效的持续时长，如图 3-48 所示。

图 3-45　点击“特效”按钮

图 3-46　进入特效编辑界面

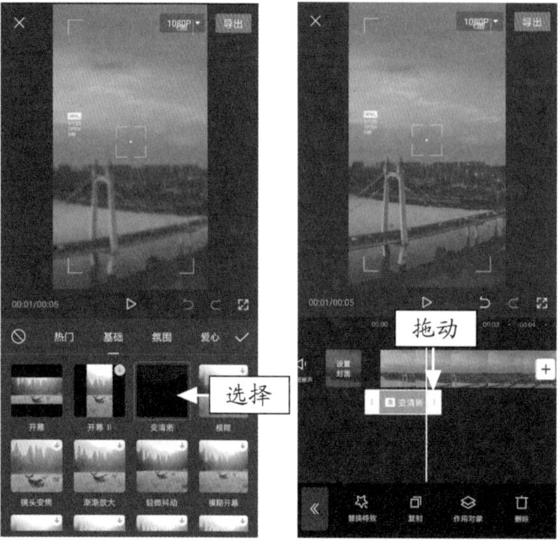

图 3-47 选择“变清晰”特效　图 3-48 设置特效持续时长

STEP 05 返回主界面，点击“文字”按钮，进入“文字”菜单界面，选择“新建文本”选项，如图 3-49 所示。

STEP 06 在文本框中输入相应的文字内容，如图 3-50 所示。

图 3-49 选择“新建文本”选项　图 3-50 输入文字内容

STEP 07 在预览区域拖动文本框右下角的图标，适当调整文本框的大小和位置，如图 3-51 所示。

STEP 08 在“样式”选项区中选择一种合适的字体样式，例如“宋体”，如图 3-52 所示。

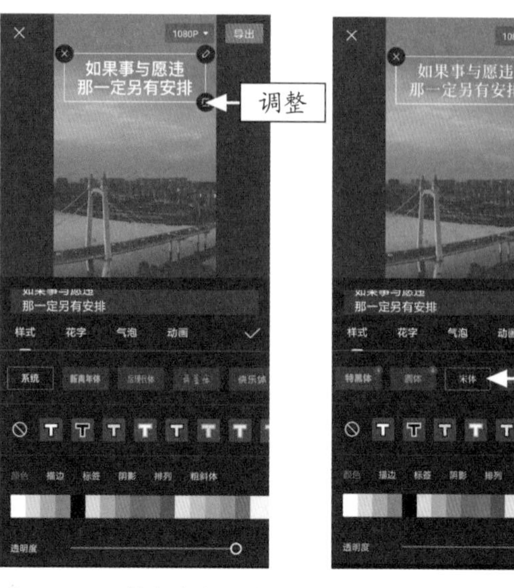

图 3-51 调整文本框的大小和位置　图 3-52 选择合适的字体

STEP 09 切换至“动画”选项卡，在“入场动画”选项面板中，选择“打字机 I ”动画效果，如图 3-53 所示。

STEP 10 执行上述操作后，向右拖动底部的滑块，调整动画效果的持续时间为 2.5s，如图 3-54 所示。

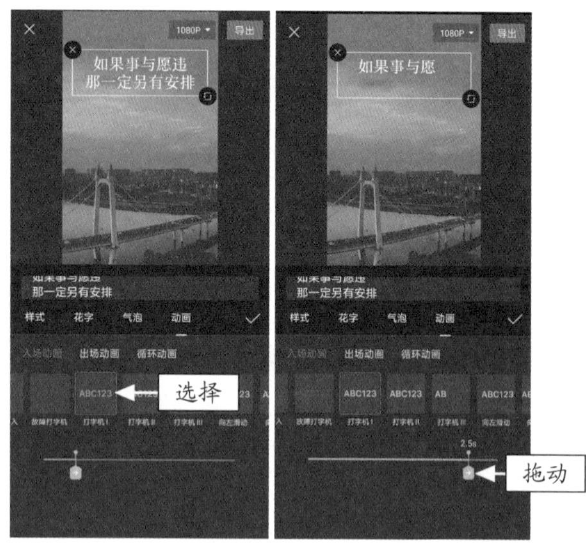

图 3-53 选择“打字机 I ”动画效果　图 3-54 调整动画效果的持续时间

STEP 11 点击按钮，添加字幕动画效果，在字幕轨道中适当调整字幕的持续时长，如图 3-55 所示。

STEP 12 执行操作后，即可在预览窗口中预览视频，效果如图 3-56 所示。点击界面右上角的“导出”按钮，将视频导出。

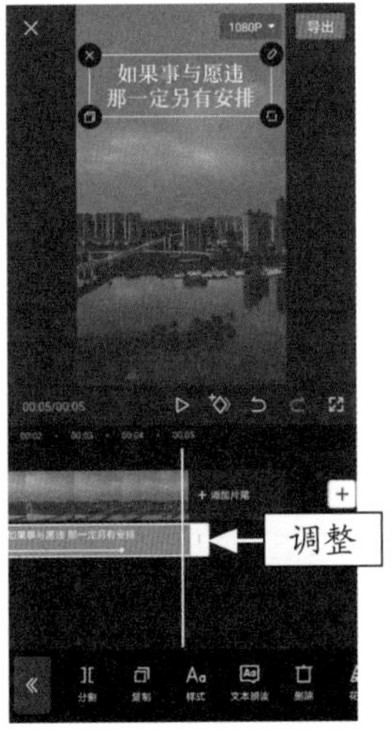

图 3-55　调整字幕持续时长

图 3-56　预览视频效果

020 变声特效：制作音频变声效果

在处理短视频的音频素材时，用户可以给其增加一些变速或者变声的特效，让声音效果变得更加有趣。下面介绍制作音频变声效果的操作方法。

	素材文件	素材 \ 第 3 章 \ 仰望星空 .mp4
	效果文件	效果 \ 第 3 章 \ 仰望星空 .mp4
	视频文件	视频 \ 第 3 章 \020 变声特效：制作音频变声效果 .mp4

【操练 + 视频】
——变声特效：制作音频变声效果

STEP 01 ❶在剪映 App 中导入视频素材；❷录制一段声音，选中录音素材；❸点击底部的“变声”按钮，如图 3-57 所示。

STEP 02 弹出“变声”菜单后，❶用户可以在其中选择合适的变声效果；❷点击按钮确认即可应用，如图 3-58 所示。

STEP 03 ❶选择录音素材后；❷点击底部的“变速”按钮，如图 3-59 所示。

STEP 04 弹出相应菜单，❶拖动红色滑块即可调整声音的变速参数；❷点击按钮，如图 3-60 所示。可以看到经过变速处理后的录音时长明显变短了，同时还会在录音素材上显示变速倍数。

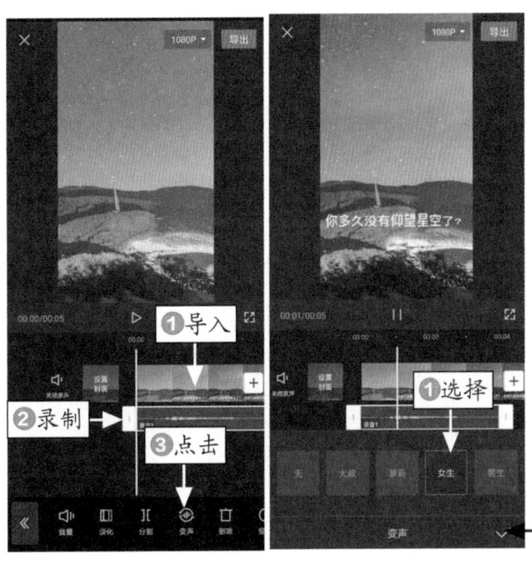

图 3-57　点击“变声”按钮　图 3-58　选择合适的变声效果

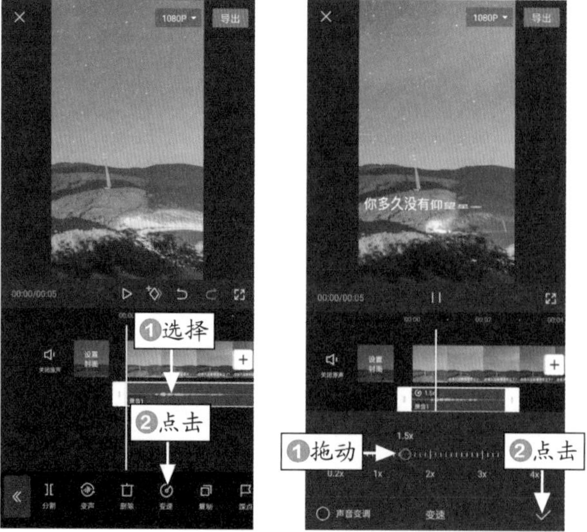

图 3-59　点击“变速”按钮　　图 3-60　点击✓按钮

第4章

剪辑：手把手教你怎样进行视频处理

章前知识导读

本章将向读者介绍如何用剪映专业版进行视频处理。剪映专业版是由抖音官方出品的一款电脑剪辑软件，拥有清晰的操作界面，强大的面板功能，同时也延续了手机App版全能易用的操作风格，非常适用于各种专业的剪辑场景。

新手重点索引

- 分割删除视频片段
- 定格截取视频片段
- 制作时光回溯效果
- 横竖切换视频画面

效果图片欣赏

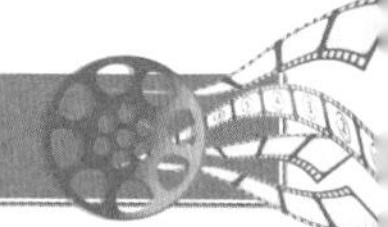

021 分割删除视频片段

在剪映中剪辑视频之前，首先要将素材导入到软件中，然后对其进行分割处理，并删除多余的视频片段，下面介绍具体的操作方法。

	素材文件	素材\第 4 章\黄昏延时 .mp4
	效果文件	效果\第 4 章\黄昏延时 .mp4
	视频文件	视频\第 4 章\021　分割删除视频片段 .mp4

【操练＋视频】
——分割删除视频片段

STEP 01 打开剪映软件，在主界面上单击“开始创作”按钮，如图 4-1 所示。

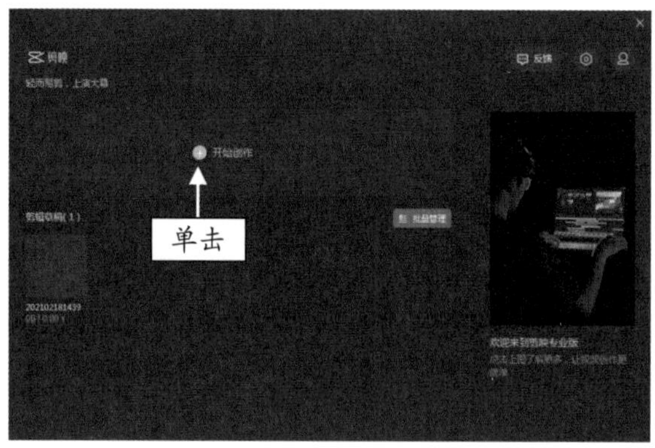

图 4-1　单击“开始创作”按钮

STEP 02 进入视频剪辑界面，单击“导入素材”按钮，如图 4-2 所示。

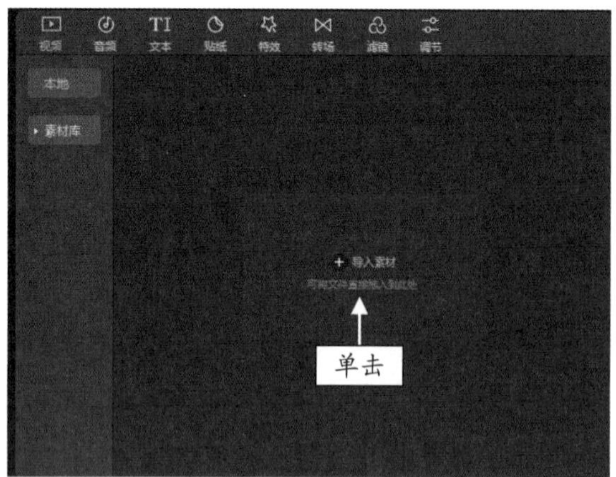

图 4-2　单击“导入素材”按钮

STEP 03 弹出“请选择媒体资源”对话框，选择相应的视频文件，如图 4-3 所示。

图 4-3　选择相应的视频文件

STEP 04 单击“打开”按钮，将视频文件导入到“本地”素材库中，如图 4-4 所示。

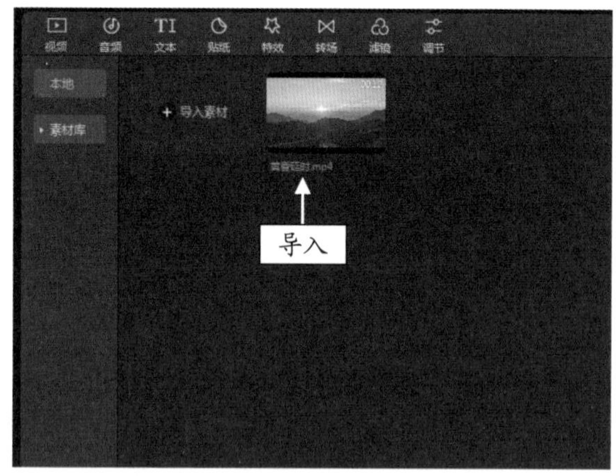

图 4-4　导入视频到“本地”素材库中

STEP 05 ❶选择视频文件；❷在右侧的预览窗口中即可自动播放视频效果，如图 4-5 所示。

图 4-5　预览视频效果

STEP 06 单击素材缩略图右下角的添加按钮，即可将导入的视频添加到视频轨道中，如图 4-6 所示。

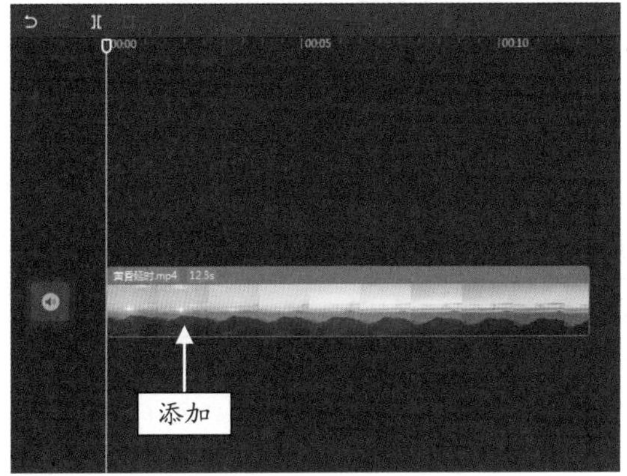

图 4-6　添加到视频轨道中

STEP 07 ❶拖动时间指示器至 9 秒的位置处；❷单击“分割”按钮，如图 4-7 所示。

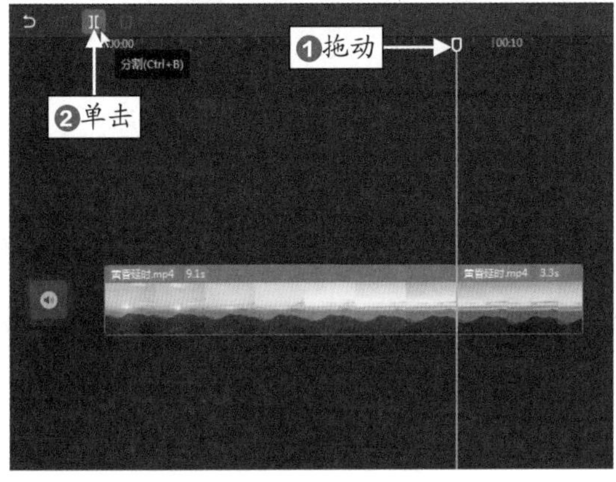

图 4-7　单击“分割”按钮

STEP 08 执行操作后，即可分割视频，选中分割出来的后半段视频，如图 4-8 所示。

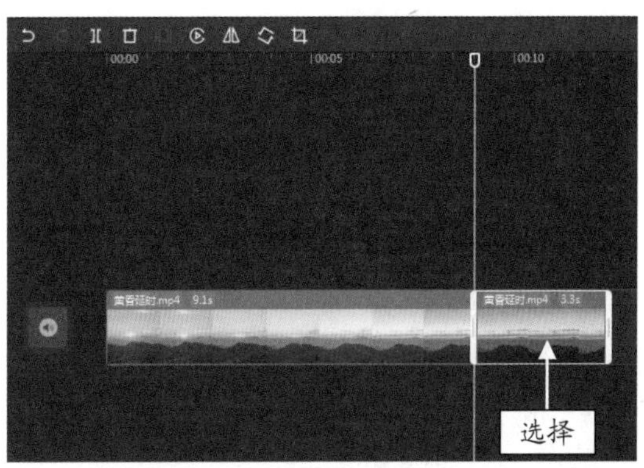

图 4-8　选中分割出来的后半段视频

STEP 09 单击“删除”按钮，即可删除多余的视频片段，如图 4-9 所示。

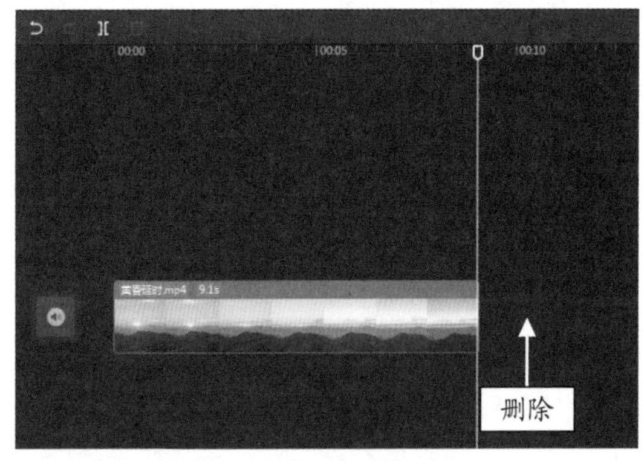

图 4-9　删除多余的视频片段

专家指点

预览窗口左下角的时间，表示当前时长和视频的总时长。单击右下角的按钮，可全屏预览视频效果。单击“播放”按钮，即可播放视频。用户在进行视频编辑操作后，可以单击“撤回”按钮，即可撤销上一步的操作。

022 定格截取视频片段

通过剪映的“定格”功能，可以让视频画面定格在某个瞬间。用户在碰到精彩的画面镜头时，即可使用“定格”功能来延长这个镜头的播放时间，从而增加视频对观众的吸引力。下面介绍制作定格片段画面效果的操作方法。

	素材文件	素材\第 4 章\碧波荡漾 .mp4
	效果文件	效果\第 4 章\碧波荡漾 .mp4
	视频文件	视频\第 4 章\022 定格截取视频片段 .mp4

【操练＋视频】
——定格截取视频片段

STEP 01 在剪映中导入一个视频素材，并将其添加到视频轨道上，如图 4-10 所示。

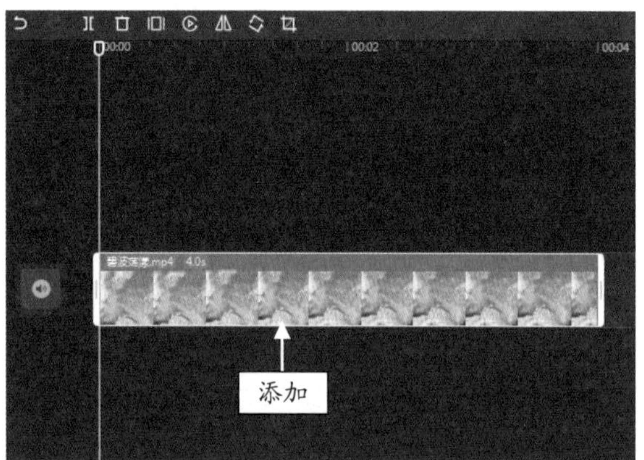

图 4-10 将素材添加到视频轨道上

STEP 02 ❶将时间指示器拖动至视频结尾处；❷单击“定格”按钮，如图 4-11 所示。

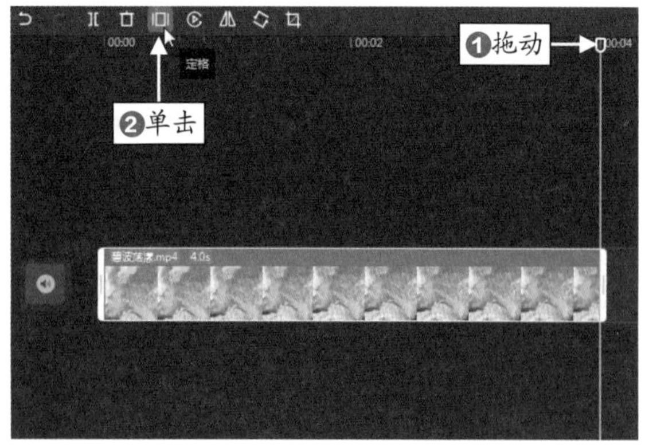

图 4-11 单击“定格”按钮

STEP 03 执行操作后，即可生成定格片段，如图 4-12 所示。

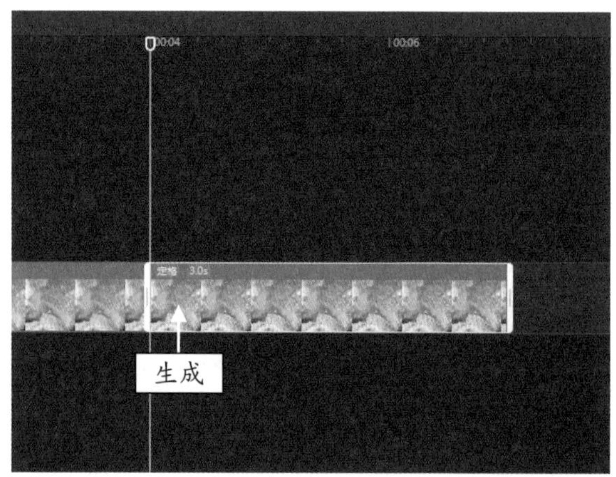

图 4-12 生成定格片段

STEP 04 拖动定格片段右侧的白色滑块，即可调整其时间长度，如图 4-13 所示。

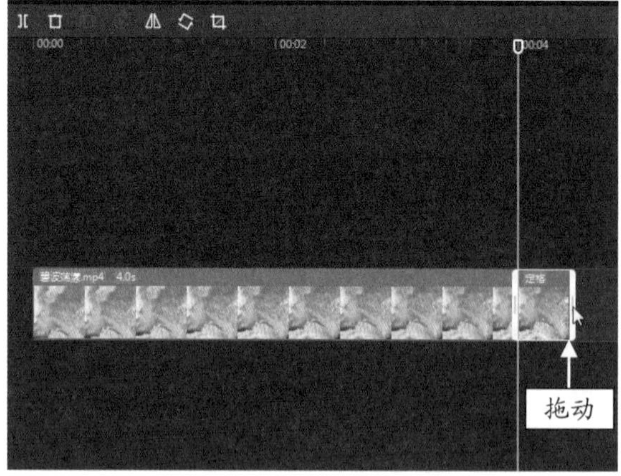

图 4-13 调整定格片段的时间长度

023 制作时光回溯效果

使用剪映的“倒放”功能，可以制作出时光倒流回溯的视频画面效果，下面介绍具体的操作方法。

素材文件	素材 \ 第 4 章 \ 夕阳西下 .mp4
效果文件	效果 \ 第 4 章 \ 夕阳西下 .mp4
视频文件	视频 \ 第 4 章 \023　制作时光回溯效果 .mp4

【操练 + 视频】
——制作时光回溯效果

STEP 01 在剪映中导入视频素材并将其添加到视频轨道，预览素材效果，如图 4-14 所示。

图 4-14　预览素材效果

STEP 02 ❶选择视频素材；❷单击“倒放”按钮，如图 4-15 所示。

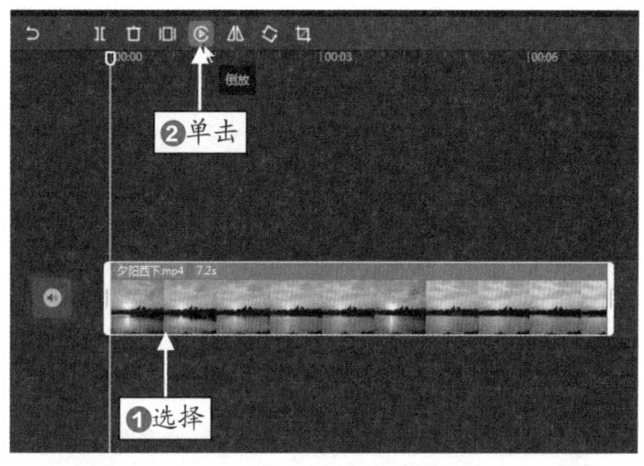

图 4-15　单击“倒放”按钮

STEP 03 执行操作后，即可对视频进行倒放处理，并显示处理进度，如图 4-16 所示。

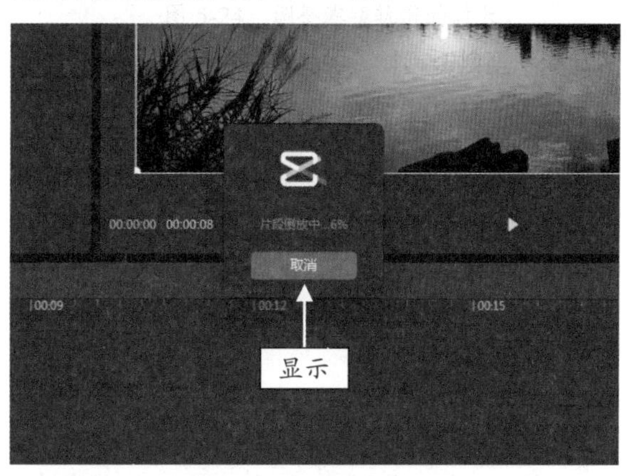

图 4-16　显示处理进度

STEP 04 稍等片刻即可完成倒放处理，预览视频效果，如图 4-17 所示。

图 4-17　预览视频效果

024 制作镜像视频画面

使用剪映的“镜像”功能，可以对视频画面进行水平镜像翻转操作，主要用于纠正画面视角或者打造多屏播放效果，下面介绍具体的操作方法。

素材文件	素材 \ 第 4 章 \ 迎风少女 .mp4
效果文件	效果 \ 第 4 章 \ 迎风少女 .mp4
视频文件	视频 \ 第 4 章 \024 制作镜像视频画面 .mp4

【操练 + 视频】
——制作镜像视频画面

STEP 01 在剪映中导入一个视频素材，双击视频上的添加按钮，添加两个重复的素材到视频轨道中，如图 4-18 所示。

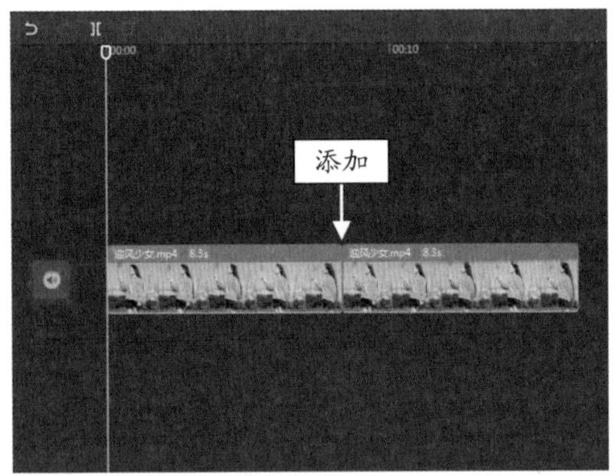

图 4-18 添加两个素材到视频轨道中

STEP 02 选择后面的视频素材，将其拖动至上方的画中画轨道中，如图 4-19 所示。

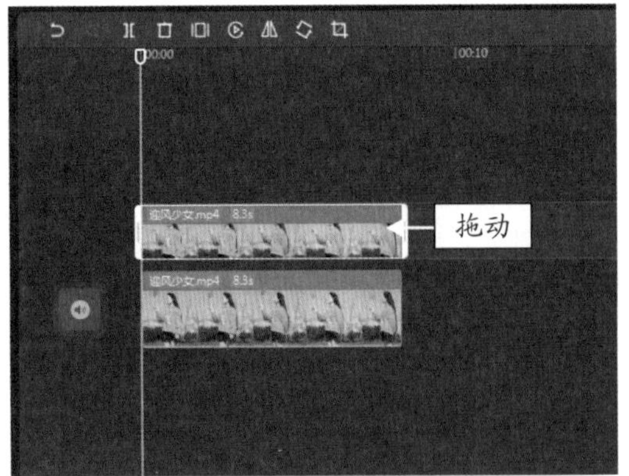

图 4-19 拖动素材至画中画轨道中

STEP 03 ❶将画布比例设置为 1:1；❷适当调整主轨道和画中画轨道中的视频画面位置，如图 4-20 所示。

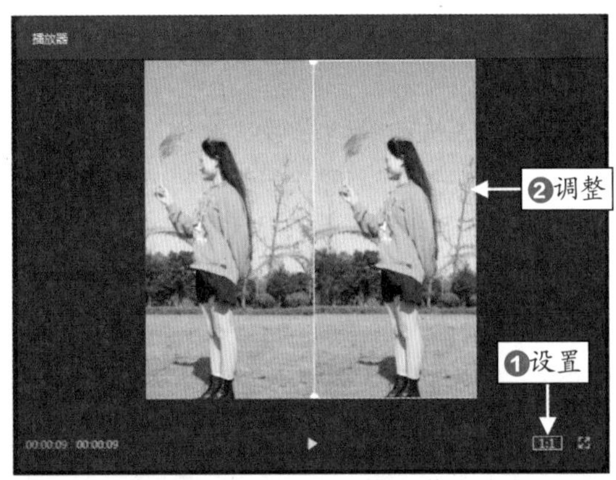

图 4-20 调整主轨道和画中画轨道中的视频画面位置

STEP 04 ❶选择画中画轨道中的素材；❷单击“镜像”按钮，如图 4-21 所示。

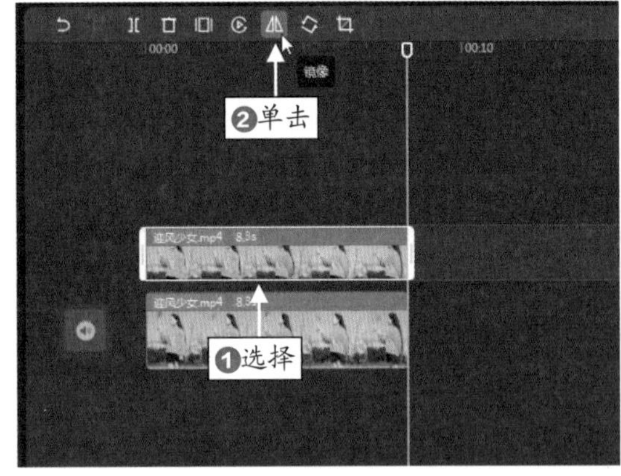

图 4-21 单击“镜像”按钮

专家指点

画中画效果是指在同一个视频中同时显示多个视频的画面。在剪映手机版的工具栏中，会直接显示“画中画”的功能按钮。电脑版虽然没有直接显示该功能，但用户仍然可以通过拖动视频至画中画轨道中的方式来进行多轨道操作。

STEP 05 执行上述操作后，即可将视频进行水平镜像翻转，如图 4-22 所示。

图 4-22　水平镜像翻转素材画面

STEP 06 单击“播放”按钮，即可查看视频效果，如图 4-23 所示。

图 4-23　预览视频效果

专家指点

在剪映的视频剪辑界面中，单击右上角的按钮，弹出“快捷键”对话框，其中包含一些剪辑操作的快捷键，能够帮助用户提升剪辑效率。

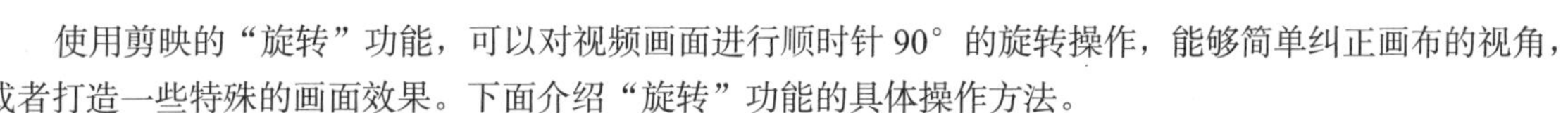

025 旋转校正视频画面

使用剪映的“旋转”功能，可以对视频画面进行顺时针 90° 的旋转操作，能够简单纠正画布的视角，或者打造一些特殊的画面效果。下面介绍“旋转”功能的具体操作方法。

素材文件	素材 \ 第 4 章 \ 橘子洲头 .mp4
效果文件	效果 \ 第 4 章 \ 橘子洲头 .mp4
视频文件	视频 \ 第 4 章 \025　旋转校正视频画面 .mp4

【操练 + 视频】
——旋转校正视频画面

STEP 01 在剪映中导入一个视频素材，双击视频上的添加按钮，添加两个重复的素材到视频轨道中，如图 4-24 所示。

STEP 02 选择后一段视频素材，❶按住鼠标左键将其拖动至上方的画中画轨道中；❷选择主视频轨道上的素材；❸连续单击两次“旋转”按钮；❹单击“镜像”按钮翻转画面，如图 4-25 所示。

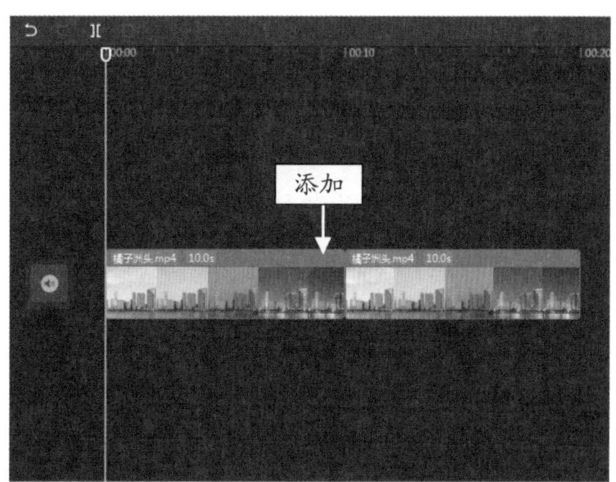

图 4-24　添加两个重复素材到视频轨道中

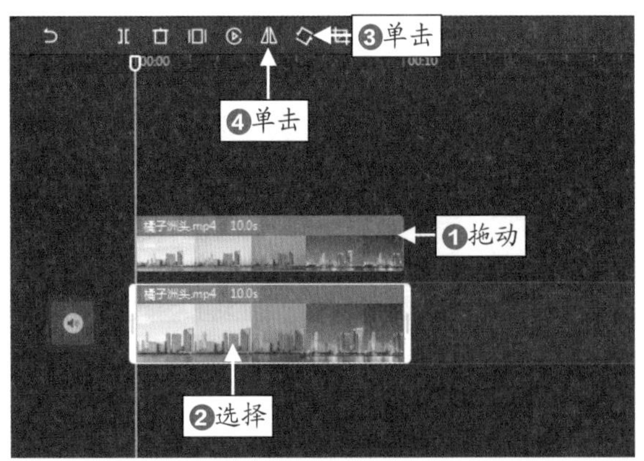

图 4-25　旋转视频画面

STEP 03 执行上述操作后，即可形成垂直翻转的画面效果，如图 4-26 所示。

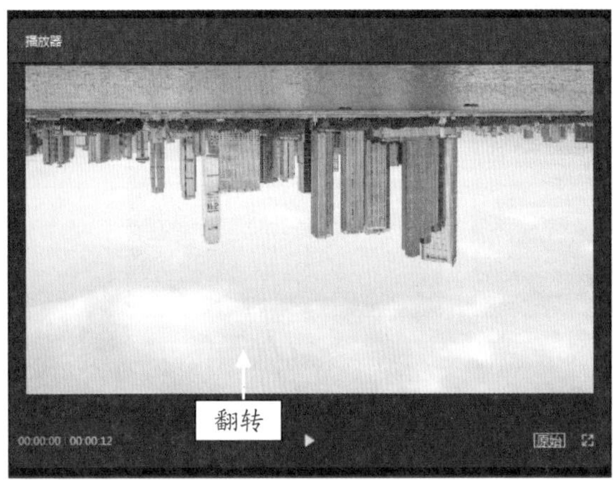

图 4-26　垂直翻转画面

STEP 04 在预览窗口中，适当调整主轨道和画中画轨道的视频位置，形成上下对称的画面效果，如图 4-27 所示。

图 4-27　调整视频位置

STEP 05 预览视频效果，打造出一种“逆世界”的镜像特效，如图 4-28 所示。

图 4-28　预览视频效果

026 裁剪不需要的画面

用户在前期拍摄短视频时，如果发现画面局部有瑕疵，或者构图不太理想，也可以在后期利用剪映的“裁剪”功能，对视频进行更加精确的旋转或者裁剪，下面介绍具体的操作方法。

素材文件	素材 \ 第 4 章 \ 黎明破晓 .mp4
效果文件	效果 \ 第 4 章 \ 黎明破晓 .mp4
视频文件	视频 \ 第 4 章 \026　裁剪不需要的画面 .mp4

【操练 + 视频】
——裁剪不需要的画面

STEP 01 在剪映中导入视频素材并将其添加到视频轨道中，在预览窗口中预览画面效果，如图 4-29 所示。可以看到画面右侧有一个人，需要将右侧的人裁剪掉。

图 4-29　预览画面效果

STEP 02 ❶选择视频素材；❷单击“裁剪”按钮，如图 4-30 所示。

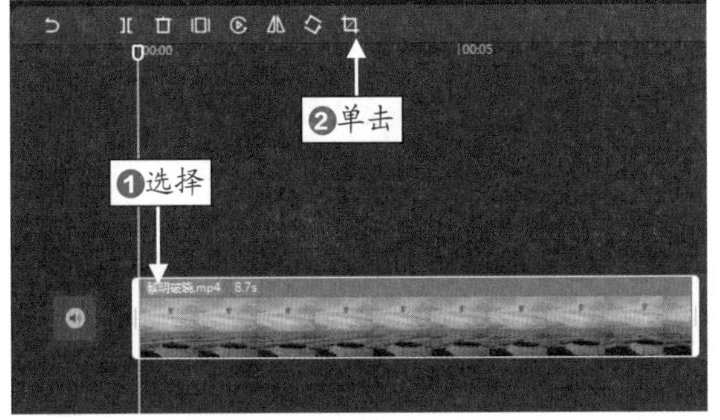

图 4-30　单击“裁剪”按钮

STEP 03 执行操作后，弹出“裁剪”对话框，设置“裁剪比例”为 16:9，如图 4-31 所示。

STEP 04 在“裁剪”对话框的预览区域中，拖动裁剪控制框，对画面进行适当裁剪，如图 4-32 所示。

图 4-31　设置裁剪比例

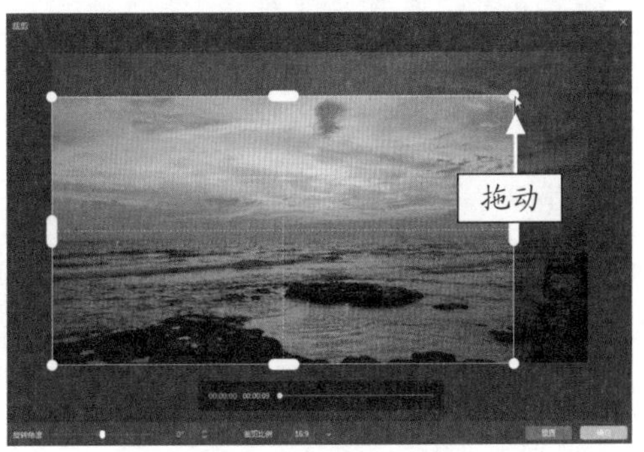

图 4-32　拖动裁剪控制框

STEP 05 单击“确定”按钮，确认裁剪操作，预览视频效果，如图 4-33 所示。

图 4-33　预览视频效果

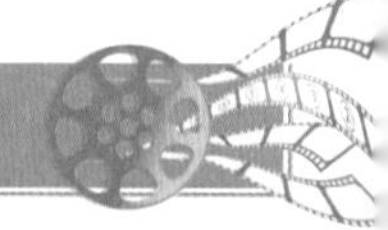

027 横竖切换视频画面

使用剪映的比例调整功能，可以快速将横版视频转换为竖版效果，下面介绍具体的操作方法。

素材文件	素材 \ 第 4 章 \ 拍摄大桥 .mp4
效果文件	效果 \ 第 4 章 \ 拍摄大桥 .mp4
视频文件	视频 \ 第 4 章 \027　横竖切换视频画面 .mp4

【操练 + 视频】
——横竖切换视频画面

STEP 01 在剪映中导入视频素材并将其添加到视频轨道中，单击预览窗口下方的"原始"按钮，如图 4-34 所示。

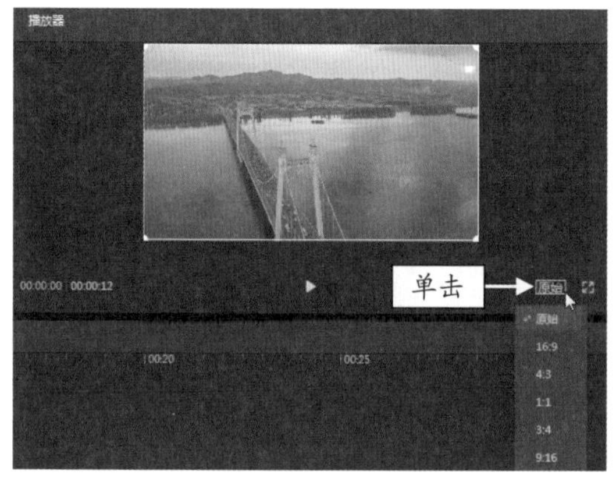

图 4-34　单击"原始"按钮

STEP 02 ❶在弹出的下拉列表中选择 9:16 选项；❷即可将视频画布调整为相应尺寸大小，如图 4-35 所示。

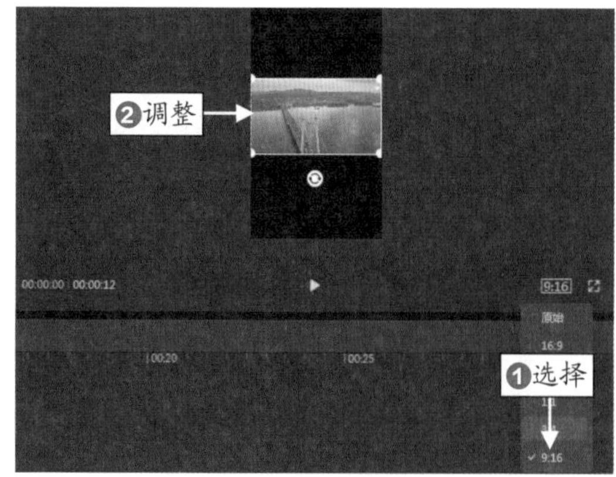

图 4-35　调整视频尺寸

STEP 03 使用这种方法制作的竖版视频，画面上下会出现黑色背景，同时视频画面能够获得完整的展现，效果如图 4-36 所示。

图 4-36　黑色背景的竖版视频效果

STEP 04 如果用户对于效果不满意，也可以在预览窗口中调整视频画面的大小和展现区域，如图 4-37 所示。

STEP 05 使用这种方法制作的竖版视频，画面上下没有黑色背景，能够获得满屏展现，但视频画面会被大量裁剪，只能显示局部区域，效果如图 4-38 所示。

专家指点

抖音平台的竖版视频尺寸为 1080×1920，即 9:16 的宽高比。对于尺寸过大的视频，抖音会对其进行压缩，因此画面可能会变得很模糊。

图 4-37　调整视频画面

图 4-38　满屏展现的竖版视频效果

028 更换视频背景效果

当用户将横版视频转换为竖版后，如果对于黑色背景不太满意，也可以使用剪映的“背景填充”功能，修改背景的颜色或者更换其他的背景效果，下面介绍具体的操作方法。

素材文件	素材 \ 第 4 章 \ 长桥夜景 .mp4
效果文件	效果 \ 第 4 章 \ 长桥夜景 .mp4
视频文件	视频 \ 第 4 章 \028　更换视频背景效果 .mp4

【操练 + 视频】
——更换视频背景效果

STEP 01 在剪映中导入视频素材并将其添加到视频轨道中，单击预览窗口中的“原始”按钮，如图 4-39 所示。

图 4-39　单击“原始”按钮

STEP 02 ❶设置画布比例为 9:16；❷即可将视频画布调整为与抖音竖屏的尺寸一致，如图 4-40 所示。

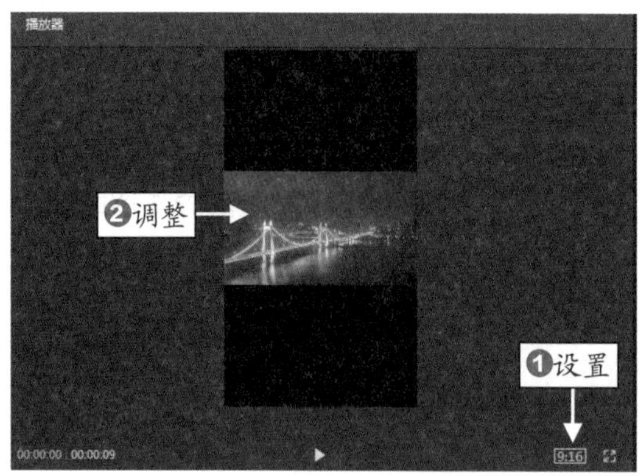

图 4-40　调整视频画布

STEP 03 选择视频轨道上的素材，❶单击“画面”按钮；❷单击“背景”按钮；❸单击“背景填充”下拉按钮，如图 4-41 所示。

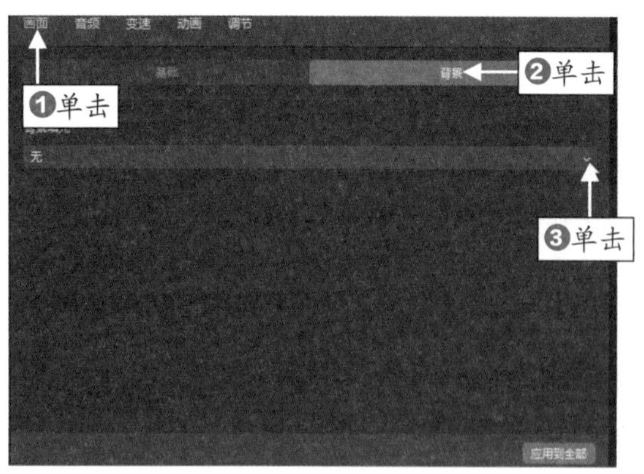

图 4-41　单击“背景填充”下拉按钮

STEP 04 在弹出的下拉列表中选择“模糊”选项，如图 4-42 所示。

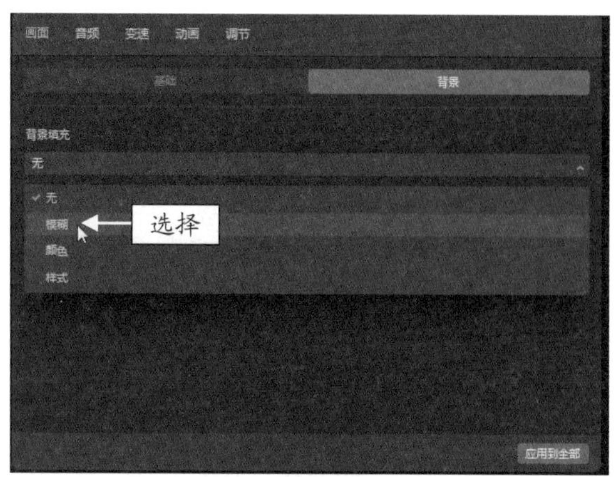

图 4-42　选择“模糊”选项

专家指点

选择背景填充效果时，除了模糊外，用户还可以选择颜色和样式进行背景填充。

STEP 05 在展开的面板中，❶选择第 1 个模糊样式；❷面板中会弹出信息提示，提示用户所选背景已添加至视频片段中，如图 4-43 所示。

图 4-43　选择相应的模糊样式

STEP 06 此时用户可以在“播放器”面板的预览窗口中看到添加的模糊背景，如图 4-44 所示。

图 4-44　查看添加的模糊背景

STEP 07 单击"播放"按钮▶，预览视频效果，精美的背景效果能够更好地衬托视频画面，如图 4-45 所示。

图 4-45　预览视频效果

029 导出高品质的视频

当用户完成对视频的剪辑操作后，可以通过剪映的"导出"功能，快速将视频作品导出为 mp4 或者 mov 等格式的成品。下面介绍将视频导出为 4K 画质的操作方法。

素材文件	素材 \ 第 4 章 \ 摩天轮 .mp4
效果文件	效果 \ 第 4 章 \ 摩天轮 .mp4
视频文件	视频 \ 第 4 章 \029　导出高品质的视频 .mp4

【操练 + 视频】
——导出高品质的视频

STEP 01 在剪映中导入一个视频素材，并将其添加到视频轨道中，如图 4-46 所示。

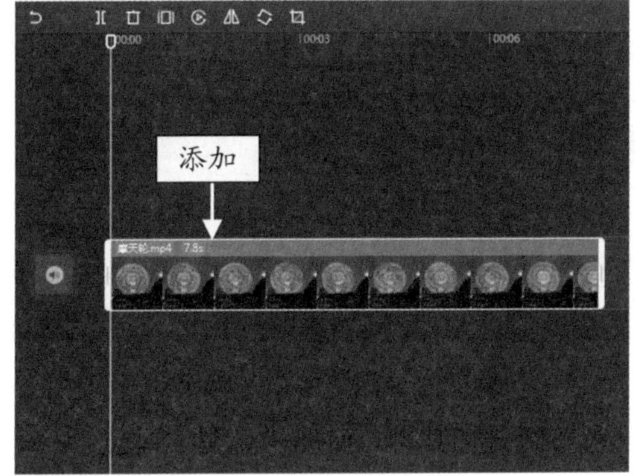

图 4-46　将素材添加到视频轨道

STEP 02 选择视频轨道上的素材，❶在界面单击"变速"按钮；❷设置"倍数"为 1.5x，如图 4-47 所示。

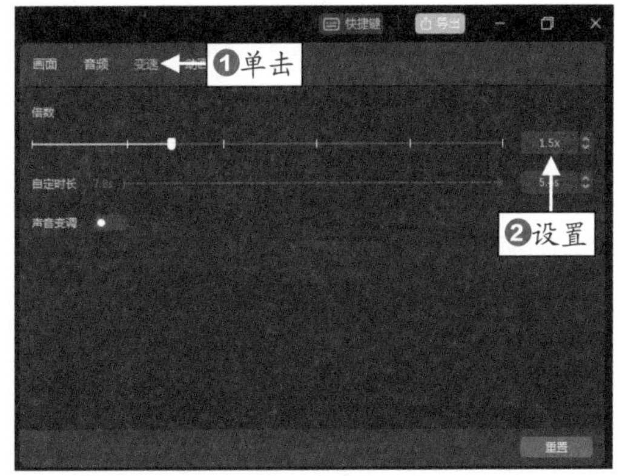

图 4-47　设置变速倍数缩短播放时长

STEP 03 在"播放器"面板下方可以查看视频的总播放时长，如图 4-48 所示。

STEP 04 单击界面右上角的"导出"按钮，弹出"导出"对话框，在"作品名称"文本框中输入导出视频的名称，如图 4-49 所示。

图 4-48　查看总播放时长

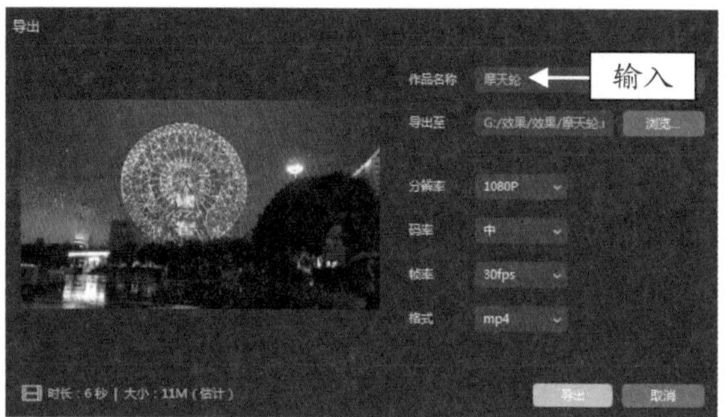

图 4-49　输入导出视频的名称

STEP 05 单击“浏览”按钮，弹出“请选择导出路径”对话框，❶选择相应的保存路径；❷单击“选择文件夹”按钮，如图 4-50 所示。

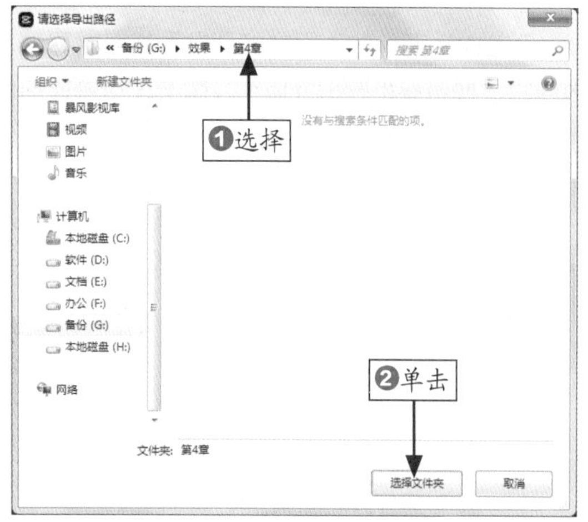

图 4-50　选择相应的保存路径

STEP 06 在“分辨率”下拉列表中选择 4K 选项，如图 4-51 所示。

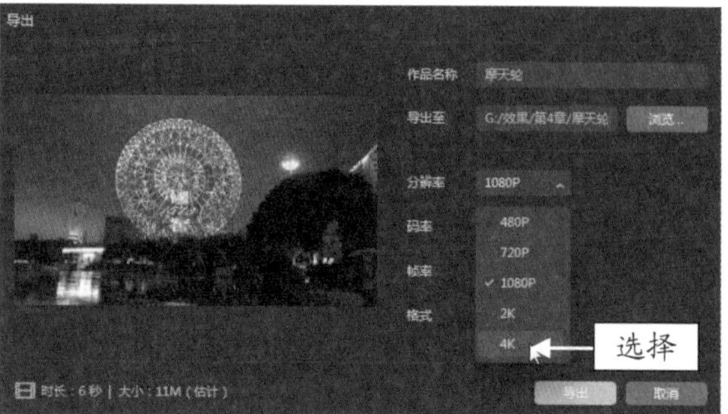

图 4-51　选择 4K 选项

STEP 07 在“码率”下拉列表中选择“高”选项，如图 4-52 所示。

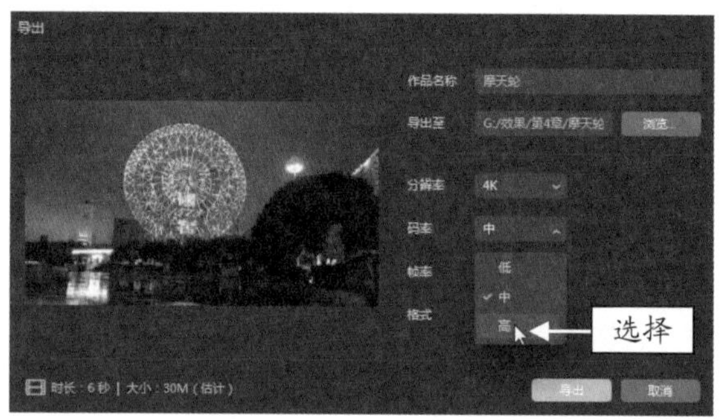

图 4-52　选择“高”选项

STEP 08 在“帧率”下拉列表中选择 60fps 选项，如图 4-53 所示。（注意，此处的“帧率”参数要与视频拍摄时选择的参数相同，否则即使选择最高的参数也会影响画质。）

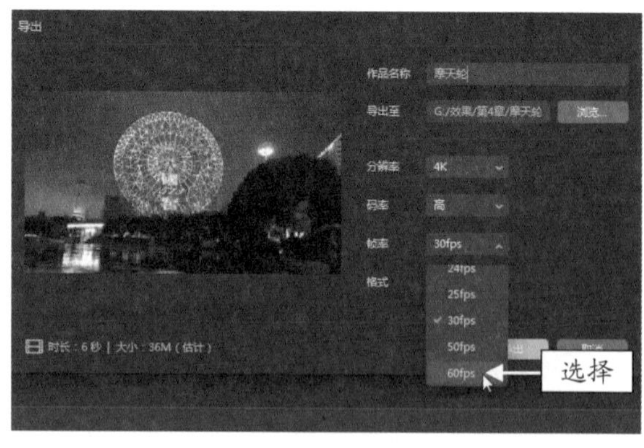

图 4-53　选择 60fps 选项

STEP 09 在“格式”下拉列表中选择 mp4 选项，便于手机观看，如图 4-54 所示。

STEP 10 单击“导出”按钮，显示导出进度，如图 4-55 所示。

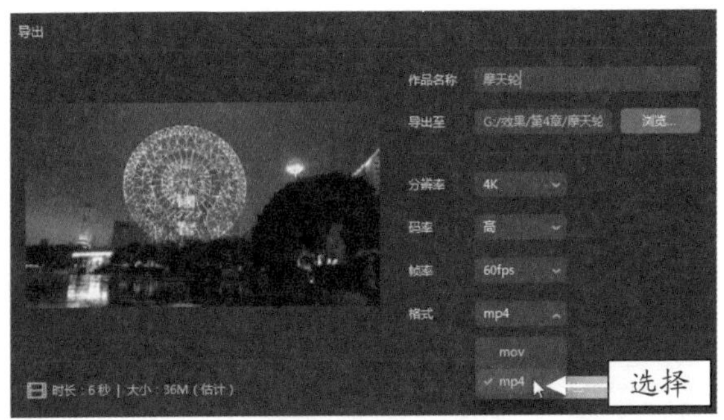

图 4-54　选择 mp4 选项

图 4-55　显示导出进度

STEP 11 导出完成后，❶单击“发布至西瓜视频”右侧的按钮，即可打开浏览器，将视频发布至西瓜视频平台。如果用户不需要发布视频，❷单击“关闭”按钮，即可完成视频的导出操作，如图 4-56 所示。

图 4-56　单击“关闭”按钮

STEP 12 单击“播放”按钮，可以在预览窗口中预览视频，效果如图 4-57 所示。

图 4-57　预览视频效果

第5章

调色：高级经典调出夺目的影调风格

章前知识导读

如今，人们的欣赏眼光越来越高，喜欢追求更有创造性的短视频作品。因此，在后期对短视频的色调进行处理时，不仅要突出画面主体，还需要表现出适合主题的艺术气息，实现完美的色调视觉效果。

新手重点索引

- 调出简单风光色调
- 将夏天调整成秋天
- 调出青橙天空风格
- 调出橙红黑金风格

效果图片欣赏

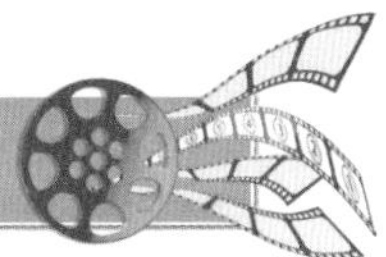

030 调出简单风光色调

运用剪映的“调节”功能，对原视频素材的色彩和影调进行适当调整，可以简单、轻松地调出风光色调，让画面效果变得更加夺目，具体操作方法如下。

	素材文件	素材 \ 第 5 章 \ 海鸟飞行 .mp4
	效果文件	效果 \ 第 5 章 \ 海鸟飞行 .mp4
	视频文件	视频 \ 第 5 章 \030　调出简单风光色调 .mp4

【操练 + 视频】
——调出简单风光色调

STEP 01 在剪映中导入视频素材，并将其添加到视频轨道中，如图 5-1 所示。

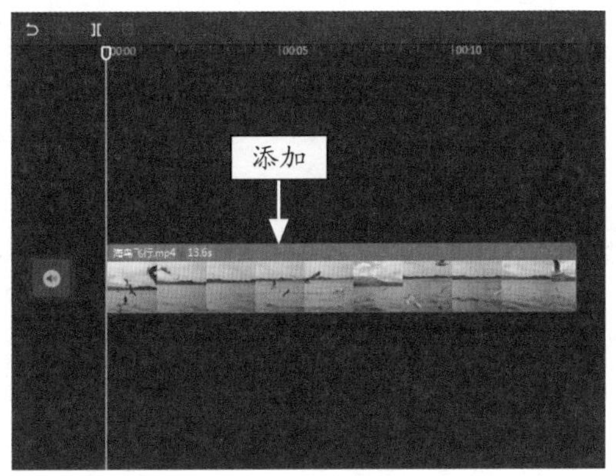

图 5-1　将素材添加到视频轨道

STEP 02 选择视频轨道上的素材，在界面单击“调节”按钮，切换至调节操作区，如图 5-2 所示。

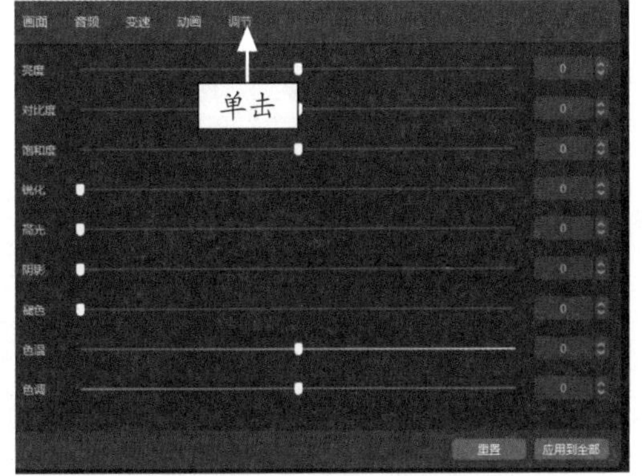

图 5-2　单击“调节”按钮

STEP 03 ❶拖动“亮度”滑块；❷将其参数设置为 10，如图 5-3 所示。

图 5-3　设置“亮度”参数

STEP 04 ❶拖动“对比度”滑块；❷将其参数设置为 15，如图 5-4 所示。

图 5-4　设置“对比度”参数

STEP 05 ❶拖动“饱和度”滑块；❷将其参数设置为 20，如图 5-5 所示。

图 5-5　设置“饱和度”参数

STEP 06 ❶拖动“锐化”滑块；❷将其参数设置为 25，如图 5-6 所示。

图 5-6　设置“锐化”参数

STEP 07 ❶拖动“色温”滑块；❷将其参数设置为-25，如图5-7所示。

图5-7　设置“色温”参数

STEP 08 ❶拖动“色调”滑块；❷将其参数设置为-5，如图5-8所示。

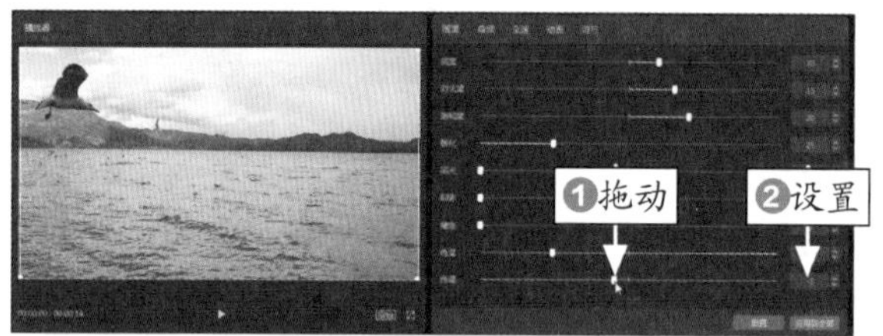

图5-8　设置“色调”参数

STEP 09 单击“播放器”面板中的“原始”按钮，❶在弹出的下拉列表中选择9:16选项；❷将视频画布调整为相应尺寸，如图5-9所示。

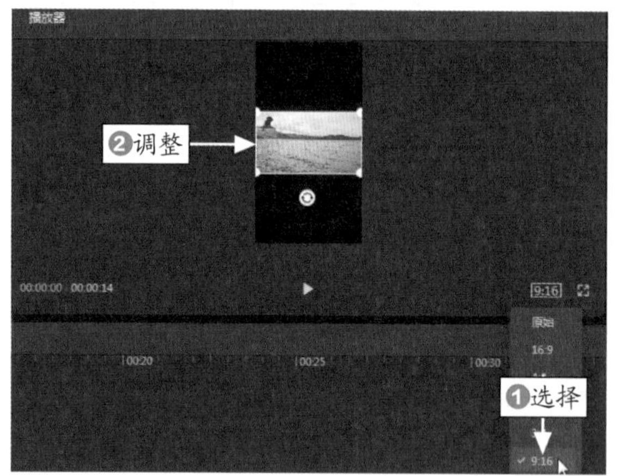

图5-9　调整画布尺寸

STEP 10 在预览窗口中适当调整主轨道视频画面的位置，如图5-10所示。

STEP 11 在“视频”功能区中选择导入的视频素材，按住鼠标左键并向下拖动至画中画轨道中，如图5-11所示。

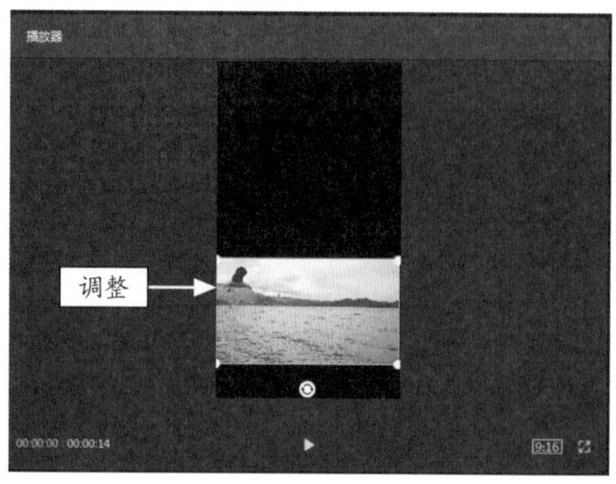

图5-10　调整主轨道视频的位置

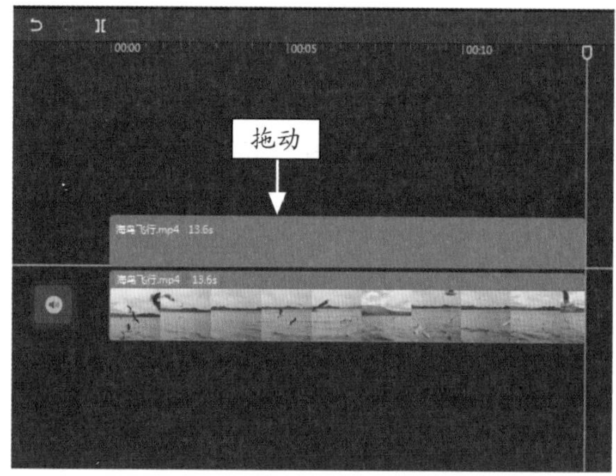

图5-11　拖动素材至覆叠轨道中

STEP 12 选择画中画轨道上的素材，在预览窗口中适当调整视频画面的位置，如图5-12所示。

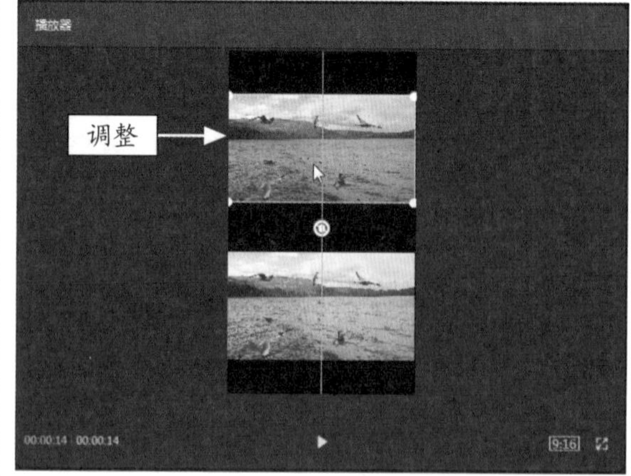

图5-12　调整覆叠轨道的视频画面位置

STEP 13 ❶单击“文本”按钮；❷在“新建文本”选项卡中单击“默认文本”的添加按钮⊕，如图 5-13 所示。

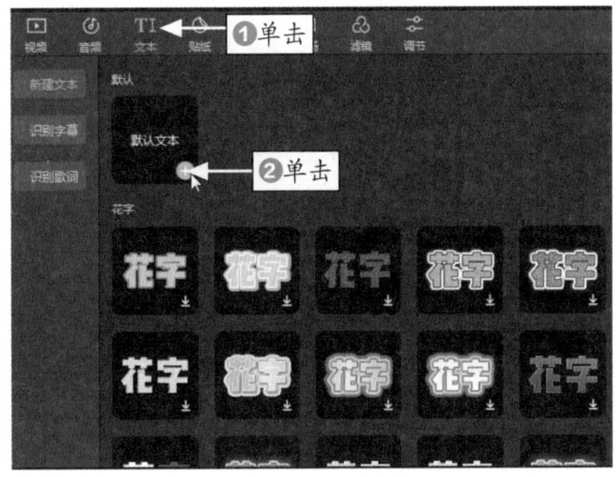

图 5-13　单击添加按钮

STEP 14 执行操作后，即可添加一条文本轨道，如图 5-14 所示。

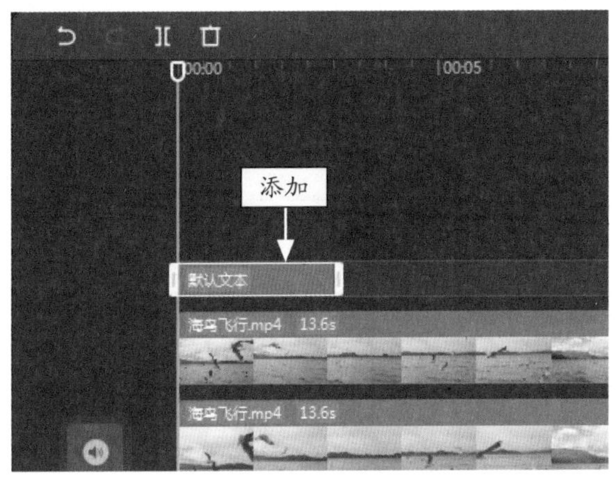

图 5-14　添加一条文本轨道

STEP 15 在轨道中选择添加的文本，调整其持续时间与视频一致，如图 5-15 所示。

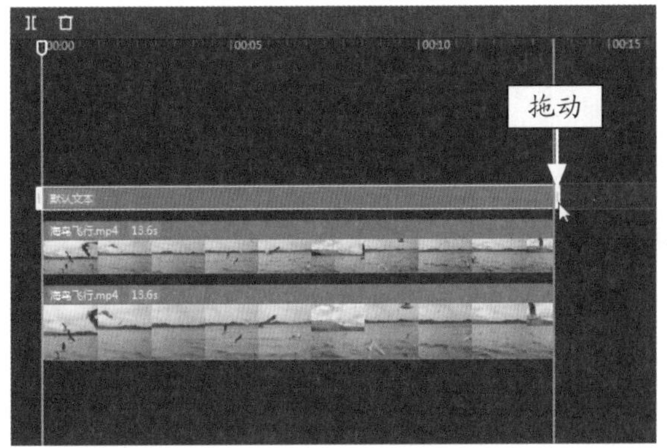

图 5-15　调整文本持续时间

STEP 16 在“编辑”操作区的文本框中输入相应文字，如图 5-16 所示。

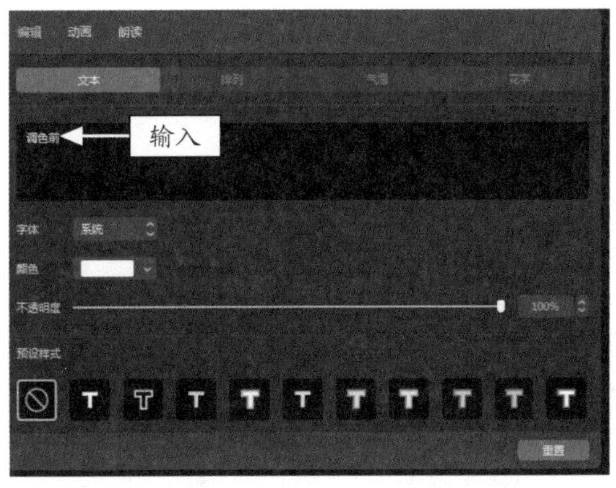

图 5-16　输入相应文字

STEP 17 在预览窗口中适当调整文字的大小和位置，如图 5-17 所示。

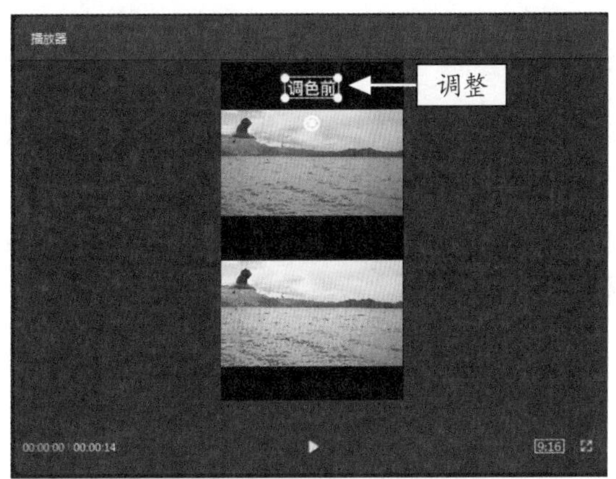

图 5-17　调整文字的大小和位置

STEP 18 在文本轨道中，选中制作的文本，按 Ctrl+C 组合键复制，然后按 Ctrl+V 组合键粘贴一条新的文本轨道，如图 5-18 所示。

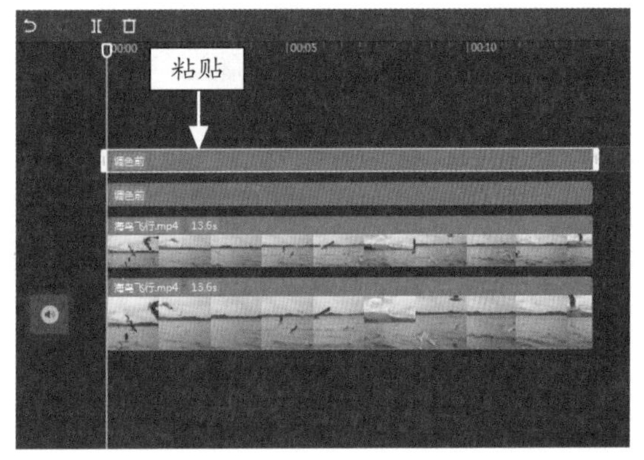

图 5-18　复制一条新的文本轨道

专家指点

在撰写短视频文案的时候，要注意的一点是，内容应该简短一点，突出重点，切忌过于复杂。短视频中的文字内容越是简单明了，观众在看到这样的视频时，才会有一个比较舒适的视觉感受，阅读起来也更为方便。

STEP 19 执行操作后，在预览窗口中适当调整复制的文字位置，如图 5-19 所示。

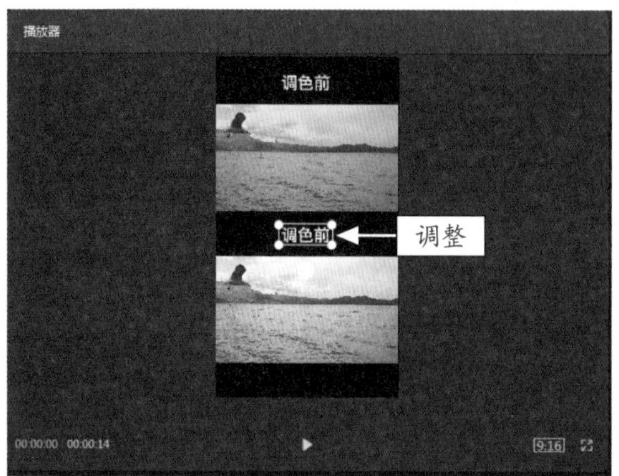

图 5-19　调整复制的文字位置

STEP 20 在“编辑”操作区的文本框中修改文字内容，如图 5-20 所示。

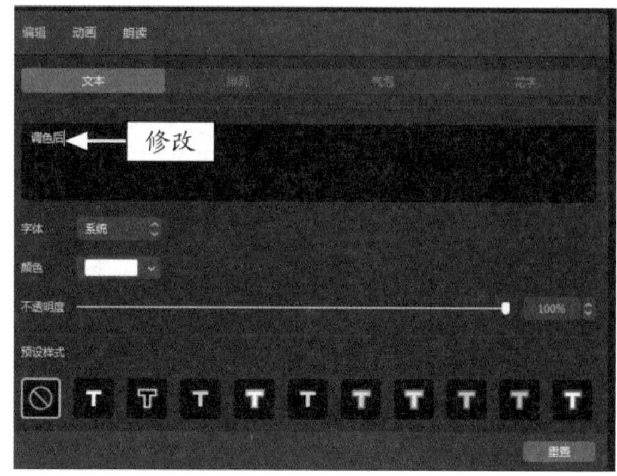

图 5-20　修改文字内容

专家指点

在制作调色类短视频时，采用原视频和调色后的视频效果进行对比，这是比较常用的展现手法，通过对比能够让观众对于调色效果一目了然。

STEP 21 预览视频效果，上方为调色前的原视频画面，下方为调色后的视频画面，通过上下对比动态演示调色的效果，如图 5-21 所示。

图 5-21　预览视频效果

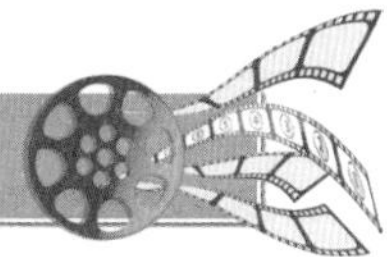

031 将夏天调整成秋天

运用剪映的“月升王国”滤镜，可以将绿色的树叶变成黄色，同时使用“自然”特效能够制作出秋天落叶的画面效果，具体操作方法如下。

	素材文件	素材 \ 第 5 章 \ 公园一角 .mp4
	效果文件	效果 \ 第 5 章 \ 公园一角 1.mp4、公园一角 2.mp4
	视频文件	视频 \ 第 5 章 \031　将夏天调整成秋天 .mp4

【操练 + 视频】
——将夏天调整成秋天

STEP 01 在剪映中导入视频素材并将其添加到视频轨道中，如图 5-22 所示。

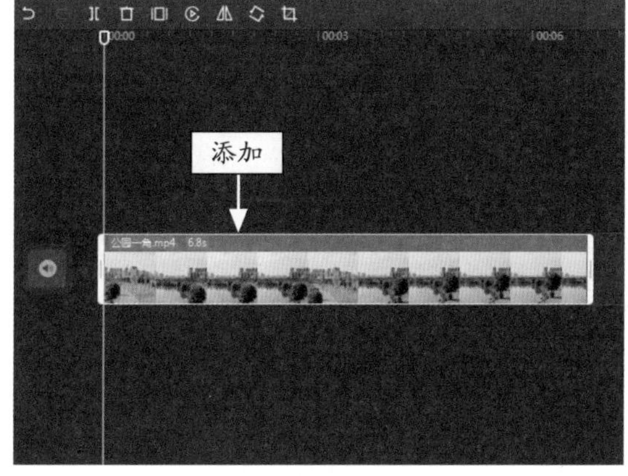

图 5-22　添加视频素材

STEP 02 ❶单击“滤镜”按钮，切换至该功能区；❷在“电影”选项卡中选择“月升王国”滤镜，如图 5-36 所示。

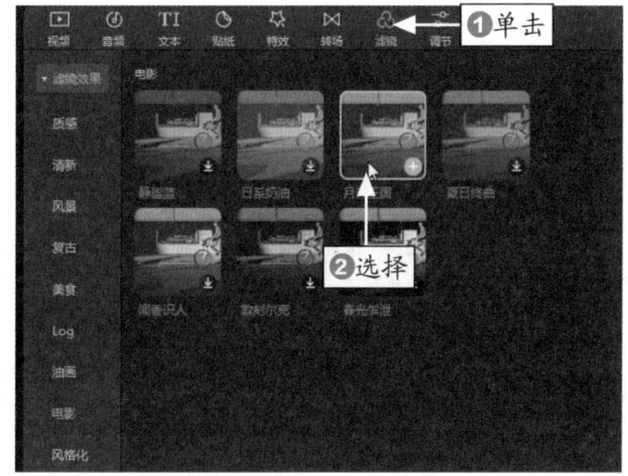

图 5-23　选择“月升王国”滤镜

STEP 03 单击添加按钮，即可添加一条滤镜轨道，将“月升王国”滤镜时长与视频时长调整一致，如图 5-24 所示。

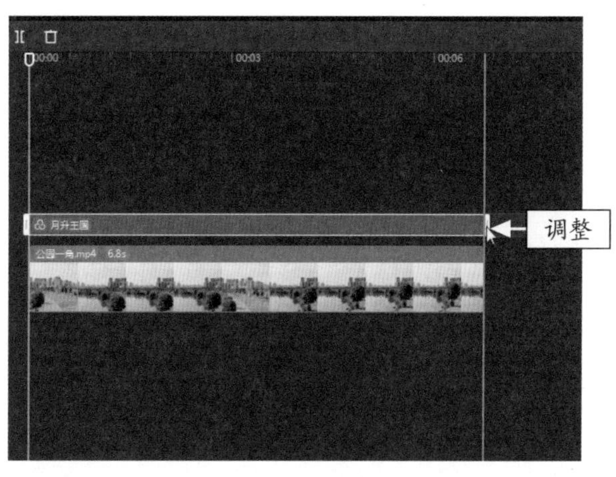

图 5-24　调整滤镜轨道的时长

STEP 04 选择视频轨道上的素材，切换至“调节”操作区，如图 5-38 所示。

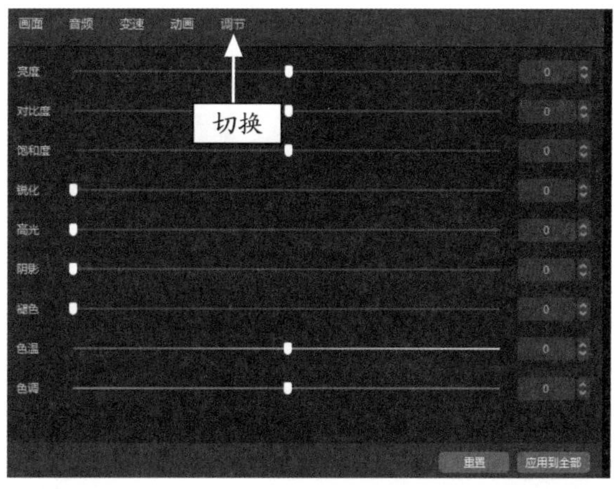

图 5-25　切换至“调节”操作区

专家指点

“月升王国”滤镜主要以绝美的暖黄色为主色调，打造出油画般浓郁的配色风格，效果可以说是别具一格。

STEP 05 适当调整各参数，增强画面的暖色调效果，如图 5-26 所示。

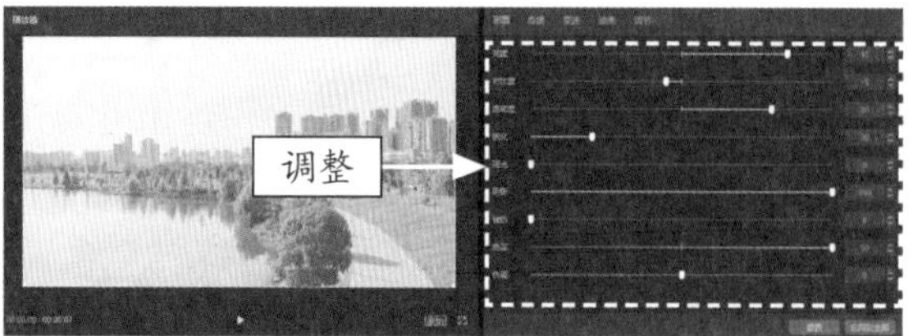

图 5-26 调整各参数

STEP 06 ❶单击“特效”按钮，切换至该功能区；❷单击“自然”按钮，如图 5-27 所示。

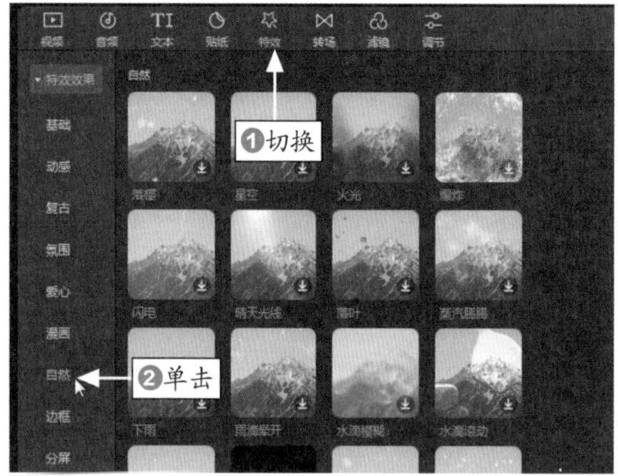

图 5-27 单击“自然”按钮

STEP 07 单击“落叶”特效中的添加按钮，如图 5-28 所示。

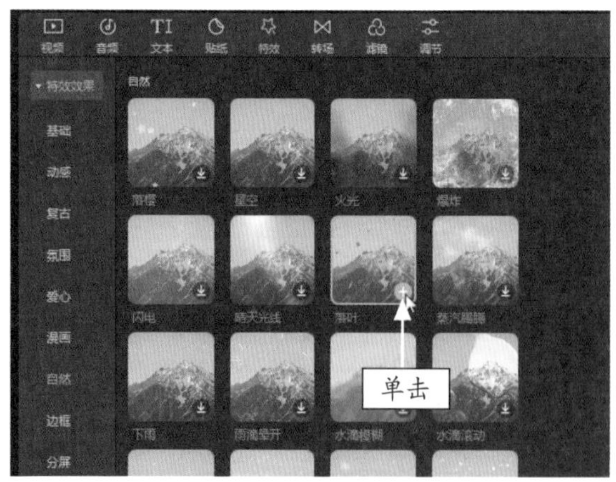

图 5-28 单击添加按钮

STEP 08 执行操作后，即可添加一个“落叶”特效，将“落叶”特效的时长调整为与视频一致，如图 5-29 所示。

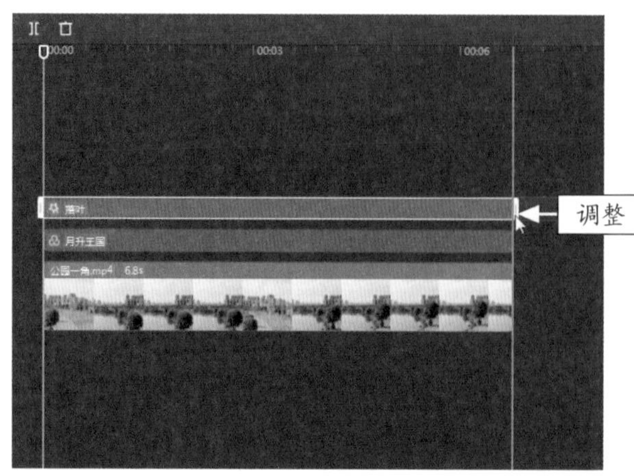

图 5-29 调整特效时长

STEP 09 调整完毕后导出保存效果视频，重新创建一个剪辑草稿，导入原视频和调整好的效果视频文件，如图 5-30 所示。

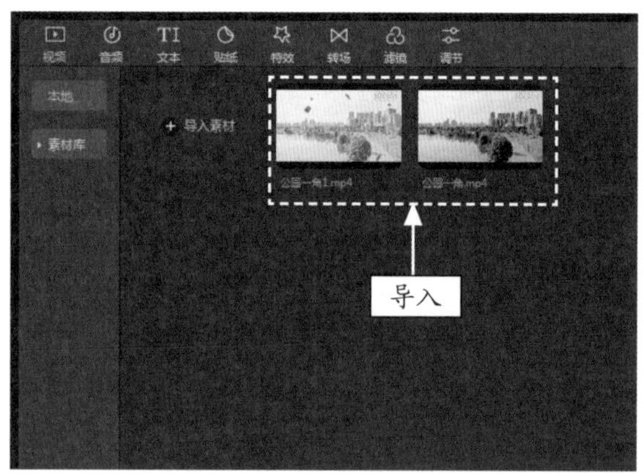

图 5-30 导入原视频和调整好的效果视频文件

STEP 10 将原视频拖动至视频轨道中，并对其进行适当剪辑，如图 5-31 所示。

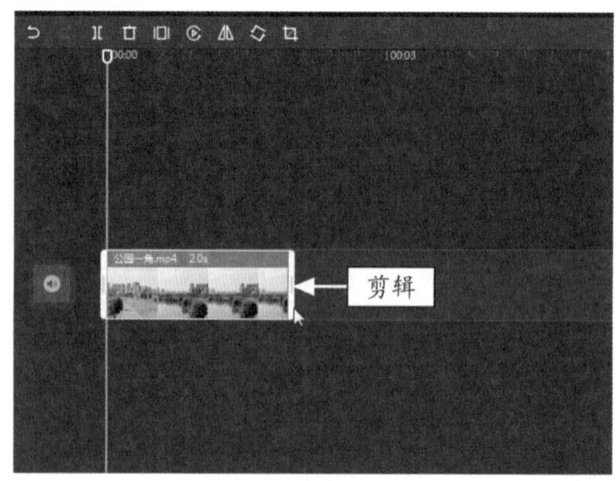

图 5-31 剪辑原视频

STEP 11 在“视频”功能区中选择效果视频文件，将其拖动至视频轨道中，放置在原视频的后面，如图 5-32 所示。

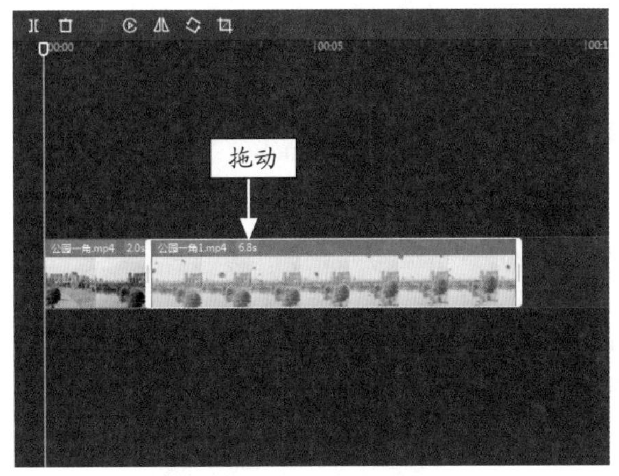

图 5-32　拖动效果视频文件

STEP 12 ❶单击“转场”按钮，切换至该功能区；❷在“基础转场”选项卡中单击“向左擦除”效果中的添加按钮，如图 5-33 所示。

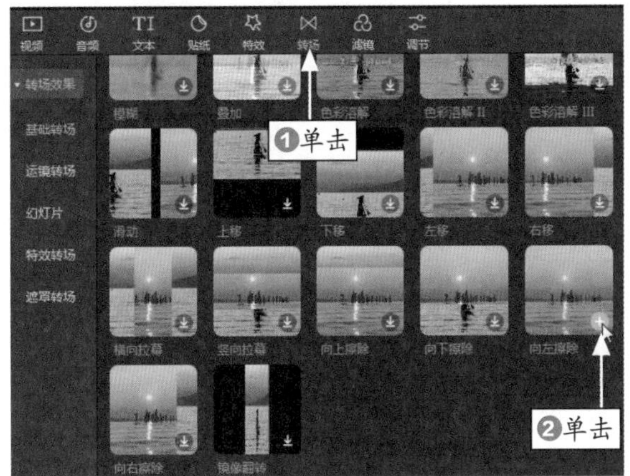

图 5-33　添加相应的转场效果

STEP 13 执行操作后，即可添加相应的转场效果，在两个视频之间选择转场图标 ⋈，如图 5-34 所示。

> **专家指点**
>
> 转场可以在两个视频素材之间创建某种过渡效果，让素材之间的过渡更加生动、美丽，使视频片段之间的播放效果更加流畅。

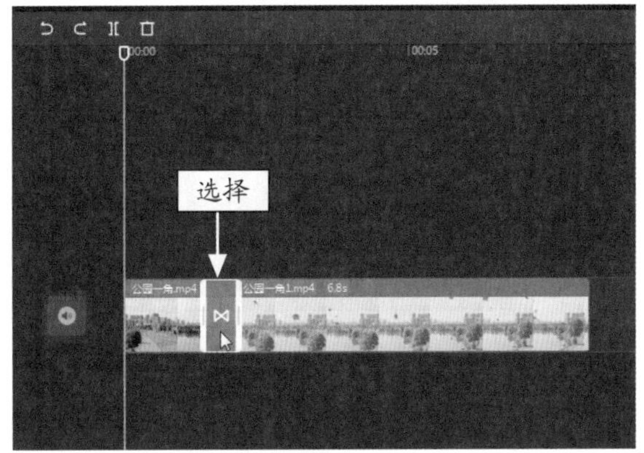

图 5-34　选择转场图标

STEP 14 在“转场”操作区中将“转场时长”设置为最长，如图 5-35 所示。

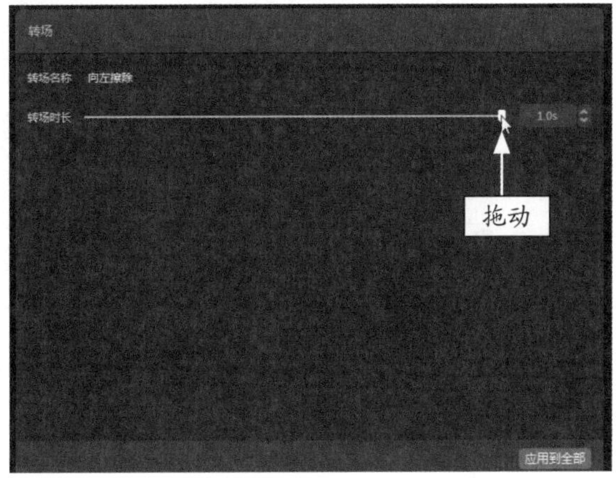

图 5-35　将“转场时长”设置为最长

STEP 15 单击“播放器”面板中的“原始”按钮，❶设置比例为 9:16；❷将视频画布调整为相应尺寸，如图 5-36 所示。

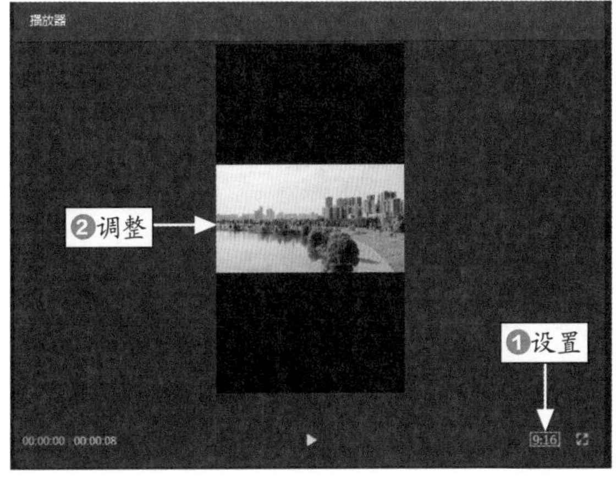

图 5-36　调整视频画布尺寸

STEP 16 播放预览视频，可以看到前一秒还是绿树成荫的景象，突然画风一转，整个画面就变成了秋风落叶的景象，如图 5-37 所示。

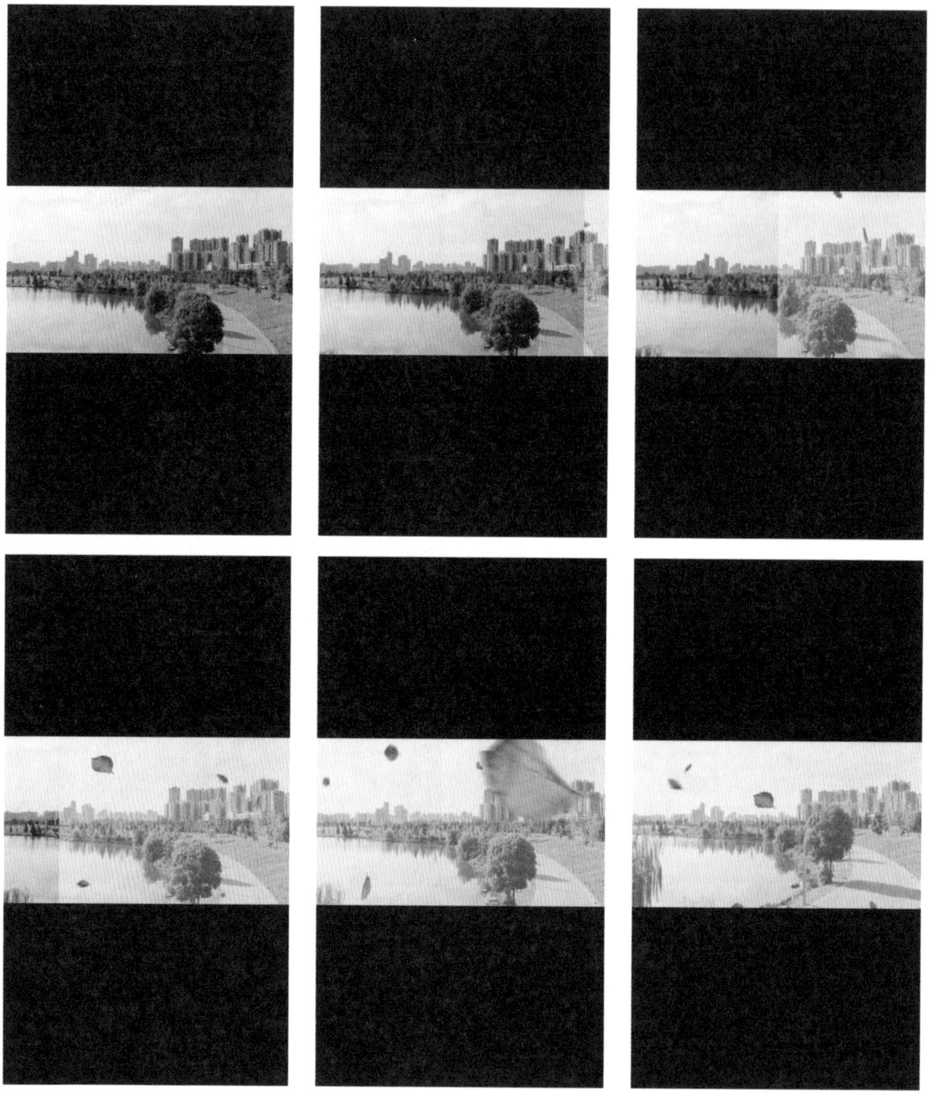

图 5-37 预览视频效果

032 调出青橙天空风格

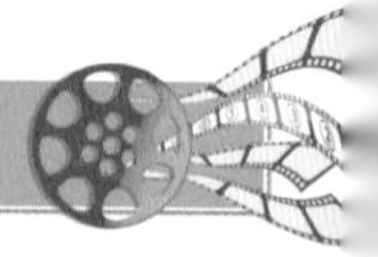

青橙色调是网络上非常流行的一种色彩搭配方式，适合风光、建筑和街景等类型的视频题材。青橙色调主要以青蓝色和红橙色为主，能够让画面产生鲜明的色彩对比，同时还能获得和谐统一的视觉效果。

本实例主要运用剪映的“春光乍泄”滤镜，制作出小清新的青橙色调风格视频效果，具体操作方法如下。

	素材文件	素材 \ 第 5 章 \ 电力风车 .mp4
	效果文件	效果 \ 第 5 章 \ 电力风车 1.mp4、电力风车 2.mp4
	视频文件	视频 \ 第 5 章 \032　调出青橙天空风格 .mp4

【操练 + 视频】——调出青橙天空风格

STEP 01 ❶在剪映中导入视频素材并将其添加到视频轨道中；❷拖动时间指示器至 20s 的位置处；❸单击“分割”按钮分割视频，如图 5-38 所示。

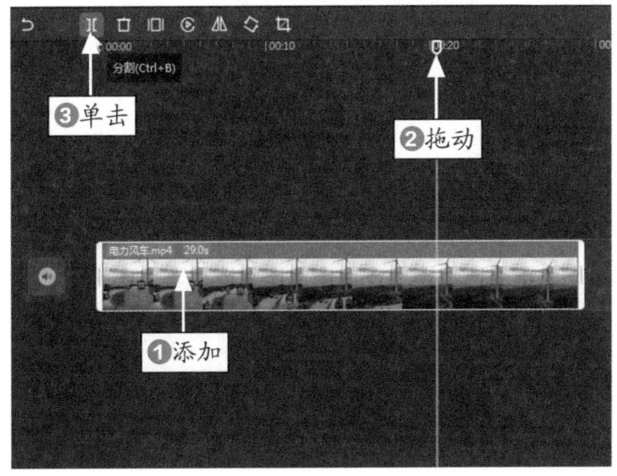

图 5-38　单击“分割”按钮

STEP 02 ❶选择分割出来的前半段视频；❷单击“删除”按钮，如图 5-39 所示。

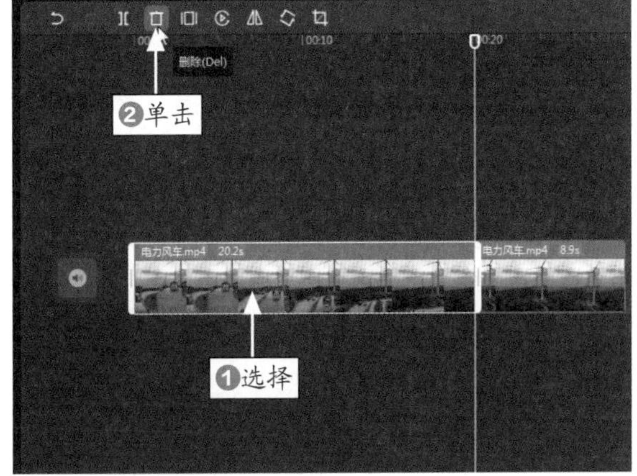

图 5-39　单击“删除”按钮

STEP 03 执行操作后，即可删除前半段视频，如图 5-40 所示。

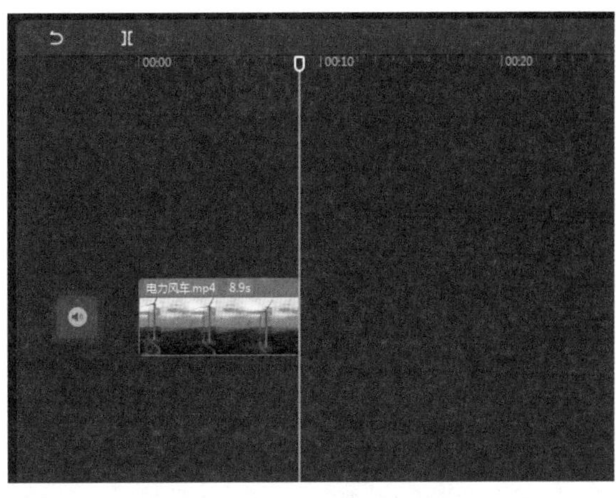

图 5-40　删除前半段视频

STEP 04 ❶单击“滤镜”按钮切换至该功能区；❷在“电影”选项区中选择“春光乍泄”滤镜，如图 5-41 所示。

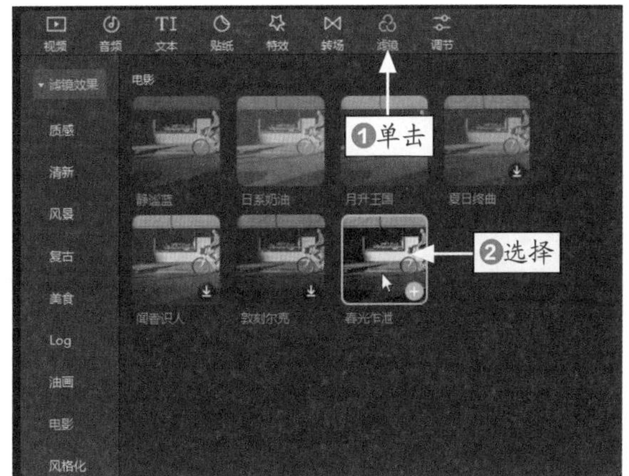

图 5-41　选择“春光乍泄”滤镜

STEP 05 单击添加按钮添加滤镜轨道，将“春光乍泄”滤镜时长调整为与视频一致，如图 5-42 所示。

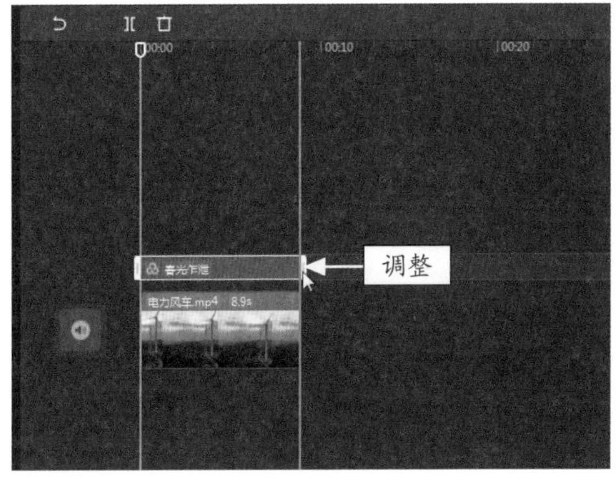

图 5-42　调整滤镜时长

STEP 06 在“滤镜”操作区中，设置“滤镜强度”为 100，如图 5-43 所示。

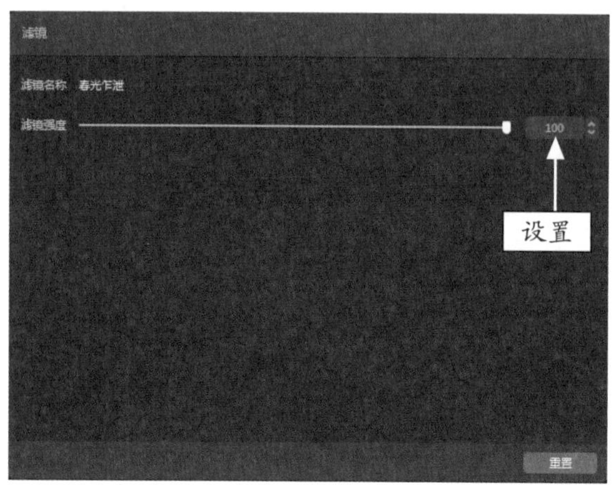

图 5-43　设置“滤镜强度”参数

STEP 07 选择视频素材，❶单击“调节”按钮，切换至该操作区；❷设置“亮度”为 10，增加画面的亮度，如图 5-44 所示。

图 5-44　设置“亮度”参数

STEP 08 设置“对比度”为 -15，减少画面的明暗反差，如图 5-45 所示。

图 5-45　设置“对比度”参数

STEP 09 设置“饱和度”为 50，稍微增强画面的色彩浓度，如图 5-46 所示。

图 5-46　设置“饱和度”参数

专家指点

“春光乍泄”滤镜通过加强画面中的青色与橙色色调，进行对冲搭配，从而让视频画面产生非常明显的视觉反差与色彩对比。

STEP 10 设置“锐化”为 10，增强画面的清晰度，如图 5-47 所示。

图 5-47　设置“锐化”参数

STEP 11 设置“高光”为 100，增强高光部分的明度，如图 5-48 所示。

图 5-48　设置“高光”参数

STEP 12 设置“色温”为 15，增强画面的暖色调效果，如图 5-49 所示。

图 5-49　设置“色温”参数

STEP 13 设置“色调”为 -20，使画面偏绿色调，如图 5-50 所示。

图 5-50　设置“色调”参数

STEP 14 设置完毕后导出并保存效果视频，重新创建一个剪辑草稿，导入原视频和调整好的效果视频文件，如图 5-51 所示。

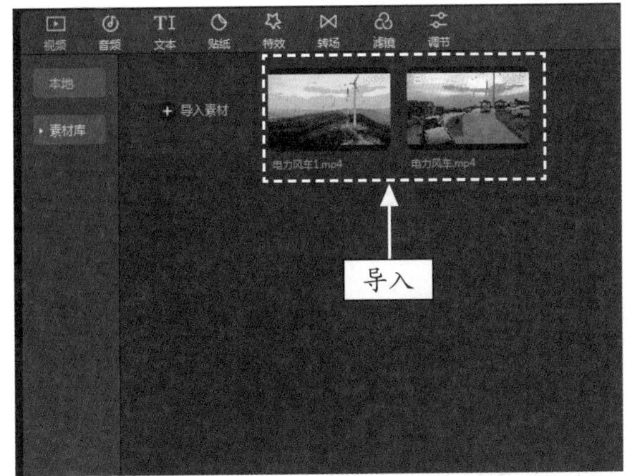

图 5-51　导入原视频和效果视频文件

STEP 15 ❶将原视频拖动至视频轨道中；❷在 20s 和 25s 的位置处将其分割；❸选择分割的第 1 段视频；❹单击“删除”按钮，如图 5-52 所示。

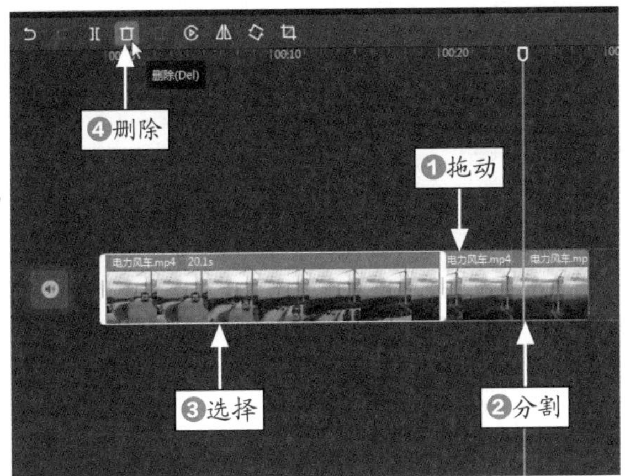

图 5-52　单击“删除”按钮

STEP 16 执行操作后，即可删除第 1 段视频，用同样的方法删除后一段视频，在“视频”功能区中选择效果视频文件，将其拖动至视频轨道中，放置在原视频的后面，如图 5-53 所示。

STEP 17 ❶单击“转场”按钮切换至该功能区；❷在“基础转场”选项卡中选择“向右擦除”转场，如图 5-54 所示。

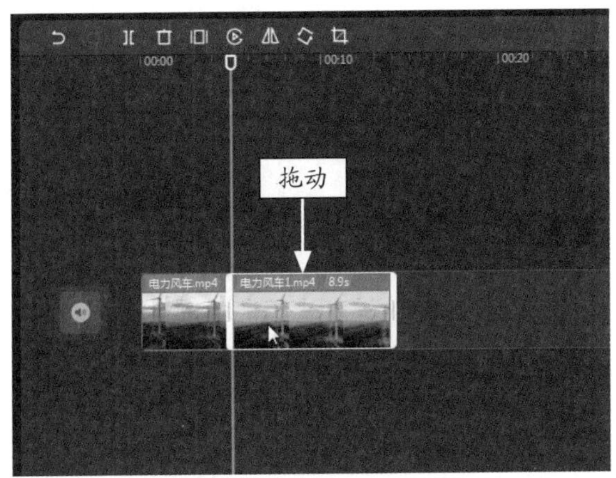

图 5-53　拖动效果视频文件

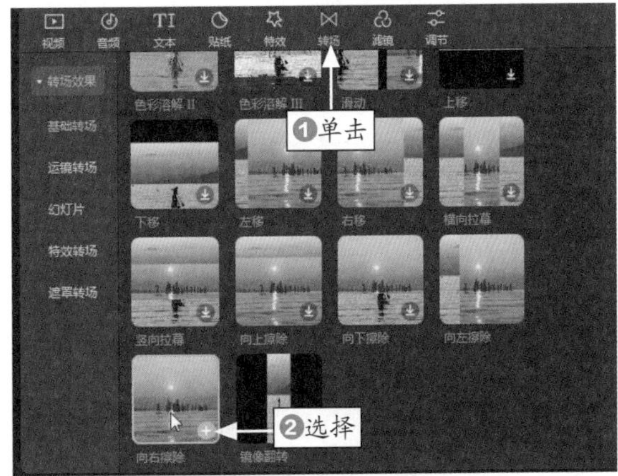

图 5-54　选择“向右擦除”转场

STEP 18 单击添加按钮，添加“向右擦除”转场效果，如图 5-55 所示。

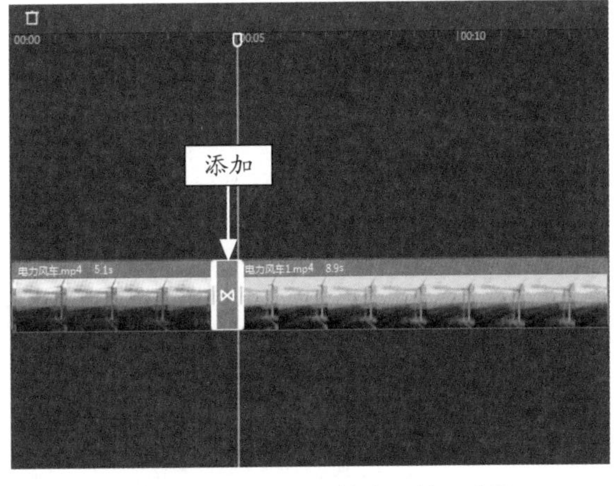

图 5-55　添加“向右擦除”转场效果

STEP 19 在“转场”操作区中将“转场时长”设置为最长，如图 5-56 所示。

图 5-56 将“转场时长”设置为最长

专家指点

在两个视频片段的连接处，添加“向右擦除”转场效果后，可以呈现出一种“扫屏”切换场景的画面效果。

STEP 20 在预览窗口中播放视频，原视频经过“扫屏”切换后，转换为调色后的画面效果，对比非常明显，如图 5-57 所示。

图 5-57 预览视频效果

033 调出橙红黑金风格

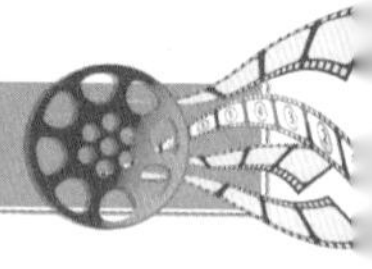

“黑金”滤镜主要通过将红色与黄色的色相向橙红偏移来保留画面中的“红橙黄”这 3 种颜色的饱和度，同时降低其他色彩的饱和度，最终让整个视频画面中只存在两种颜色——黑色和金色，让视频画面显得更有质感。

本实例将运用剪映的“黑金”滤镜，制作出浓郁的橙红色调风格的夜景视频效果，具体操作方法如下。

	素材文件	素材 \ 第 5 章 \ 交通夜景 .mp4
	效果文件	效果 \ 第 5 章 \ 交通夜景 .mp4
	视频文件	视频 \ 第 5 章 \033 调出橙红黑金风格 .mp4

【操练 + 视频】
——调出橙红黑金风格

STEP 01 在剪映中导入视频素材，将其添加到视频轨道中，在预览窗口中查看画面效果，如图 5-58 所示。

图 5-58 将素材添加到视频轨道

STEP 02 ❶单击“滤镜”按钮切换至该功能区；❷单击“风格化”按钮切换至该选项卡，如图 5-59 所示。

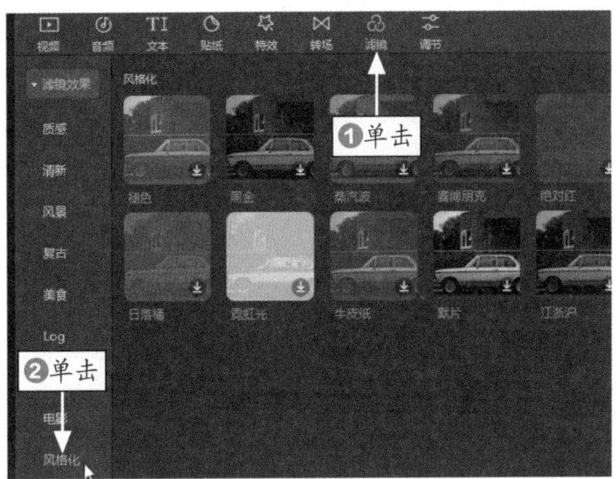

图 5-59 切换至“风格化”选项卡

STEP 03 单击“黑金”滤镜中的添加按钮，在滤镜轨道上添加一个“黑金”滤镜，如图 5-60 所示。

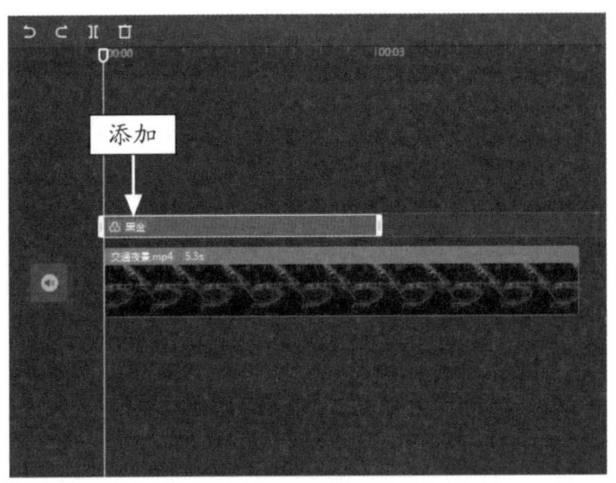

图 5-60 添加“黑金”滤镜

STEP 04 选择“黑金”滤镜，将其时长调整为与视频同长，在“滤镜”操作区中设置“滤镜强度”为 85，如图 5-61 所示。

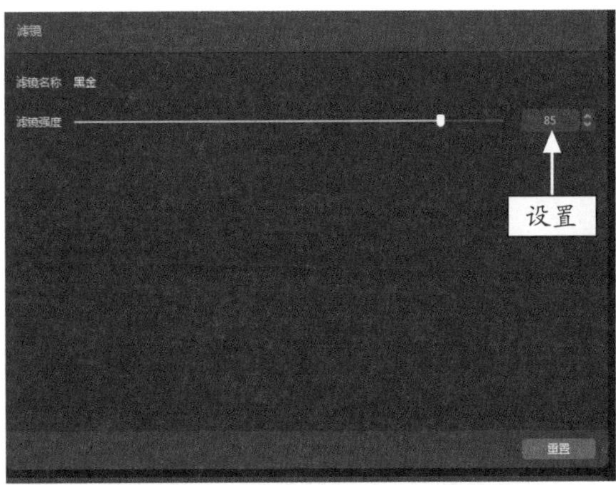

图 5-61 设置“滤镜强度”参数

STEP 05 选择视频轨道上的素材，如图 5-62 所示。

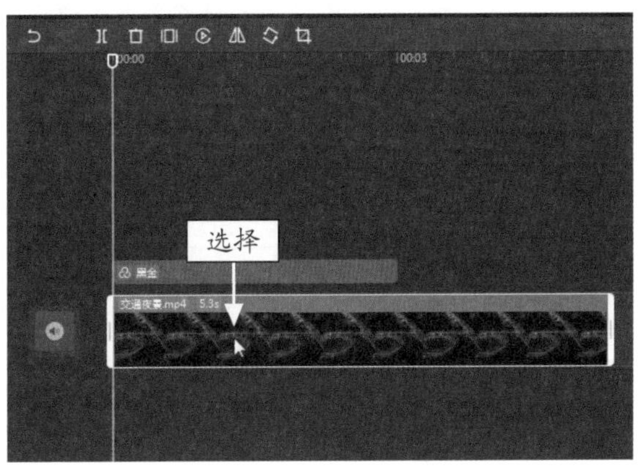

图 5-62 选择视频轨道

STEP 06 ❶单击“调节”按钮，切换至该操作区；❷适当调整各参数，如图 5-63 所示。

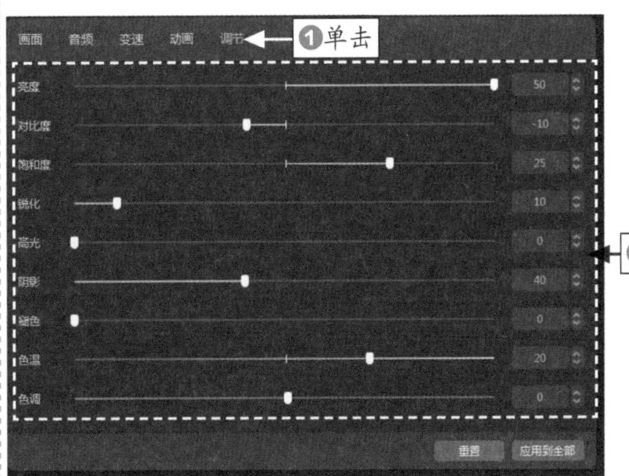

图 5-63 调整调节参数

STEP 07 单击预览窗口中的“原始”按钮，❶设置比例为 9:16；❷将视频画布调整为相应尺寸，如图 5-64 所示。

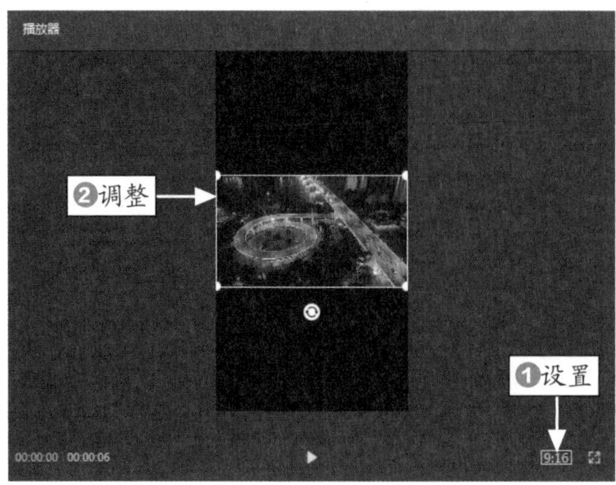

图 5-64　调整视频画布尺寸

专家指点

“风格化”滤镜是一种模拟真实艺术创作手法的视频调色方式，主要将画面中的像素进行置换，同时通过查找并增加画面的对比度来生成类似绘画般的视频画面效果。

例如，“风格化”滤镜组中的“蒸汽波”滤镜是一种诞生于网络的艺术视觉风格，最初出现在电子音乐领域，这种滤镜的色彩非常迷幻，调色也比较夸张，整体的画面效果偏冷色调，非常适合渲染情绪。

STEP 08 播放视频，查看制作的橙红黑金色调画面效果，如图 5-65 所示。

图 5-65　查看视频效果

034 调出赛博朋克风格

赛博朋克风格是现在网上非常流行的色调，画面以青色和洋红色为主，也就是说这两种色调的搭配是画面的整体主基调。下面介绍调出赛博朋克色调风格的操作方法。

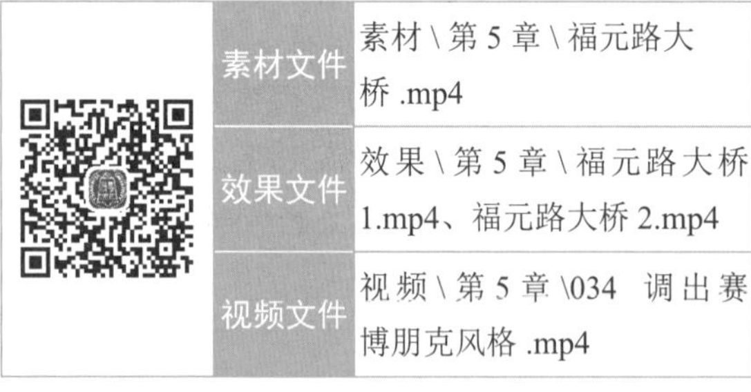

	素材文件	素材 \ 第 5 章 \ 福元路大桥 .mp4
	效果文件	效果 \ 第 5 章 \ 福元路大桥 1.mp4、福元路大桥 2.mp4
	视频文件	视频 \ 第 5 章 \034　调出赛博朋克风格 .mp4

【操练 + 视频】
——调出赛博朋克风格

STEP 01 在剪映中导入视频素材，将其添加到视频轨道中，如图 5-66 所示。

STEP 02 ❶在“滤镜”功能区中单击“风格化”按钮，切换至该选项卡；❷单击“赛博朋克”滤镜中的添加按钮，如图 5-67 所示。

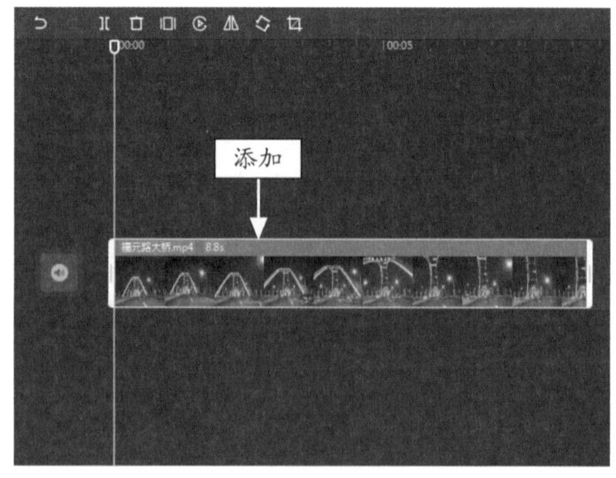

图 5-66　将素材添加到视频轨道

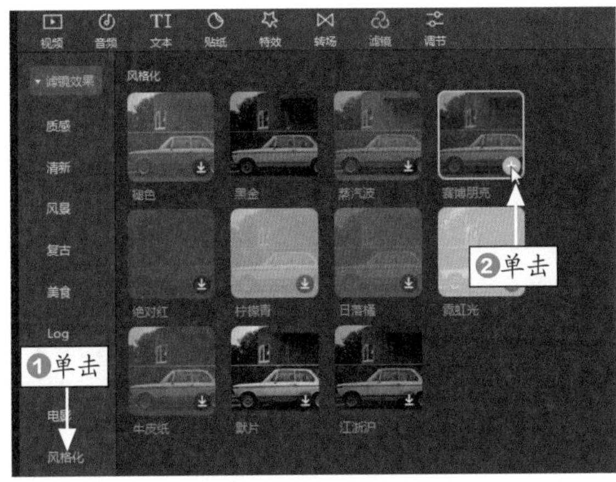

图 5-67　单击添加按钮

STEP 03 执行操作后，即可在滤镜轨道中添加一个“赛博朋克”滤镜，如图 5-68 所示。

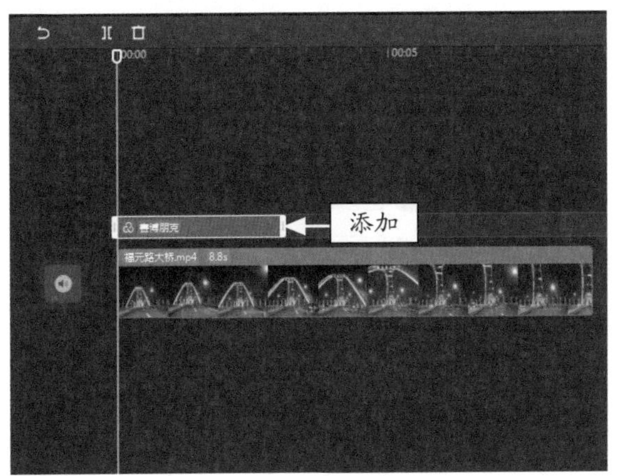

图 5-68　添加“赛博朋克”滤镜

STEP 04 选择“赛博朋克”滤镜，将其时长调整为与视频同长，在“滤镜”操作区中设置“滤镜强度”为 100，如图 5-69 所示。

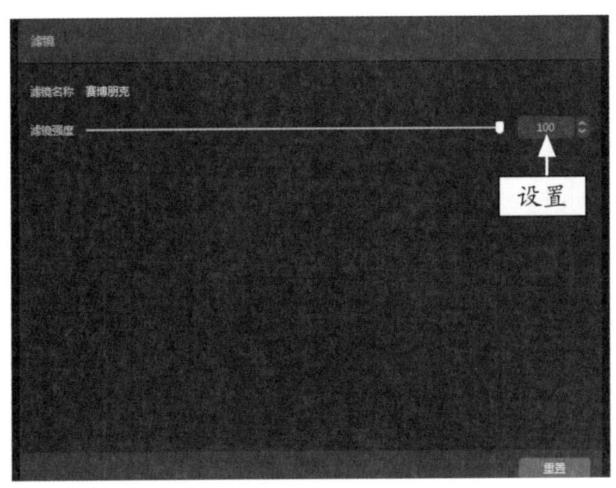

图 5-69　设置“滤镜强度”参数

STEP 05 选择视频素材，❶单击“调节”按钮进入“调节”操作区；❷适当调整各参数，如图 5-70 所示。

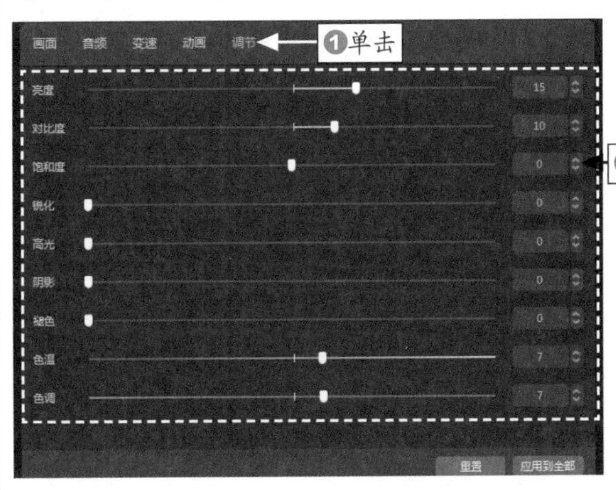

图 5-70　调整各参数

STEP 06 调整完毕后导出并保存效果视频。重新创建一个剪辑草稿，导入原视频和调整好的效果视频文件，将效果视频添加至主视频轨道中，如图 5-71 所示。

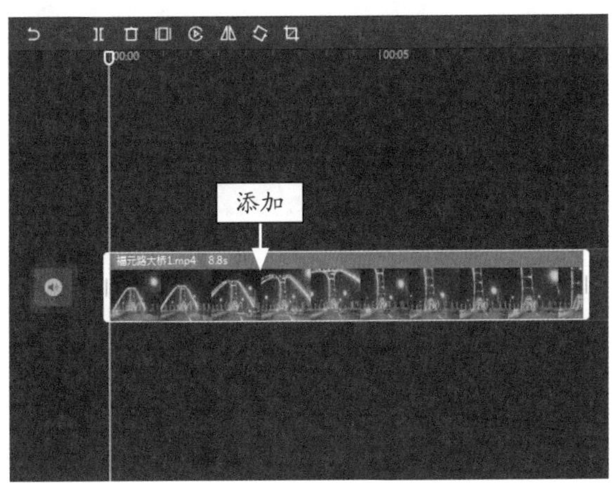

图 5-71　将效果视频添加至主视频轨道中

STEP 07 单击“播放器”面板中的“原始”按钮，❶在弹出的下拉列表中选择 9:16 选项；❷将视频画布调整为相应尺寸，如图 5-72 所示。

STEP 08 在预览窗口中适当调整主轨道中的视频画面位置，如图 5-73 所示。

STEP 09 在“视频”功能区中选择原视频素材，按住鼠标左键并向下拖动素材至画中画轨道中，如图 5-74 所示。

STEP 10 选择画中画轨道中的视频，在预览窗口中适当调整视频画面的位置，如图 5-75 所示。

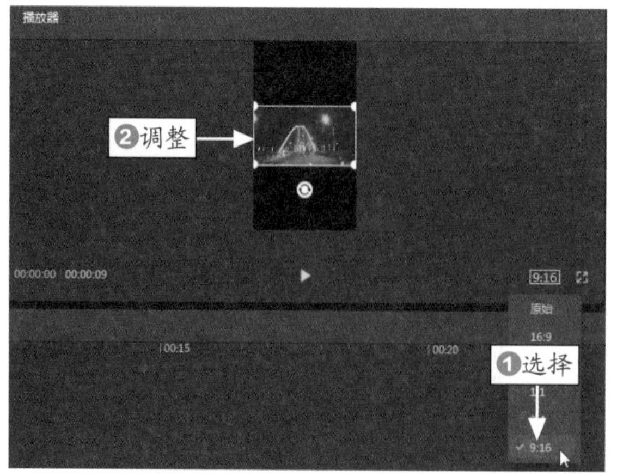

图 5-72　调整视频画布尺寸

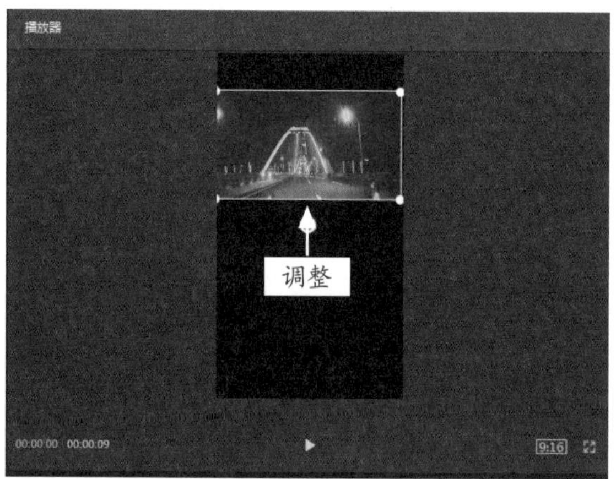

图 5-73　调整主轨道的视频位置

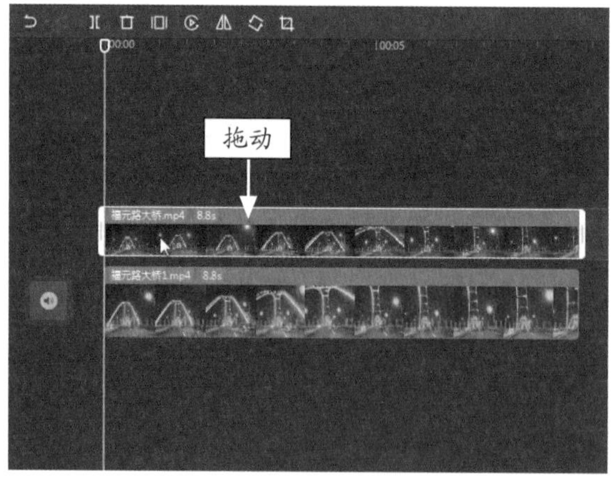

图 5-74　拖动素材至画中画轨道中

STEP 11 在“音频”操作区中设置“音量”为 0%，如图 5-76 所示。

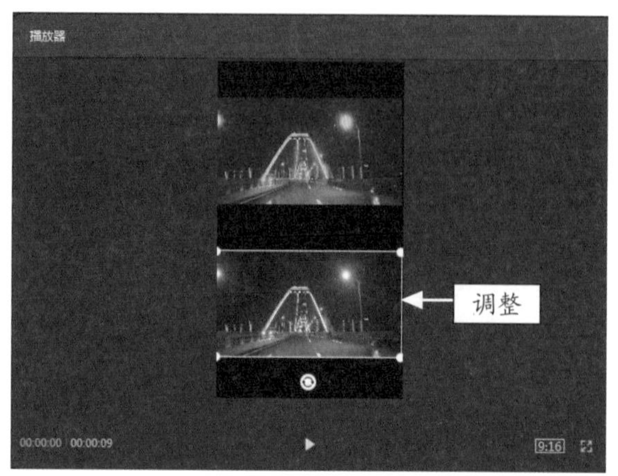

图 5-75　调整视频画面的位置

图 5-76　设置“音量”参数

STEP 12 播放视频，查看制作的赛博朋克色调画面效果，如图 5-77 所示。

图 5-77　查看视频效果

专家指点

对于未编辑完成的视频素材，剪映电脑版会自动将其保存到剪辑草稿箱中，下次在其中选择该剪辑草稿即可继续进行编辑。

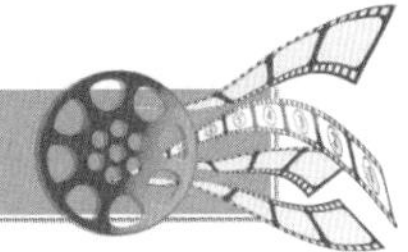

035 调出唯美鲜亮风格

本实例主要运用剪映的“鲜亮”滤镜，制作出唯美清新的油菜花视频色调效果，具体操作方法如下。

素材文件	素材 \ 第 5 章 \ 油菜花 .mp4
效果文件	效 果 \ 第 5 章 \ 油 菜 花 1.mp4、油菜花 2.mp4
视频文件	视 频 \ 第 5 章 \035　调 出 唯 美鲜亮风格 .mp4

【操练 + 视频】——调出唯美鲜亮风格

STEP 01 在剪映中导入视频素材并将其添加到视频轨道中，将视频时长调整为 4.0s，如图 5-78 所示。

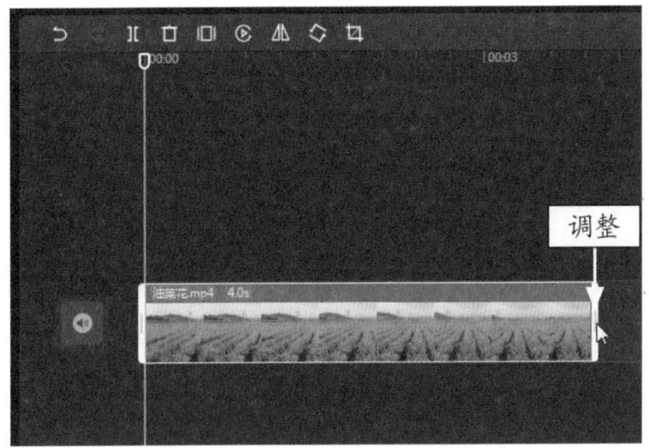

图 5-78　将视频时长调整为 4s

STEP 02 ❶在“视频”功能区中单击“素材库”按钮，切换至该选项卡；❷选择黑场视频素材，如图 5-79 所示。

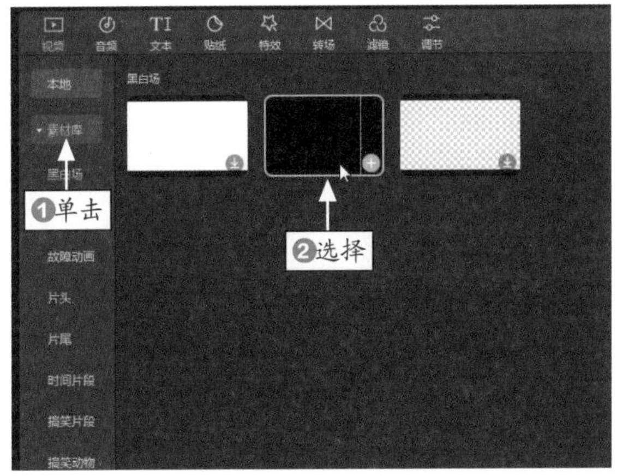

图 5-79　选择黑场视频素材

STEP 03 将其添加到视频轨道的起始位置处，并将时长调整为 1.5s，如图 5-80 所示。

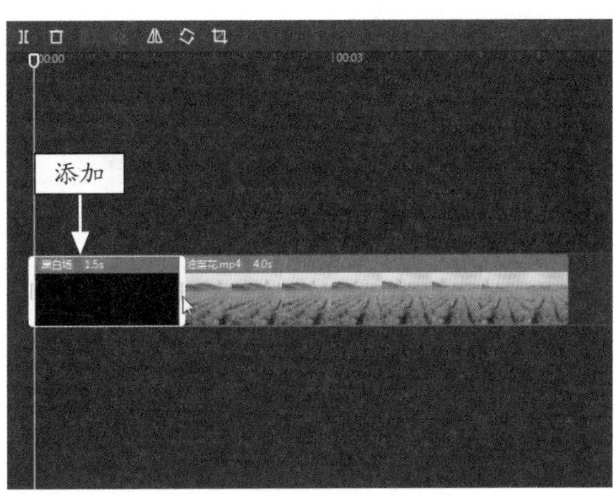

图 5-80　添加并调整黑场视频素材

STEP 04 ❶在“文本”功能区中单击“新建文本”按钮，切换至该选项卡；❷单击相应花字模板中的添加按钮，如图 5-81 所示。

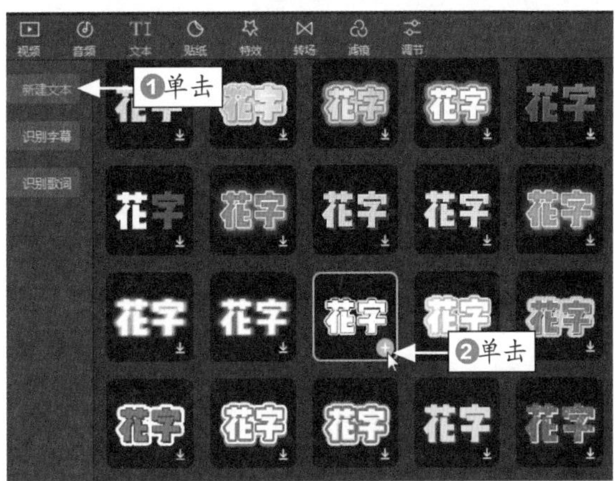

图 5-81　单击添加按钮

STEP 05 执行操作后，即可添加一条文本轨道，选择轨道上的文本，适当调整其时长，如图 5-82 所示。

STEP 06 在“编辑”操作区中输入相应的文字内容，如图 5-83 所示。

STEP 07 在预览窗口中适当调整文字的大小和位置，如图 5-84 所示。

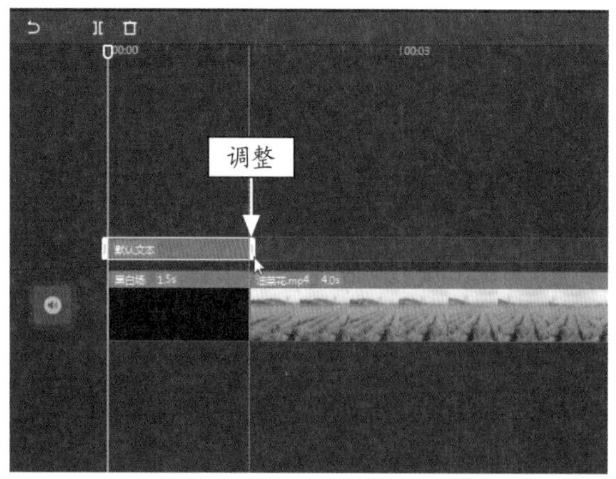

图 5-82 调整文本时长

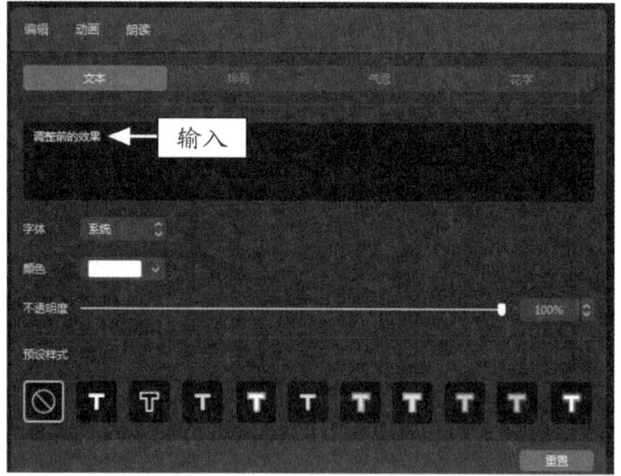

图 5-83 输入相应的文字内容

图 5-84 调整文字的大小和位置

STEP 08 ❶单击“动画”按钮；❷在“入场”选项卡中选择“打字机Ⅲ”选项；❸将“动画时长”设置为最长，如图 5-85 所示。

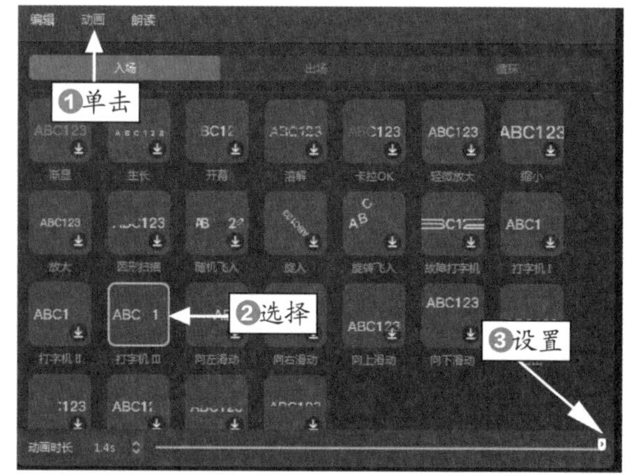

图 5-85 设置文字的动画效果

STEP 09 ❶单击“朗读”按钮；❷选择“小姐姐”选项；❸单击“开始朗读”按钮，如图 5-86 所示。

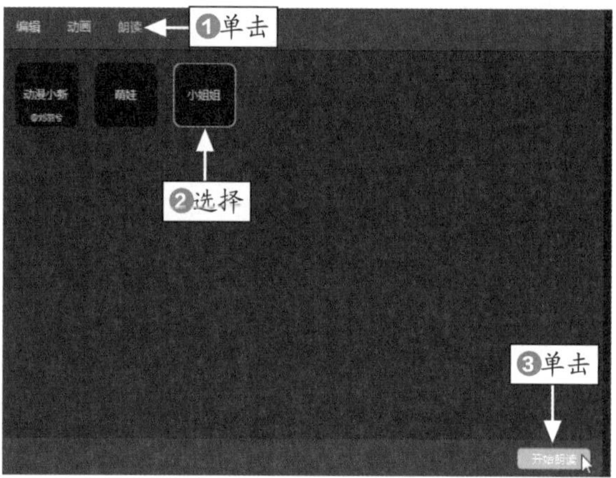

图 5-86 单击“开始朗读”按钮

STEP 10 执行操作后，即可将文字内容转换为语音旁白，并生成对应的音频轨道，如图 5-87 所示。

STEP 11 返回主界面，❶单击“特效”按钮；❷在“基础”选项卡中选择“开幕Ⅱ”选项，如图 5-88 所示。

STEP 12 单击添加按钮，即可自动生成一条特效轨道并添加一个“开幕Ⅱ”特效，如图 5-89 所示。

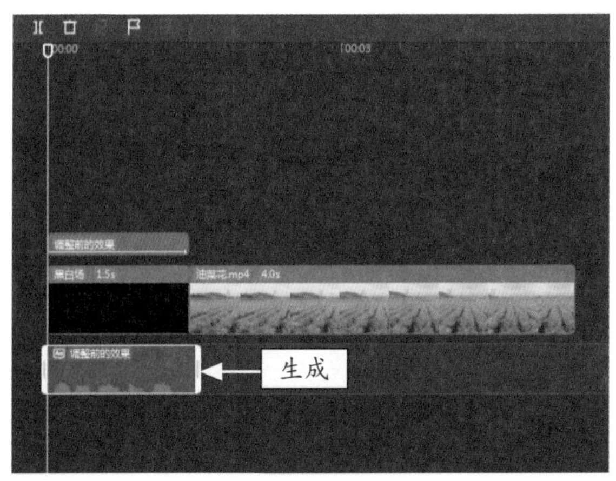

图 5-87　生成音频轨道

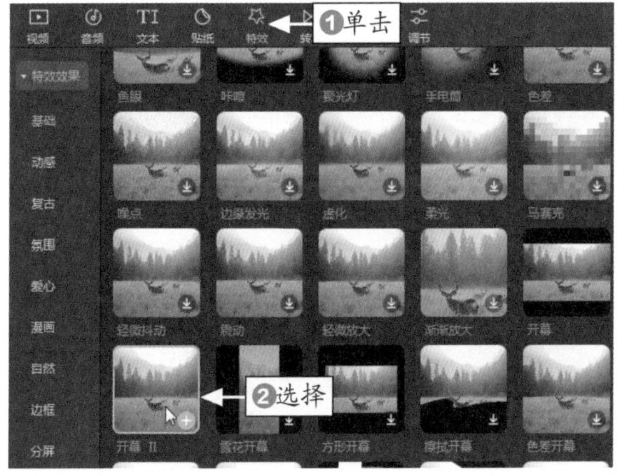

图 5-88　选择“开幕 II”选项

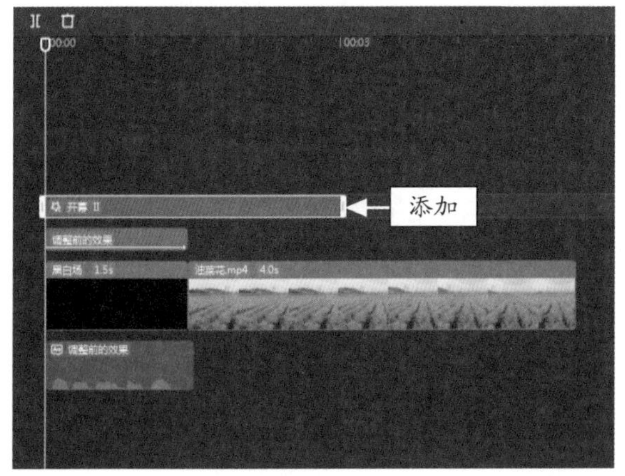

图 5-89　添加一个“开幕 II”特效

STEP 13 选择“开幕 II”特效，适当调整其时长和位置，如图 5-90 所示。

STEP 14 复制一个黑场视频片段，适当调整其位置，如图 5-91 所示。

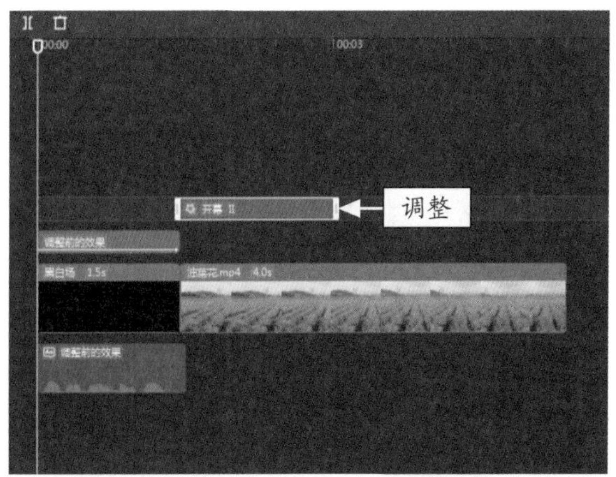

图 5-90　调整“开幕 II”特效的时长和位置

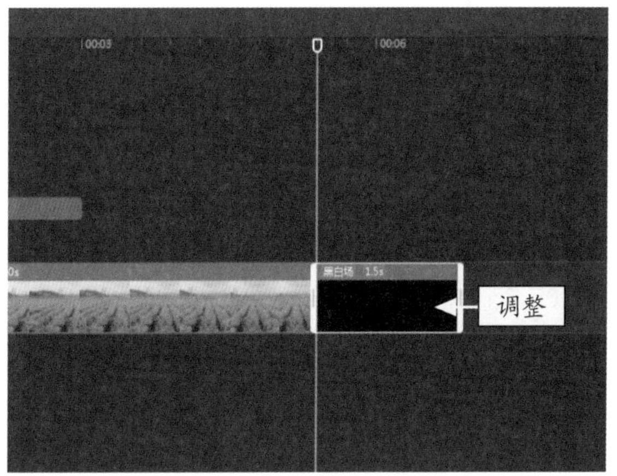

图 5-91　复制并调整黑场视频片段的位置

STEP 15 复制一个文字素材，适当调整其位置，如图 5-92 所示。

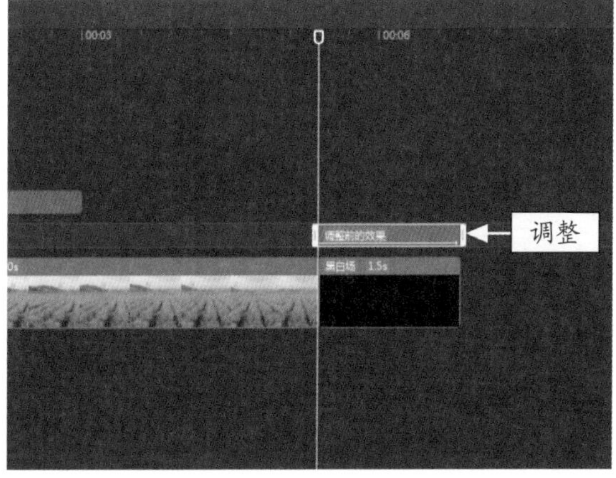

图 5-92　复制并调整文字素材

STEP 16 在“编辑”操作区中修改文字内容，如图 5-93 所示。

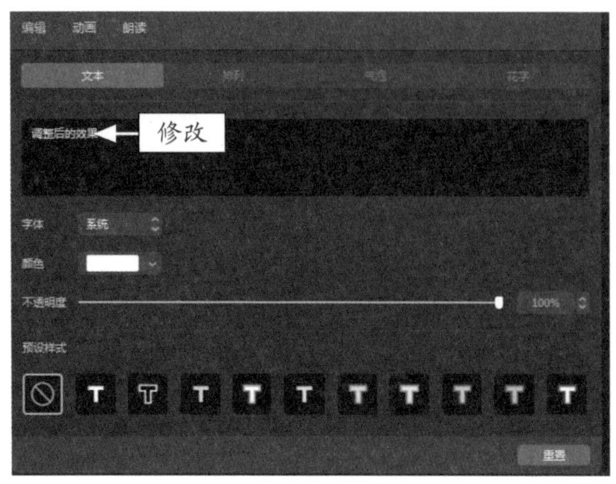

图 5-93　修改文字内容

STEP 17 单击“朗读”按钮，选择“小姐姐”选项，单击“开始朗读”按钮，即可生成对应的音频轨道，如图 5-94 所示。

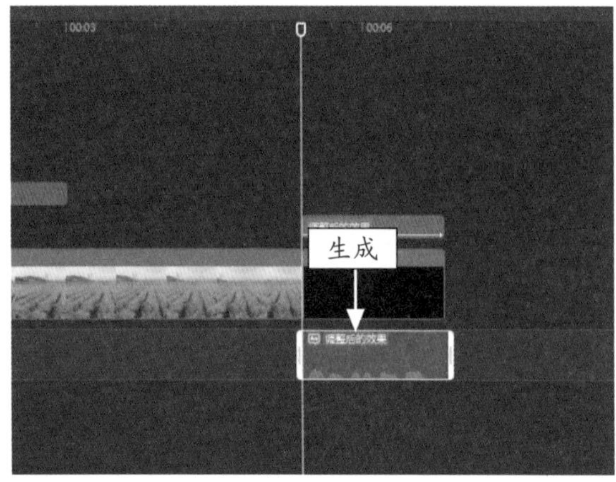

图 5-94　将文字转换为语音

STEP 18 在“视频”功能区中选择导入的视频素材，将其添加到视频轨道中的相应位置处，如图 5-95 所示。

专家指点

在短视频中，语音拥有比文字更好的信息表达能力。将文字转换为语音旁白，能够更有效地吸引观众的注意力，让他们不会错过视频中的重要信息。

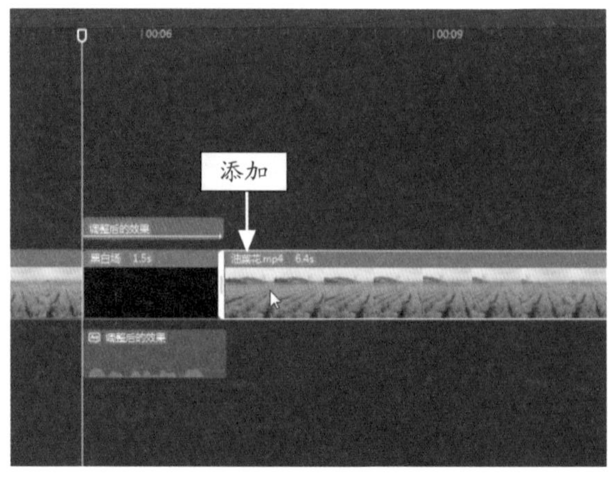

图 5-95　添加视频素材至视频轨道

STEP 19 ❶单击“滤镜”按钮；❷在“清新”选项区中选择“鲜亮”选项，如图 5-96 所示。

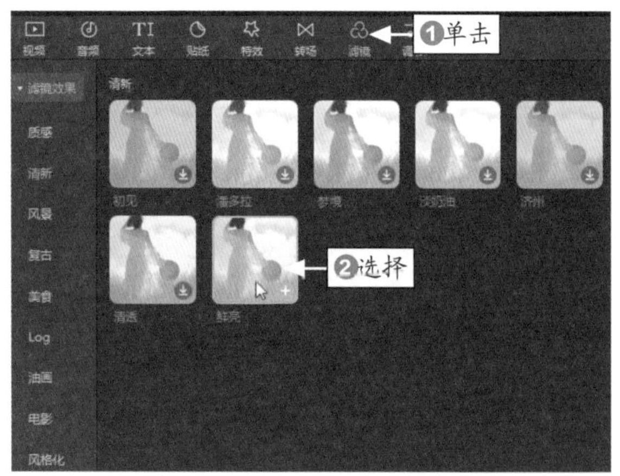

图 5-96　选择“鲜亮”选项

STEP 20 单击添加按钮，在轨道中添加一个“鲜亮”滤镜，如图 5-97 所示。

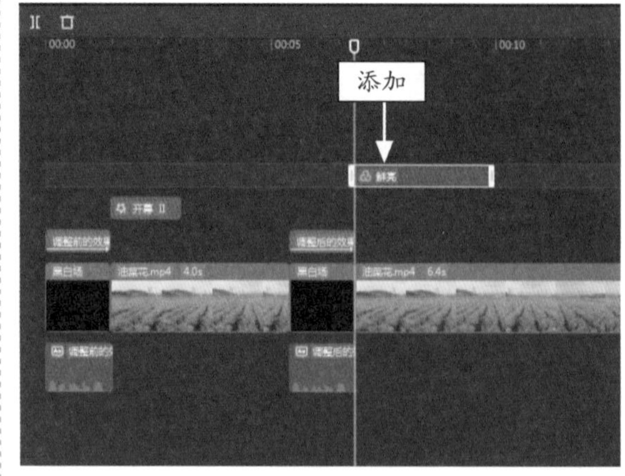

图 5-97　添加“鲜亮”滤镜

STEP 21 选择“鲜亮”滤镜，调整其时长与第 2 个视频片段一致，在“滤镜”操作区中设置“滤镜强度”为 66，如图 5-98 所示。

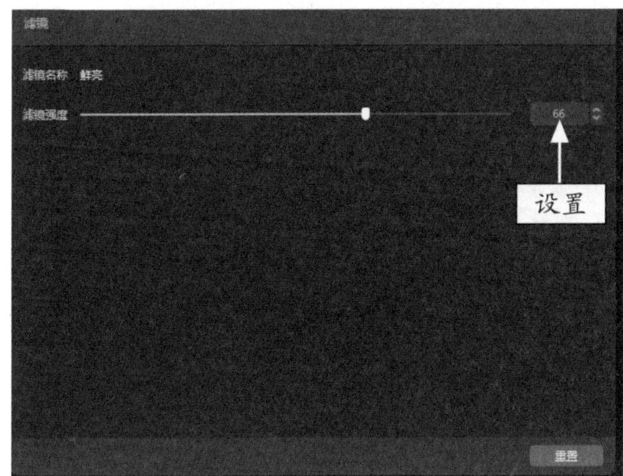

图 5-98　设置“滤镜强度”参数

STEP 22 在视频轨道中选择第 2 个视频片段，❶单击“调节”按钮；❷适当调整各参数，如图 5-99 所示。

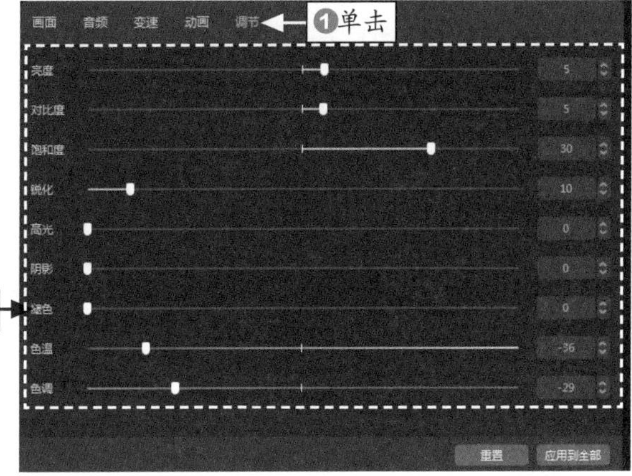

图 5-99　调整各参数

“鲜亮”滤镜可以调出鲜亮活泼的色彩对比效果，能够让视频的色彩更加鲜艳，画质更加清晰。

STEP 23 ❶单击“特效”按钮；❷在“基础”选项卡中单击“开幕”特效中的添加按钮，如图 5-100 所示。

STEP 24 在特效轨道中即可添加一个“开幕”特效，如图 5-101 所示。

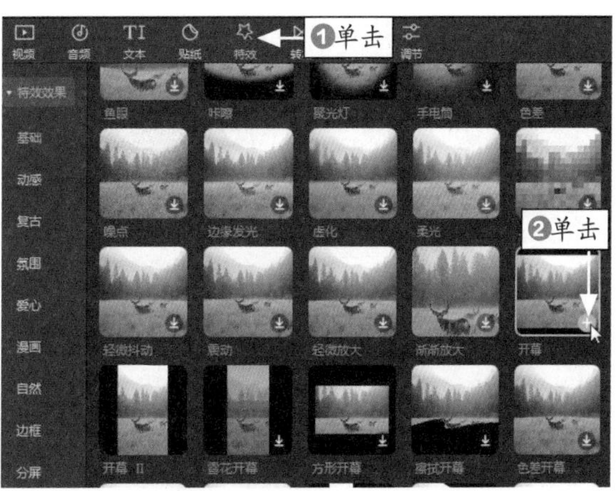

图 5-100　单击添加按钮

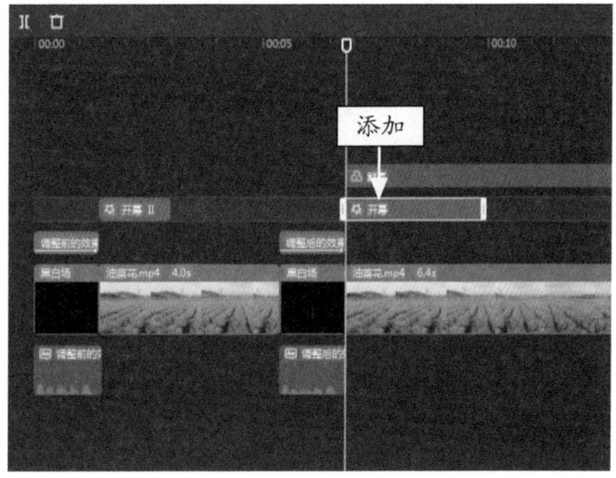

图 5-101　添加“开幕”特效

STEP 25 ❶单击“音频”按钮；❷在“音乐素材”选项卡中选择合适的背景音乐，如图 5-102 所示。

图 5-102　选择合适的背景音乐

STEP 26 单击添加按钮，将其添加到音频轨道中，如图 5-103 所示。

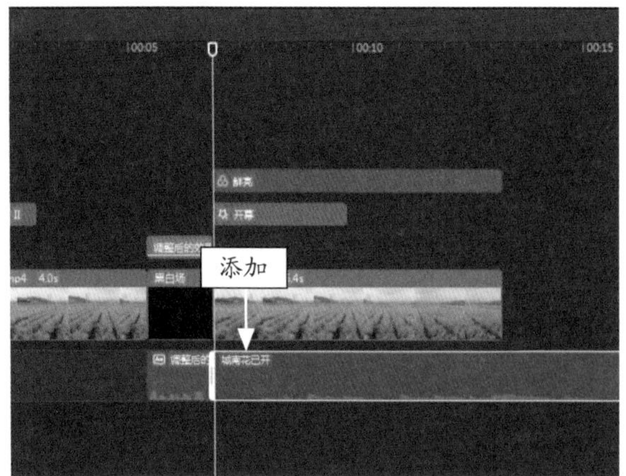

图 5-103　添加背景音乐

STEP 27 选择背景音乐，对其进行适当剪辑，如图 5-104 所示。

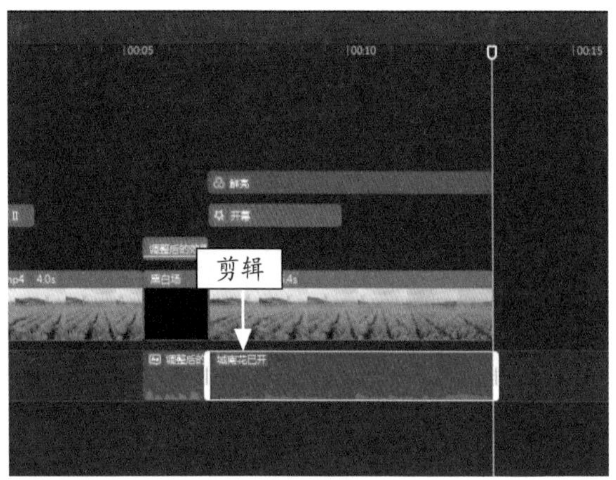

图 5-104　剪辑背景音乐

STEP 28 在“音频”操作区中，❶设置“音量”为 80%；❷设置“淡出时长”为 1.0s，如图 5-105 所示。

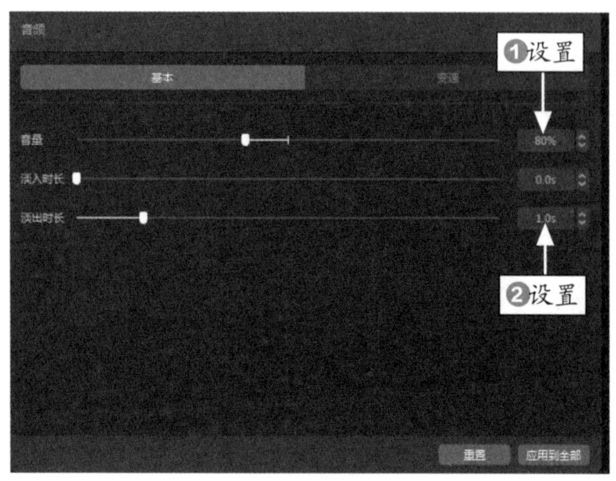

图 5-105　设置音频参数

STEP 29 在视频轨道的左侧，单击“关闭原声”按钮，将视频的原声全部关闭，如图 5-106 所示。

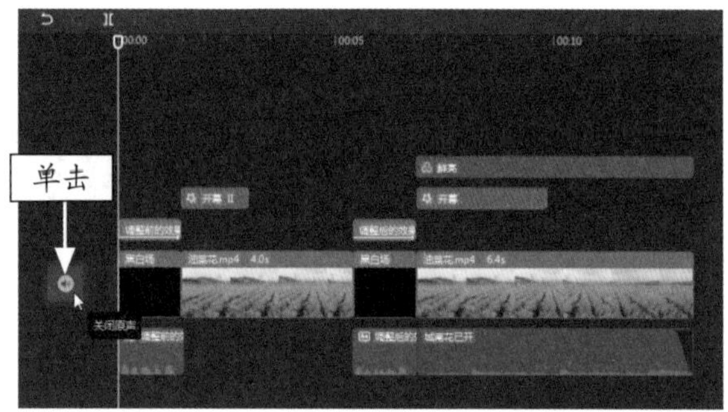

图 5-106　关闭全部视频的原声

STEP 30 播放视频，查看制作的唯美油菜花画面效果，如图 5-107 所示。

图 5-107　预览视频效果

图 5-107　预览视频效果（续）

036 调出浓郁古风色调

古风色调主要偏复古暖色调，是非常受欢迎的色调之一，下面介绍使用剪映调出古风色调的具体操作方法。

素材文件	素材 \ 第 5 章 \ 小桥流水 .mp4
效果文件	效果 \ 第 5 章 \ 小桥流水 .mp4
视频文件	视频 \ 第 5 章 \036　调出浓郁古风色调 .mp4

【操练 + 视频】
——调出浓郁古风色调

STEP 01 在剪映中导入视频素材并将其添加到视频轨道中，如图 5-108 所示。

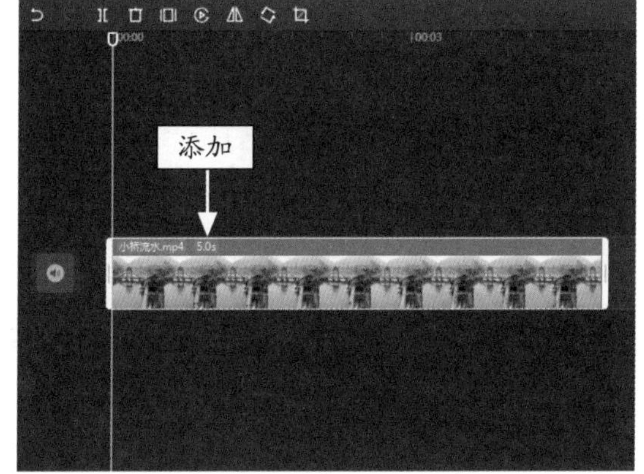

图 5-108　将素材添加到视频轨道

STEP 02 ❶在“滤镜”功能区中单击“风景”按钮，切换至其选项卡；❷单击“暮色”滤镜中的添加按钮，如图 5-109 所示。

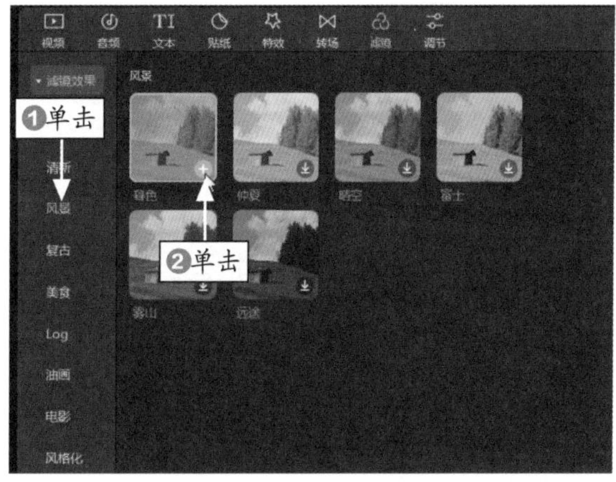

图 5-109　单击添加按钮

STEP 03 执行操作后，即可在滤镜轨道中添加一个“暮色”滤镜，如图 5-110 所示。

STEP 04 选择“暮色”滤镜，将其时长调整为与视频同长，在“滤镜”操作区中设置“滤镜强度”为 50，如图 5-111 所示。

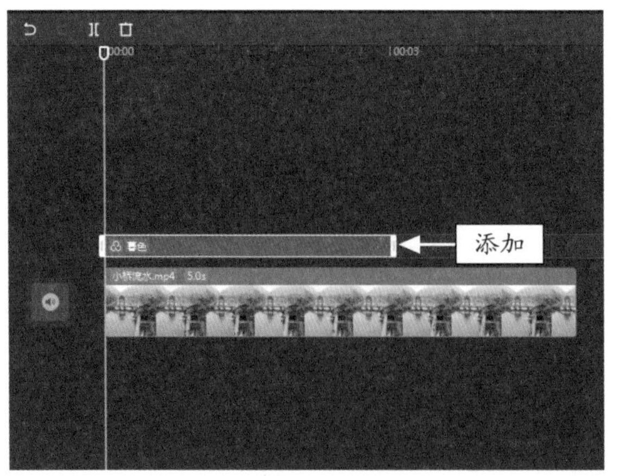

图 5-110　添加“暮色”滤镜

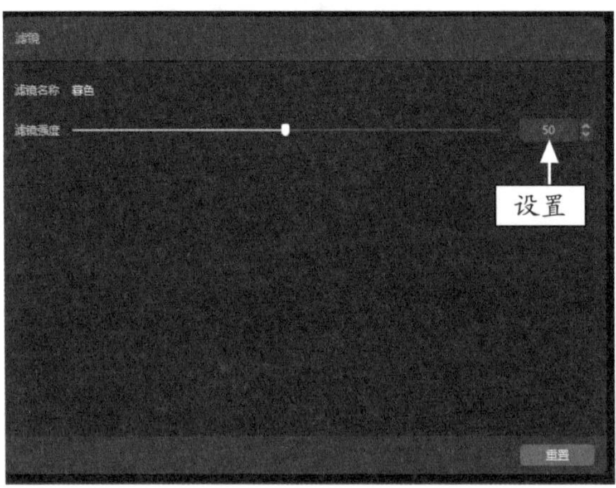

图 5-111　设置“滤镜强度”参数

STEP 05 选择视频素材，在“调节”操作区中，拖动“亮度”滑块，将其参数调为 15，如图 5-112 所示。

图 5-112　调节“亮度”参数

STEP 06 拖动“对比度”滑块，将其参数调至 17，如图 5-113 所示。

STEP 07 拖动“饱和度”滑块，将其参数调至 20，如图 5-114 所示。

STEP 08 拖动“锐化”滑块，将其参数调至 12，如图 5-115 所示。

图 5-113　调节“对比度”参数

图 5-114　调节“饱和度”参数

图 5-115　调节“锐化”参数

STEP 09 拖动“高光”滑块，将其参数调至 7，如图 5-116 所示。

图 5-116　调节“高光”参数

STEP 10 拖动“阴影”滑块，将其参数调至 13，如图 5-117 所示。

图 5-117　调节“阴影”参数

STEP 11 拖动“色温”滑块，将其参数调至 13，如图 5-118 所示。

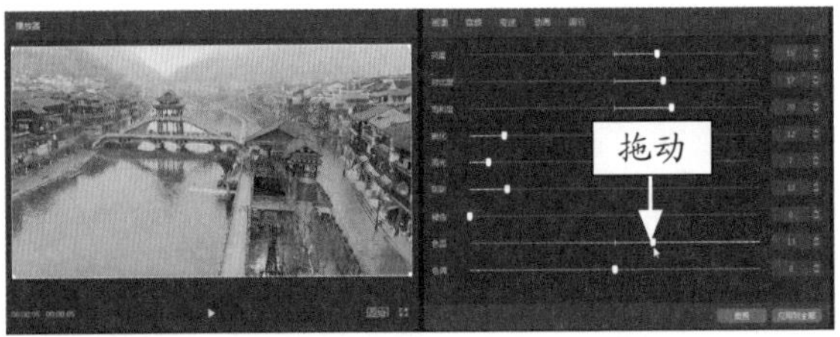

图 5-118 调节“色温”参数

STEP 12 将时间指示器拖动至开始位置处，如图 5-119 所示。

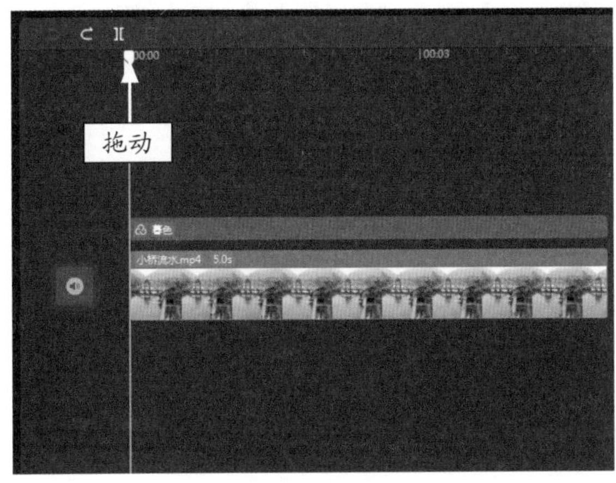

图 5-119 拖动时间指示器

STEP 13 在“视频”功能区中，单击视频素材缩略图右下角的添加按钮，将原视频添加至视频轨道中的开始位置，并对其进行适当剪辑，效果如图 5-120 所示。

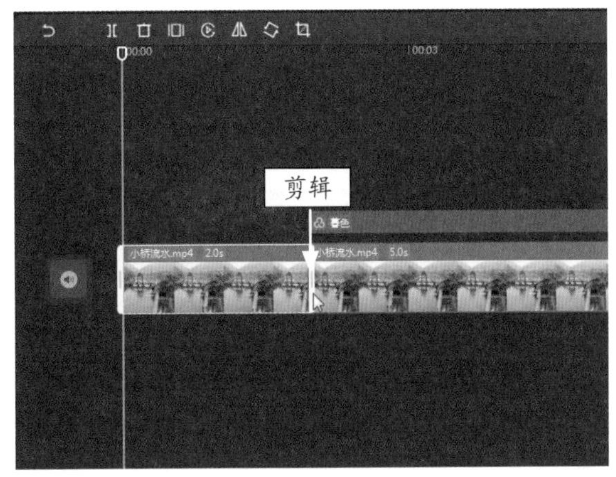

图 5-120 添加原视频并剪辑时长

STEP 14 ❶单击“转场”按钮；❷在“基础转场”选项卡中单击“渐变擦除”效果中的添加按钮，如图 5-121 所示。

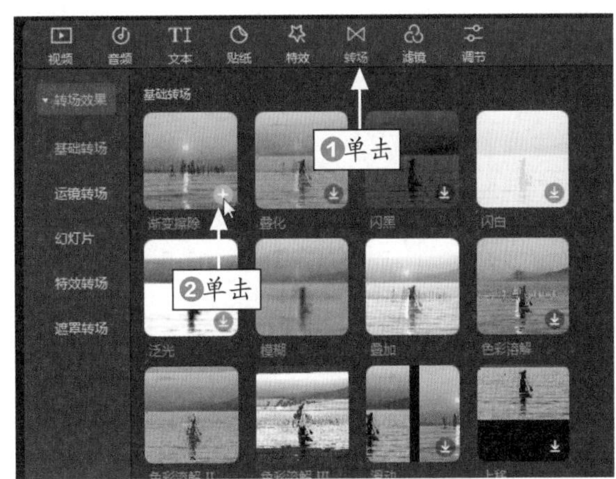

图 5-121 单击添加按钮

STEP 15 执行操作后，即可添加相应的转场效果，在两个视频之间选择转场图标⋈，如图 5-122 所示。

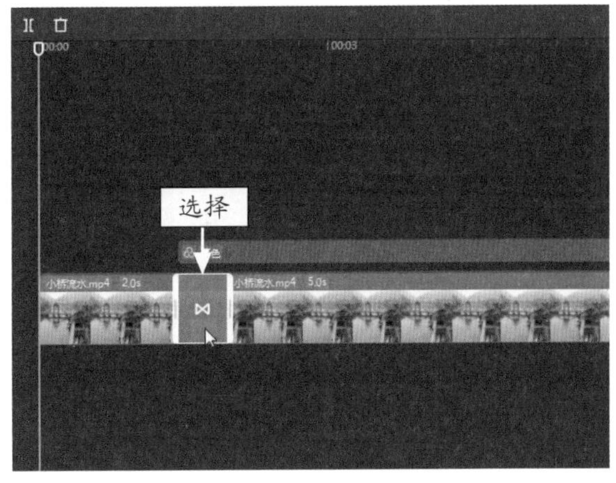

图 5-122 选择转场图标

STEP 16 在“转场”操作区中将“转场时长”设置为最长，如图 5-123 所示。

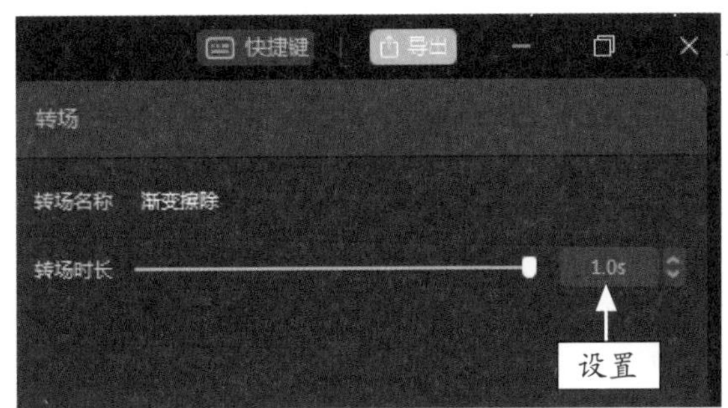

图 5-123 设置“转场时长”

STEP 17 在特效轨道中，将特效的开始位置调至转场的开始位置，如图 5-124 所示。

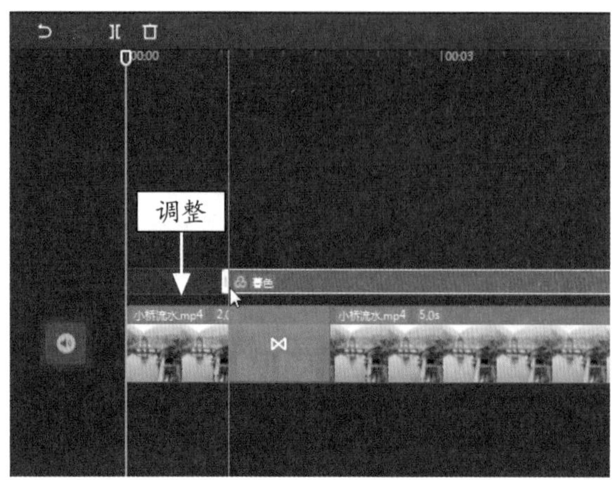

图 5-124　调整特效的开始位置

STEP 18 执行操作后，即可播放视频，预览制作的视频效果，如图 5-125 所示。可以看到，调色后的画面色调整体偏暖色调，而且比原来的画面色彩更加浓郁、明亮。

图 5-125　预览视频效果

第6章

美颜：为视频中的人物进行瘦脸磨皮

章前知识导读

长相虽是天生的，但可以通过后期美颜调整，为视频中的人物进行瘦脸、磨皮，还可以结合视频主题和内容，利用第5章所学的调色技巧，为视频中的人物打造独特的影调风格。

新手重点索引

- 为视频中的人物瘦脸
- 去除人物脸部的瑕疵
- 修复人物皮肤的肤色
- 制作美人如画古风色调

效果图片欣赏

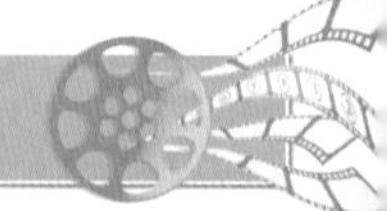

037 为视频中的人物瘦脸

在剪映“画面”操作区中，可以通过调整“瘦脸”参数来为视频中的人物瘦脸，下面介绍具体的操作方法。

素材文件	素材 \ 第 6 章 \ 丰韵娉婷 .mp4
效果文件	效果 \ 第 6 章 \ 丰韵娉婷 .mp4
视频文件	视频 \ 第 6 章 \037　为视频中的人物瘦脸 .mp4

【操练＋视频】
——为视频中的人物瘦脸

STEP 01 在剪映中导入一个视频素材，双击视频上的添加按钮，添加两个重复的素材到视频轨道中，如图 6-1 所示。

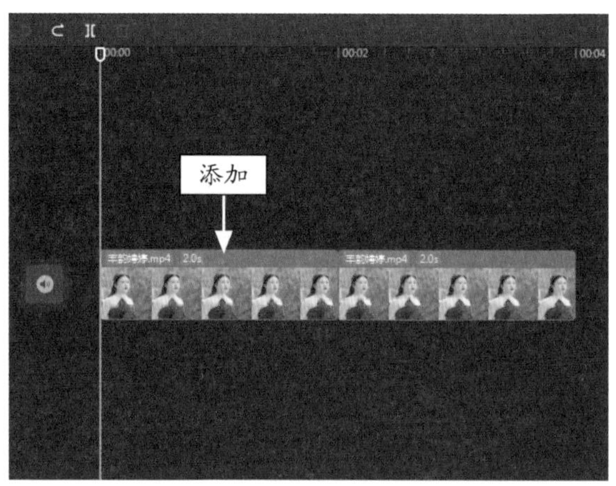

图 6-1　添加两个重复的视频素材

STEP 02 将前一段视频的时长剪辑为 1.0s，如图 6-2 所示。

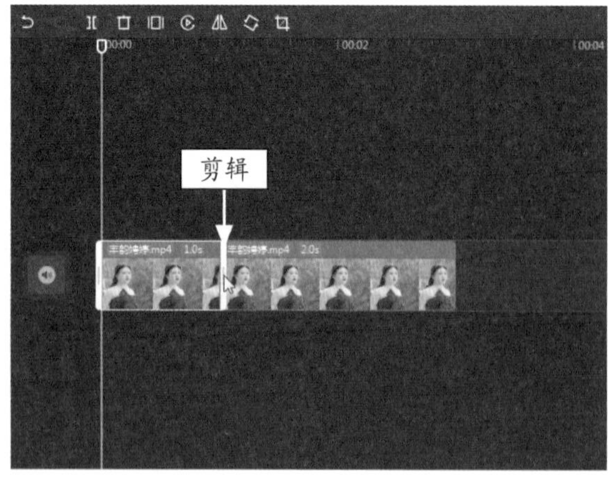

图 6-2　剪辑前一段视频的时长

STEP 03 ❶将时间指示器拖动至相应位置处；❷选中第 2 段视频素材，如图 6-3 所示。

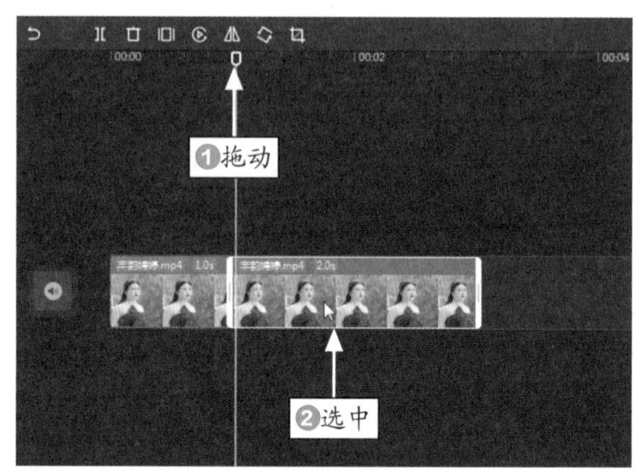

图 6-3　选中第 2 段视频素材

STEP 04 在预览窗口中预览视频画面效果，如图 6-4 所示。

图 6-4　预览视频画面效果

STEP 05 单击“画面”按钮，切换至“画面”操作区，如图 6-5 所示。

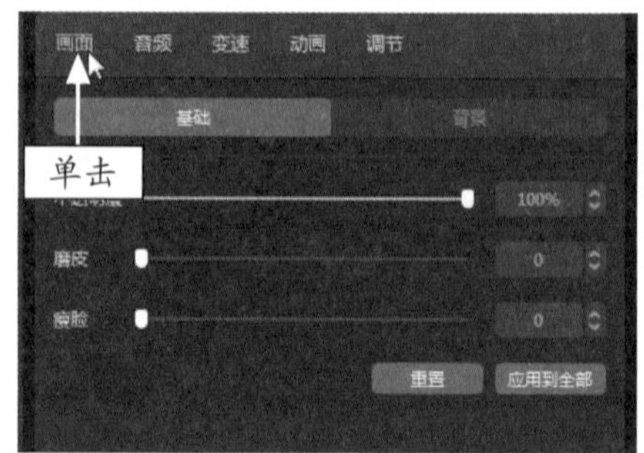

图 6-5　单击“画面”按钮

STEP 06 拖动“瘦脸”滑块至最右端，将参数调整为最大值，如图 6-6 所示。

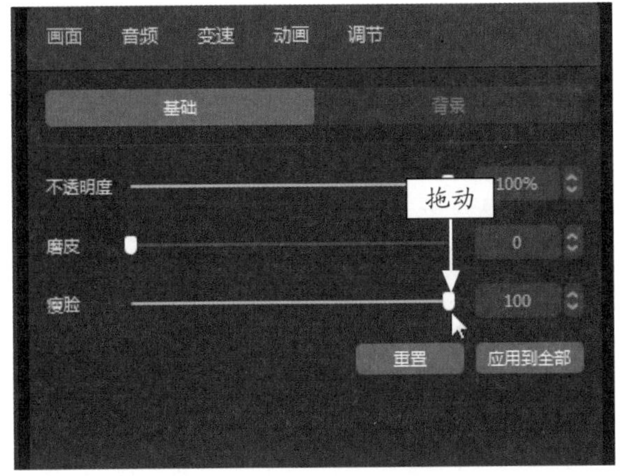

图 6-6　拖动“瘦脸”滑块

STEP 07 将时间指示器拖动至开始位置，❶单击“特效”按钮；❷单击“基础”选项卡；❸单击“变清晰”特效中的添加按钮，如图 6-7 所示。

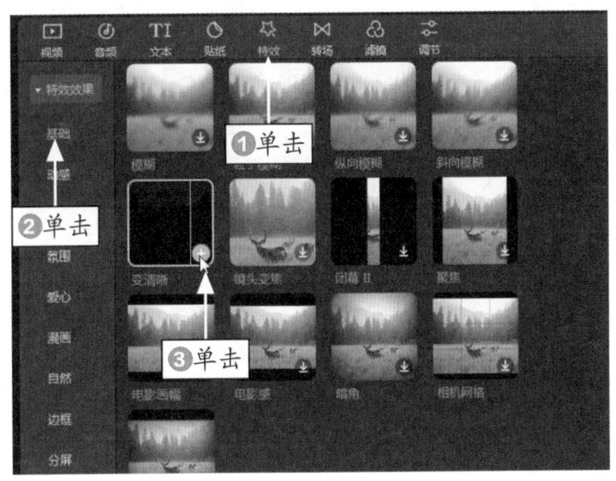

图 6-7　单击“变清晰”添加按钮

STEP 08 执行操作后，即可在轨道上添加一个“变清晰”特效，并适当剪辑特效时长，如图 6-8 所示。

STEP 09 将时间指示器拖动至第 2 段视频开始的位置，❶单击“特效”按钮；❷单击“氛围”选项卡；❸单击“飘落闪粉 II ”特效中的添加按钮，如图 6-9 所示。

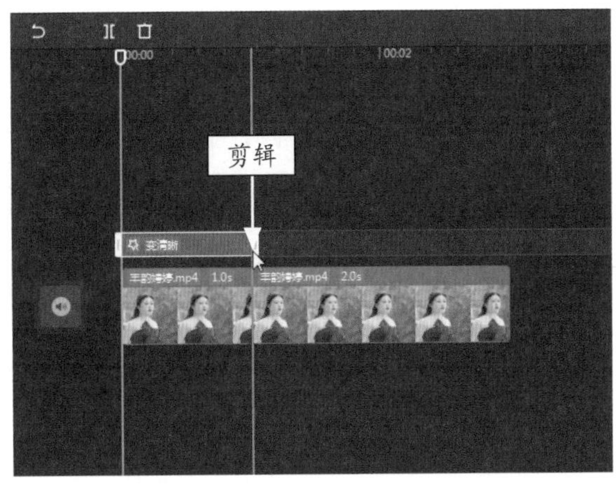

图 6-8　剪辑“变清晰”特效时长

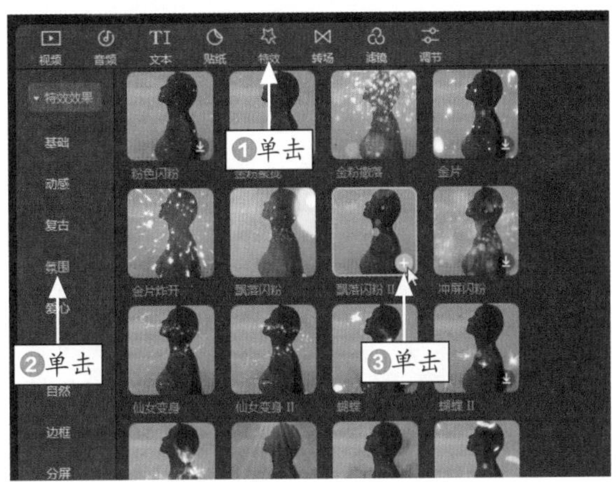

图 6-9　单击“飘落闪粉 II ”添加按钮

STEP 10 执行操作后，即可在轨道上添加一个“飘落闪粉 II ”特效，并适当剪辑特效时长，如图 6-10 所示。

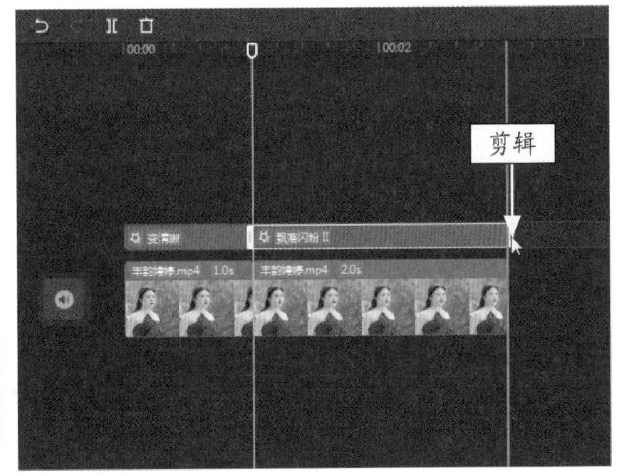

图 6-10　剪辑“飘落闪粉 II ”特效时长

STEP 11 执行上述操作后，给视频添加一段合适的背景音乐。在预览窗口中播放视频，预览视频中人物的瘦脸效果，如图 6-11 所示。

图 6-11　预览视频中人物的瘦脸效果

038 去除人物脸部的瑕疵

在剪映“画面”操作区中，调整“磨皮”参数可以为人物图像进行磨皮，去除人物皮肤上的瑕疵，使人物皮肤看起来更光洁、更亮丽，下面介绍具体的操作方法。

素材文件	素材 \ 第 6 章 \ 人像特写 .mp4
效果文件	效果 \ 第 6 章 \ 人像特写 .mp4
视频文件	视频 \ 第 6 章 \038　去除人物脸部的瑕疵 .mp4

【操练＋视频】
——去除人物脸部的瑕疵

STEP 01 在剪映中导入一个视频素材，双击视频上的添加按钮，添加两个重复的素材到视频轨道中，如图 6-12 所示。

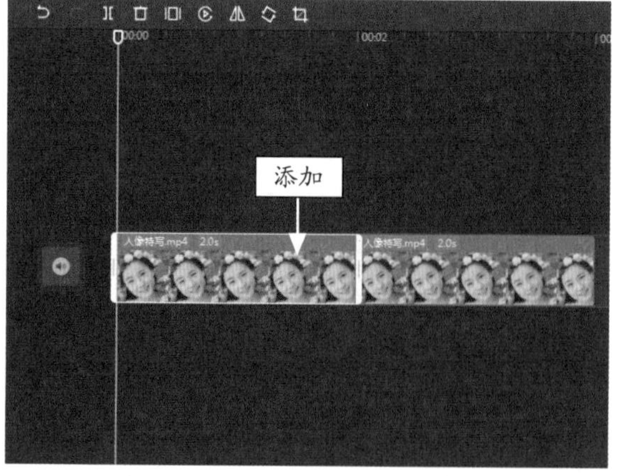

图 6-12　添加两个重复的视频素材

STEP 02 ❶将时间指示器拖动至相应位置；❷选中第 2 段视频素材，如图 6-13 所示。

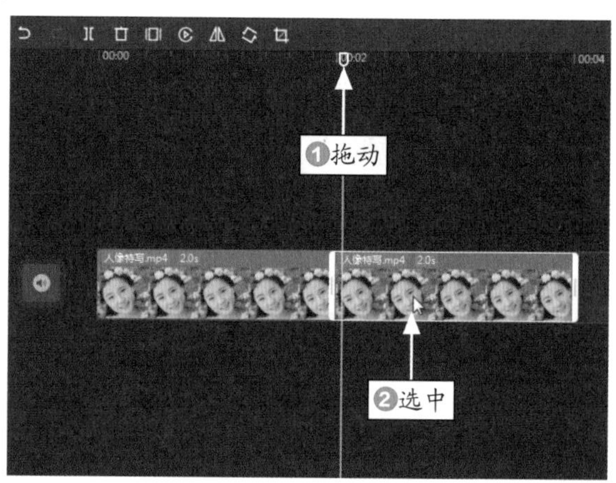

图 6-13　选中第 2 段视频素材

STEP 03 在预览窗口中，预览视频画面效果，可以看到人物脸部有许多的斑点瑕疵，如图 6-14 所示。

图 6-14　预览视频画面效果

STEP 04 ❶单击“画面”按钮；❷拖动“磨皮”滑块至最右端，将参数调整为最大值，如图 6-15 所示。

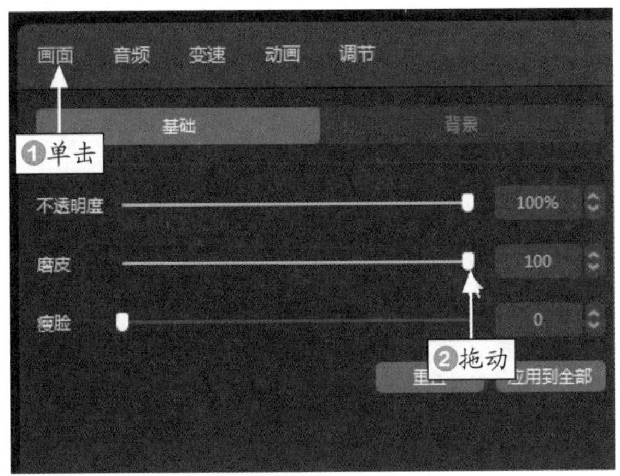

图 6-15　拖动“磨皮”滑块

STEP 05 将时间指示器拖动至开始位置，❶单击“特效”按钮；❷单击“基础”选项卡；❸单击“变清晰”特效中的添加按钮，如图 6-16 所示。

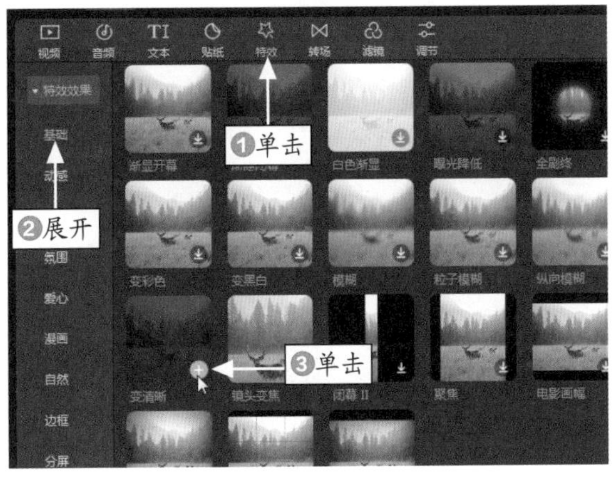

图 6-16　单击“变清晰”添加按钮

STEP 06 执行操作后，即可在轨道上添加一个“变清晰”特效，并适当剪辑特效时长，如图 6-17 所示。

STEP 07 将时间指示器拖动至第 2 段视频开始的位置，❶单击“特效”按钮；❷单击“氛围”选项卡；❸单击“星光绽放”特效中的添加按钮，如图 6-18 所示。

STEP 08 执行操作后，即可在轨道上添加一个“星光绽放”特效，并适当剪辑特效时长，如图 6-19 所示。

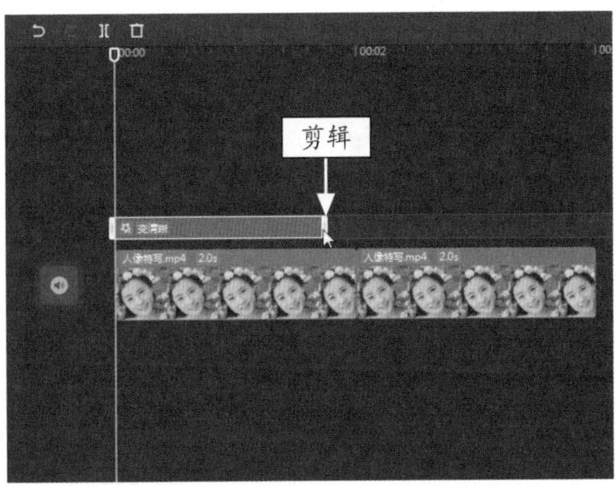

图 6-17　剪辑“变清晰”特效时长

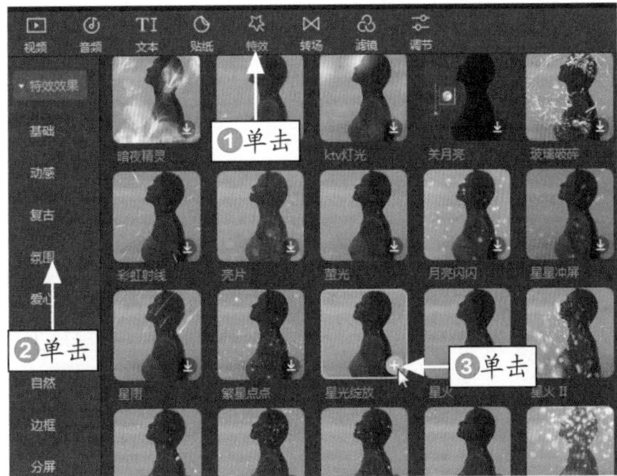

图 6-18　单击“星光绽放”添加按钮

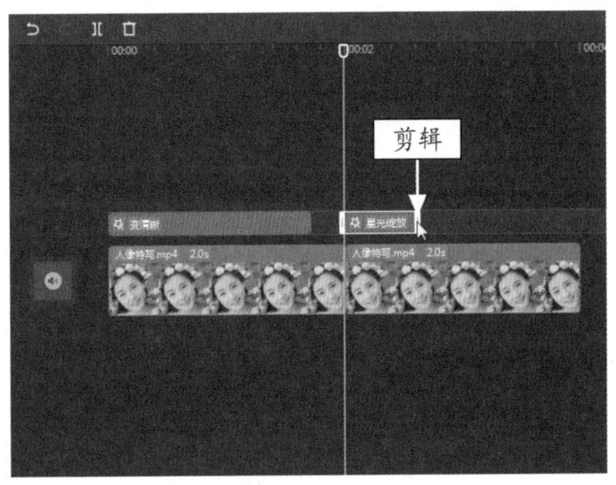

图 6-19　剪辑“星光绽放”特效时长

STEP 09 选中第 2 段视频，在“动画”操作区中单击“入场”按钮，如图 6-20 所示。

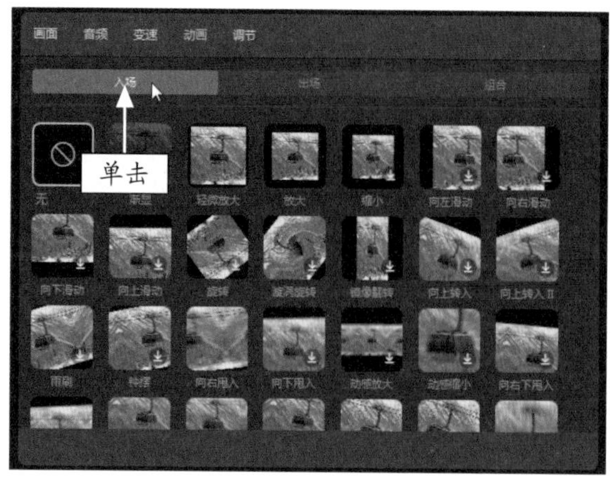

图 6-20 单击“入场”按钮

STEP 10 ❶选择“向右甩入”选项；❷设置“动画时长”为 0.6s，如图 6-21 所示。

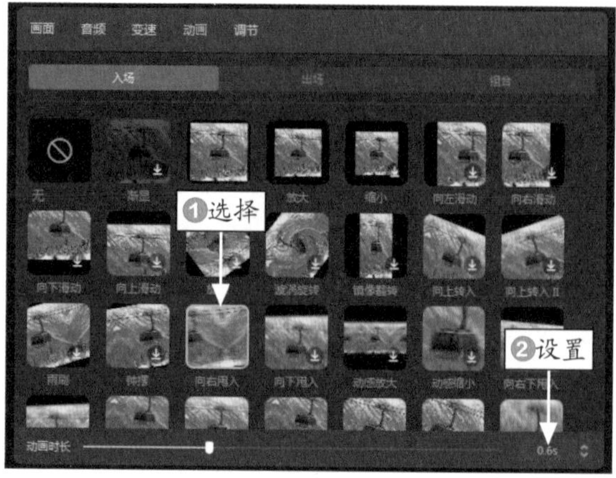

图 6-21 设置“动画时长”参数

STEP 11 执行上述操作后，给视频添加一段合适的背景音乐。在预览窗口中播放视频，可以看到人物的皮肤比原来更加光滑、洁净，如图 6-22 所示。

图 6-22 预览视频中人物的磨皮效果

039 修复人物皮肤的肤色

在拍摄人物时，或多或少地都会受到周围的环境、光线的影响，导致人物肤色不正常，对此用户可以通过剪映中的“调节”功能来修复人物肤色。下面向大家介绍修复人物肤色的操作方法。

	素材文件	素材 \ 第 6 章 \ 娇俏可人 .mp4
	效果文件	效果 \ 第 6 章 \ 娇俏可人 .mp4
	视频文件	视频 \ 第 6 章 \039　修复人物皮肤的肤色 .mp4

【操练 + 视频】
——修复人物皮肤的肤色

STEP 01 在剪映中导入一个视频素材，双击视频上的添加按钮，添加两个重复的素材到视频轨道中，如图 6-23 所示。

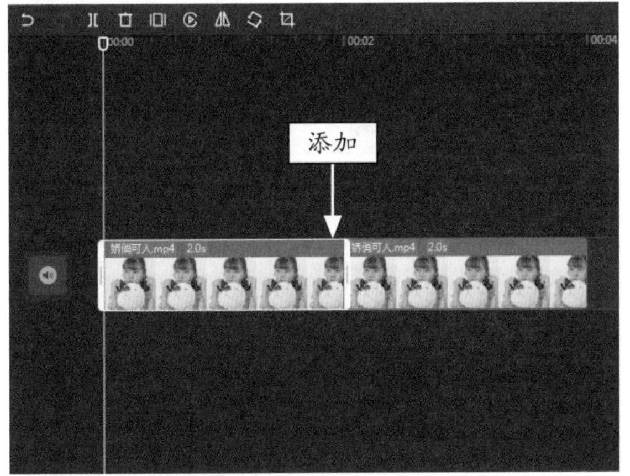

图 6-23　添加两个重复的视频素材

STEP 02 ❶将时间指示器拖动至相应位置处；❷选中第 2 段视频素材，如图 6-24 所示。

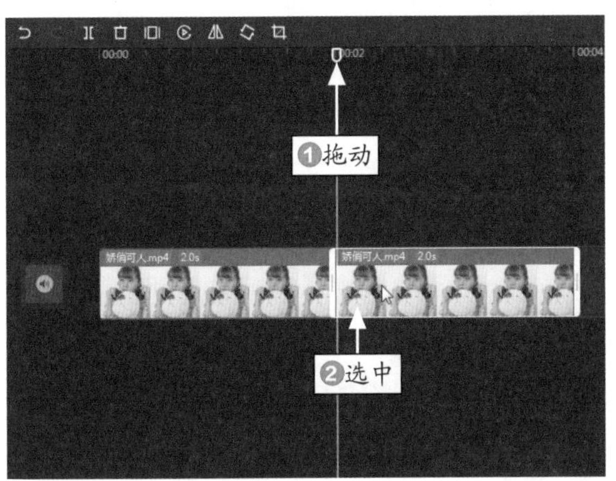

图 6-24　选中第 2 段视频素材

STEP 03 在预览窗口中预览视频画面效果，可以看到人物肤色偏黄偏暗，如图 6-25 所示。

图 6-25　预览视频画面效果

STEP 04 ❶单击“画面”按钮；❷拖动“磨皮”滑块至最右端，将参数调整为最大值，如图 6-26 所示。

图 6-26　拖动“磨皮”滑块

STEP 05 ❶单击“调节”按钮；❷拖动“饱和度”滑块，将参数调为 -7，降低人物画面色彩，如图 6-27 所示。

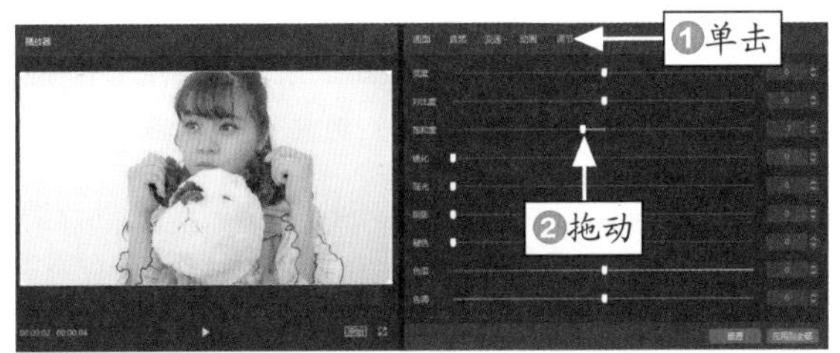

图 6-27　调节“饱和度”参数

STEP 06 拖动“色温”滑块，将参数调为 -4，使画面偏冷色调，如图 6-28 所示。

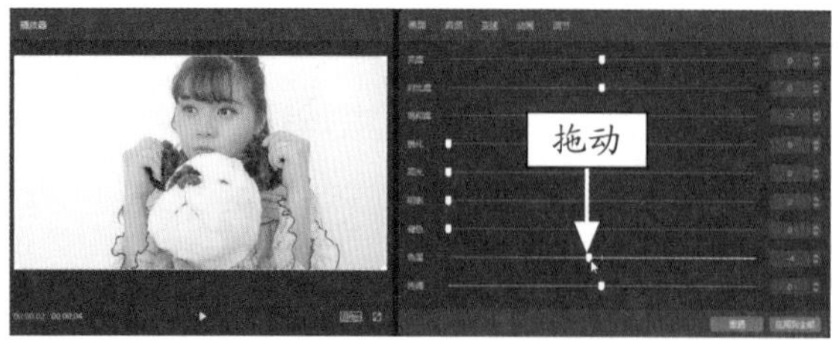

图 6-28　调节“色温”参数

STEP 07 拖动“色调”滑块，将参数调为 50，使人物肤色红润一些，如图 6-29 所示。

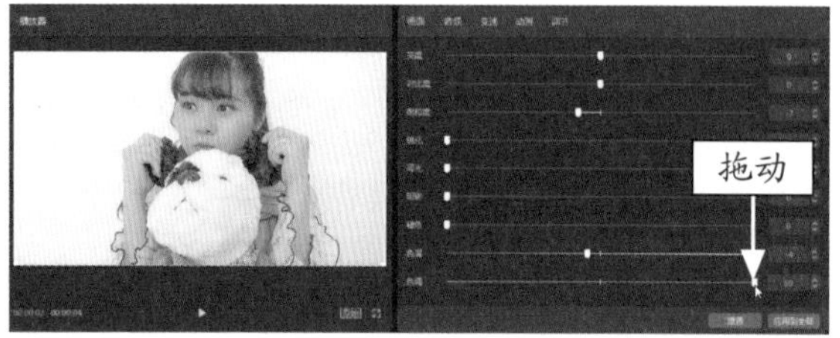

图 6-29　调节“色调”参数

STEP 08 ❶单击“转场”按钮；❷在“基础转场”选项卡中单击“向左擦除”效果中的添加按钮，如图 6-30 所示。

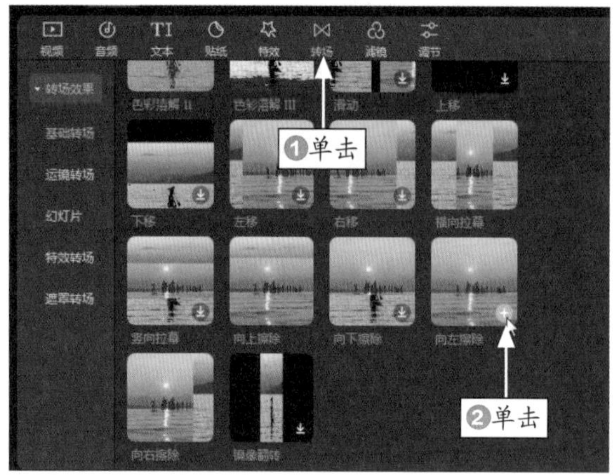

图 6-30　单击“向左擦除”效果中的添加按钮

STEP 09 执行操作后，❶添加相应转场；❷将时间指示器拖动至开始位置处，如图 6-31 所示。

STEP 10 ❶单击“特效”按钮；❷单击“基础”选项卡；❸单击“纵向开幕”特效中的添加按钮，如图 6-32 所示。

STEP 11 执行操作后，即可在轨道上添加一个“纵向开幕”特效，并适当剪辑特效时长，如图 6-33 所示。

STEP 12 将时间指示器拖动至第 2 段视频的合适位置，❶单击“特效”按钮；❷单击“爱心”选项卡；❸单击“爱心气泡”特效中的添加按钮，如图 6-34 所示。

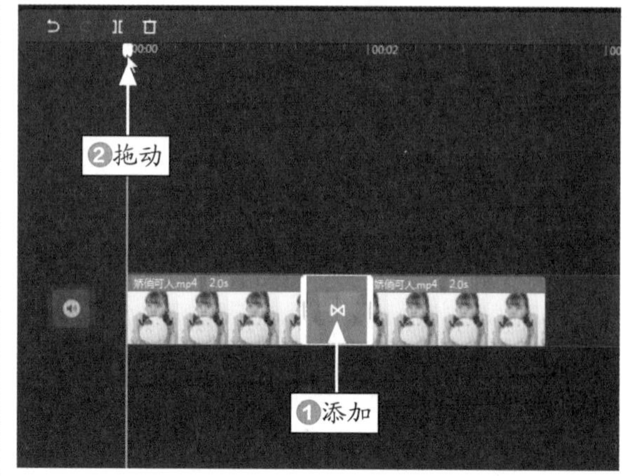

图 6-31　拖动时间指示器

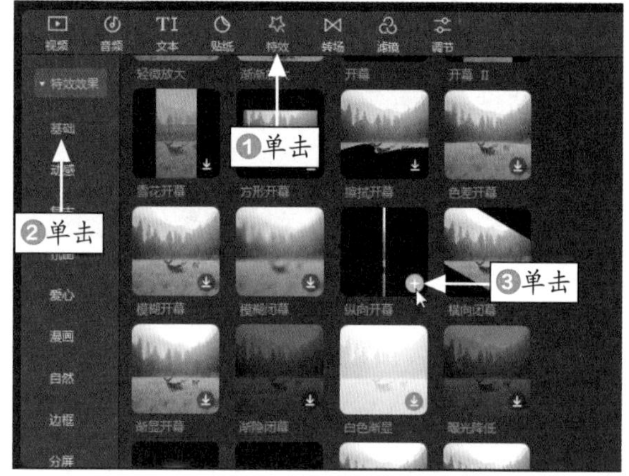

图 6-32　单击“纵向开幕”添加按钮

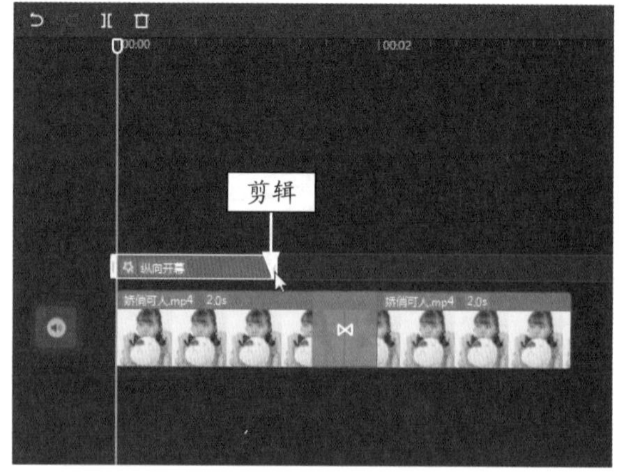

图 6-33　剪辑“纵向开幕”特效时长

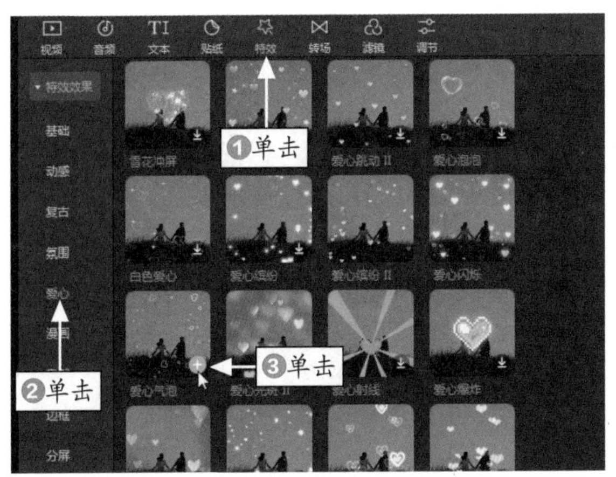

图 6-34　单击“爱心气泡”添加按钮

STEP 13 执行操作后，即可在轨道上添加一个“爱心气泡”特效，并适当剪辑特效时长，如图 6-35 所示。

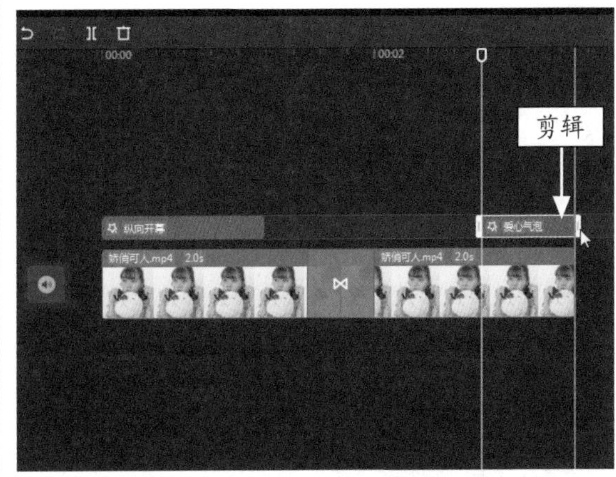

图 6-35　剪辑“爱心气泡”特效时长

STEP 14 执行上述操作后，给视频添加一段合适的背景音乐。在预览窗口中播放视频，预览视频中人物肤色修复效果，如图 6-36 所示。

图 6-36　预览视频中人物肤色修复效果

040 制作人物肤色透亮效果

在剪映中，应用“清透”滤镜可使人物肤色又白又亮，下面介绍具体的操作方法。

	素材文件	素材 \ 第 6 章 \ 回眸一笑 .mp4
	效果文件	效果 \ 第 6 章 \ 回眸一笑 .mp4
	视频文件	视频 \ 第 6 章 \040 制作人物肤色透亮效果 .mp4

【操练 + 视频】
——制作人物肤色透亮效果

STEP 01 在剪映中导入一个视频素材，单击视频上的添加按钮，将素材添加到视频轨道中，在预览窗口中可以查看视频效果，如图 6-37 所示。

图 6-37 查看视频效果

STEP 02 在视频轨道上选中视频素材，如图 6-38 所示。

STEP 03 ❶单击“画面”按钮；❷拖动“磨皮”滑块至最右端，将参数调整为最大值，如图 6-39 所示。

专家指点

用户在处理人物视频时，可以根据自身需求决定是否进行磨皮和瘦脸的操作。

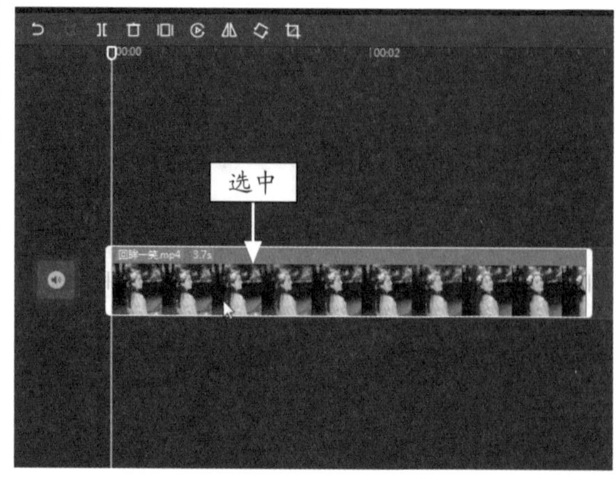

图 6-38 选中视频素材

图 6-39 拖动“磨皮”滑块

STEP 04 ❶单击“滤镜”按钮；❷单击“清新”选项卡；❸单击“清透”滤镜中的添加按钮，如图 6-40 所示。

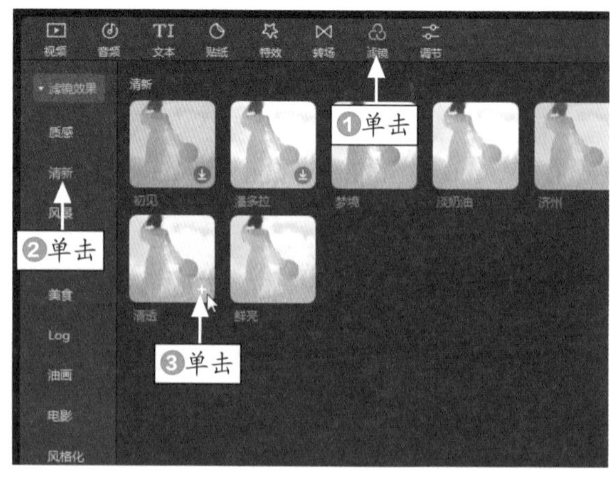

图 6-40 单击“清透”添加按钮

STEP 05 执行操作后，即可在轨道上添加一个“清透”滤镜，并适当剪辑滤镜时长，如图 6-41 所示。

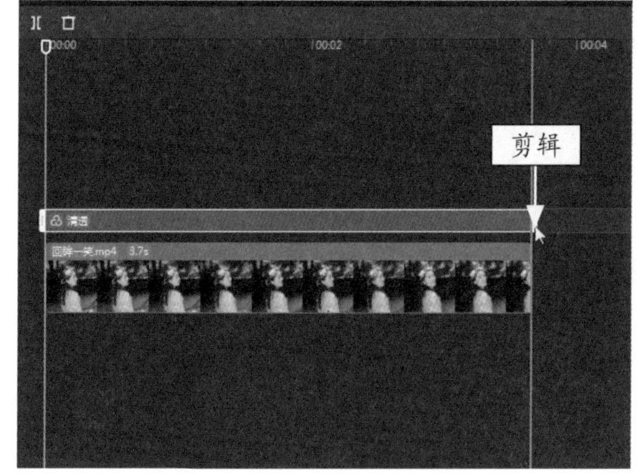

图 6-41 剪辑“清透”滤镜时长

STEP 06 ❶单击“特效”按钮；❷单击“基础”选项卡；❸单击“模糊开幕”特效中的添加按钮，如图 6-42 所示。

STEP 07 执行操作后，即可在轨道上添加一个“模糊开幕”特效，并适当剪辑特效时长，如图 6-43 所示。

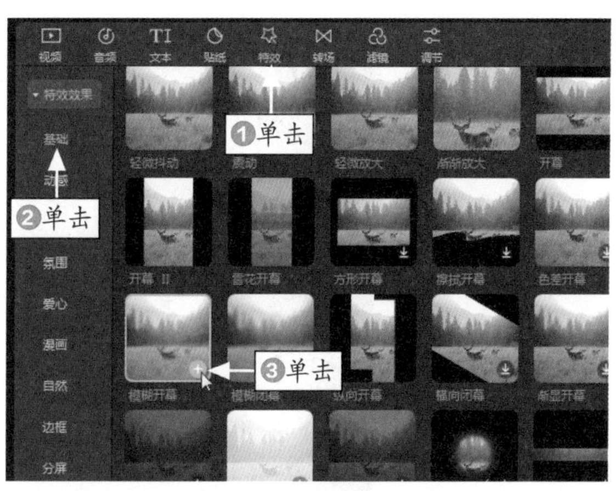

图 6-42 单击“模糊开幕”添加按钮

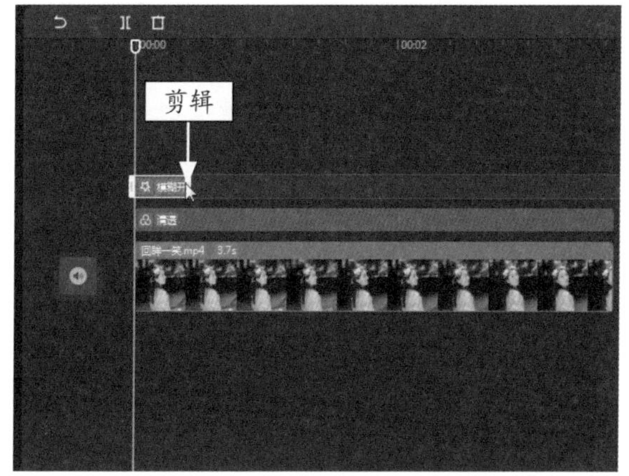

图 6-43 剪辑“模糊开幕”特效时长

STEP 08 执行上述操作后，在预览窗口中播放视频，预览视频中人物肤色透亮效果，如图 6-44 所示。

图 6-44 预览视频中人物肤色透亮效果

图 6-44　预览视频中人物肤色透亮效果（续）

041 制作复古怀旧美人视频

稍微泛黄的图像画面，可以打造出一种复古怀旧的色调风格。下面将向读者介绍在剪映中制作复古怀旧美人视频的操作方法。

	素材文件	素材 \ 第 6 章 \ 佳人回眸 .mp4
	效果文件	效果 \ 第 6 章 \ 佳人回眸 .mp4
	视频文件	视频 \ 第 6 章 \041　制作复古怀旧美人视频 .mp4

【操练 + 视频】
——制作复古怀旧美人视频

STEP 01 在剪映中导入一个视频素材，单击视频上的添加按钮，将素材添加到视频轨道中，在预览窗口中可以查看视频效果，如图 6-45 所示。

图 6-45　查看视频效果

STEP 02 ❶单击“滤镜”按钮；❷单击“复古”选项卡；❸单击“落叶棕”滤镜中的添加按钮，如图 6-46 所示。

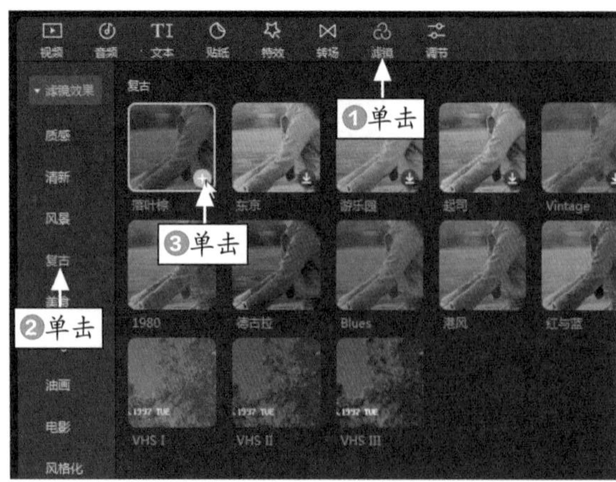

图 6-46　单击“落叶棕”添加按钮

STEP 03 执行操作后，即可在轨道上添加一个“落叶棕”滤镜，并适当剪辑滤镜时长，如图 6-47 所示。

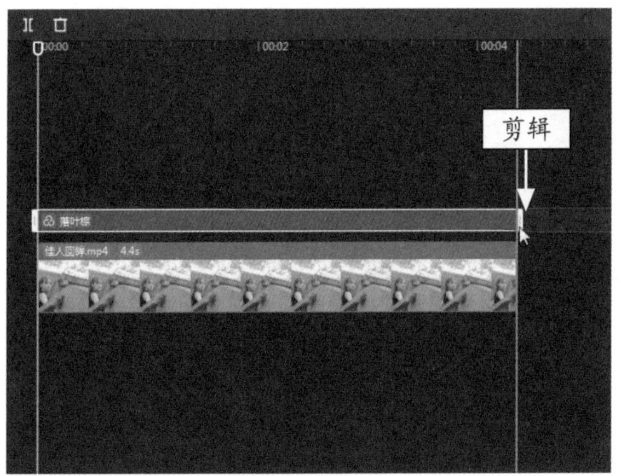

图 6-47　剪辑“落叶棕”滤镜时长

STEP 04 选择视频素材，❶单击“调节”按钮；❷拖动“对比度”滑块，将其参数调为 6，增加画面明暗对比，如图 6-48 所示。

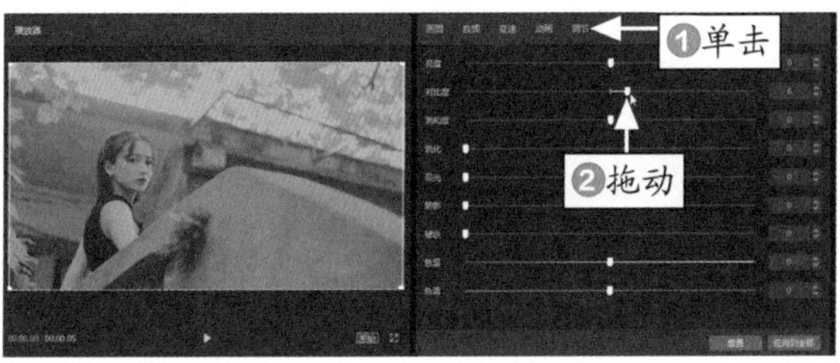

图 6-48　调节“对比度”参数

STEP 05 拖动“饱和度”滑块，将其参数调为 30，增强画面色彩，如图 6-49 所示。

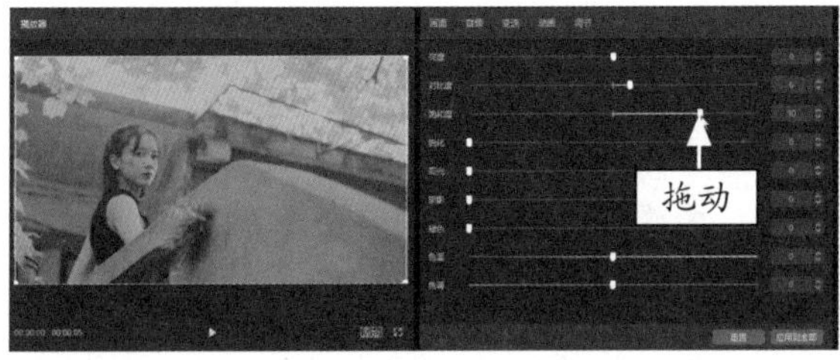

图 6-49　调节“饱和度”参数

STEP 06 拖动“高光”滑块，将其参数调为 45，调整高光区域的亮度，如图 6-50 所示。

STEP 07 拖动“色温”滑块，将其参数调为 36，使画面偏暖色调，如图 6-51 所示。

STEP 08 ❶单击“特效”按钮；❷单击“复古”选项卡；❸单击“荧幕噪点”特效中的添加按钮，如图 6-52 所示。

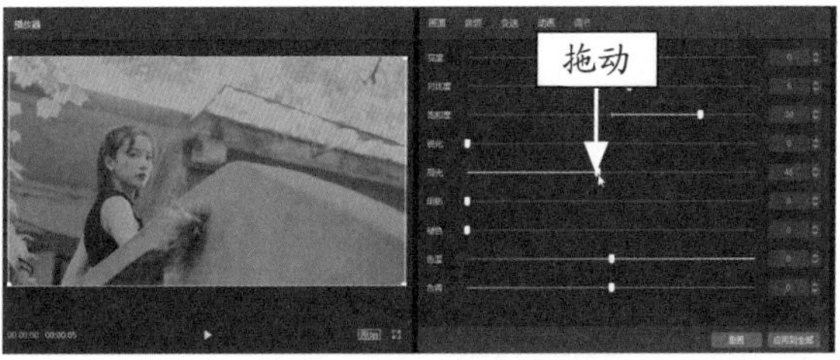

图 6-50　调节“高光”参数

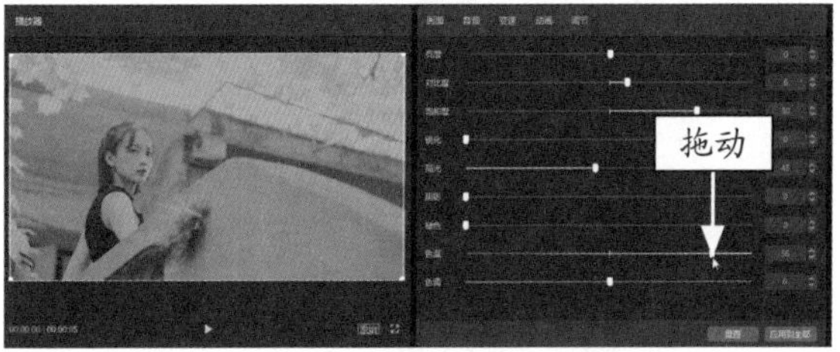

图 6-51　调节“色温”参数

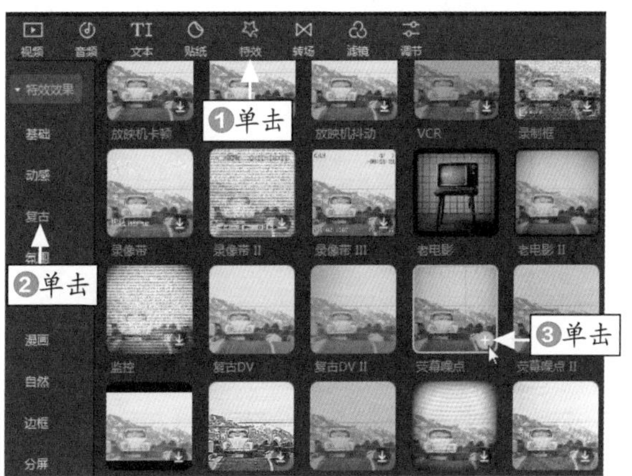

图 6-52　单击“荧幕噪点”添加按钮

STEP 09 执行操作后，即可在轨道上添加一个“荧幕噪点”特效，并适当剪辑特效时长，如图 6-53 所示。

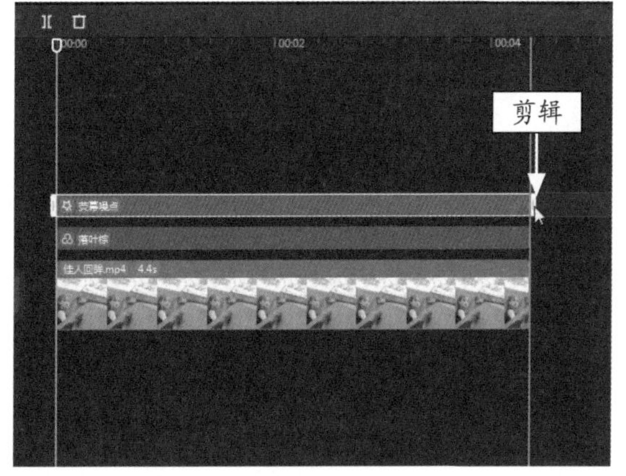

图 6-53　剪辑“荧幕噪点”特效时长

STEP 10 执行上述操作后，在预览窗口中播放视频，预览制作的复古怀旧美人视频效果，如图 6-54 所示。

图 6-54 预览视频效果

042 制作美人如画古风色调

古风人像现在越来越受年轻人的喜爱，在抖音 App 上，也经常可以看到各类古风短视频。下面向读者介绍在剪映中制作美人如画古风色调视频效果的操作方法。

	素材文件	素材 \ 第 6 章 \ 古风美人 .mp4
	效果文件	效果 \ 第 6 章 \ 古风美人 .mp4
	视频文件	视频 \ 第 6 章 \042 制作美人如画古风色调 .mp4

【操练 + 视频】
——制作美人如画古风色调

STEP 01 在剪映中导入一个视频素材，单击视频上的添加按钮，将素材添加到视频轨道中，在预览窗口中可以查看视频效果，如图 6-55 所示。

图 6-55 查看视频效果

STEP 02 ①单击“滤镜”按钮；②单击“质感”选项卡；③单击“灰调”滤镜中的添加按钮，如图 6-56 所示。

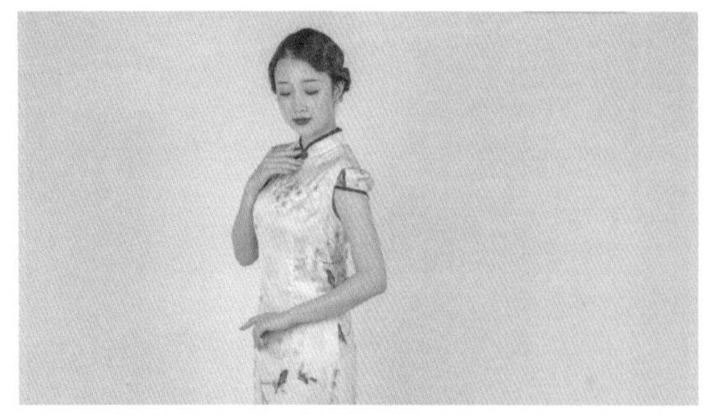

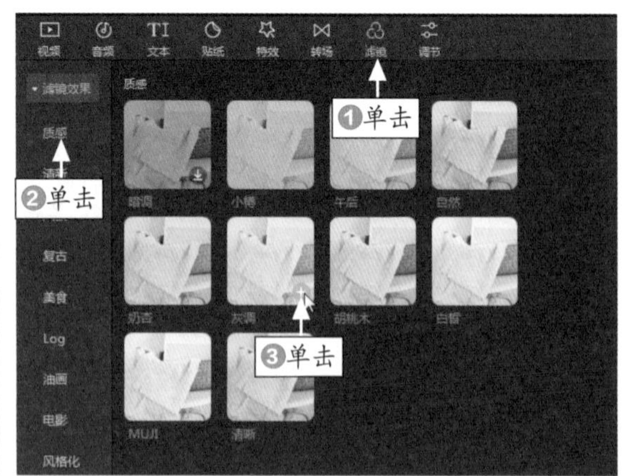

图 6-56 单击“灰调”添加按钮

STEP 03 执行操作后，即可在轨道上添加一个“灰调”滤镜，并适当剪辑滤镜时长，如图 6-57 所示。

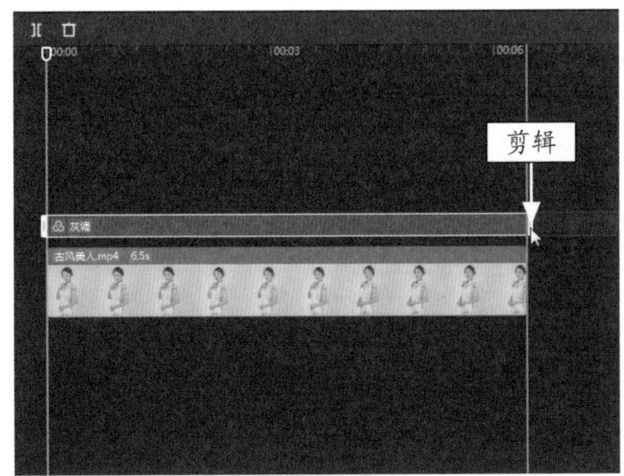

图 6-57　剪辑“灰调”滤镜时长

STEP 04 选择视频素材，❶单击“调节”按钮；❷拖动“亮度”滑块，将其参数调为 -20，如图 6-58 所示。

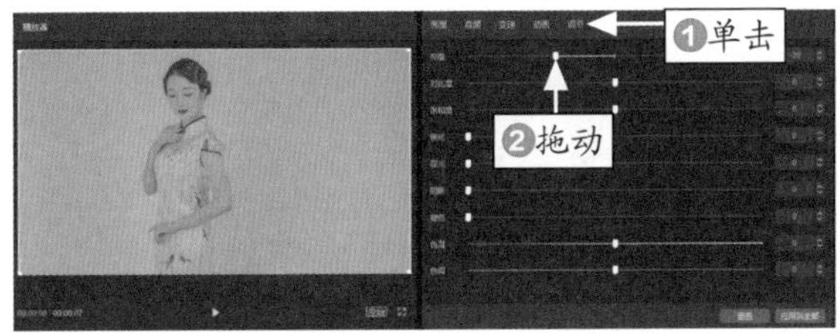

图 6-58　调节“亮度”参数

STEP 05 拖动“对比度”滑块，将其参数调为 19，如图 6-59 所示。

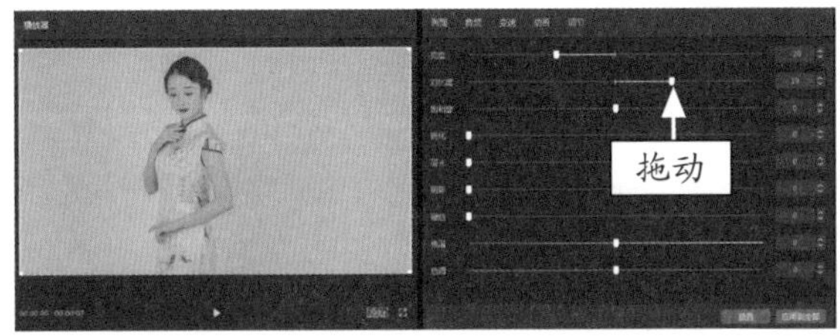

图 6-59　调节“对比度”参数

STEP 06 拖动“饱和度”滑块，将其参数调为 12，如图 6-60 所示。

STEP 08 ❶单击“贴纸”按钮；❷单击“土酷”选项卡；❸单击“红梅贴纸”中的添加按钮，如图 6-62 所示。

STEP 09 执行操作后，即可在轨道上添加一个红梅贴纸，并适当剪辑贴纸时长，如图 6-63 所示。

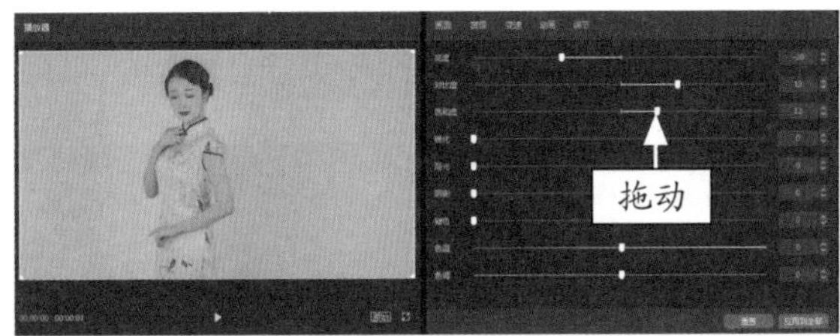

图 6-60　调节“饱和度”参数

STEP 07 拖动“色温”滑块，将其参数调为 50，如图 6-61 所示。

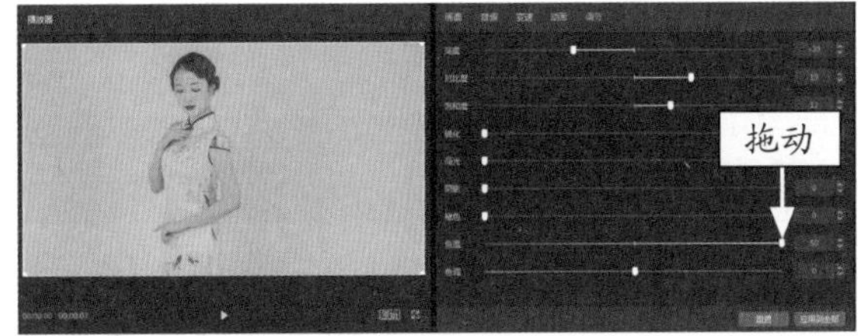

图 6-61　调节“色温”参数

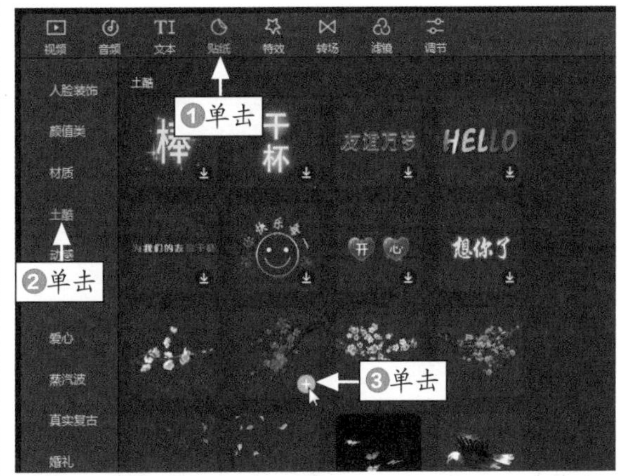

图 6-62　单击“红梅贴纸”添加按钮

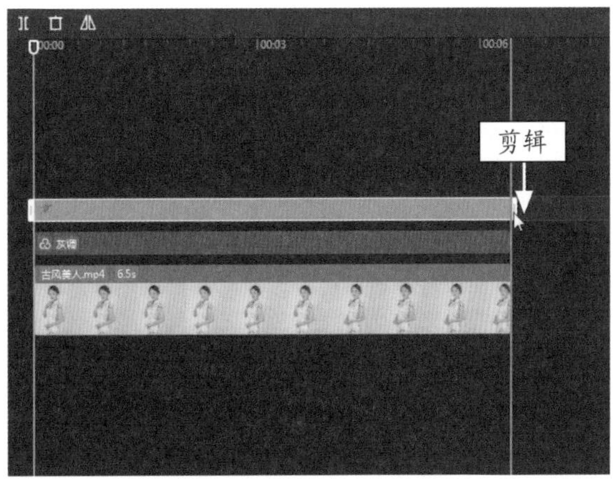

图 6-63　剪辑贴纸时长

STEP 10 在预览窗口中，可以查看添加的贴纸，如图 6-64 所示。

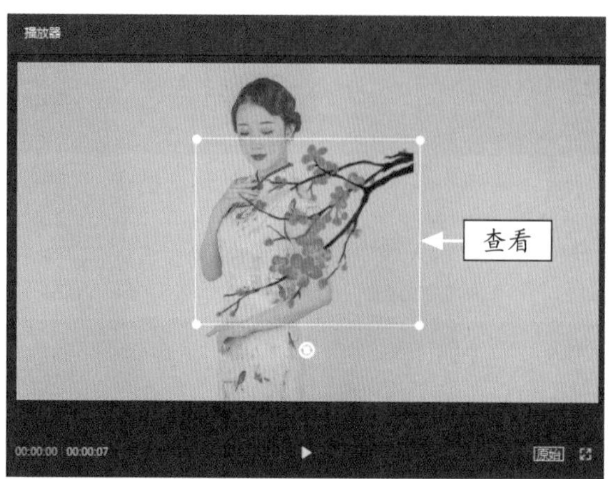

图 6-64 查看添加的贴纸

STEP 11 拖动贴纸四周的控制柄，调整贴纸的位置和大小，如图 6-65 所示。

图 6-65 调整贴纸的位置和大小

STEP 12 执行上述操作后，在预览窗口中播放视频，预览制作的美人如画古风色调视频效果，如图 6-66 所示。

图 6-66 预览视频效果

第7章

转场：瞬间转换享受精彩的视觉效果

章前知识导读

用户在制作短视频时，可根据不同场景的需要，添加合适的转场效果和动画效果，让画面之间的切换更加自然流畅。剪映里包含了大量的转场效果和动画效果，本章将为读者详细介绍，让你的短视频产生更强的冲击力。

新手重点索引

- 制作换衣变身转场特效
- 制作运动切换无缝转场
- 制作模拟翻书切换效果
- 制作人物瞬移重影效果

效果图片欣赏

043 制作换衣变身转场特效

本节介绍的是一种比较酷炫的特效转场的制作方法，主要分为两步，首先拍摄两段视频素材，然后使用剪映在两段视频的连接处添加“色差故障”转场效果和“星河”特效，下面介绍具体的操作方法。

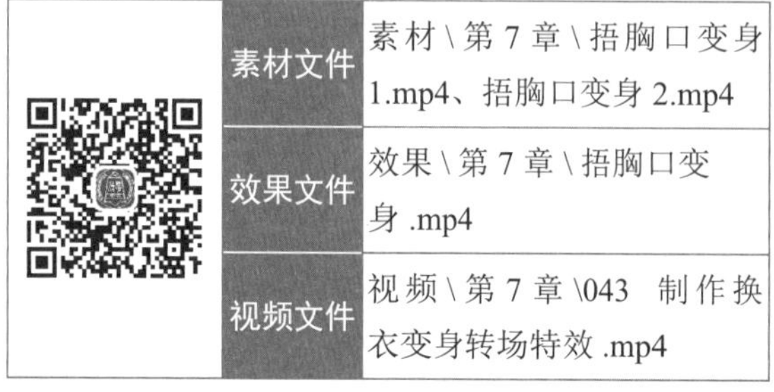

	素材文件	素材 \ 第 7 章 \ 捂胸口变身 1.mp4、捂胸口变身 2.mp4
	效果文件	效果 \ 第 7 章 \ 捂胸口变身 .mp4
	视频文件	视频 \ 第 7 章 \043　制作换衣变身转场特效 .mp4

【操练 + 视频】
——制作换衣变身转场特效

STEP 01 在剪映中导入两个视频素材，将其添加到视频轨道中，如图 7-1 所示。

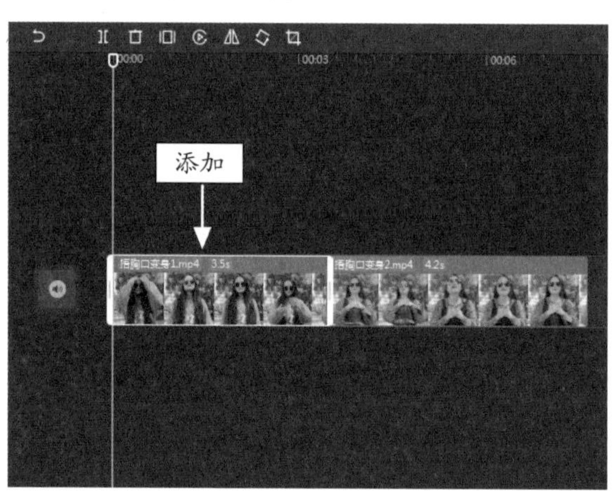

图 7-1　将素材添加到视频轨道

STEP 02 ❶将时间指示器拖动至第 1 个视频中人物向后倒的位置处；❷将视频进行分割；❸选择分割出来的后半段视频；❹单击“删除”按钮，删除该片段，如图 7-2 所示。

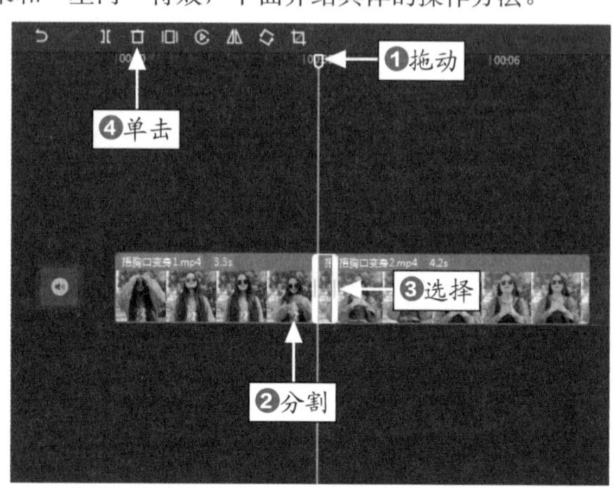

图 7-2　单击“删除”按钮

STEP 03 ❶将时间指示器拖动至第 2 个视频中人物即将起来的位置处；❷将视频进行分割；❸选择分割出来的前半段视频；❹单击“删除”按钮，删除该片段，如图 7-3 所示。

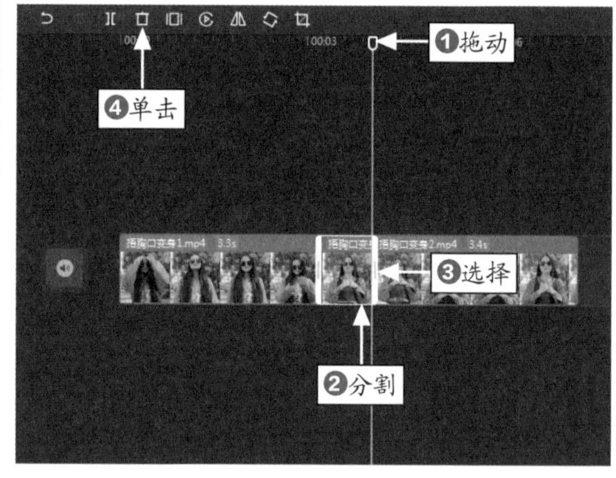

图 7-3　单击“删除”按钮

STEP 04 ❶选择第 2 段视频片段；❷拖动右侧的白色滑块，适当剪辑不需要的画面，如图 7-4 所示。

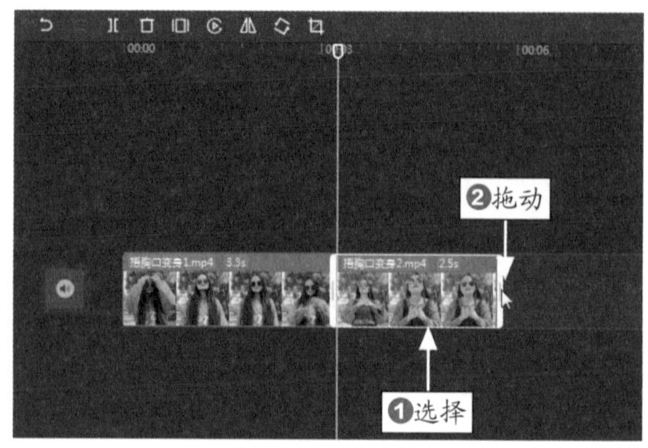

图 7-4　剪辑视频片段

> **专家指点**
>
> 用三脚架将手机固定住，拍摄两段视频素材，第 1 段视频素材为变装前，第 2 段视频素材为变装后。

STEP 05 ❶单击“变速”按钮切换至该操作区；❷拖动“倍数”滑块，适当调整“倍速”参数，增加视频的播放时长，如图 7-5 所示。

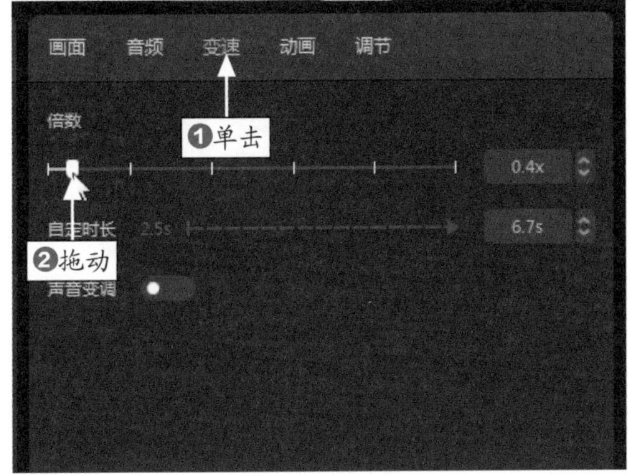

图 7-5　拖动“倍数”滑块

STEP 06 ❶单击“转场”按钮；❷单击“特效转场”选项卡；❸单击“色差故障”转场中的添加按钮，添加一个“色差故障”转场效果，如图 7-6 所示。

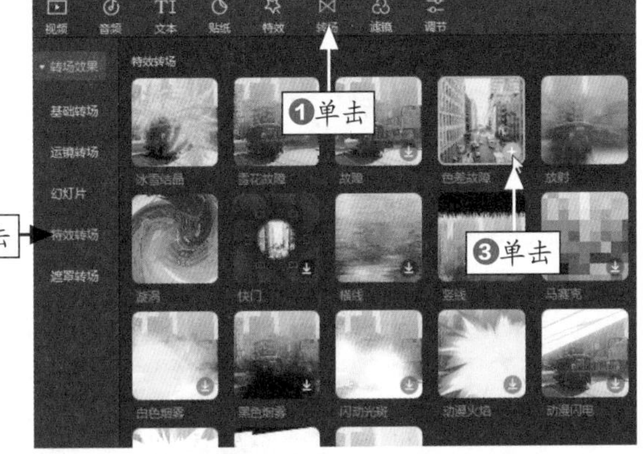

图 7-6　单击“色差故障”添加按钮

STEP 07 ❶单击“特效”按钮；❷单击“氛围”选项卡；❸单击“星河”特效中的添加按钮，如图 7-7 所示。

STEP 08 执行操作后，即可在轨道上添加一个“星河”特效，适当调整其位置和时长，如图 7-8 所示。

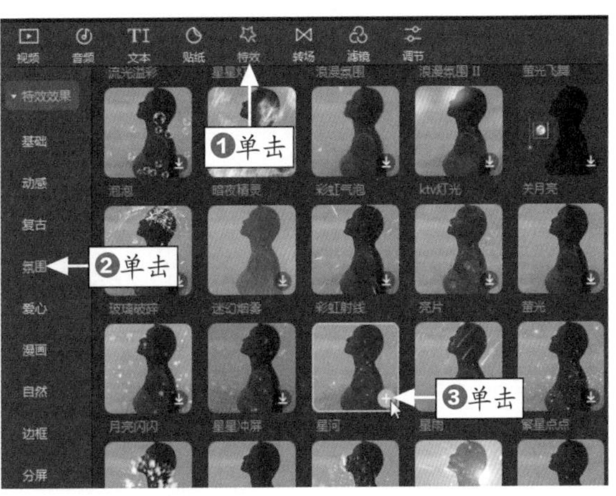

图 7-7　单击“星河”添加按钮

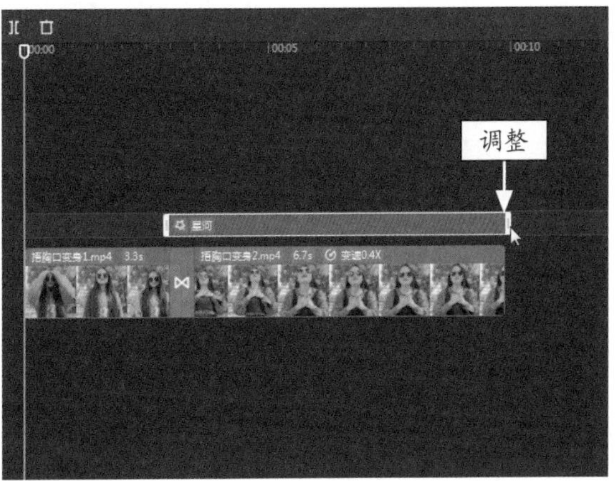

图 7-8　调整“星河”特效的位置和时长

STEP 09 添加合适的背景音乐，播放视频，查看制作的视频转场效果，如图 7-9 所示。

图 7-9　查看视频效果

图 7-9　查看视频效果（续）

044 制作运动切换无缝转场

本节介绍的是一种短视频无缝转场的制作方法，主要使用剪映的变速功能，给各个视频片段的连接处进行适当的变速处理，使视频片段间的过渡效果更加平滑，下面介绍具体的操作方法。

	素材文件	素材\第 7 章\高椅岭 1.mp4、高椅岭 2.mp4、高椅岭 3.mp4
	效果文件	效果\第 7 章\高椅岭 .mp4
	视频文件	视频\第 7 章\044　制作运动切换无缝转场 .mp4

【操练＋视频】
——制作运动切换无缝转场

STEP 01 在剪映中导入 3 个视频素材，将其添加到视频轨道中，如图 7-10 所示。

STEP 02 选择“高椅岭 1”视频素材，将其分割为两个小片段，选择第 1 个视频片段，如图 7-11 所示。

STEP 03 在“变速”操作区中，拖动“倍数”滑块，设置其参数为 0.5x，如图 7-12 所示。

STEP 04 在视频轨道中选择第 2 个视频片段，如图 7-13 所示。

STEP 05 在“变速”操作区中，拖动“倍数”滑块，设置其参数为 3.0x，如图 7-14 所示。

STEP 06 在视频轨道中将“高椅岭 2”视频素材分割为两段，选择轨道上的第 3 个视频片段，如图 7-15 所示。

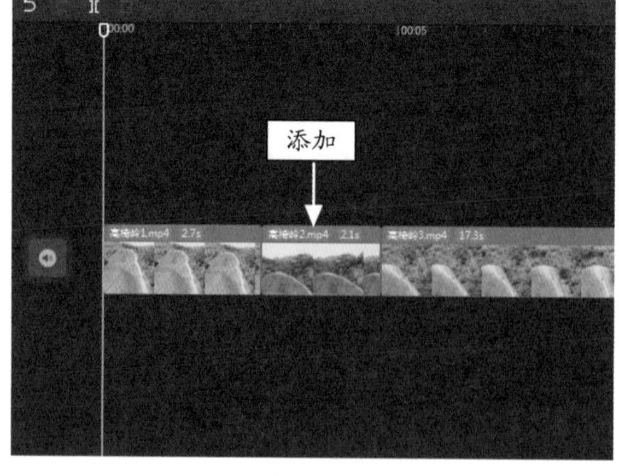

图 7-10　将素材添加到视频轨道

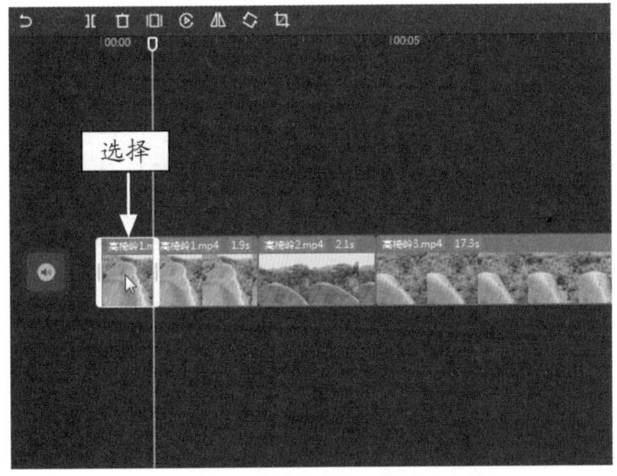

图 7-11　选择第 1 个视频片段

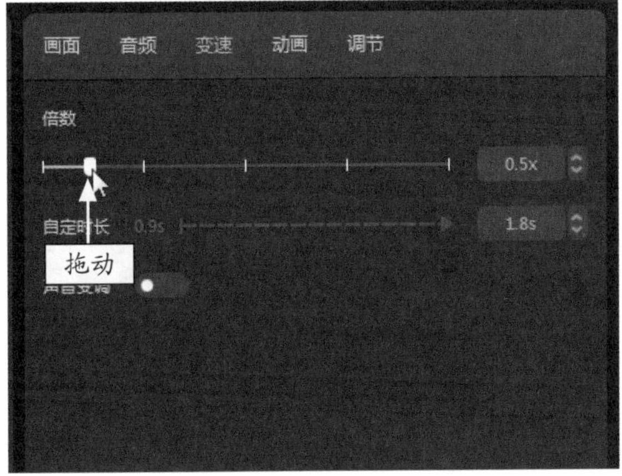

图 7-12　设置第 1 个视频片段的播放速度

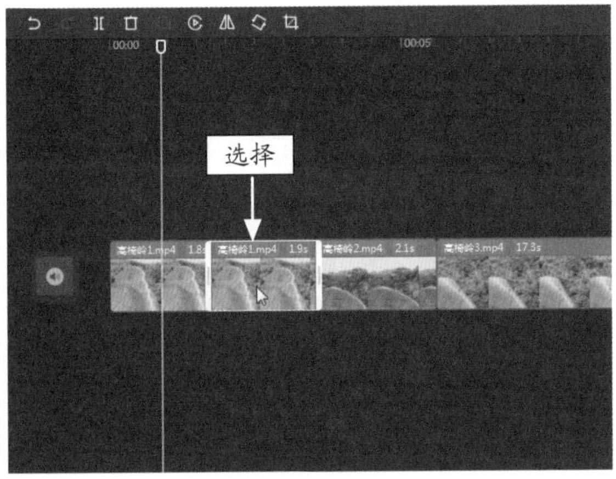

图 7-13　选择第 2 个视频片段

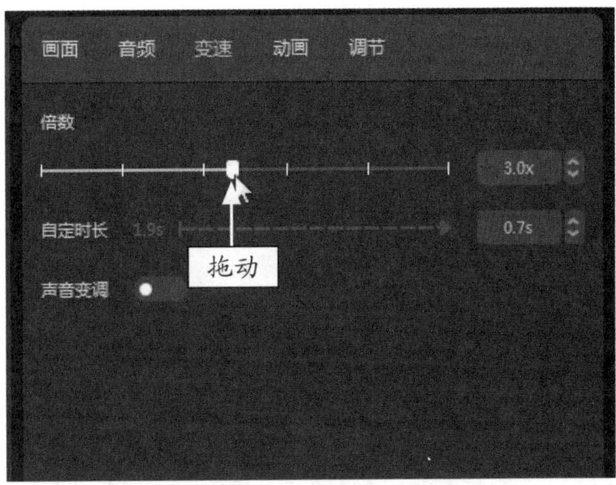

图 7-14　设置第 2 个视频片段的播放速度

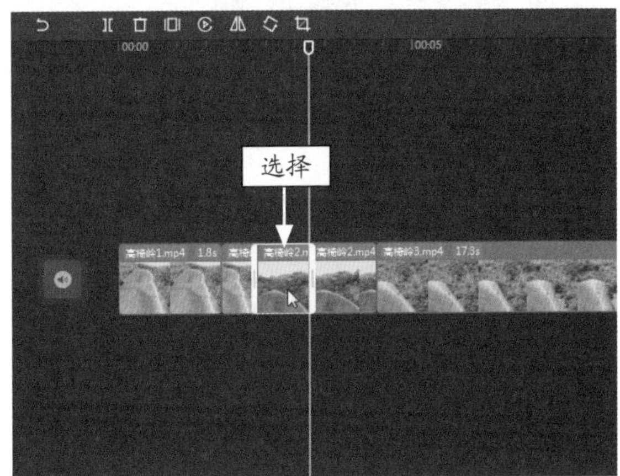

图 7-15　选择第 3 个视频片段

STEP 07 在“变速”操作区中，拖动“倍数”滑块，设置其参数为 0.6x，如图 7-16 所示。

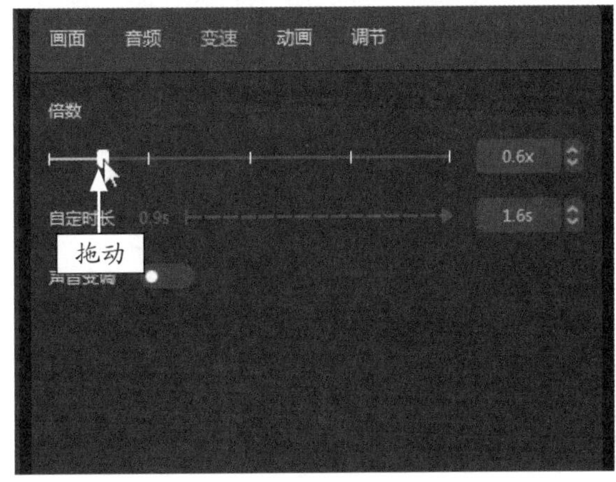

图 7-16　设置第 3 个视频片段的播放速度

STEP 08 此时视频轨道中的前 3 段视频时长都发生了相应的变化，继续选择轨道上的第 4 个视频片段，如图 7-17 所示。

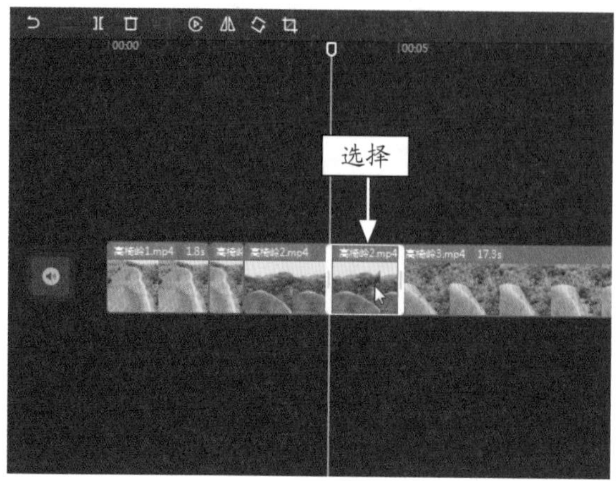

图 7-17　选择第 4 个视频片段

STEP 09 在“变速”操作区中，拖动“倍数”滑块，设置其参数为 2.1x，如图 7-18 所示。

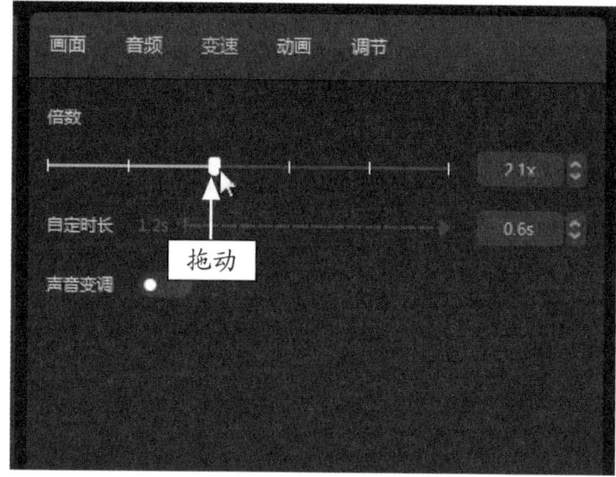

图 7-18　设置第 4 个视频片段的播放速度

STEP 10 在视频轨道中将“高椅岭 3”视频素材分割为 3 段，如图 7-19 所示。

STEP 11 将分割的后一段视频删除后，选择轨道上第 6 个视频片段，如图 7-20 所示。

STEP 12 在“变速”操作区中，拖动“倍数”滑块，设置其参数为 3.3x，如图 7-21 所示。

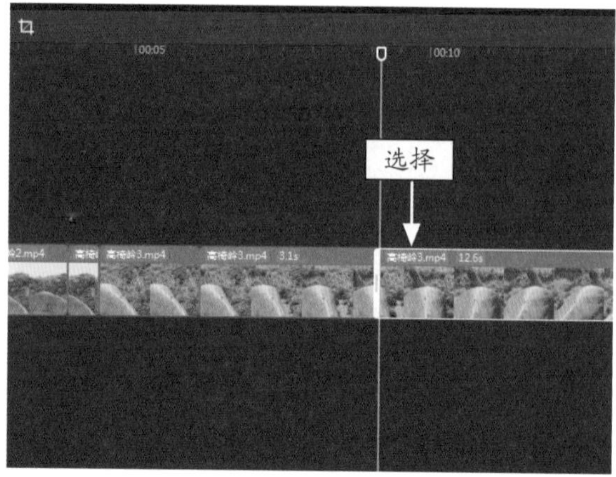

图 7-19　分割视频素材

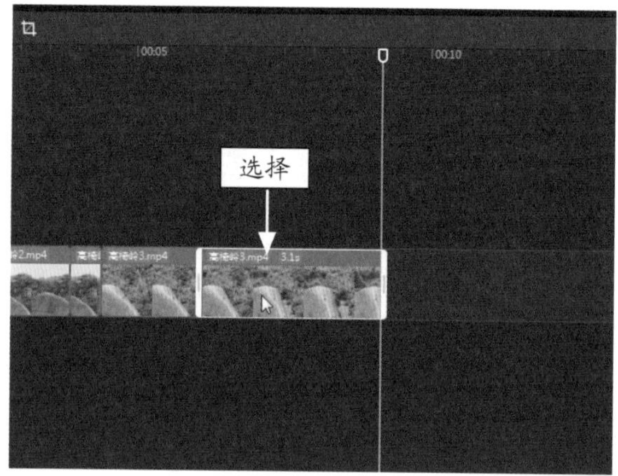

图 7-20　选择第 6 个视频片段

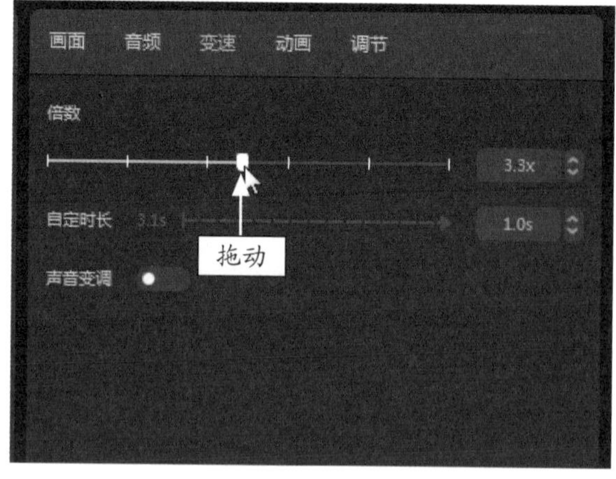

图 7-21　设置第 6 个视频片段的播放速度

STEP 13 添加合适的背景音乐，播放视频，查看制作的视频转场效果，如图 7-22 所示。

图 7-22　查看视频效果

045 制作模拟翻书切换效果

本节介绍的是翻页转场的制作方法，主要使用剪映的“翻页”转场功能来实现，模拟出翻书般的视频场景切换效果，下面介绍具体的操作方法。

	素材文件	素材\第 7 章\凤凰古城 1.jpg ～凤凰古城 6.jpg
	效果文件	效果\第 7 章\凤凰古城 .mp4
	视频文件	视频\第 7 章\045　制作模拟翻书切换效果 .mp4

【操练 + 视频】
——制作模拟翻书切换效果

STEP 01 在剪映中导入 6 个素材文件，将其添加到视频轨道中，如图 7-23 所示。

STEP 02 ❶单击“转场”按钮；❷单击“幻灯片”选项卡；❸单击“翻页”转场中的添加按钮，如图 7-24 所示。

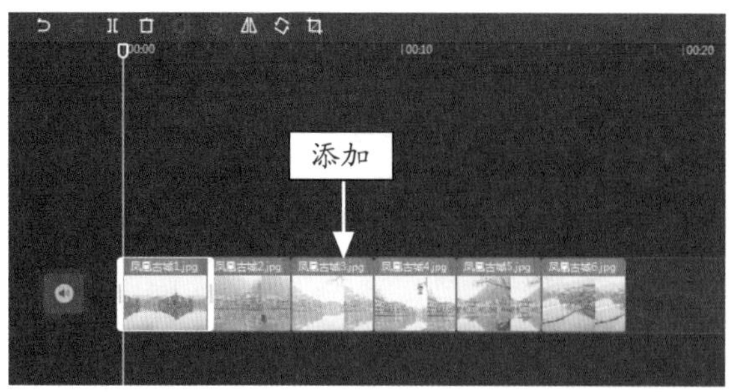

图 7-23　将素材添加到视频轨道

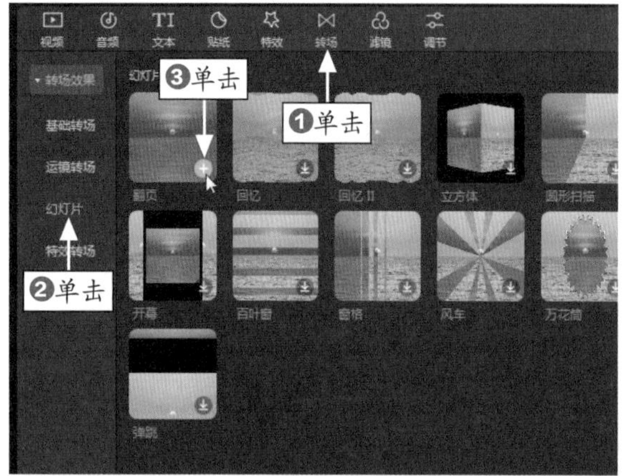

图 7-24　单击“翻页”添加按钮

STEP 03 执行操作后，即可在两个素材之间添加一个“翻页”转场，如图 7-25 所示。

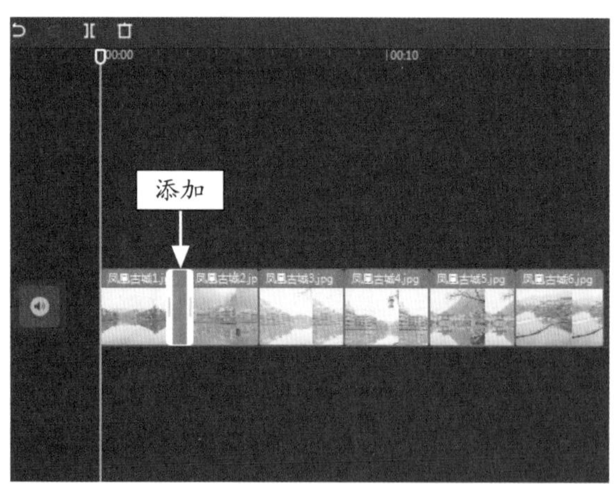

图 7-25　添加一个“翻页”转场

STEP 04 拖动“翻页”转场的白色滑块，将其时长调整至最大值，如图 7-26 所示。

STEP 05 将时间指示器拖动至第 2 个素材与第 3 个素材之间，如图 7-27 所示。

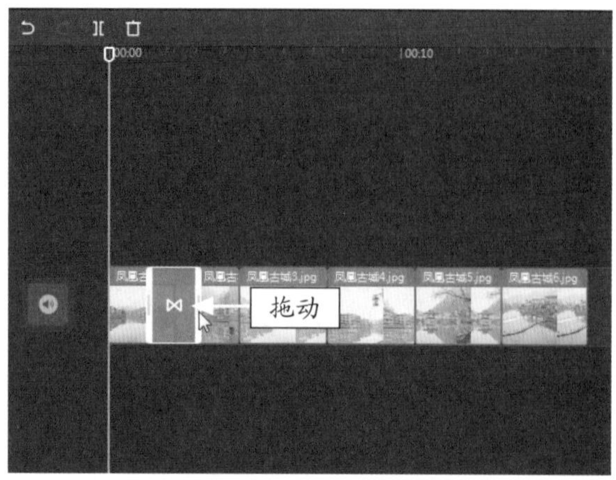

图 7-26　调整“翻页”转场时长

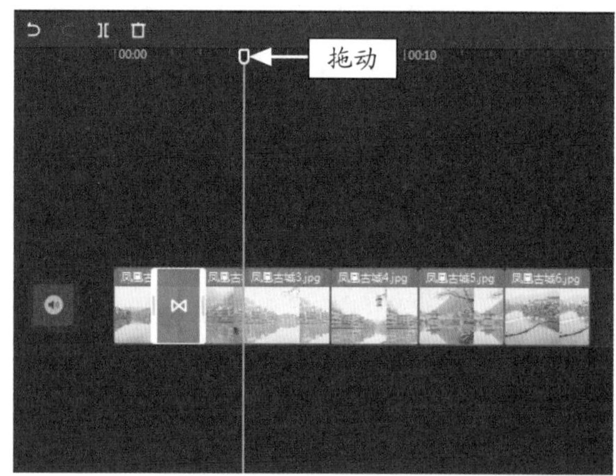

图 7-27　拖动时间指示器

STEP 06 在“转场”功能区中，再次单击“翻页”转场中的添加按钮，在时间指示器的位置处，即可添加一个“翻页”转场，如图 7-28 所示。

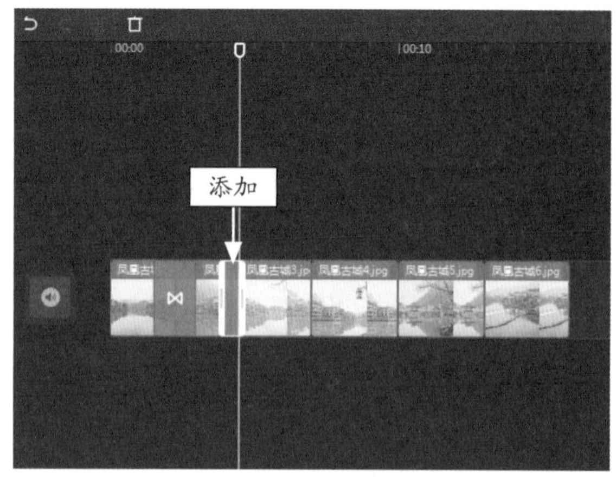

图 7-28　添加第 2 个“翻页”转场

STEP 07 拖动第 2 个“翻页”转场的白色滑块，将其时长调整至最大值，如图 7-29 所示。

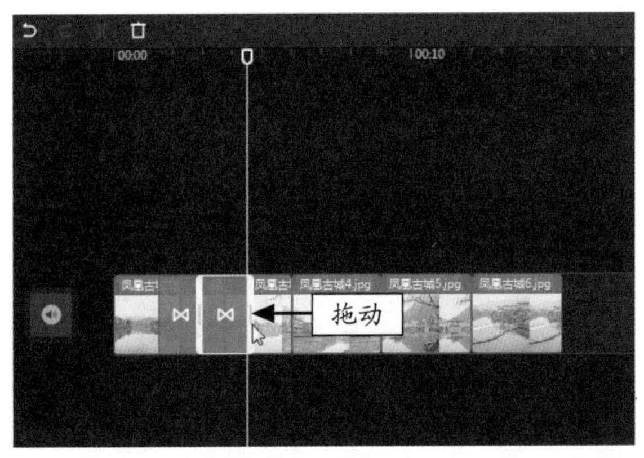

图 7-29　调整第 2 个“翻页”转场的时长

STEP 08 使用上述同样的方法，为其他素材之间添加“翻页”转场，如图 7-30 所示。

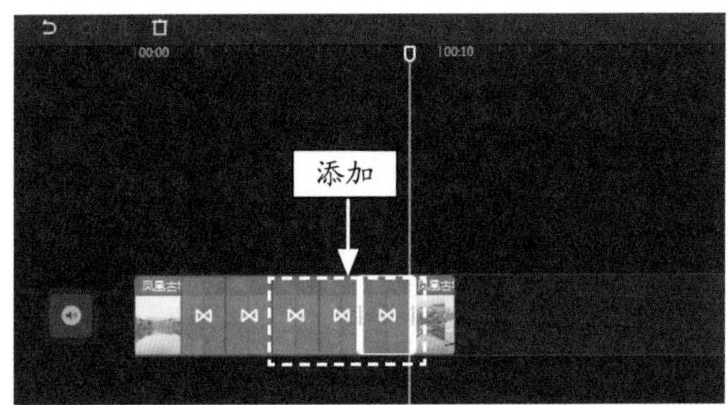

图 7-30　添加多个“翻页”转场

STEP 09 添加合适的背景音乐，播放视频，查看制作的翻书切换效果，如图 7-31 所示。

图 7-31　查看视频效果

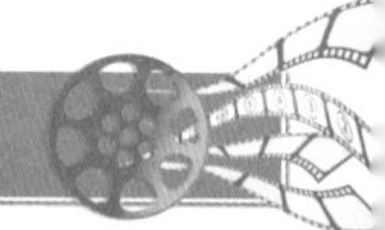

046 制作人物瞬移重影效果

本节介绍的是叠化转场效果的制作方法，主要使用剪映的剪辑和“叠化”转场功能来实现，制作出人物瞬间移动和重影消失的效果，下面介绍具体的操作方法。

	素材文件	素材 \ 第 7 章 \ 漫长等待 1.mp4 ～漫长等待 3.mp4
	效果文件	效果 \ 第 7 章 \ 漫长等待 .mp4
	视频文件	视频 \ 第 7 章 \046 制作人物瞬移重影效果 .mp4

【操练＋视频】
——制作人物瞬移重影效果

STEP 01 在剪映中导入 3 个视频素材，将其添加到视频轨道中，如图 7-32 所示。

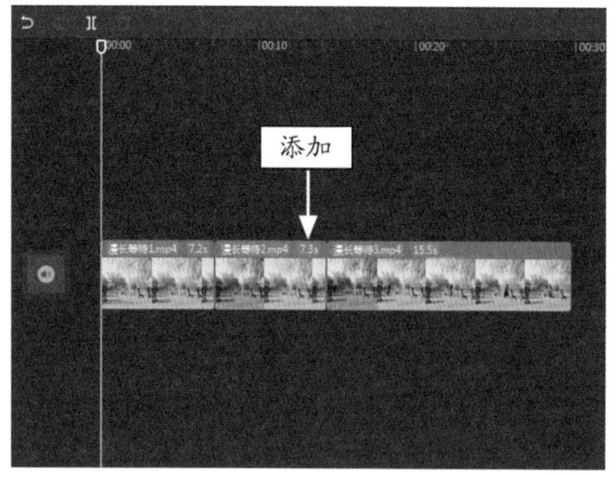

图 7-32 将素材添加到视频轨道

STEP 02 在第 3 个视频的合适位置处，利用“分割”功能对视频进行分割处理，如图 7-33 所示。

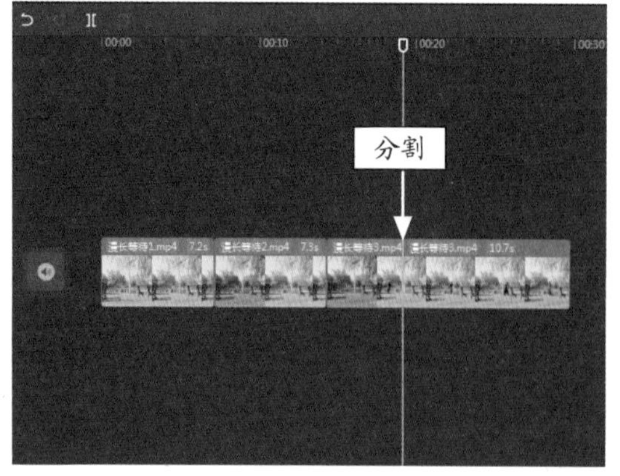

图 7-33 分割第 3 段视频素材

STEP 03 将时间指示器拖动至第 1 段视频与第 2 段视频之间，如图 7-34 所示。

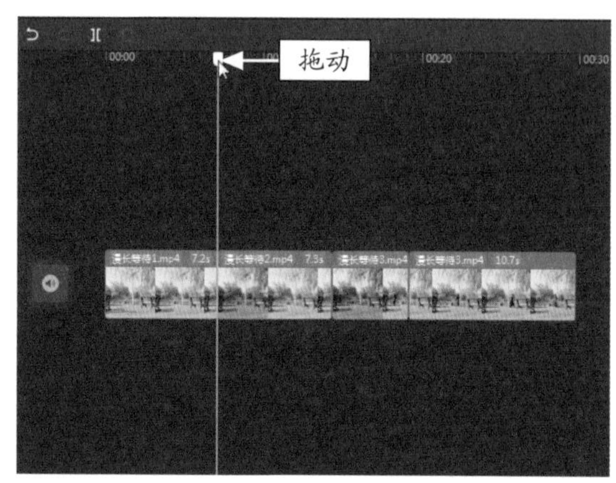

图 7-34 拖动时间指示器

STEP 04 ❶单击“转场”按钮；❷单击“基础转场”选项卡；❸单击“叠化”转场中的添加按钮，如图 7-35 所示。

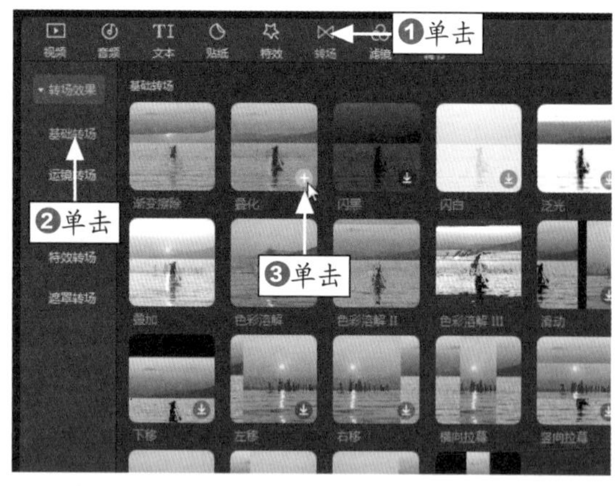

图 7-35 单击“叠化”添加按钮

STEP 05 执行操作后，即可在两个素材之间添加一个“叠化”转场，如图 7-36 所示。

STEP 06 ❶单击“转场”按钮；❷拖动“转场时长”滑块至最右端，设置其参数为最大值；❸单击“应用到全部”按钮，如图 7-37 所示。

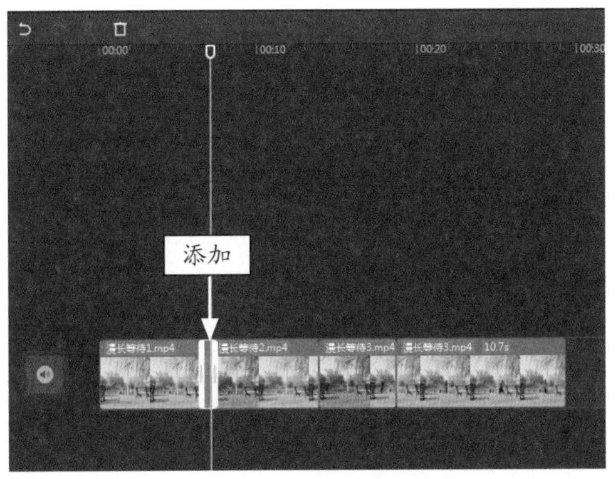

图 7-36　添加一个“叠化”转场

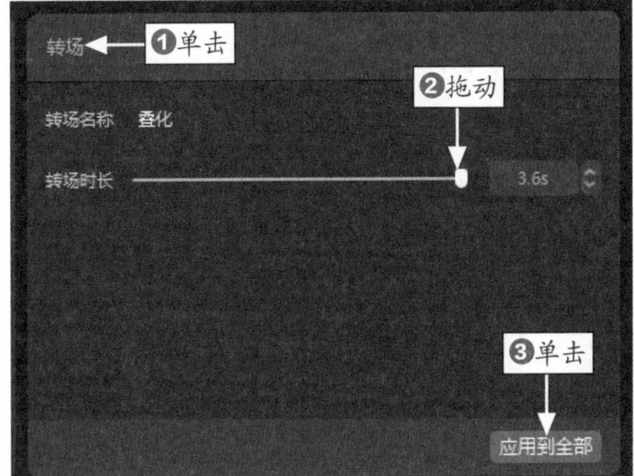

图 7-37　单击“应用到全部”按钮

STEP 07 执行操作后，即可在视频轨道的各个素材之间添加“叠化”转场，如图 7-38 所示。

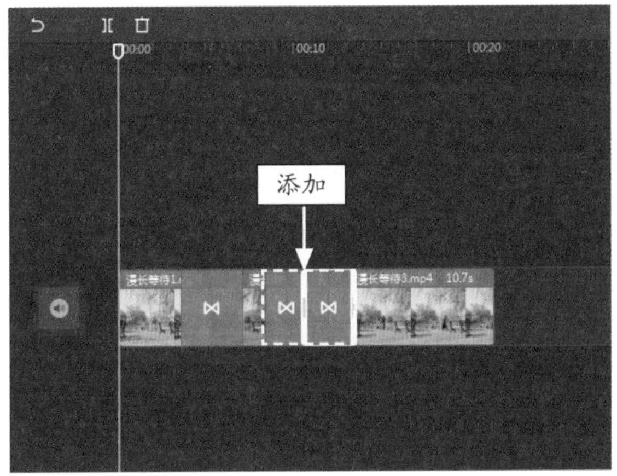

图 7-38　添加多个叠化转场

STEP 08 在“播放器”面板中，❶设置画布比例为 9:16；❷调整视频画布的尺寸，如图 7-39 所示。

图 7-39　调整视频画布的尺寸

STEP 09 为视频添加合适的背景音乐和歌词字幕，预览视频效果并导出视频，如图 7-40 所示。

图 7-40　预览视频效果

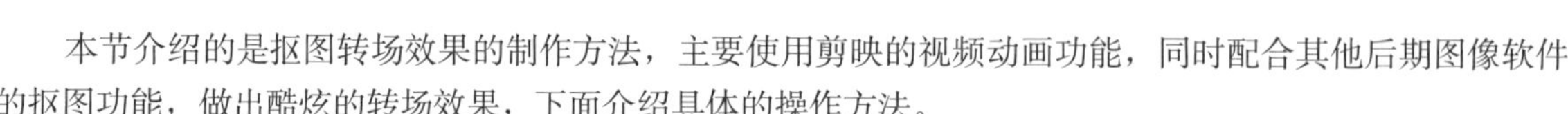

047 制作局部抠图转场效果

本节介绍的是抠图转场效果的制作方法，主要使用剪映的视频动画功能，同时配合其他后期图像软件的抠图功能，做出酷炫的转场效果，下面介绍具体的操作方法。

	素材文件	素材 \ 第 7 章 \“旅游景点”文件夹
	效果文件	效果 \ 第 7 章 \ 旅游景点 .mp4
	视频文件	视频 \ 第 7 章 \047 制作局部抠图转场效果 .mp4

【操练 + 视频】
——制作局部抠图转场效果

STEP 01 在剪映中导入 5 个视频素材，将其添加到视频轨道中，如图 7-41 所示。

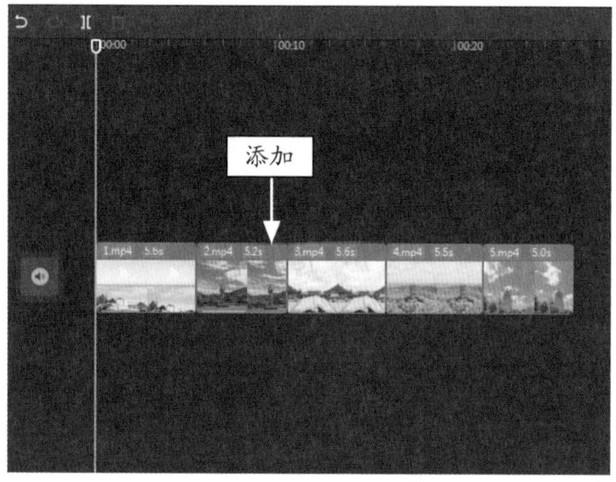

图 7-41 将素材添加到视频轨道

STEP 02 将时间指示器拖动至第 2 个视频片段的开始位置处，如图 7-42 所示。

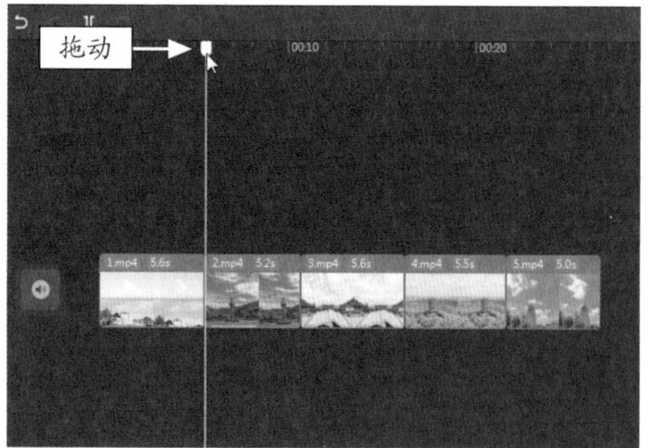

图 7-42 拖动时间指示器

STEP 03 在预览窗口中，单击“全屏预览”按钮，如图 7-43 所示。

图 7-43 单击“全屏预览”按钮

STEP 04 执行操作后，即可全屏预览视频画面，并进行截图，如图 7-44 所示。截图后用户需要对图片进行抠图处理，并将其保存为 png 格式的图像。

图 7-44 全屏预览视频画面并截图

专家指点

用户可以使用 Adobe Photoshop 中的钢笔工具或套索工具等，沿着建筑物的周边创建选区，然后复制选区内的图像，并删除“背景”图层，即可抠出相应的建筑元素，如图 7-45 所示。要了解详细的抠图操作方法，可参阅《Photoshop CC 抠图＋修图＋调色＋合成＋特效实战视频教程》一书。

图 7-45　使用 Adobe Photoshop 进行抠图处理

STEP 05 在剪映中导入抠好的图像素材，并将其添加到画中画轨道中，如图 7-46 所示。

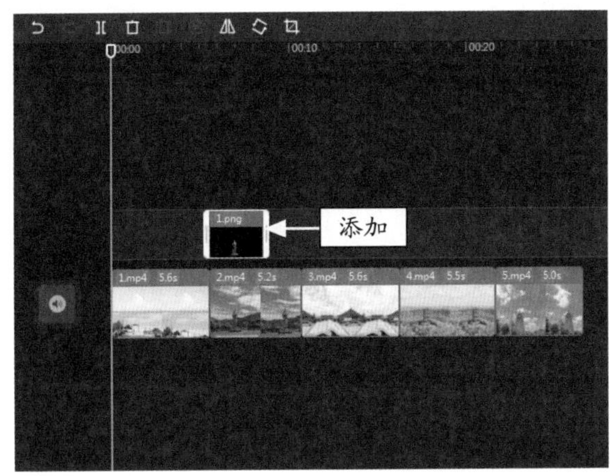

图 7-46　将抠图素材添加到画中画轨道

STEP 06 在预览窗口中，适当调整抠图素材的大小和位置，使其与原视频画面中的对象重合，如图 7-47 所示。

STEP 07 在画中画轨道中，将抠图素材的时长调整为 0.5s，并调整其位置，如图 7-48 所示。

STEP 08 ❶单击“动画”按钮；❷在“入场”选项卡中选择“放大”选项；❸将“动画时长”设置为最长，如图 7-49 所示。

图 7-47　调整抠图素材的大小和位置

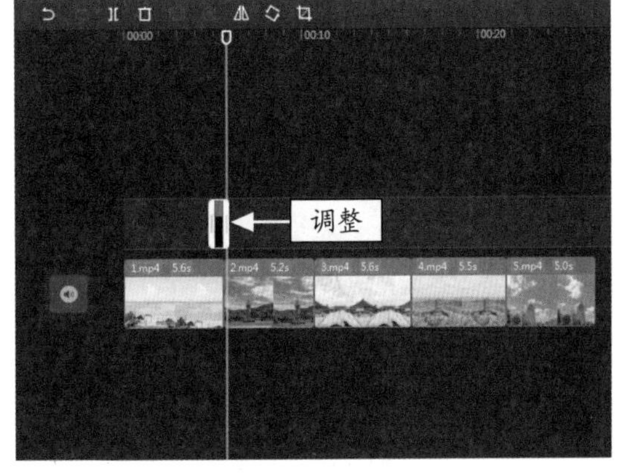

图 7-48　调整抠图素材的时长和位置

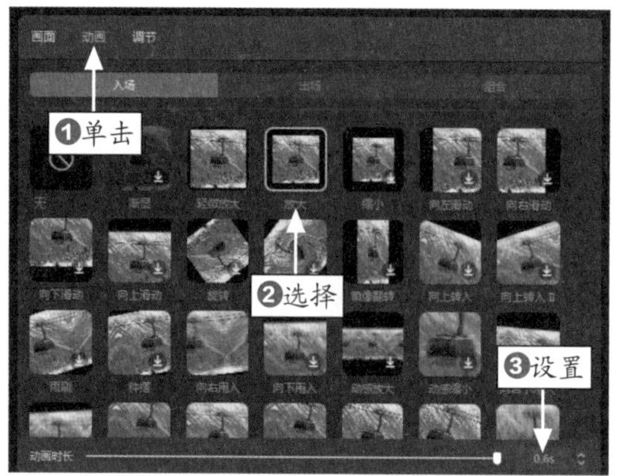

图 7-49　设置“入场动画”效果

STEP 09 在“画面”操作区中，设置“混合模式”为“正片叠底”选项，如图 7-50 所示。

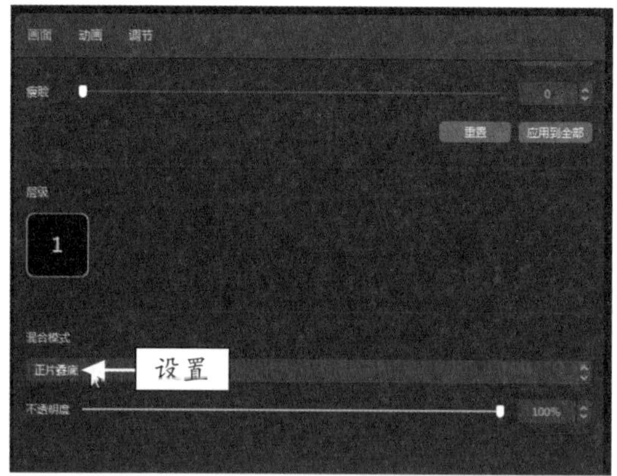

图 7-50　设置“混合模式”为“正片叠底”选项

STEP 10 使用同样的方法，对第 3 个视频片段的第 1 帧画面进行截图并抠图，将抠好的素材图像导入到本地视频库中，如图 7-51 所示。

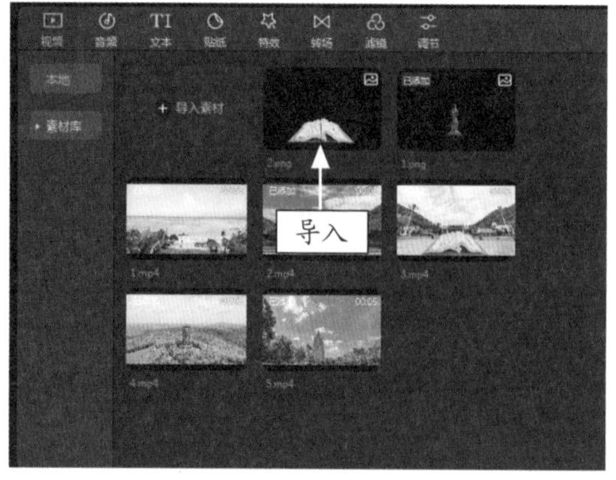

图 7-51　导入图像素材

STEP 11 将素材图像拖动到画中画轨道的相应位置处，并将时长调整为 0.5s，如图 7-52 所示。

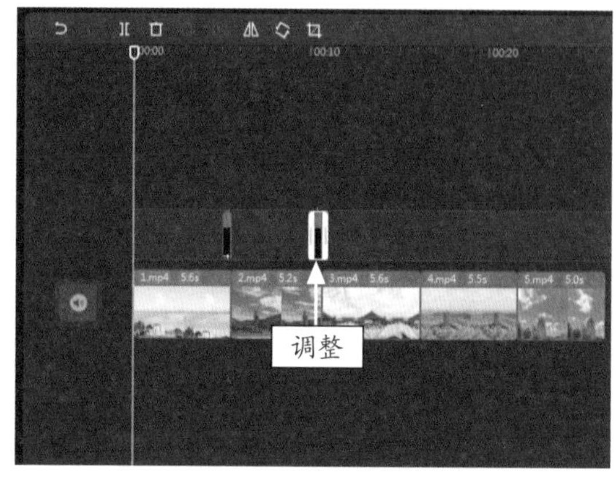

图 7-52　调整素材的时长

STEP 12 在预览窗口中，适当调整抠图素材的大小和位置，使其与原视频画面中的对象重合，如图 7-53 所示。

图 7-53　调整抠图素材的大小和位置

STEP 13 在“画面”操作区中，设置“混合模式”为“滤色”选项，如图 7-54 所示。

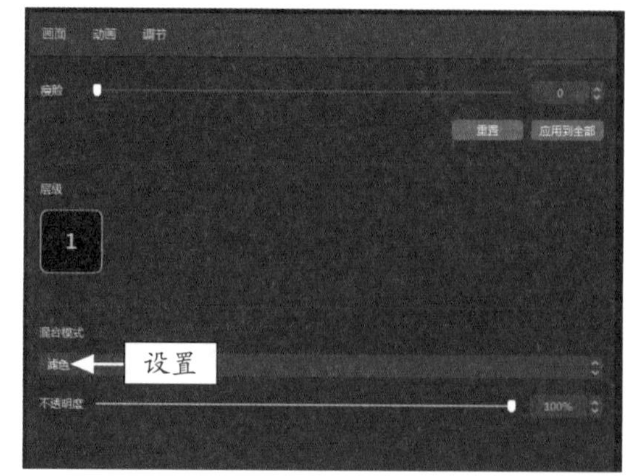

图 7-54　设置“混合模式”为“滤色”选项

STEP 14 ❶单击“动画”按钮；❷在“入场”选项卡中选择“向右滑动”选项；❸将“动画时长”设置为最长，如图 7-55 所示。

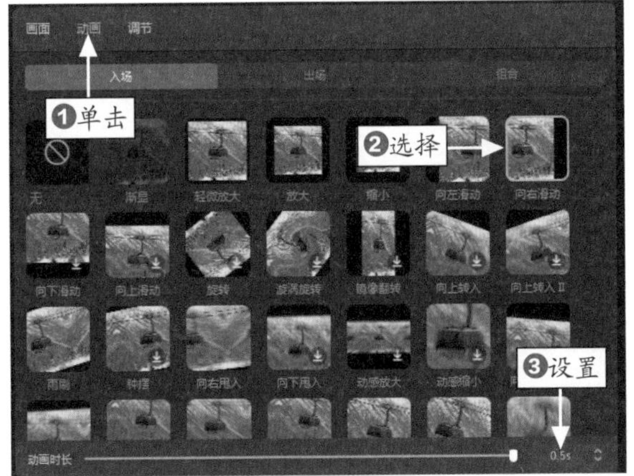

图 7-55　设置“入场动画”效果

STEP 15 在画中画轨道中的相应位置处添加第 3 张抠图素材，将其时长调整为 0.5s，如图 7-56 所示。

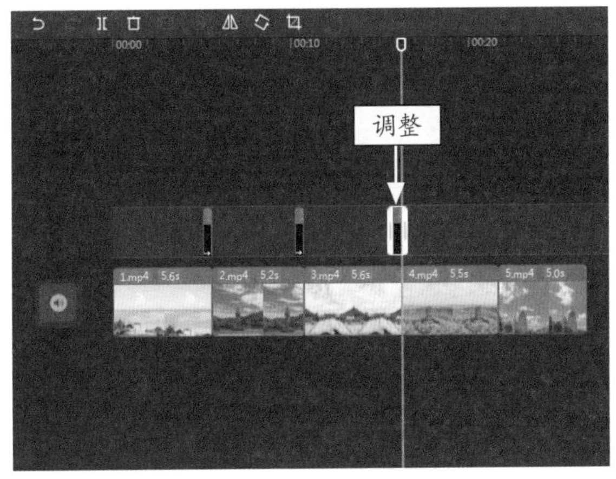

图 7-56　调整抠图素材的时长

STEP 16 在预览窗口中，适当调整抠图素材的大小和位置，在“画面”操作区中，设置“混合模式”为“正片叠底”选项，❶单击“动画”按钮；❷在“入场”选项卡中选择“向右甩入”选项；❸将“动画时长”设置为最长，如图 7-57 所示。

STEP 17 在画中画轨道中的相应位置处添加第 4 张抠图素材，将其时长调整为 0.5s，如图 7-58 所示。

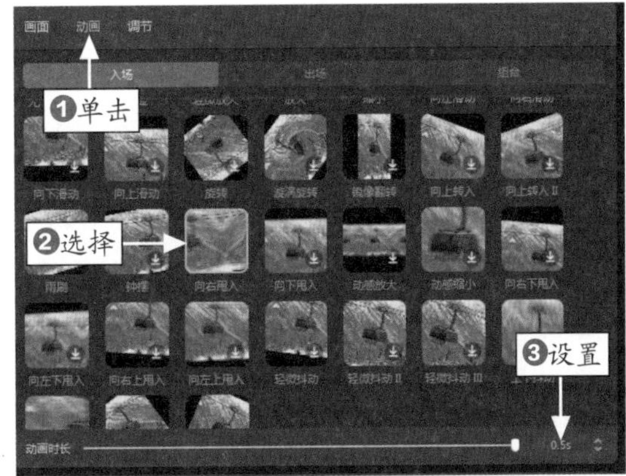

图 7-57　设置“入场动画”效果

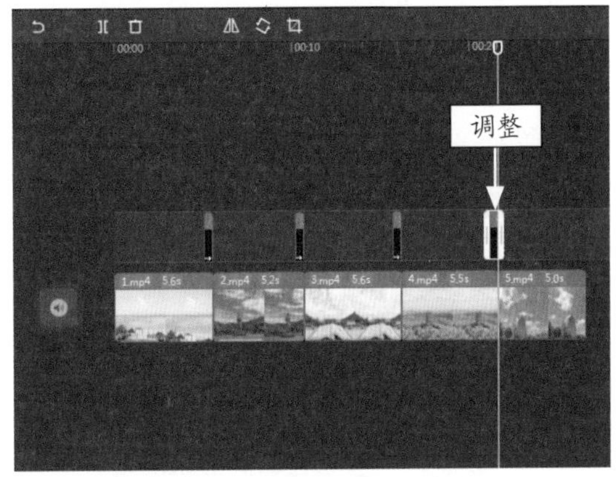

图 7-58　调整抠图素材的时长

STEP 18 在预览窗口中，适当调整抠图素材的大小和位置，在“画面”操作区中，设置“混合模式”为“正片叠底”选项，❶单击“动画”按钮；❷在“入场”选项卡中选择“向下滑动”选项；❸将“动画时长”设置为最长，如图 7-59 所示。

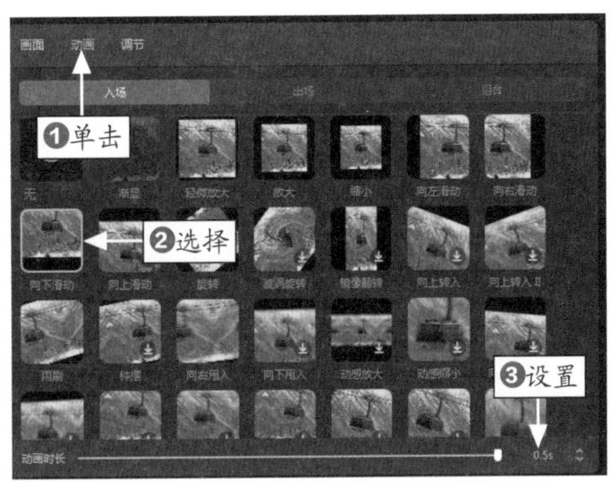

图 7-59　设置“入场动画”效果

STEP 19 添加合适的背景音乐，播放视频。在切换场景之前，画面中会动态显示下一个场景中的局部元素，随着动画效果的结束，画面也随之切换为完整的下一个场景，如图 7-60 所示。

图 7-60　预览视频效果

第8章

卡点：节奏冲击制作热门的动感视频

章前知识导读

卡点视频不但是短视频中非常火爆的一种类型，其制作方法相比其他类型的视频要容易得多，而且效果很好。卡点视频最重要的是对音乐的把控。本章将介绍5种热门卡点案例的制作方法，帮助大家快速制作百万点赞的短视频。

新手重点索引

- 制作万有引力卡点短视频
- 制作荧光线描卡点视频
- 制作旋转叠叠乐卡点视频
- 制作多屏切换卡点视频

效果图片欣赏

048 制作万有引力卡点短视频

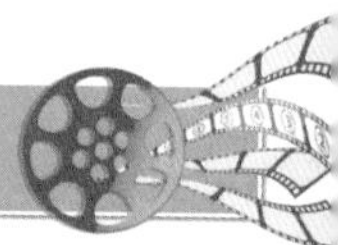

“万有引力卡点”效果的制作，主要使用剪映的“手动踩点”功能和“雨刷”动画效果来实现，制作出浪漫唯美的短视频效果，下面介绍具体的操作方法。

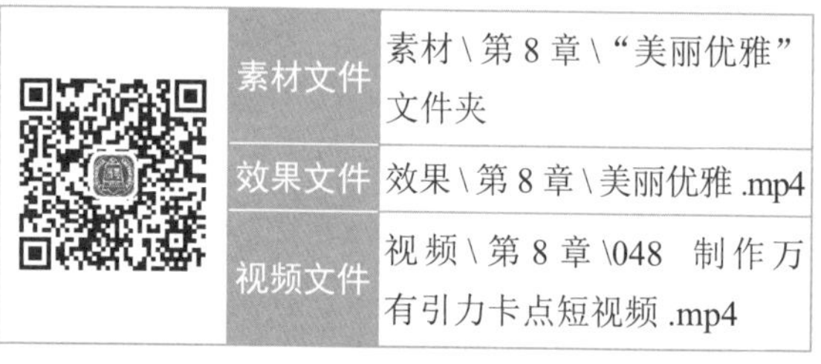

	素材文件	素材\第 8 章\“美丽优雅”文件夹
	效果文件	效果\第 8 章\美丽优雅 .mp4
	视频文件	视频\第 8 章\048　制作万有引力卡点短视频 .mp4

【操练＋视频】
——制作万有引力卡点短视频

STEP 01 在剪映中导入多个素材文件，将其分别添加到视频轨道和音频轨道中，如图 8-1 所示。

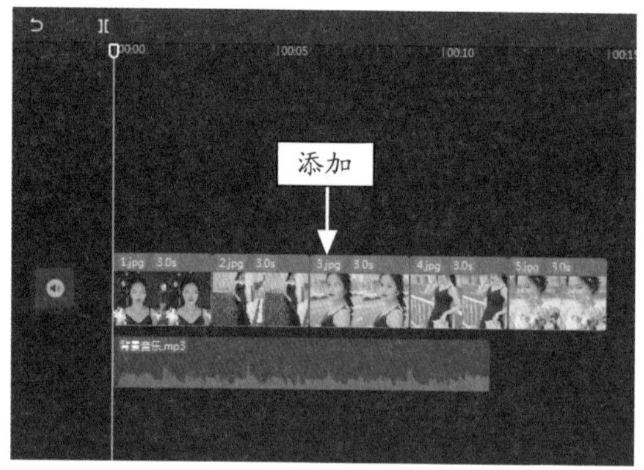

图 8-1　添加素材文件

STEP 02 ❶选择音频素材；❷拖动时间指示器至音乐鼓点的位置处；❸单击“手动踩点”按钮，如图 8-2 所示。

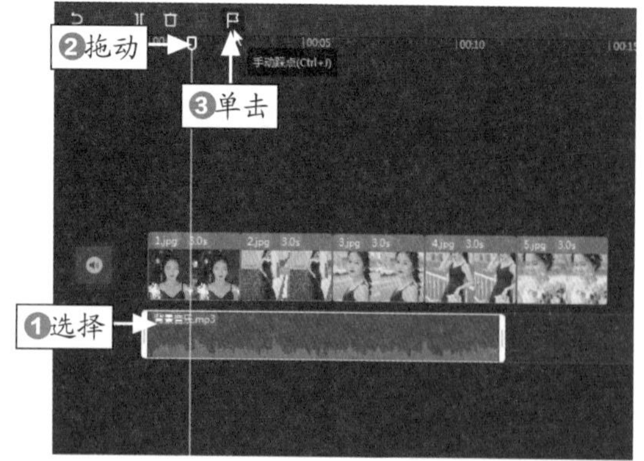

图 8-2　单击“手动踩点”按钮

STEP 03 执行操作后，即可添加一个黄色的节拍点，如图 8-3 所示。

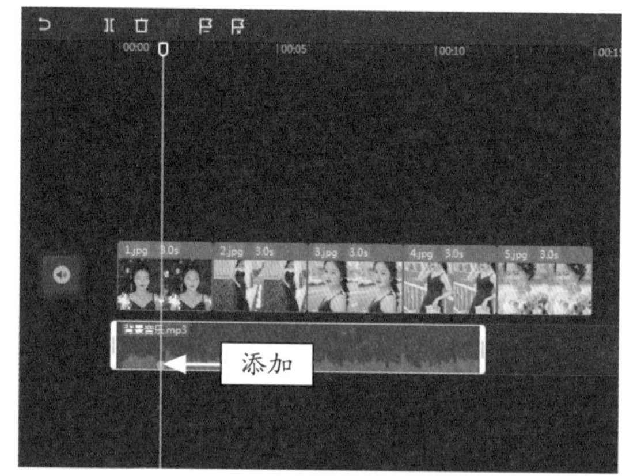

图 8-3　添加一个黄色的节拍点

STEP 04 使用同样的操作方法，在其他的音乐鼓点处添加黄色的节拍点，如图 8-4 所示。

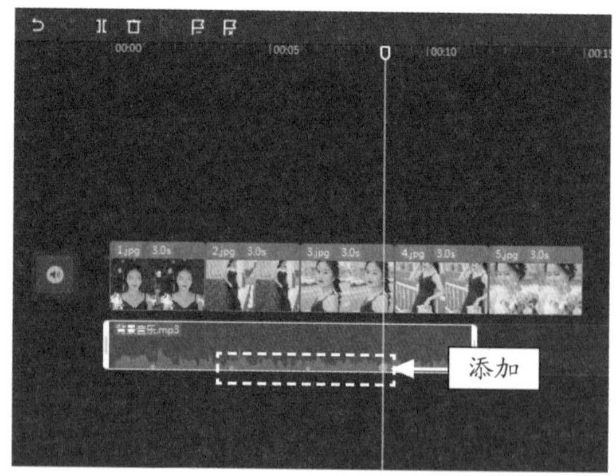

图 8-4　添加其他的节拍点

专家指点

添加音乐节拍点后，建议用户再从头听一遍是否能够对应音乐鼓点，如果不对应，可以通过两种方法删除节拍点。

第一种是单个删除节拍点。将时间指示器拖动至黄色节拍点的位置，在面板上方单击“删除踩点”按钮，即可将时间指示器位置处的节拍点删除。

第二种是将音频素材上的节拍点全部删除。选择音乐轨道上的音频素材，在面板上方单击“清空踩点”按钮，即可删除全部的节拍点。

STEP 05 在视频轨道中，选择第 1 个素材文件，拖动其右侧的白色滑块，使其长度对准音频轨道中的第 1 个节拍点，如图 8-5 所示。

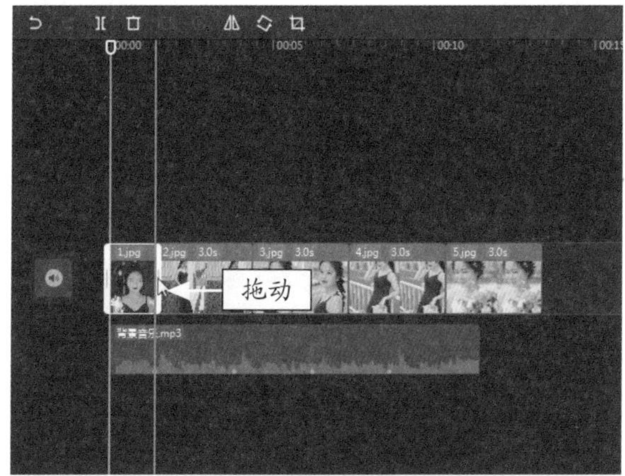

图 8-5　调整素材的时长

STEP 06 使用同样的操作方法，调整后面的素材文件时长，使其与相应的节拍点对齐，如图 8-6 所示。

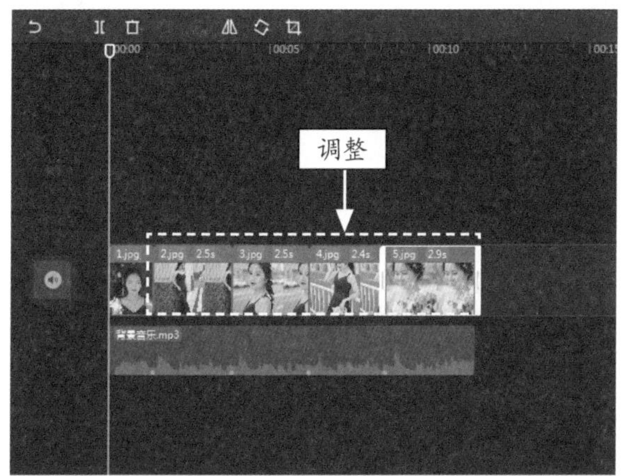

图 8-6　调整后面的素材文件时长

STEP 07 选择第 2 个素材文件，❶单击“动画”按钮；❷在“入场”选项卡中选择“雨刷”选项，如图 8-7 所示。

STEP 08 使用同样的操作方法，为后面的素材文件添加“雨刷”入场动画效果，视频轨道中会显示相应的动画标记，如图 8-8 所示。

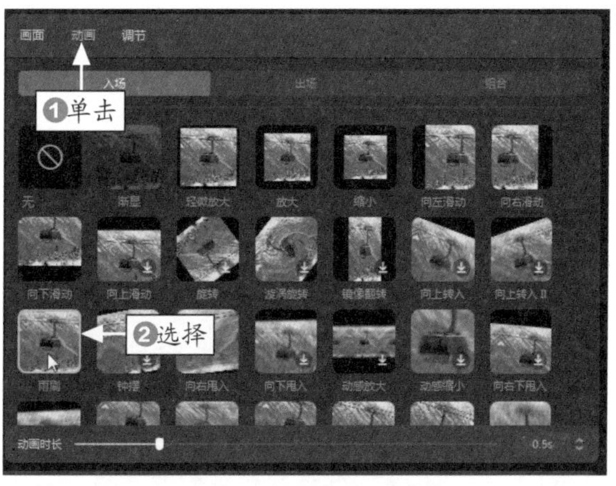

图 8-7　选择“雨刷”选项

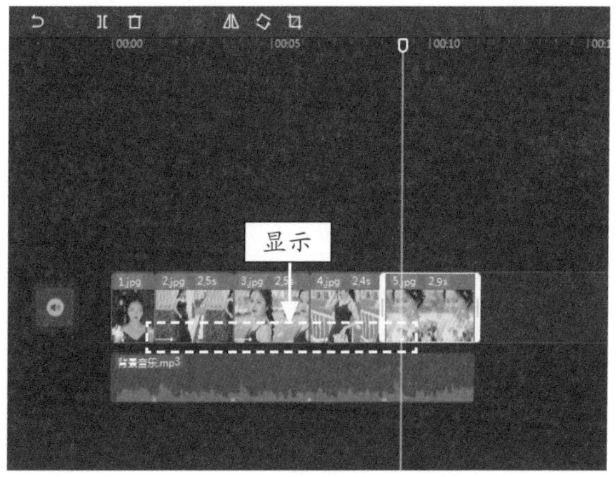

图 8-8　添加“雨刷”入场动画效果

STEP 09 拖动时间指示器至起始位置，如图 8-9 所示。

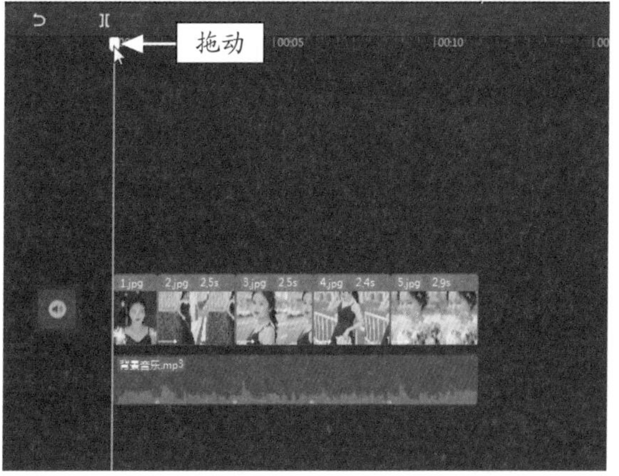

图 8-9　拖动时间指示器

STEP 10 ❶单击“特效”按钮；❷在“基础”选项卡中单击“变清晰”特效中的添加按钮，如图 8-10 所示。

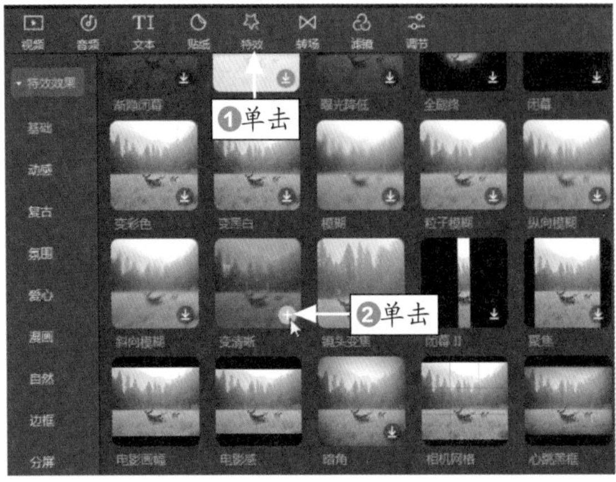

图 8-10　单击“变清晰”添加按钮

STEP 11 执行操作后，即可添加一个特效，将特效时长调整为与第 1 个素材文件一致，如图 8-11 所示。

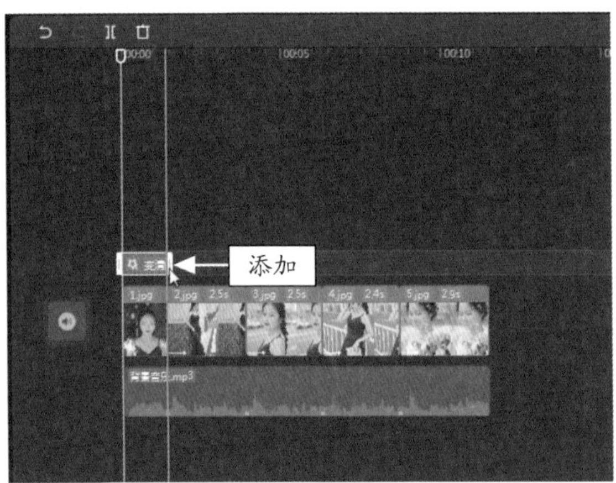

图 8-11　添加“变清晰”特效

STEP 12 在“特效”功能区中，❶单击“氛围”选项卡；❷选择“星火炸开”选项，如图 8-12 所示。

STEP 13 单击添加按钮，在第 2 个素材文件的上方添加一个时长一致的“星火炸开”特效，如图 8-13 所示。

STEP 14 复制“星火炸开”特效，将其粘贴到其他的素材文件上方，并适当调整时长，如图 8-14 所示。

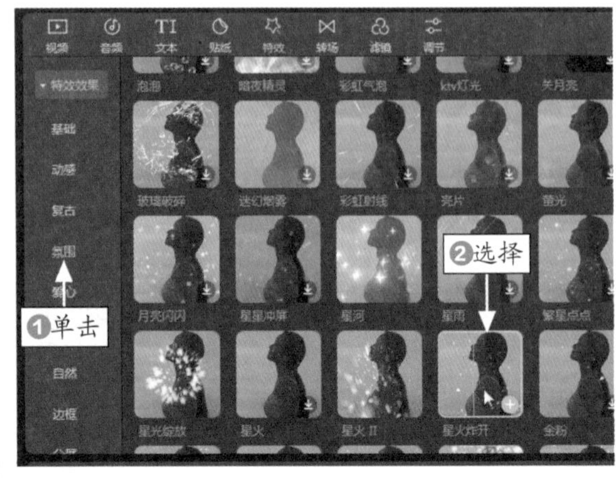

图 8-12　选择“星火炸开”选项

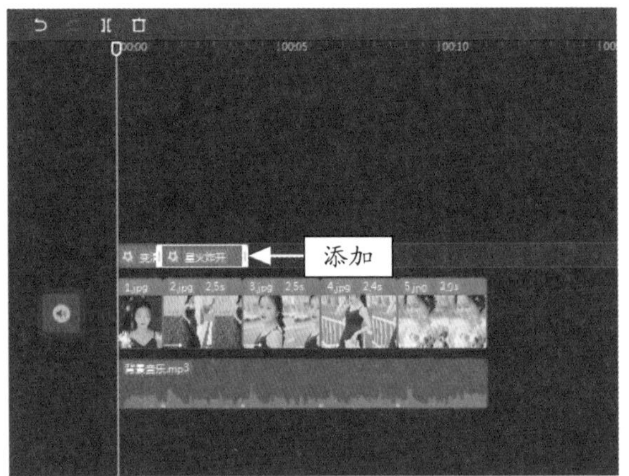

图 8-13　添加“星火炸开”特效

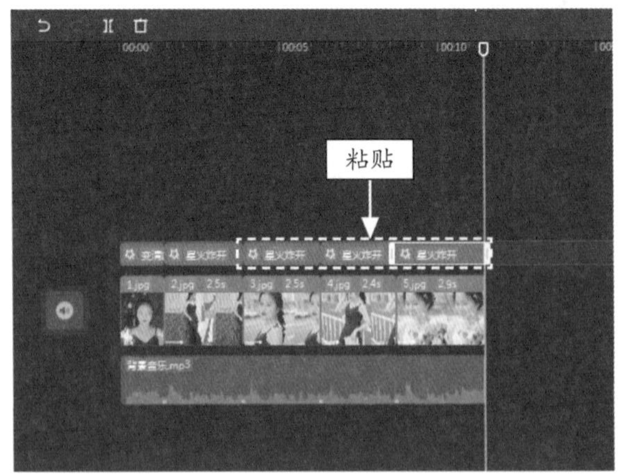

图 8-14　复制并调整“星火炸开”特效

STEP 15 播放视频，查看制作的“万有引力卡点”效果，如图 8-15 所示。

图 8-15　预览视频效果

049 制作旋转叠叠乐卡点视频

本节介绍的是“旋转叠叠乐卡点”效果的制作方法，主要使用剪映的“自动踩点”功能和“叠叠乐Ⅵ”视频动画来实现，制作出充满三维立体感的短视频画面效果，下面介绍具体的操作方法。

	素材文件	素材 \ 第 8 章 \ “青春靓丽”文件夹
	效果文件	效果 \ 第 8 章 \ 青春靓丽 .mp4
	视频文件	视频 \ 第 8 章 \049　制作旋转叠叠乐卡点视频 .mp4

【操练 + 视频】
——制作旋转叠叠乐卡点视频

STEP 01 导入多个素材文件，将其添加到视频轨道中并添加合适的音乐，如图 8-16 所示。

STEP 02 在预览窗口中，❶设置比例为 9:16；❷调整视频画布的尺寸，如图 8-17 所示。

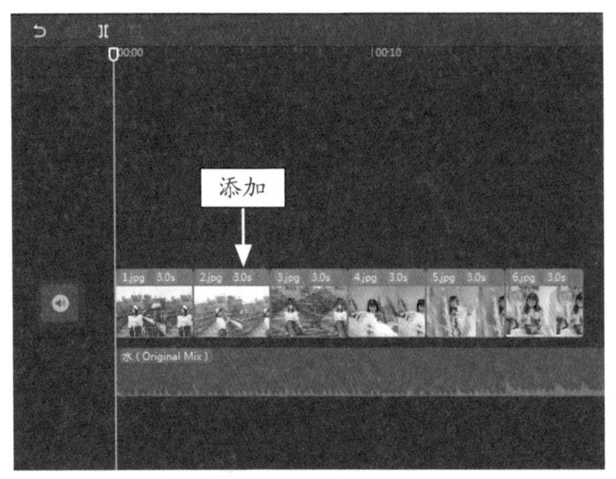

图 8-16　添加素材文件

图 8-17　调整视频画布的尺寸

STEP 03 在视频轨道中，选择第 1 个素材文件，如图 8-18 所示。

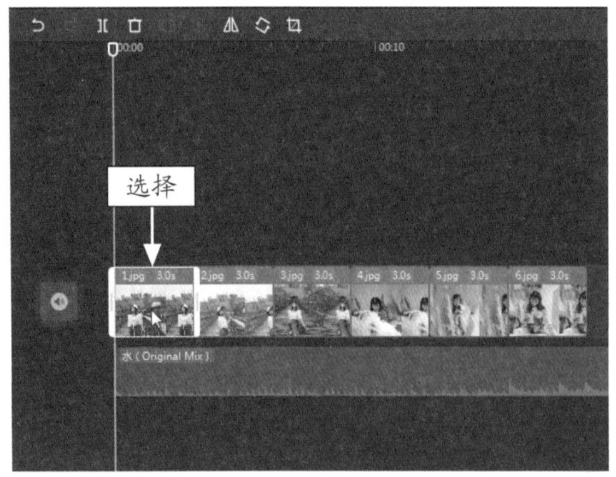

图 8-18　选择第 1 个素材文件

STEP 04 在“画面”操作区中，❶单击“背景”选项卡；❷在“模糊”选项区中选择相应的模糊程度；❸单击“应用到全部”按钮，如图 8-19 所示。

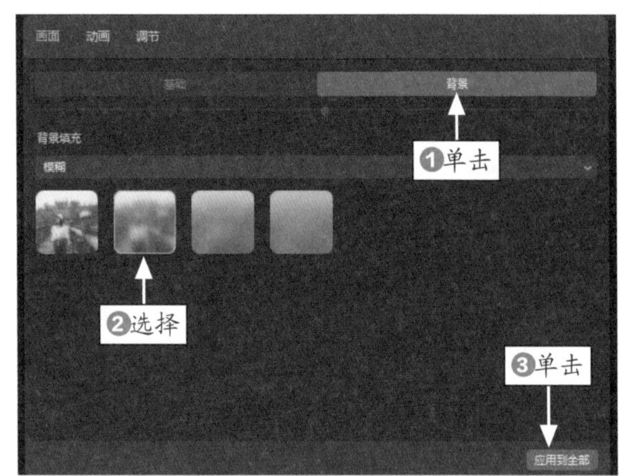

图 8-19　单击“应用到全部”按钮

STEP 05 ❶选择音频轨道中的素材；❷单击“自动踩点”按钮；❸在弹出的下拉列表中选择“踩节拍Ⅰ”选项，如图 8-20 所示。

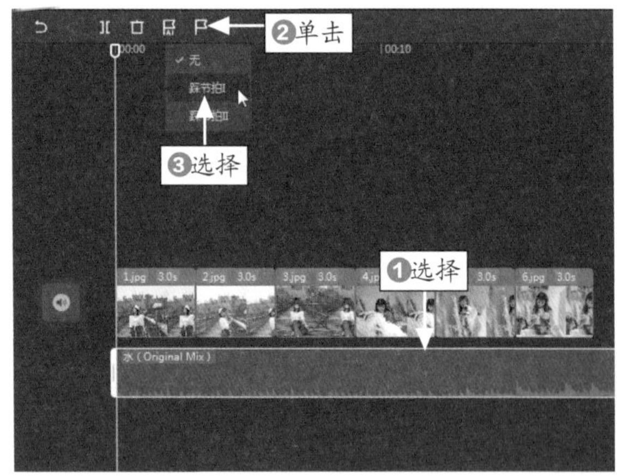

图 8-20　选择“踩节拍Ⅰ”选项

STEP 06 执行操作后，❶在音频轨道中添加黄色的节拍点；❷拖动第 1 个素材文件右侧的白色滑块，使其长度对准音频轨道中的第 1 个节拍点，如图 8-21 所示。

STEP 07 使用同样的操作方法，调整其余的素材文件时长，使其与相应的节拍点对齐，并剪掉多余的背景音乐，如图 8-22 所示。

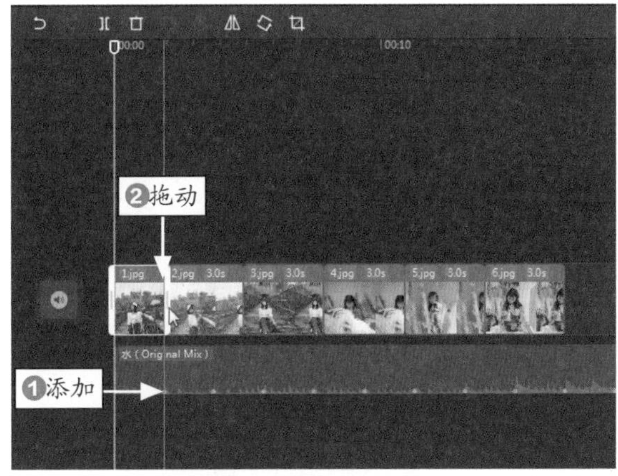

图 8-21　调整素材的时长

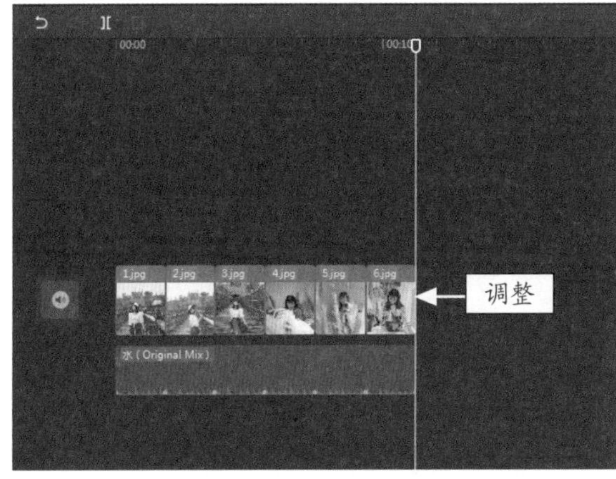

图 8-22　调整其他素材的时长

STEP 08 选择第 1 个视频素材，❶单击“动画”按钮；❷在“组合”选项卡中选择“叠叠乐Ⅵ”选项，添加动画效果，如图 8-23 所示。

STEP 09 ❶单击“特效”按钮；❷在“动感”选项卡中选择“霓虹灯”选项，可以为视频添加边框特效，如图 8-24 所示。

STEP 10 单击添加按钮，在轨道上添加一个“霓虹灯”特效，并调整特效时长，如图 8-25 所示。

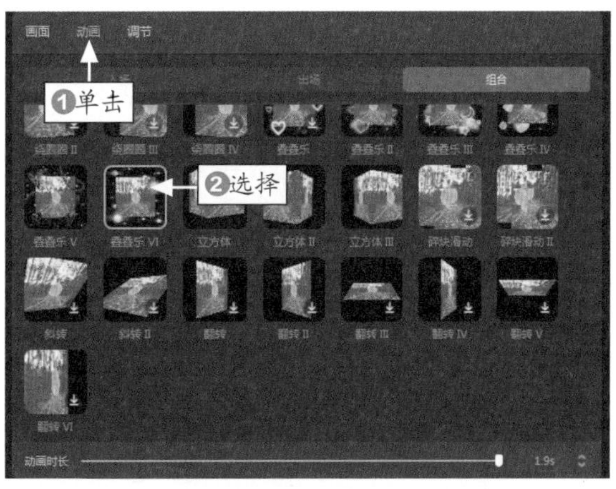

图 8-23　选择“叠叠乐Ⅵ”选项

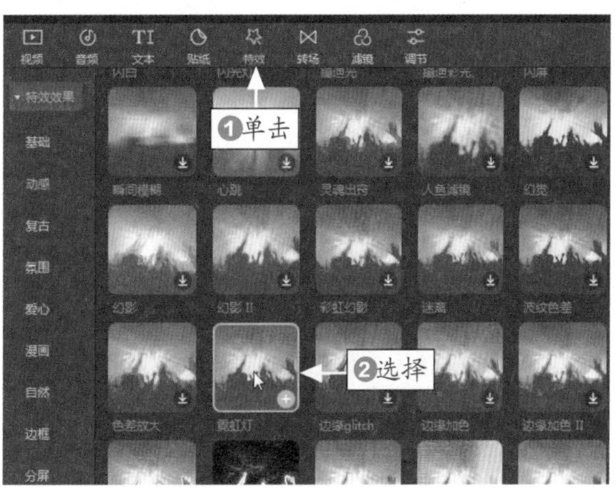

图 8-24　选择“霓虹灯”选项

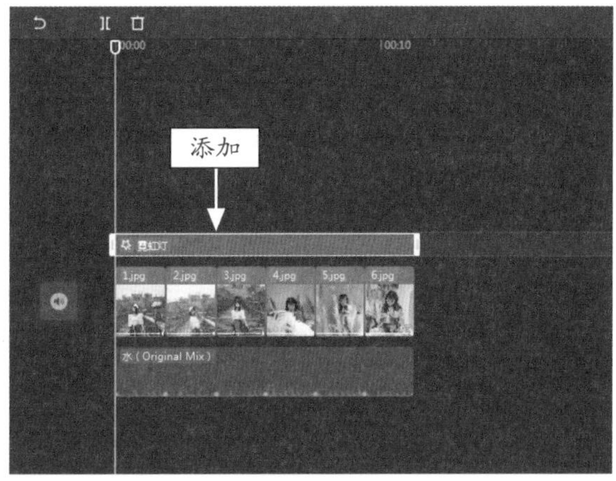

图 8-25　添加“霓虹灯”特效

STEP 11 使用上述同样的操作方法，为其余的素材添加动画效果。在预览窗口播放视频，查看制作的“旋转叠叠乐卡点”效果，如图 8-26 所示。

图 8-26　查看视频效果

050 制作荧光线描卡点视频

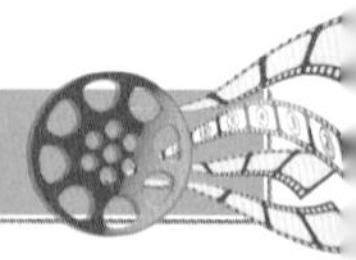

火遍全网的荧光线描卡点看似很难制作，其实非常简单。它主要使用剪映的“自动踩点”功能、“荧光线描”特效、混合模式以及入场动画等制作而成。下面介绍使用剪映制作荧光线描卡点视频的操作方法。

素材文件	素材 \ 第 8 章 \“花季少女”文件夹
效果文件	效果 \ 第 8 章 \ 花季少女 .mp4
视频文件	视频 \ 第 8 章 \050　制作荧光线描卡点视频 .mp4

【操练 + 视频】——制作荧光线描卡点视频

STEP 01 在剪映中导入多个素材文件，将其添加到视频轨道中并为其添加合适的音乐，如图 8-27 所示。

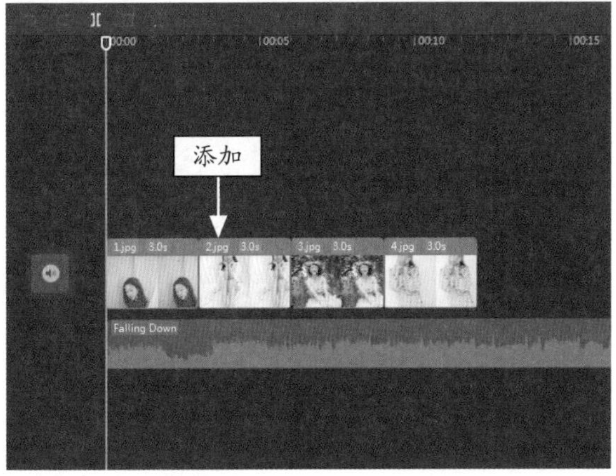

图 8-27　添加素材文件

STEP 02 ❶选择音频素材；❷单击“自动踩点”按钮；❸在弹出的下拉列表中选择“踩节拍 I ”选项，如图 8-28 所示。

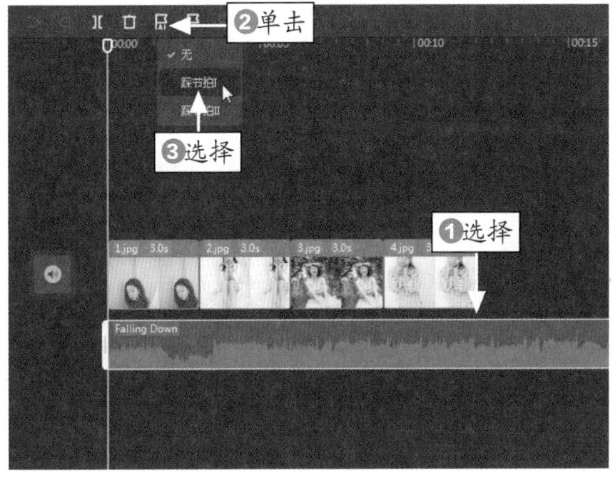

图 8-28　选择“踩节拍 I ”选项

STEP 03 执行操作后，❶在音频素材上添加黄色的节拍点；❷拖动第 1 个素材文件右侧的白色滑块，使其长度对准音频轨道中的第 2 个节拍点，如图 8-29 所示。

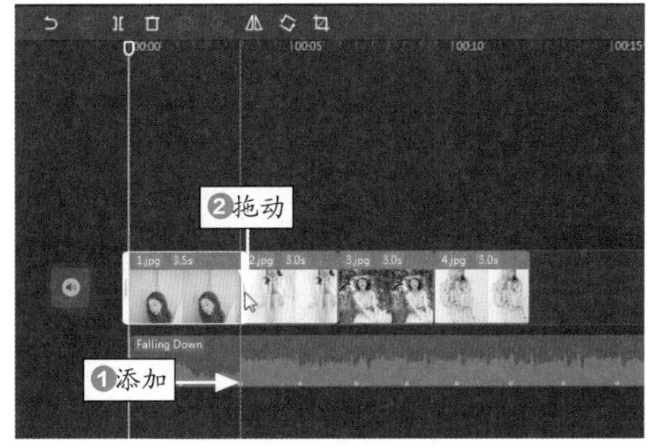

图 8-29　调整素材的时长

STEP 04 使用同样的操作方法，调整其余的素材文件时长，使其与相应的节拍点对齐，并剪掉多余的背景音乐，如图 8-30 所示。

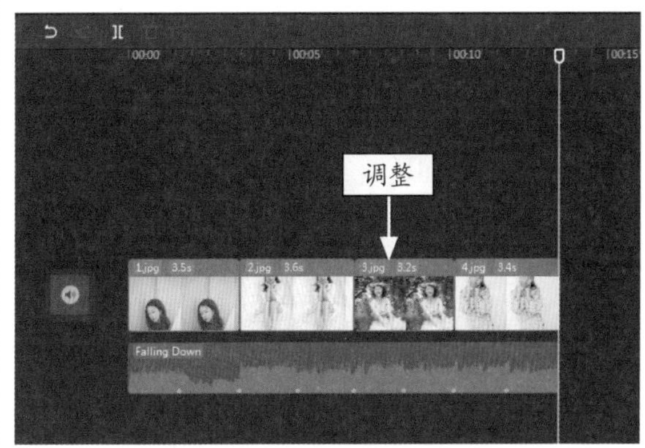

图 8-30　调整其他素材的时长

STEP 05 选择第 1 段素材，将其复制粘贴至画中画轨道中，并调整其时长，如图 8-31 所示。

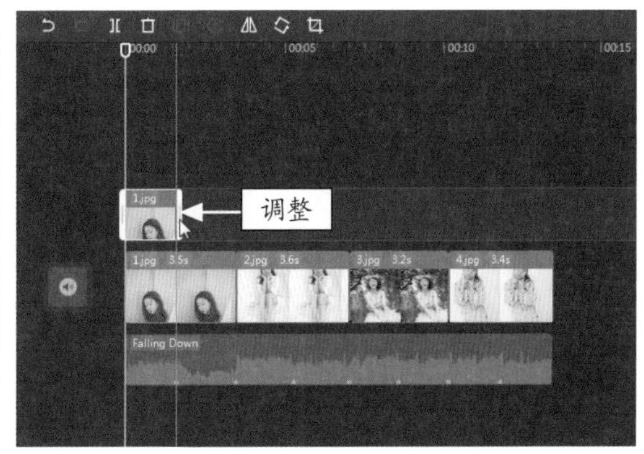

图 8-31　调整复制的素材时长

STEP 06 在“画面”操作区中，设置“混合模式”为“滤色”，如图 8-32 所示。

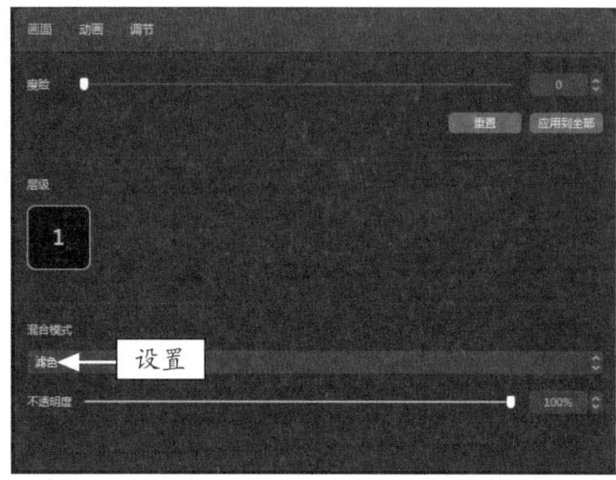

图 8-32 设置“混合模式”

STEP 07 ❶单击“动画”按钮；❷在“入场”选项卡中选择“向左滑动”选项；❸设置“动画时长”为最大值，如图 8-33 所示。

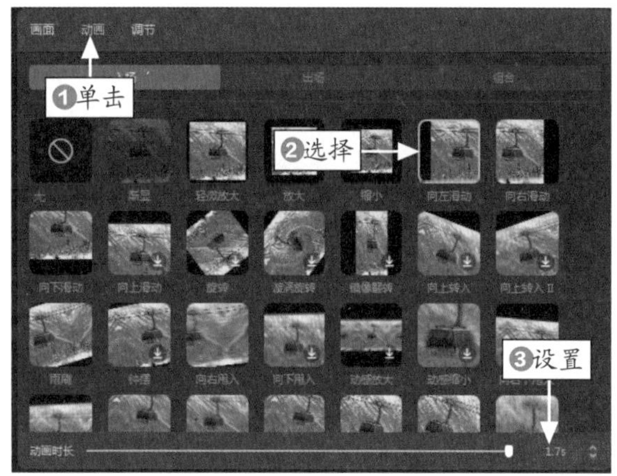

图 8-33 设置画中画轨道素材的动画效果

STEP 08 在视频轨道中选择第 1 段素材，❶单击“动画”按钮；❷在“入场”选项卡中选择“向右滑动”选项；❸设置“动画时长”为 1.7s，如图 8-34 所示。

STEP 09 ❶单击“特效”按钮；❷在“漫画”选项卡中单击“荧光线描”特效中的添加按钮，如图 8-35 所示。

STEP 10 执行操作后，即可在画中画轨道上方添加一个“荧光线描”特效，拖动特效右边的白色滑块，调整特效时长与画中画轨道中的素材时长一致，如图 8-36 所示。

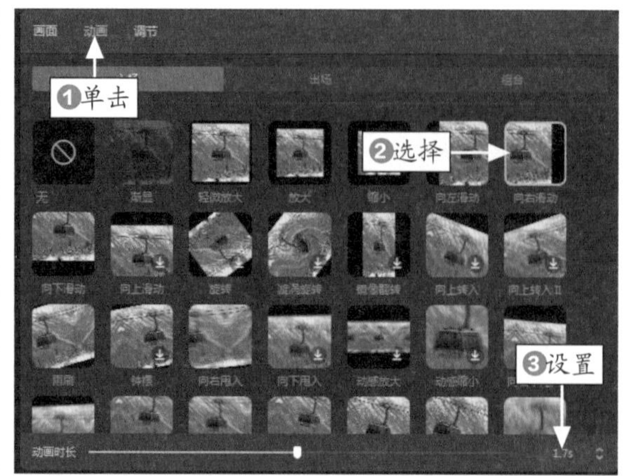

图 8-34 设置视频轨道素材的动画效果

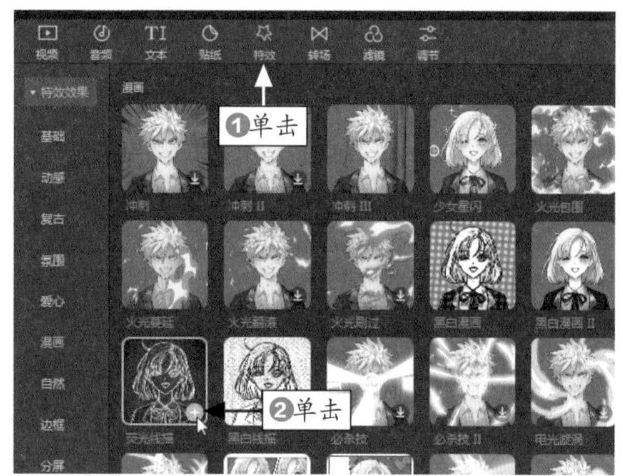

图 8-35 单击“荧光线描”特效添加按钮

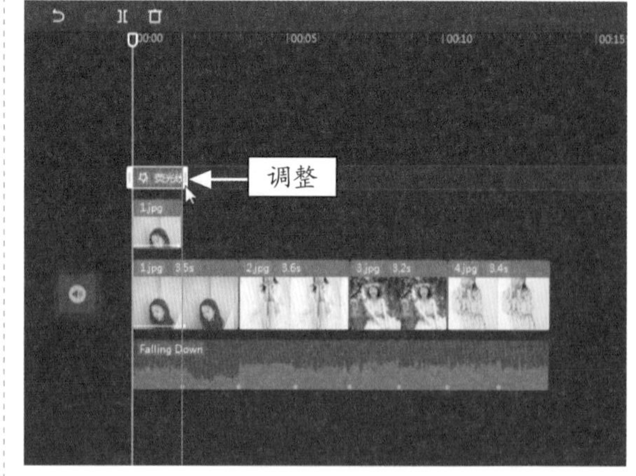

图 8-36 调整“荧光线描”特效时长

STEP 11 将时间指示器拖动至特效末端的位置，❶单击“特效”按钮；❷在“氛围”选项卡中单击“星火炸开”特效中的添加按钮，如图 8-37 所示。

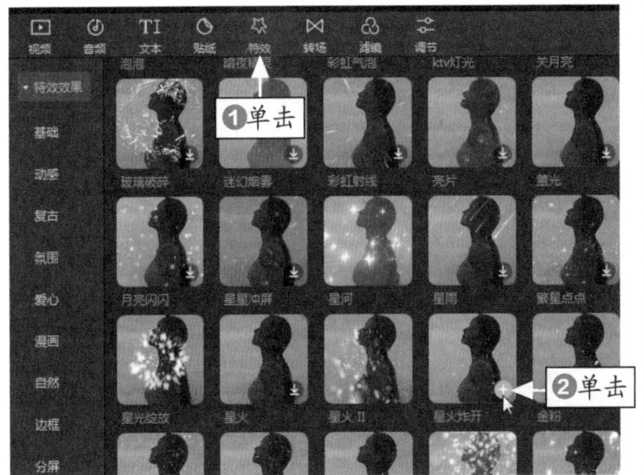

图 8-37　单击“星火炸开”特效添加按钮

STEP 12 执行操作后，即可在时间指示器的位置添加一个“星火炸开”特效，拖动特效右边的白色滑块，调整特效时长与视频轨道中的第 1 段素材时长一致，如图 8-38 所示。

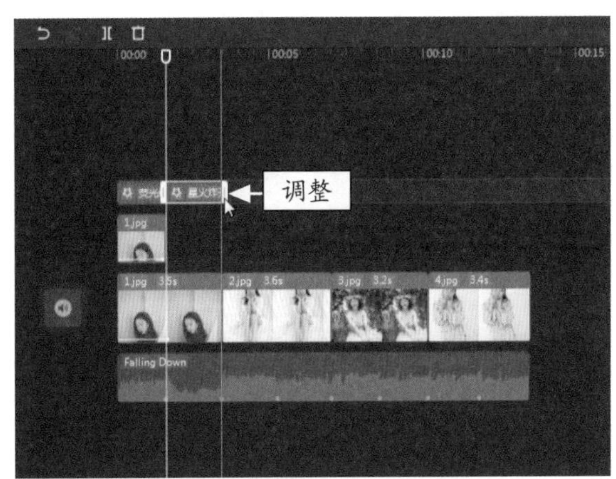

图 8-38　调整“星火炸开”特效时长

STEP 13 使用上述同样的方法，分别为后面的素材添加特效和动画效果，如图 8-39 所示。

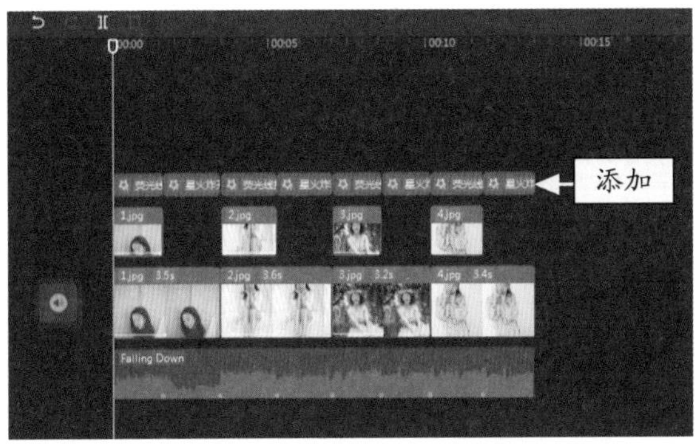

图 8-39　为后面的素材添加特效和动画效果

STEP 14 播放视频效果，可以看到荧光线人物伴随卡点音乐，分别从左右两边滑出，在第 1 个节拍点时，两个画面相撞后星火炸开，真实人物出现在画面中，效果如图 8-40 所示。

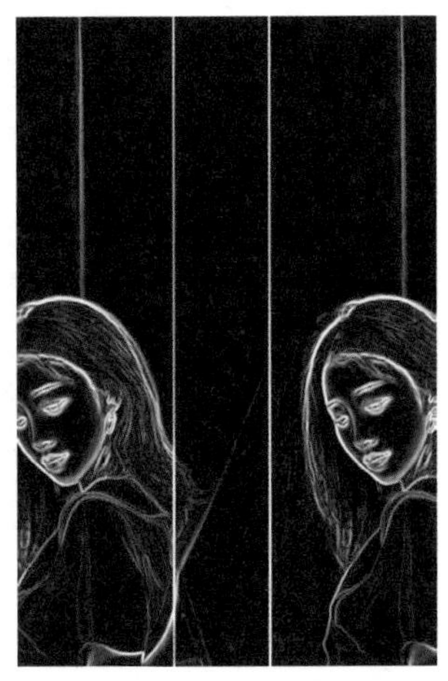

图 8-40　查看视频效果

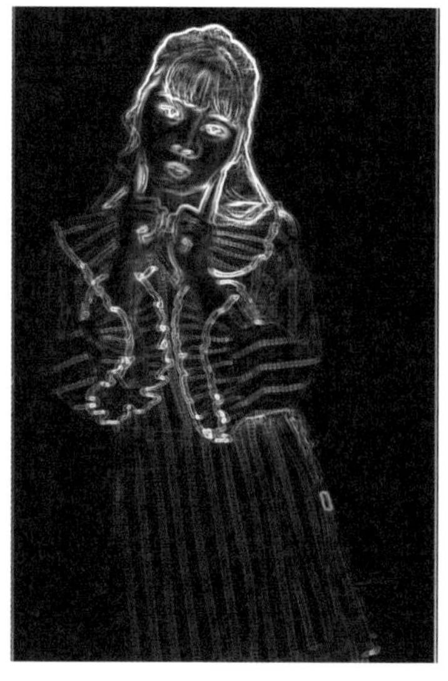

图 8-40　查看视频效果（续）

051 制作多屏切换卡点视频

“多屏切换卡点”效果的制作，主要使用剪映的“自动踩点”功能和“分屏”特效，实现一个视频画面根据节拍点自动分出多个相同的视频画面效果，下面介绍具体的操作方法。

	素材文件	素材 \ 第 8 章 \ 眺望远方 .mp4
	效果文件	效果 \ 第 8 章 \ 眺望远方 .mp4
	视频文件	视频 \ 第 8 章 \051　制作多屏切换卡点视频 .mp4

【操练＋视频】
——制作多屏切换卡点视频

STEP 01 ❶在剪映中导入视频素材并将其添加到视频轨道中；❷在音频轨道中添加一首合适的卡点背景音乐，如图 8-41 所示。

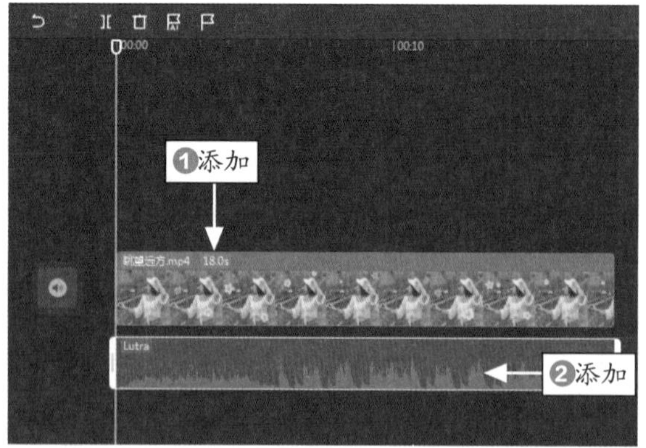

图 8-41　添加视频素材和背景音乐

STEP 02 ❶选择音频素材；❷单击“自动踩点”按钮；❸在弹出的下拉列表中选择“踩节拍 I ”选项，添加节拍点，如图 8-42 所示。

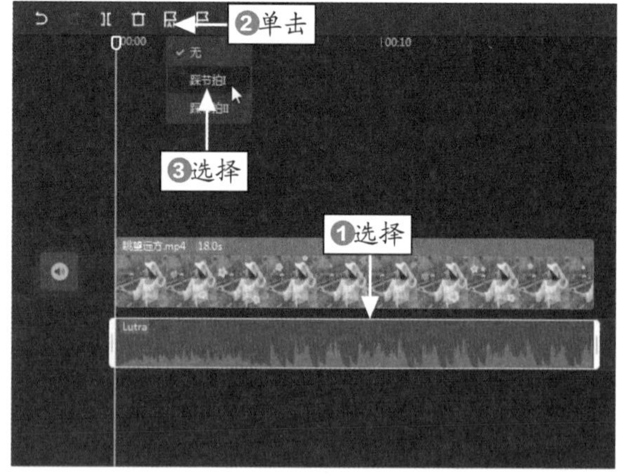

图 8-42　选择“踩节拍 I ”选项

STEP 03 将时间指示器拖动至第 2 个节拍点上，❶单击“特效”按钮；❷单击“分屏”选项卡；❸单击“两屏”特效中的添加按钮，如图 8-43 所示。

STEP 04 执行操作后即可在轨道上添加“两屏”特效，适当调整特效的时长，使其刚好卡在第 2 个和

第 3 个节拍点之间，如图 8-44 所示。

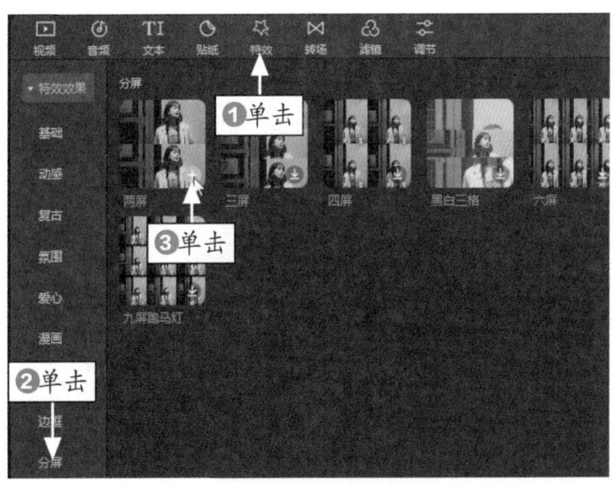

图 8-43　单击“两屏”特效添加按钮

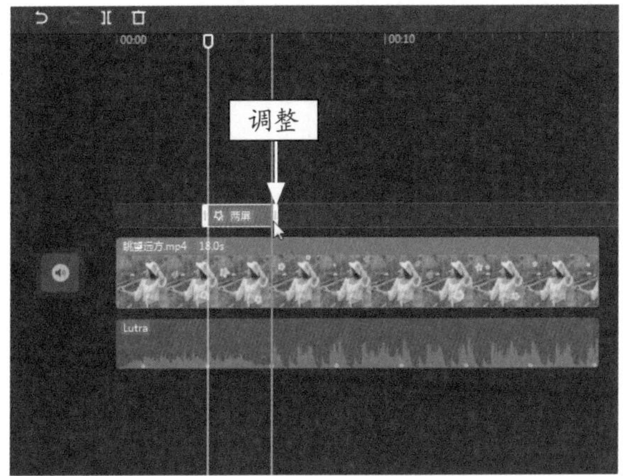

图 8-44　调整“两屏”特效的时长

STEP 05 使用同样的操作方法，在第 3 个和第 4 个节拍点之间，添加“三屏”特效，如图 8-45 所示。

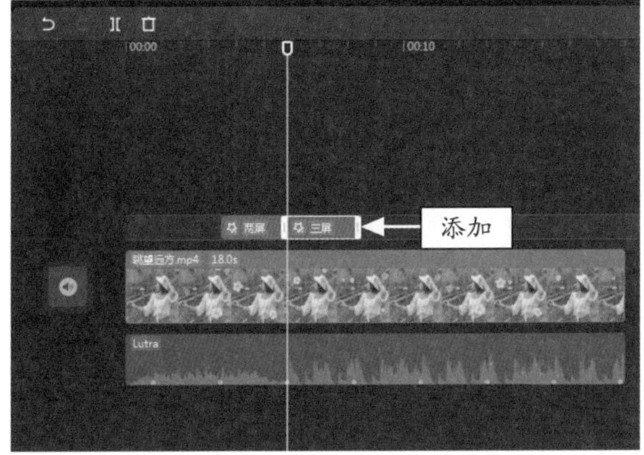

图 8-45　添加“三屏”特效

STEP 06 在第 4 个和第 5 个节拍点之间，添加“四屏”特效，如图 8-46 所示。

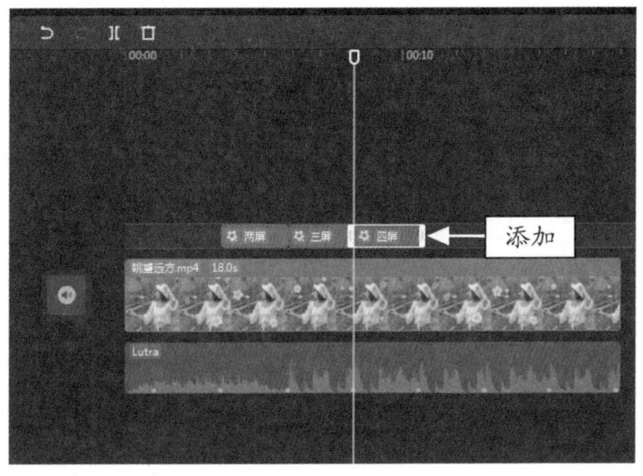

图 8-46　添加“四屏”特效

STEP 07 在第 5 个和第 6 个节拍点之间，添加“六屏”特效，如图 8-47 所示。

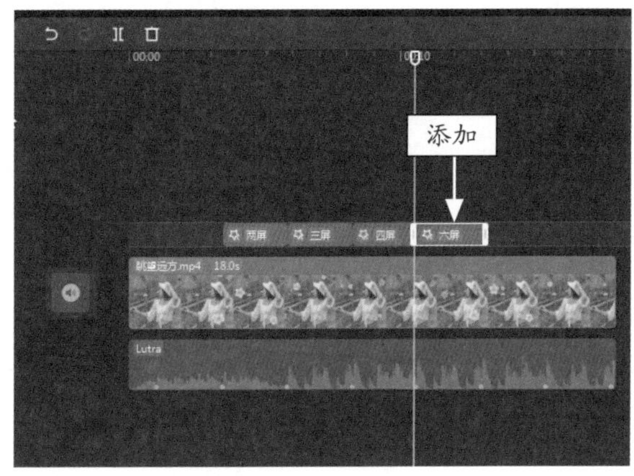

图 8-47　添加“六屏”特效

STEP 08 ❶在第 6 个和第 7 个节拍点之间，添加“九屏”特效；❷在最后两个节拍点之间，添加“九屏跑马灯”特效，如图 8-48 所示。

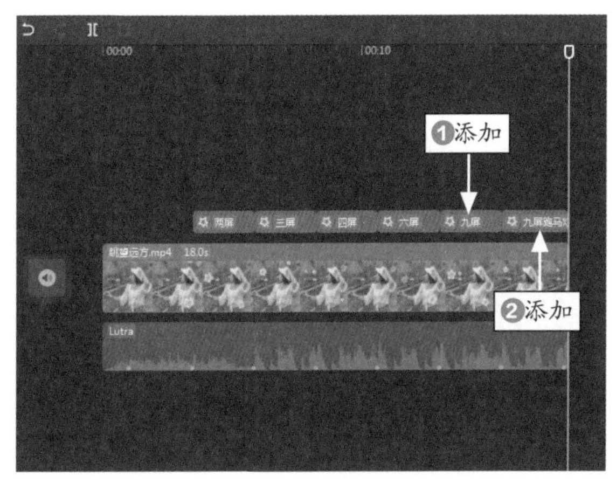

图 8-48　添加相应的分屏特效

STEP 09 播放预览视频，查看制作的“多屏切换卡点”效果，如图 8-49 所示。

图 8-49 预览视频效果

052 制作灯光闪屏卡点视频

本节介绍的是“灯光闪屏卡点”效果的制作方法，主要使用剪映的滤镜、“自动踩点”和“裁剪”等功能制作而成。先将照片处理成黑白的视频效果，然后利用“裁剪”功能来进行抠像合成，打造出璀璨夺目的夜景画面效果，下面介绍具体的操作方法。

	素材文件	素材\第 8 章\古镇夜景 1.mp4
	效果文件	效果\第 8 章\古镇夜景 2.mp4、古镇夜景 .mp4
	视频文件	视频\第 8 章\052 制作灯光闪屏卡点视频 .mp4

【操练＋视频】
——制作灯光闪屏卡点视频

STEP 01 在剪映中导入素材文件并将其添加到视频轨道中，如图 8-50 所示。

STEP 02 ❶单击“滤镜”按钮；❷在“风格化”选项卡中单击“牛皮纸”滤镜中的添加按钮，如图 8-51 所示。

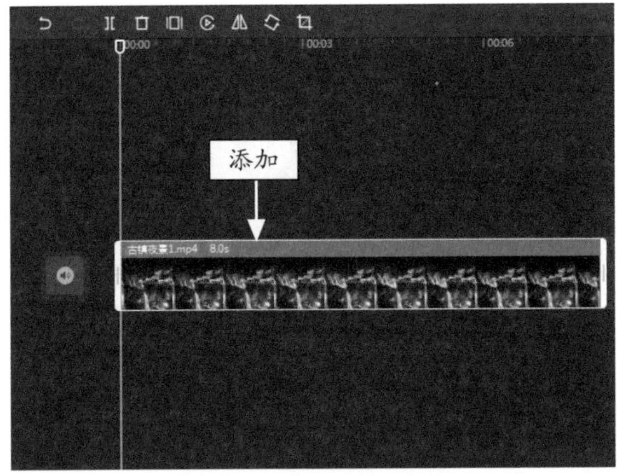

图 8-50　添加视频素材

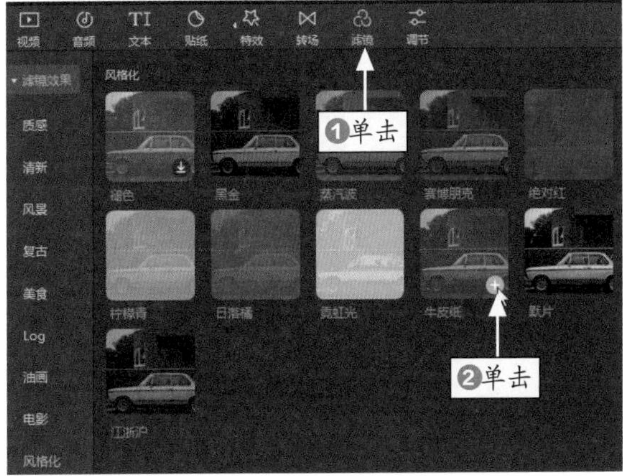

图 8-51　单击“牛皮纸”滤镜添加按钮

STEP 03　在滤镜轨道中，将添加的“牛皮纸”滤镜时长调整为与视频一致，导出该视频文件，如图 8-52 所示。

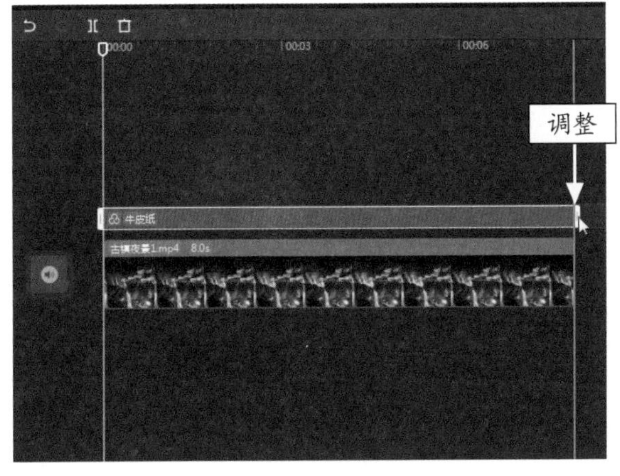

图 8-52　调整滤镜轨道的时长

STEP 04　新建一个剪辑草稿，导入前面制作好的效果视频和原视频，❶将效果视频拖动到主轨道；❷将原视频拖动到画中画轨道，如图 8-53 所示。

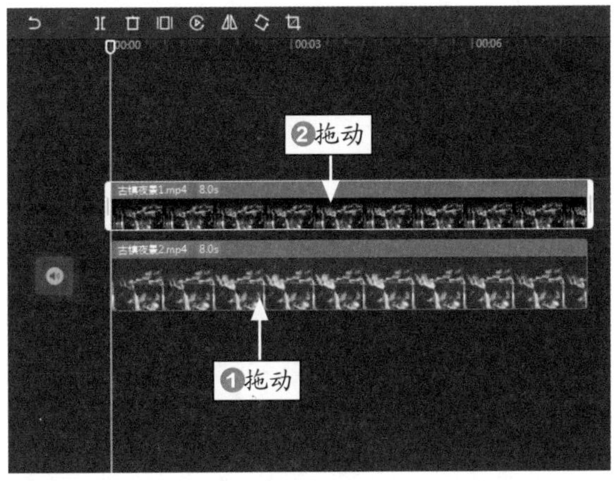

图 8-53　导入并拖动视频素材

STEP 05　在音频轨道中，添加一首合适的卡点背景音乐，如图 8-54 所示。

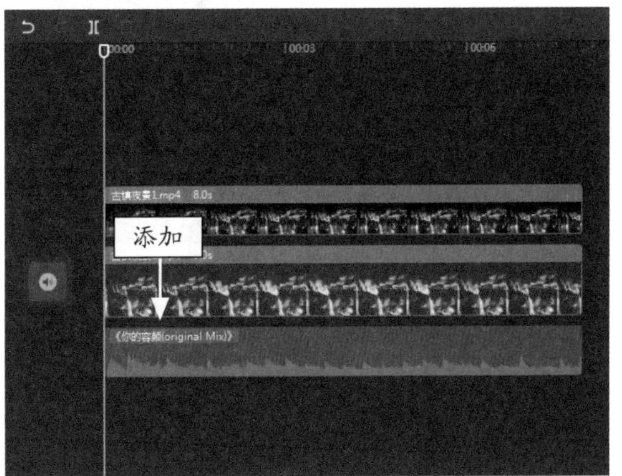

图 8-54　添加卡点背景音乐

STEP 06　❶选择音频素材；❷单击“自动踩点”按钮；❸在弹出的下拉列表中选择“踩节拍Ⅱ”选项；❹添加节拍点，如图 8-55 所示。

STEP 07　❶拖动时间指示器至第 1 个节拍点处；❷选择画中画轨道上的素材；❸单击“分割”按钮，如图 8-56 所示。

STEP 08　❶选择分割出来的前一段视频素材；❷单击“删除”按钮将其删除，如图 8-57 所示。

STEP 09　在其他的背景音乐节拍点处，对画中画轨道上的素材进行分割处理，如图 8-58 所示。

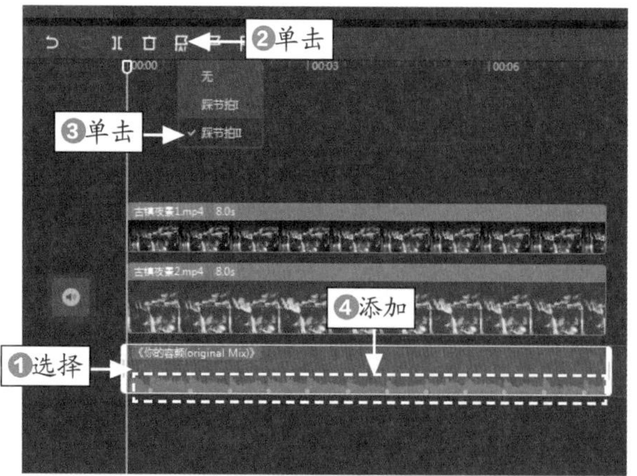

图 8-55 添加节拍点

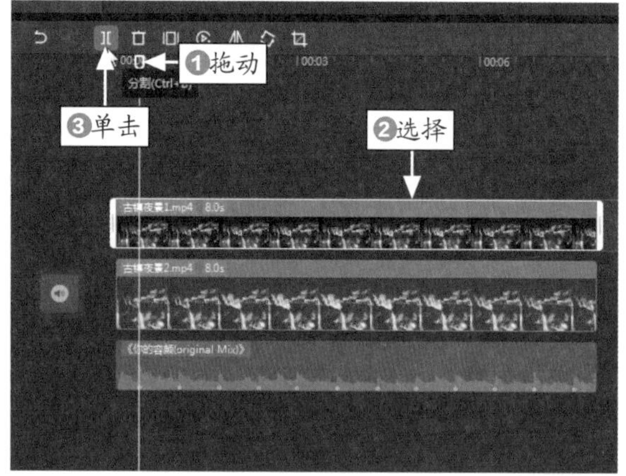

图 8-56 单击“分割”按钮

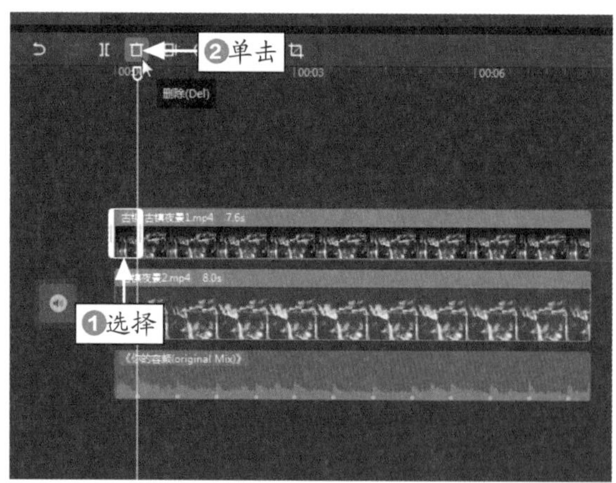

图 8-57 单击“删除”按钮

STEP 10 在画中画轨道中，选择第 1 个视频片段，如图 8-59 所示。

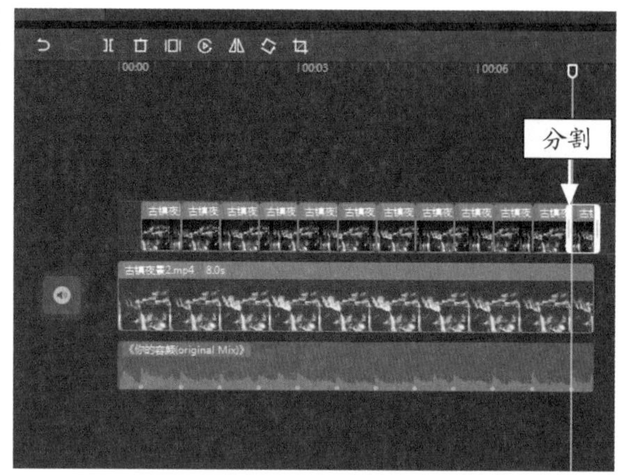

图 8-58 多次分割画中画轨道

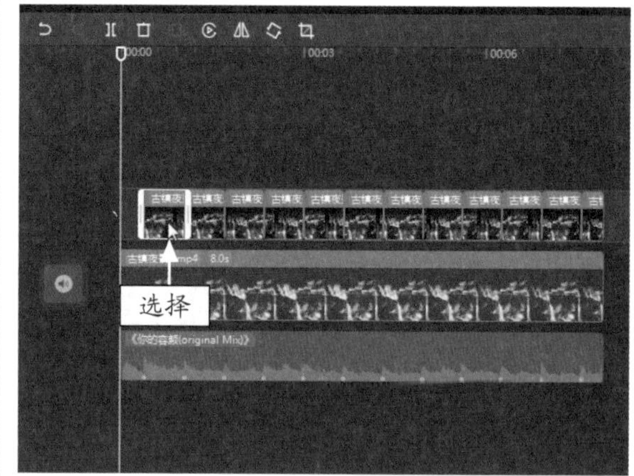

图 8-59 选择第 1 个视频片段

STEP 11 单击“裁剪”按钮，如图 8-60 所示。

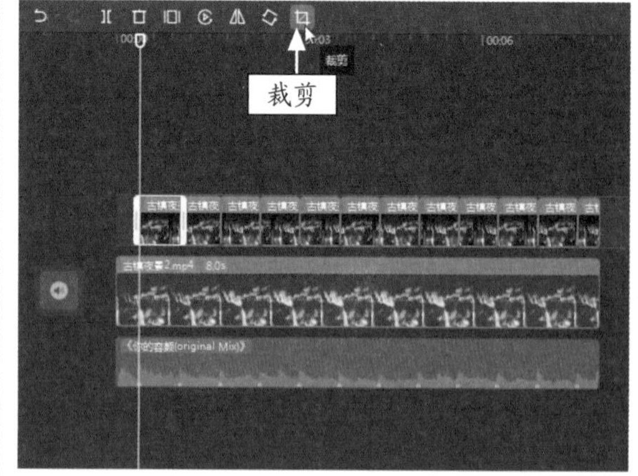

图 8-60 单击“裁剪”按钮

STEP 12 执行操作后，弹出“裁剪”对话框，如图 8-61 所示。

图 8-61　弹出“裁剪”对话框

STEP 13 在“裁剪”对话框的预览区域中，拖动裁剪控制框，对画面进行适当裁剪，如图 8-62 所示。

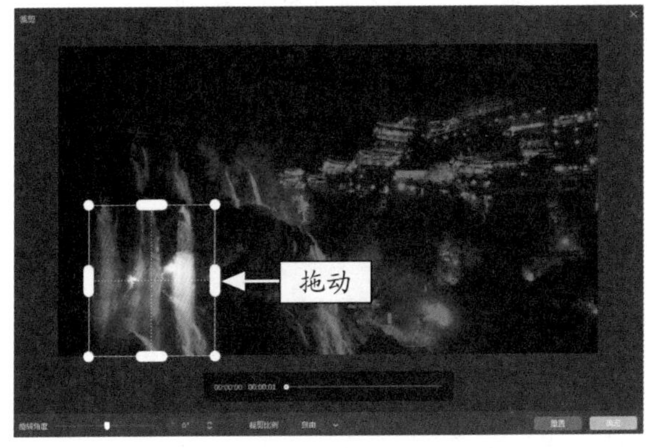

图 8-62　拖动裁剪控制框

STEP 14 单击“确定”按钮，在预览窗口中，适当调整裁剪画面的大小和位置，如图 8-63 所示。然后用同样的方法为画中画轨道上后面的 10 个视频进行裁剪抠像，这里最后一个视频保留全貌，不需要进行裁剪抠像。

STEP 15 将时间指示器拖动至画中画轨道中最后一个视频的开始位置处，❶单击“特效”按钮；❷在“动感”选项卡中单击“闪动”特效中的添加按钮，如图 8-64 所示。

STEP 16 在轨道中添加“闪动”特效，并调整其时长，如图 8-65 所示。

STEP 17 在“动感”选项卡中，单击“魅力光束”特效中的添加按钮，如图 8-66 所示。

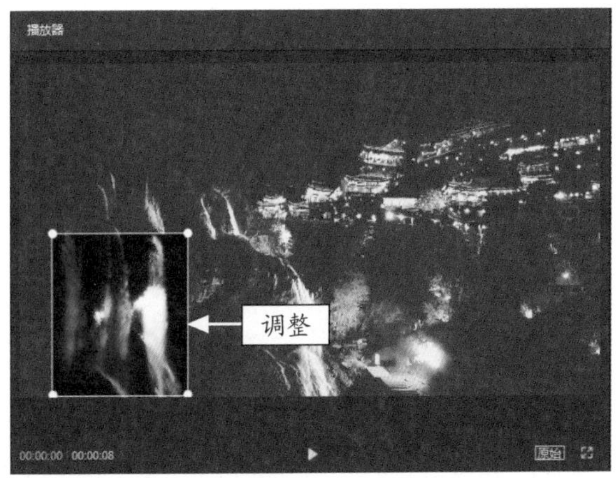

图 8-63　调整画面的大小和位置

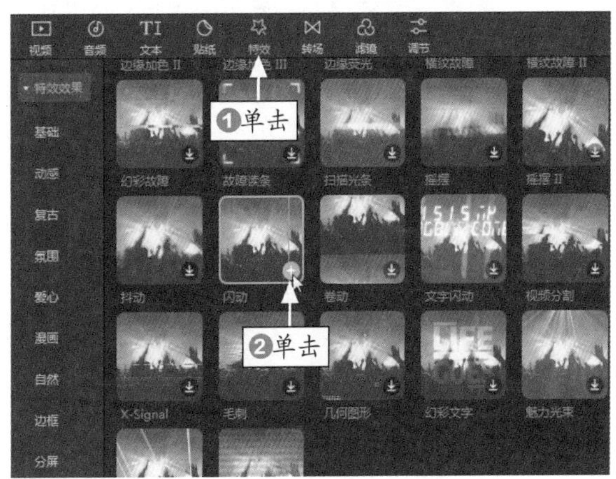

图 8-64　单击“闪动”特效添加按钮

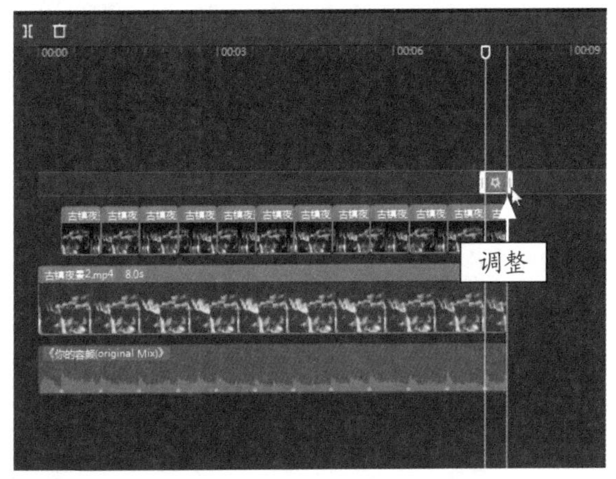

图 8-65　添加“闪动”特效

STEP 18 在轨道中添加“魅力光束”特效，并调整其时长，如图 8-67 所示。

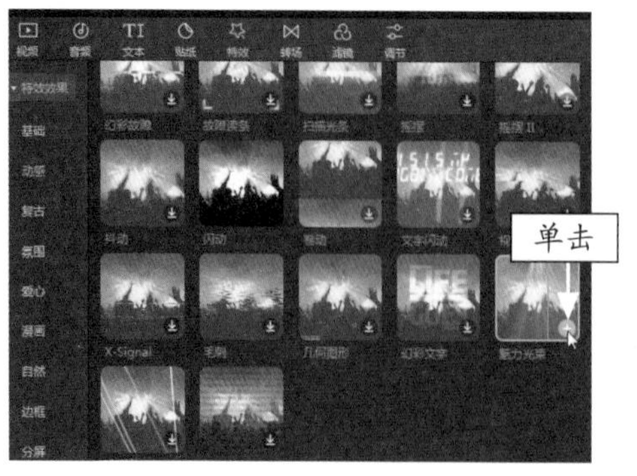

图 8-66　单击“魅力光束”特效添加按钮

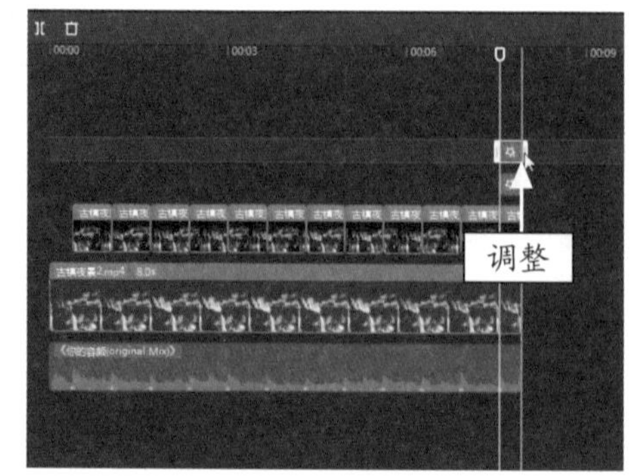

图 8-67　添加“魅力光束”特效

STEP 19 播放预览视频，查看制作的“灯光闪屏卡点”效果，如图 8-68 所示。

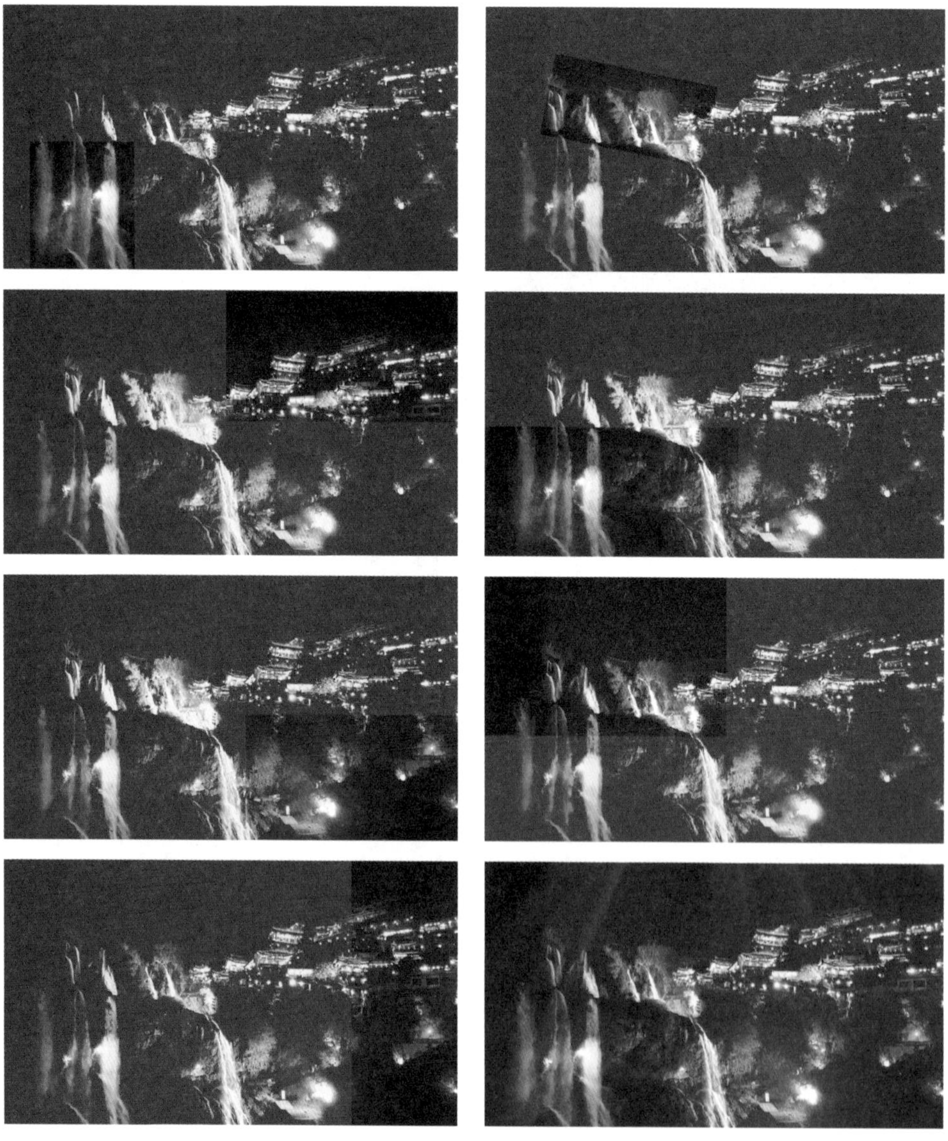

图 8-68　预览视频效果

第9章

配乐：听觉盛宴引发观众的情感共鸣

章前知识导读

音频是短视频中非常重要的内容元素，选择好的背景音乐或者语音旁白，可让你的作品不费吹灰之力就能上热搜。本章主要介绍短视频的音频处理技巧，帮助大家快速学会处理后期音频。

新手重点索引

- 为视频添加背景音乐
- 为视频添加场景音效
- 提取视频中的背景音乐
- 对音频进行剪辑处理

效果图片欣赏

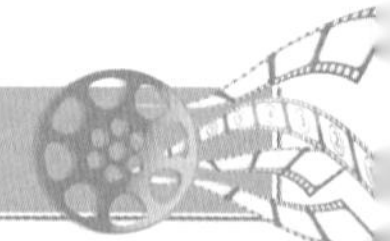

053 为视频添加背景音乐

剪映电脑版具有非常丰富的背景音乐曲库，而且进行了十分细致的分类，用户可以根据自己的视频内容或主题来快速选择合适的背景音乐。下面介绍为视频添加背景音乐的具体操作方法。

	素材文件	素材\第 9 章\海边拍摄 .mp4
	效果文件	效果\第 9 章\海边拍摄 .mp4
	视频文件	视频\第 9 章\053 为视频添加背景音乐 .mp4

【操练 + 视频】
——为视频添加背景音乐

STEP 01 ❶在剪映中导入视频素材并将其添加到视频轨道中；❷单击"关闭原声"按钮将原声关闭，如图 9-1 所示。

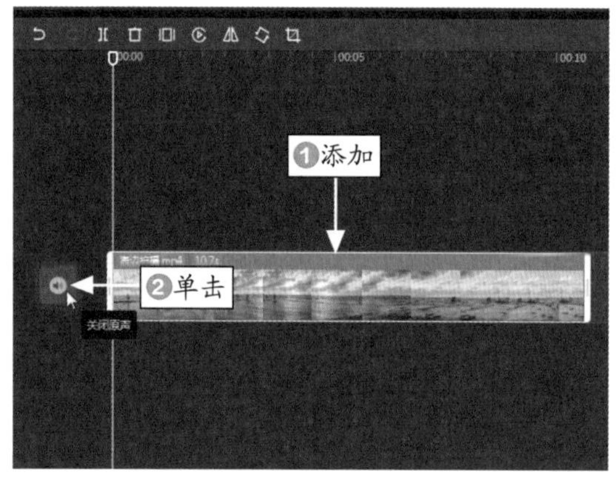

图 9-1 关闭原声

STEP 02 ❶单击"音频"按钮；❷单击"音乐素材"按钮，如图 9-2 所示。

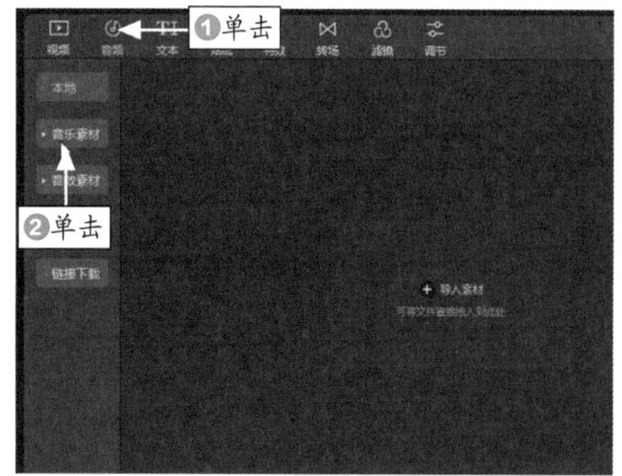

图 9-2 单击"音乐素材"按钮

STEP 03 在"音乐素材"选项卡中，❶选择相应的音乐类型，如"纯音乐"；❷在音乐列表中选择合适的背景音乐，即可进行试听，如图 9-3 所示。

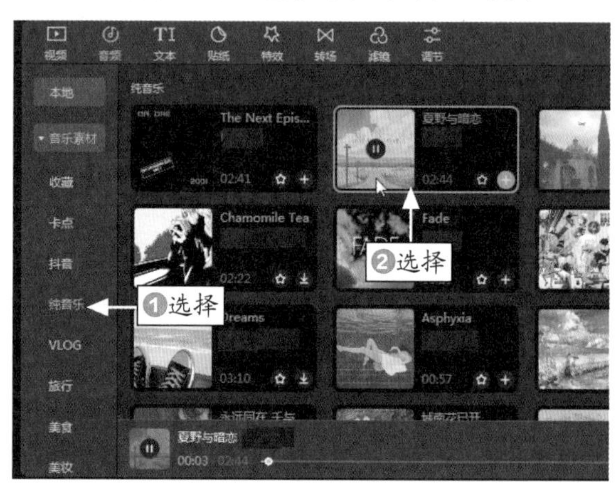

图 9-3 试听背景音乐

STEP 04 单击音乐卡片中的添加按钮，即可将其添加到音频轨道中，如图 9-4 所示。

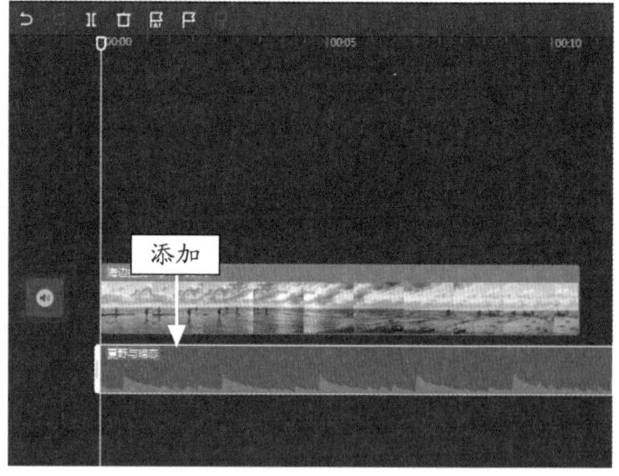

图 9-4 添加背景音乐

专家指点

用户如果看到喜欢的音乐，也可以单击☆图标，先将其收藏起来，待下次剪辑视频时可以在"收藏"列表中快速选择该背景音乐。

STEP 05 ❶将时间指示器拖动至视频结尾处；❷单击“分割”按钮，如图 9-5 所示。

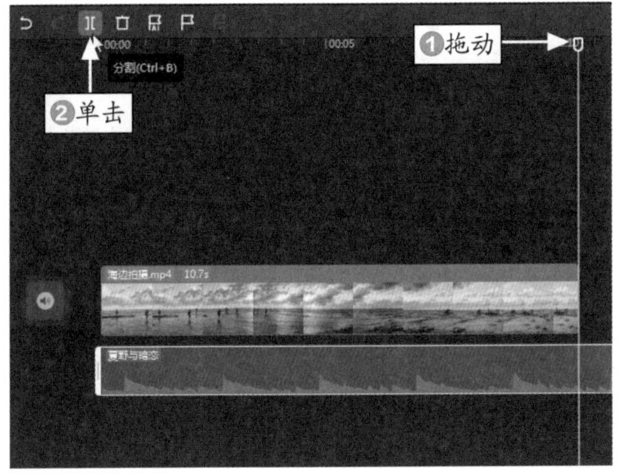

图 9-5　单击“分割”按钮

STEP 06 ❶选择分割后多余的音频片段；❷单击“删除”按钮，如图 9-6 所示。

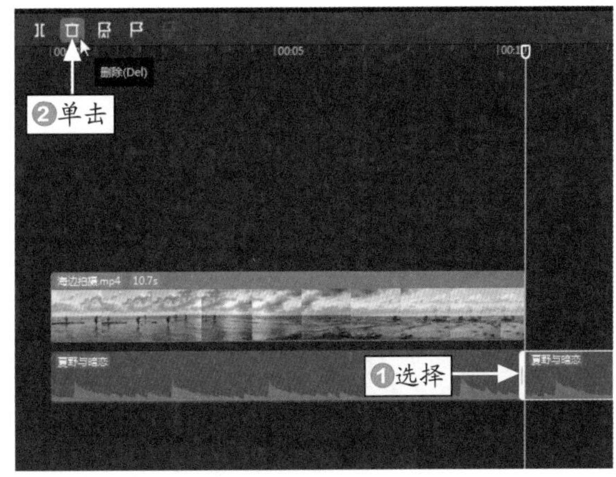

图 9-6　单击“删除”按钮

STEP 07 执行操作后，即可删除多余的音频片段。在预览窗口中播放预览视频效果，如图 9-7 所示。

图 9-7　预览视频效果

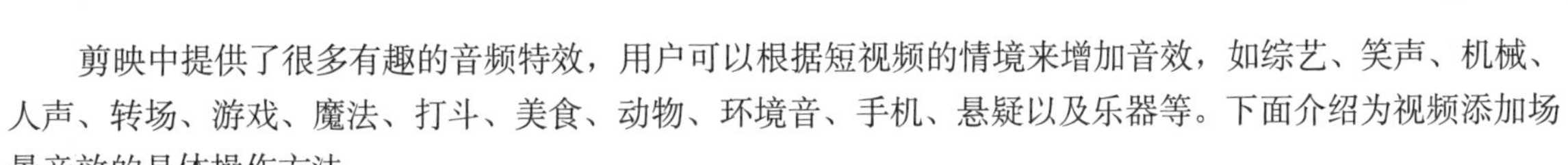

054 为视频添加场景音效

剪映中提供了很多有趣的音频特效，用户可以根据短视频的情境来增加音效，如综艺、笑声、机械、人声、转场、游戏、魔法、打斗、美食、动物、环境音、手机、悬疑以及乐器等。下面介绍为视频添加场景音效的具体操作方法。

<table>
<tr><td rowspan="3"></td><td>素材文件</td><td>素材 \ 第 9 章 \ 喷泉 .mp4</td></tr>
<tr><td>效果文件</td><td>效果 \ 第 9 章 \ 喷泉 .mp4</td></tr>
<tr><td>视频文件</td><td>视频 \ 第 9 章 \054　为视频添加场景音效 .mp4</td></tr>
</table>

【操练 + 视频】
——为视频添加场景音效

STEP 01 在剪映中导入视频素材并将其添加到视频轨道中，如图 9-8 所示。

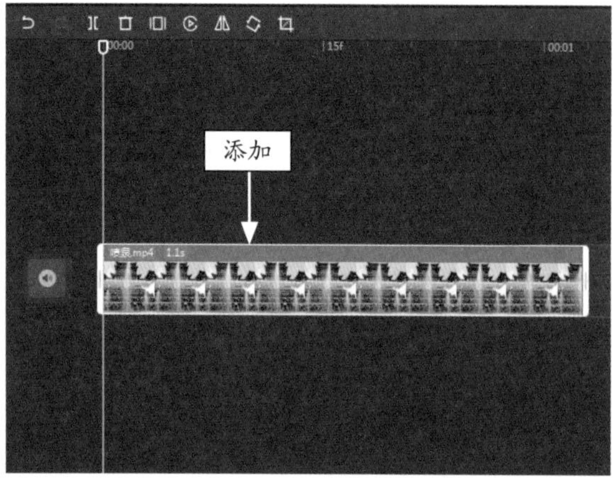

图 9-8　添加视频素材

STEP 02 单击“音频”按钮，切换至“音频”功能区，如图 9-9 所示。

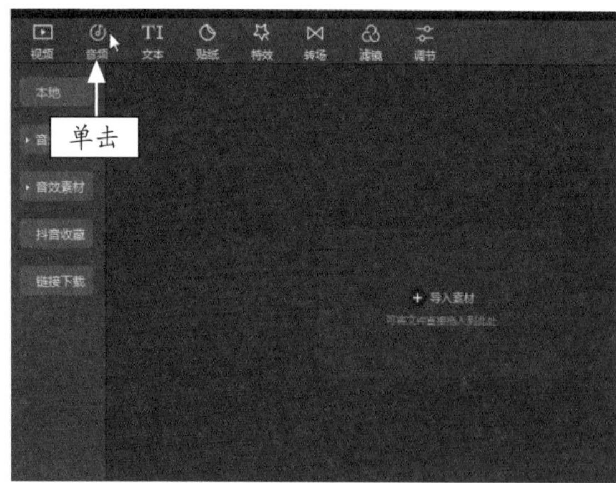

图 9-9　单击“音频”按钮

STEP 03 单击“音效素材”按钮，切换至“音效素材”选项卡，如图 9-10 所示。

STEP 04 ❶选择相应的音效类型，如“环境音”；❷在音效列表中选择“流水声”音效，即可进行试听，如图 9-11 所示。

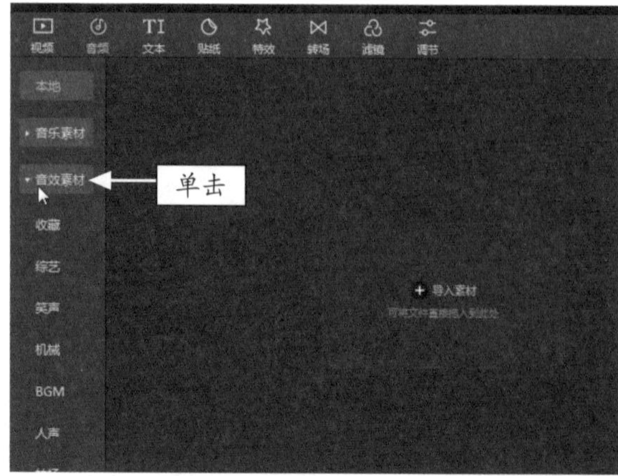

图 9-10　单击“音效素材”按钮

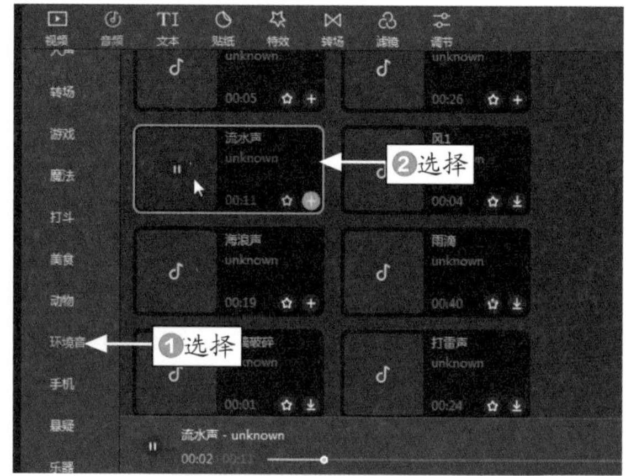

图 9-11　选择“流水声”音效

STEP 05 单击音效卡片中的添加按钮，即可将其添加到音频轨道中，如图 9-12 所示。

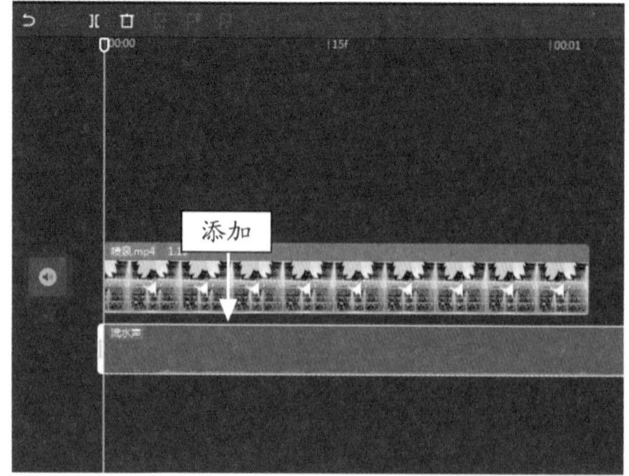

图 9-12　添加背景音效

STEP 06 ❶将时间指示器拖动至视频结尾处；❷单击“分割”按钮，如图 9-13 所示。

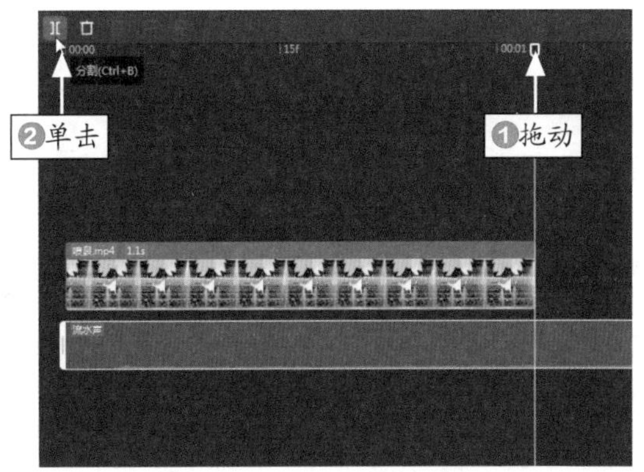

图 9-13　单击“分割”按钮

STEP 07 ❶选择分割后多余的音效片段；❷单击“删除”按钮，如图 9-14 所示。

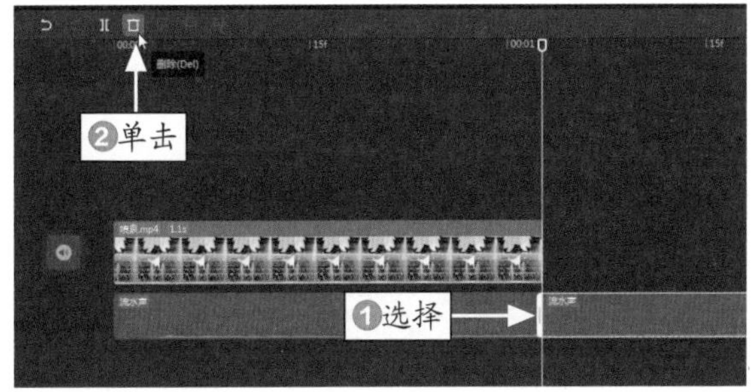

图 9-14　单击“删除”按钮

STEP 08 执行操作后，即可删除多余的音效片段，播放视频效果，添加音效后可以让画面更有感染力，如图 9-15 所示。

图 9-15　预览视频效果

055 提取视频中的背景音乐

如果用户遇到其他背景音乐好听的视频，也可以将其保存到电脑中，并通过剪映来提取视频中的背景音乐，将其用到自己的视频中。下面介绍从视频文件中提取背景音乐的方法。

	素材文件	素材 \ 第 9 章 \ 黄昏时刻 .mp4、黄昏时刻（音乐）.mp4
	效果文件	效果 \ 第 9 章 \ 黄昏时刻 .mp4
	视频文件	视频 \ 第 9 章 \055　提取视频中的背景音乐 .mp4

【操练 + 视频】
——提取视频中的背景音乐

STEP 01 在剪映中导入视频素材并将其添加到视频轨道中，如图 9-16 所示。

STEP 02 ❶单击“音频”功能区中的“本地”选项

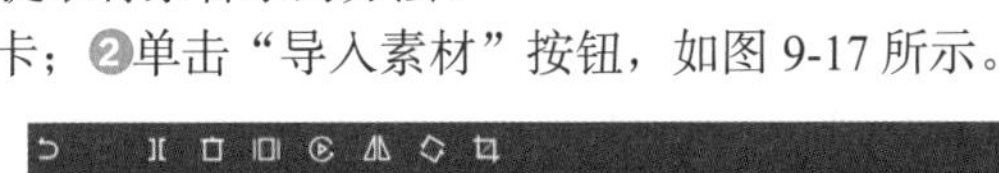
卡；❷单击“导入素材”按钮，如图 9-17 所示。

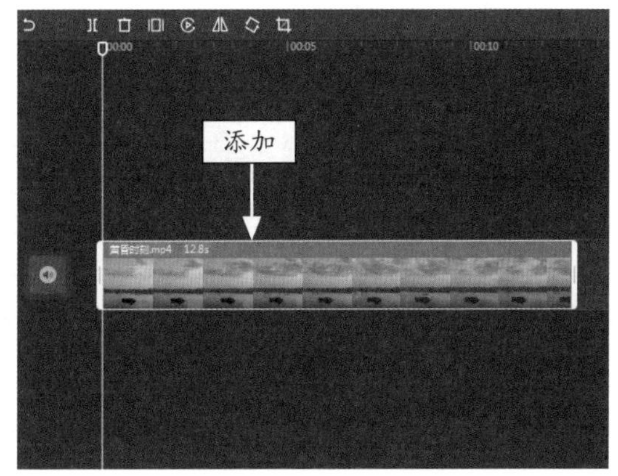

图 9-16　添加视频素材

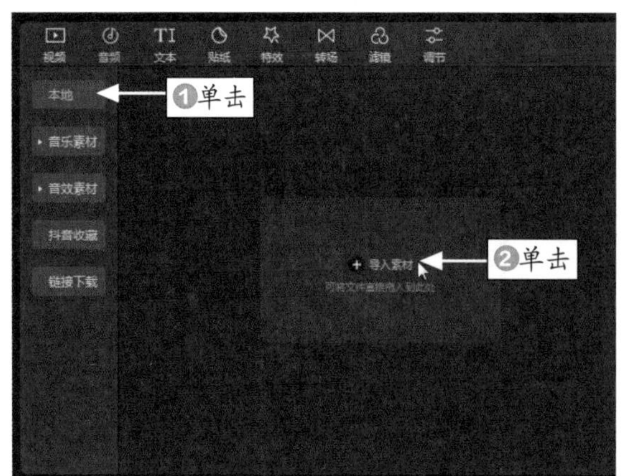

图 9-17　单击“导入素材”按钮

STEP 03 ❶在弹出的对话框中选择相应的视频素材；❷单击“打开”按钮，如图 9-18 所示。

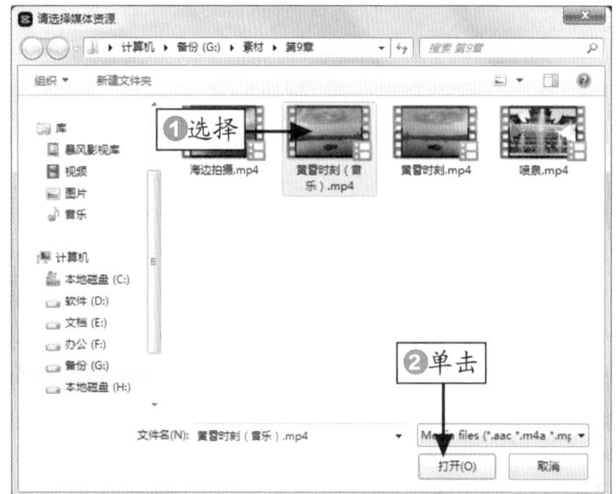

图 9-18　单击“打开”按钮

STEP 04 执行操作后，即可导入并提取音频文件，单击添加按钮，如图 9-19 所示。

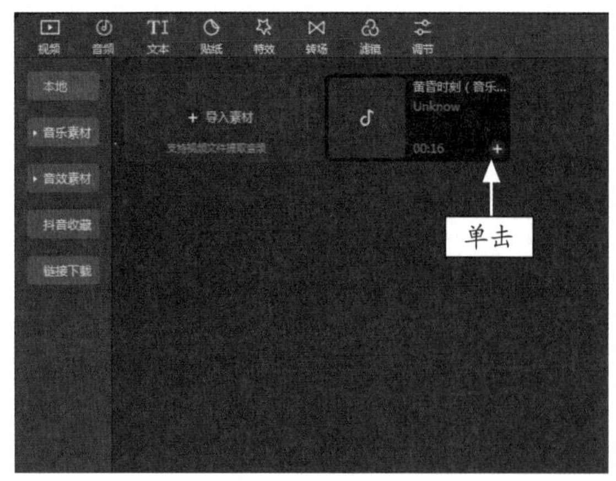

图 9-19　单击添加按钮

STEP 05 执行上述操作后，即可将“音频”功能区中提取的音频文件添加到音频轨道中，如图 9-20 所示。

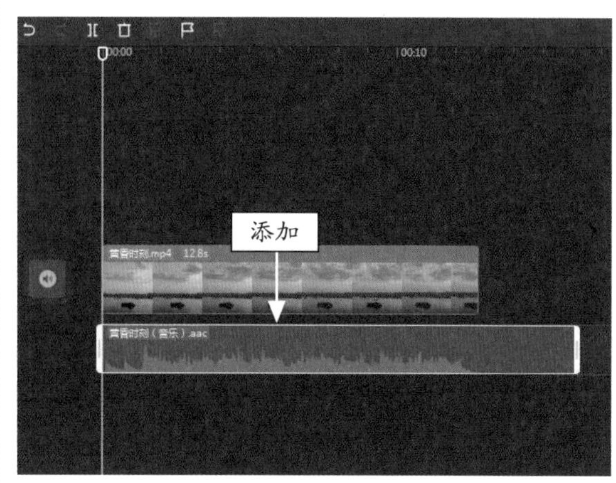

图 9-20　添加到音频轨道中

STEP 06 此处添加的音频素材比视频素材的时长要长，拖动音频素材右侧的白色滑块，将其时长调整到与视频同长，如图 9-21 所示。

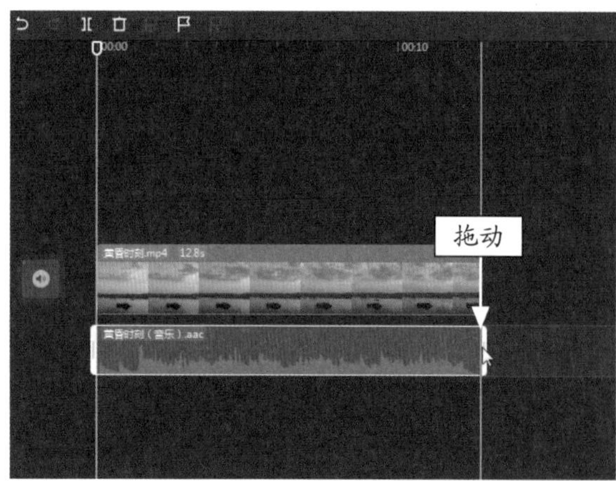

图 9-21　调整音频轨道的时长

STEP 07 选择视频素材，在“音频”操作区中设置“音量”为 0%，将其调整为静音，如图 9-22 所示。

STEP 08 选择音频素材，在“音频”操作区中设置“音量”为 200%，将音量调整为最大，如图 9-23 所示。

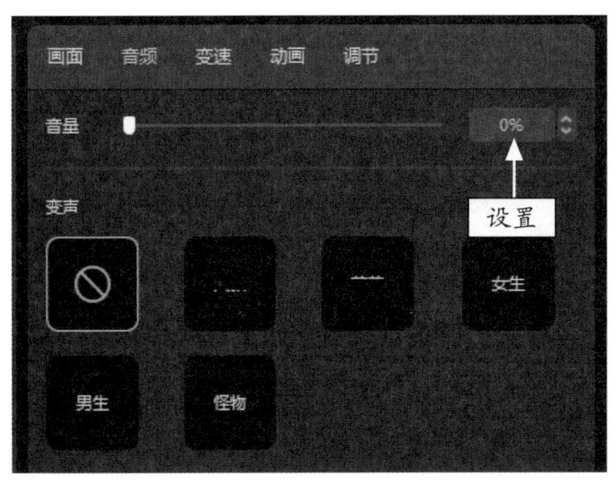

图 9-22　调整视频的音量

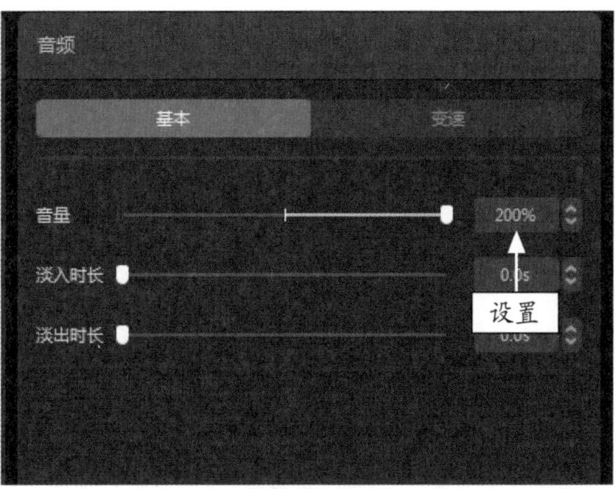

图 9-23　调整音频的音量

专家指点

在制作本书后面的视频实例时，读者也可以采用从提供的效果视频文件中直接提取音乐的方法，快速给视频素材添加背景音乐。

STEP 09 播放预览视频效果，视频的原声已经被消除，取而代之的是从其他视频中提取来的背景音乐，如图 9-24 所示。

图 9-24　预览视频效果

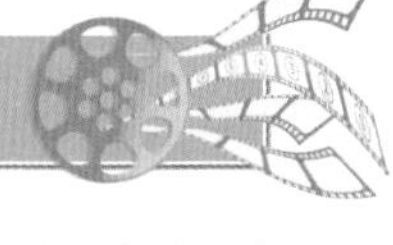

056 对音频进行剪辑处理

使用剪映电脑版也可以非常方便地对音频进行剪辑处理，例如选取音频的高潮部分，从而让短视频更能打动人心。下面介绍对音频进行剪辑处理的具体操作方法。

	素材文件	素材 \ 第 9 章 \ 江岸美景 .mp4
	效果文件	效果 \ 第 9 章 \ 江岸美景 .mp4
	视频文件	视频 \ 第 9 章 \056　对音频进行剪辑处理 .mp4

【操练 + 视频】
——对音频进行剪辑处理

STEP 01 在剪映中导入视频素材并将其添加到视频轨道中，如图 9-25 所示。

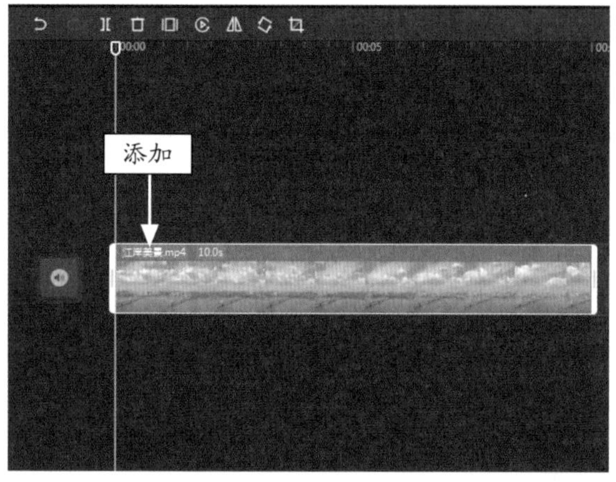

图 9-25　添加视频素材

STEP 02 单击“音频”按钮打开曲库，添加一首合适的背景音乐，如图 9-26 所示。

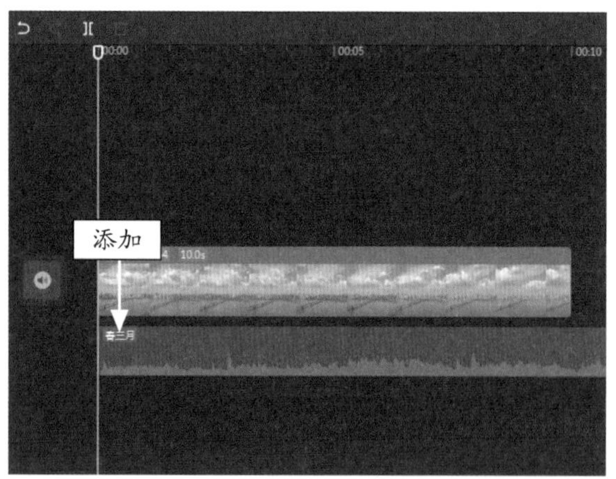

图 9-26　添加背景音乐

STEP 03 在音频轨道中选择音频素材，如图 9-27 所示。

STEP 04 按住音频素材左侧的白色滑块并向左拖动，如图 9-28 所示。

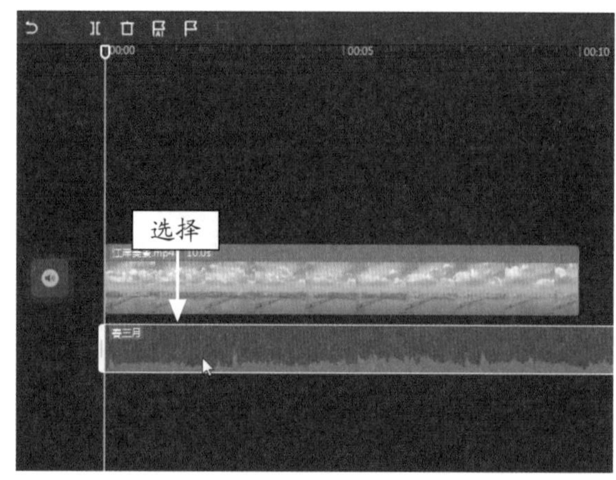

图 9-27　选择音频素材

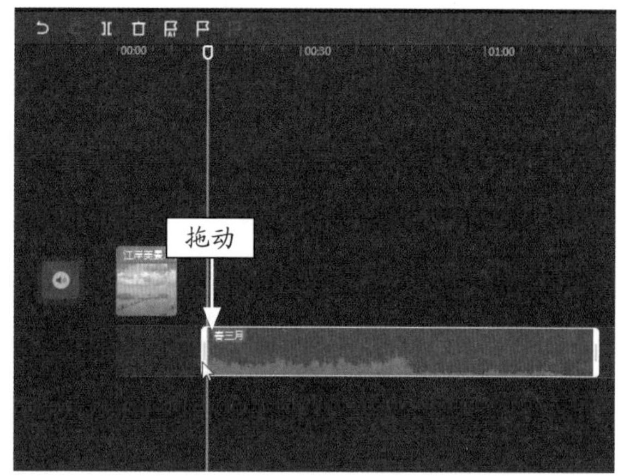

图 9-28　拖动音频左侧的白色滑块

STEP 05 将音频素材拖动至起始位置处，如图 9-29 所示。

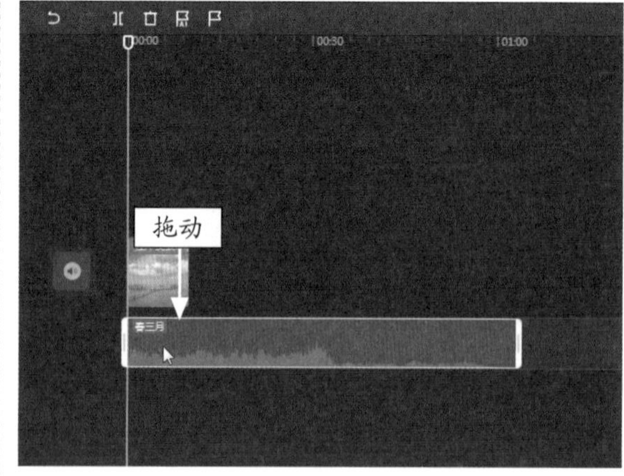

图 9-29　拖动音频素材

STEP 06 按住音频素材右侧的白色滑块，并向左拖动至视频轨道的结束位置处，如图 9-30 所示。

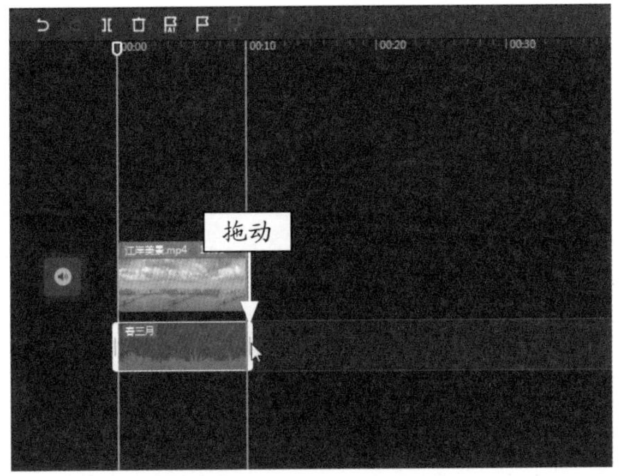

图 9-30　拖动音频右侧的白色滑块

STEP 07 执行操作后，即可完成对音频素材的剪辑，播放预览视频效果，如图 9-31 所示。

图 9-31　预览视频效果

057 制作音乐淡入淡出效果

为音频设置淡入淡出效果后，可以让短视频的背景音乐显得不那么突兀，给观众带来更加舒适的视听感。下面介绍制作音乐淡入淡出效果的具体操作方法。

素材文件	素材 \ 第 9 章 \ 天空之镜 .mp4
效果文件	效果 \ 第 9 章 \ 天空之镜 .mp4
视频文件	视频 \ 第 9 章 \057　制作音乐淡入淡出效果 .mp4

【操练 + 视频】
——制作音乐淡入淡出效果

STEP 01 在剪映中导入视频素材并将其添加到视频轨道中，如图 9-32 所示。

STEP 02 单击“音频”按钮打开曲库，选择一首合

适的背景音乐，并将其添加至音频轨道上，如图 9-33 所示。

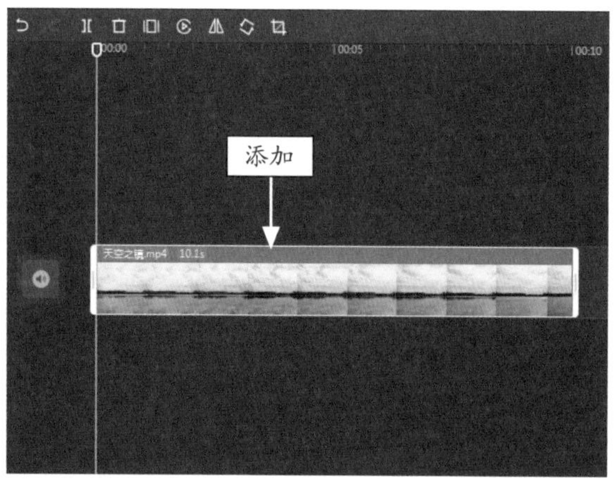

图 9-32 添加视频素材

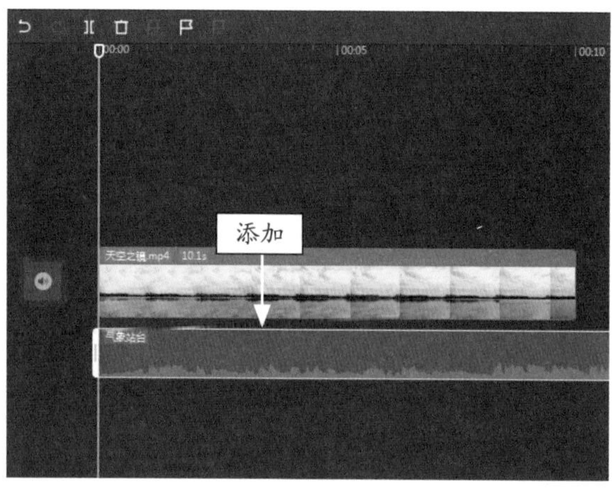

图 9-33 添加背景音乐

STEP 03 在音频轨道中，对音频素材进行适当的剪辑，使其播放时长与视频轨道相同，如图 9-34 所示。

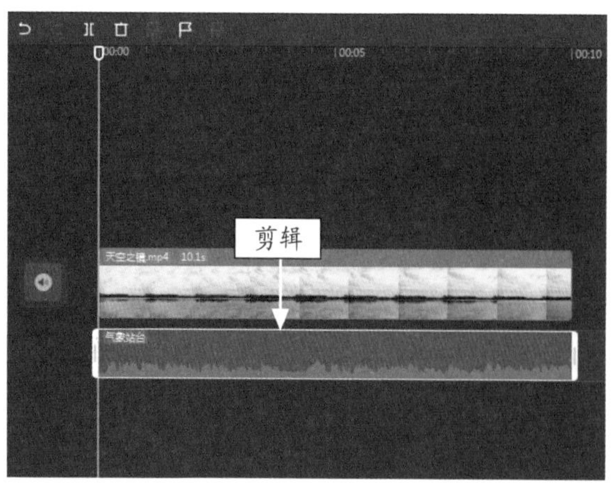

图 9-34 剪辑音频素材

STEP 04 选择音频素材，在“音频”操作区中设置“淡入时长”为 0.5s、“淡出时长”为 1.0s，如图 9-35 所示。

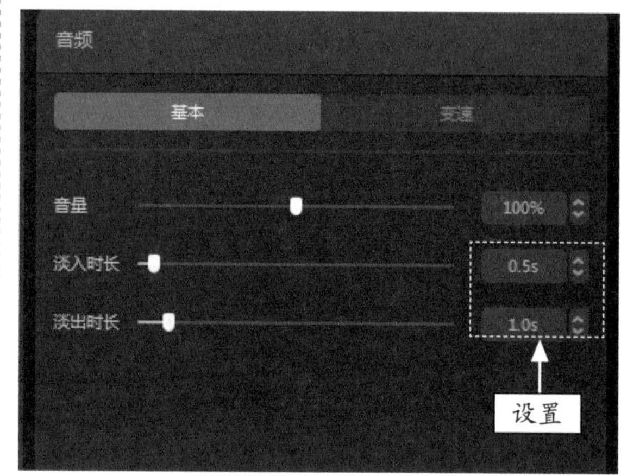

图 9-35 设置“淡入时长”和“淡出时长”参数

STEP 05 执行操作后，即可制作背景音乐的淡入淡出效果，播放预览视频，效果如图 9-36 所示。

图 9-36 预览视频效果

专家指点

淡入是指背景音乐开始响起的时候，声音会缓缓变大；淡出则是指背景音乐即将结束的时候，声音会渐渐消失。

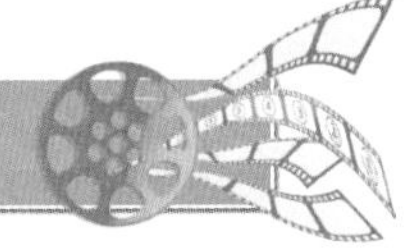

058 对音频进行变速处理

使用剪映可以对音频播放速度进行放慢或加快等变速处理，从而制作出一些特殊的背景音乐效果。下面介绍对音频进行变速处理的具体操作方法。

素材文件	素材 \ 第 9 章 \ 落日余晖 .mp4
效果文件	效果 \ 第 9 章 \ 落日余晖 .mp4
视频文件	视频 \ 第 9 章 \058　对音频进行变速处理 .mp4

【操练 + 视频】——对音频进行变速处理

STEP 01 在剪映中导入视频素材并将其添加到视频轨道中，如图 9-37 所示。

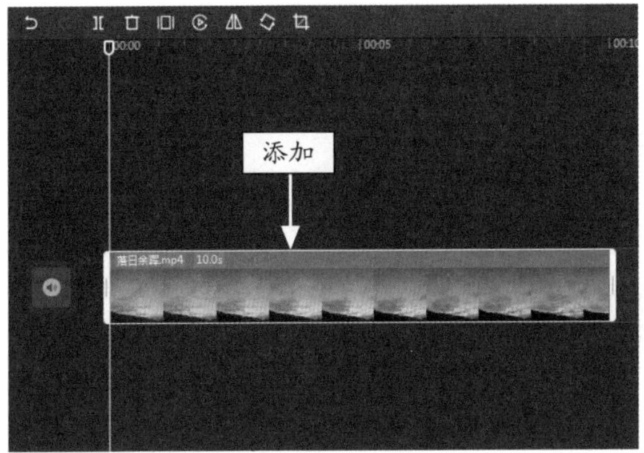

图 9-37　添加视频素材

STEP 02 单击“音频”按钮打开曲库，选择一首合适的背景音乐，并将其添加至音频轨道上，如图 9-38 所示。

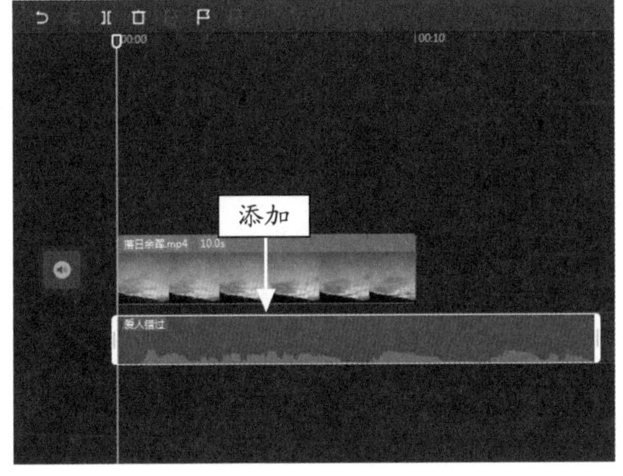

图 9-38　添加背景音乐

STEP 03 选择音频素材，在“音频”操作区中，❶单击“变速”按钮；❷可以看到默认的“倍数”参数为 1.0x；❸此时“时长”显示为 16.0s，如图 9-39 所示。

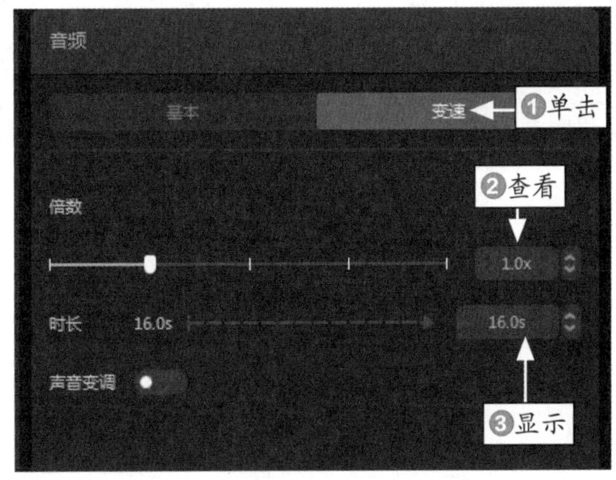

图 9-39　查看默认的“倍数”参数

STEP 04 ❶向左拖动“倍数”滑块；❷可以看到音频时长增加，如图 9-40 所示。

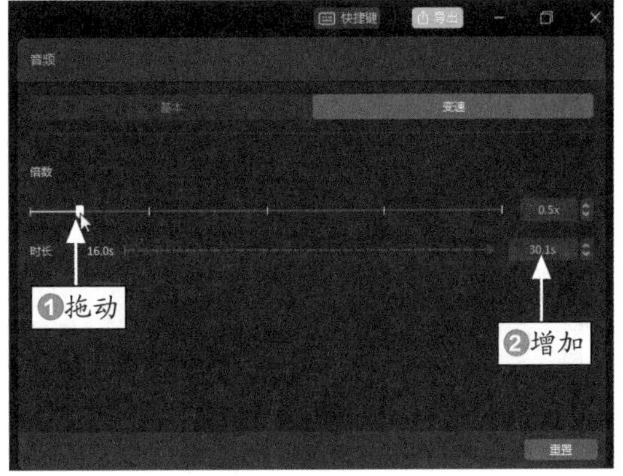

图 9-40　增加音频时长

专家指点

如果用户想制作一些有趣的短视频作品，如使用不同播放速率的背景音乐，来体现视频剧情的急促感或缓慢感，此时就需要对音频进行变速处理。

STEP 05 ❶向右拖动“倍数”滑块；❷可以看到音频时长缩短，如图 9-41 所示。

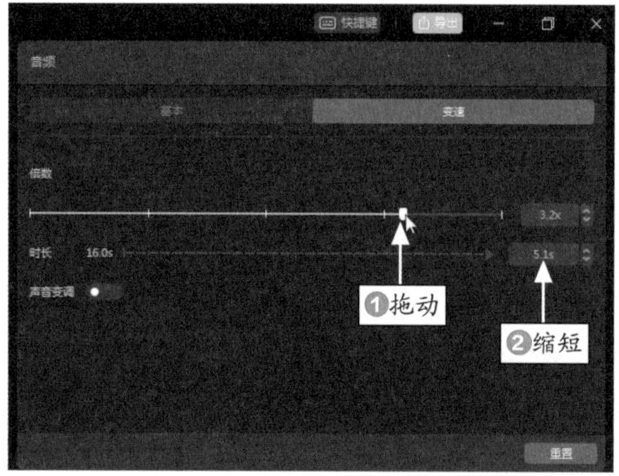

图 9-41 缩短音频时长

STEP 06 在“时长”右侧的文本框中，❶输入参数 10.0s；❷将“倍数”调整为 1.6x，如图 9-42 所示。

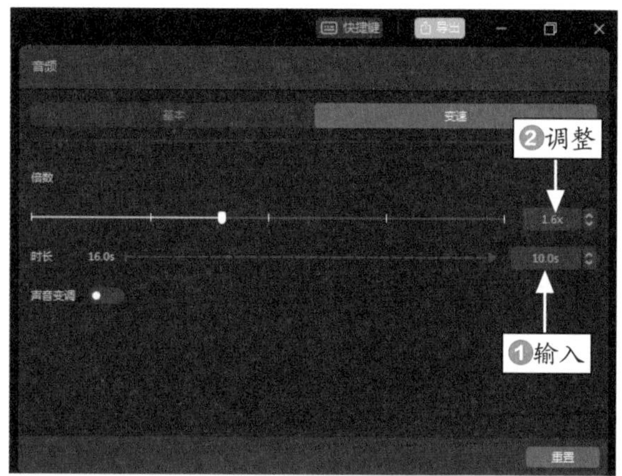

图 9-42 通过“时长”调整“倍数”

STEP 07 执行操作后，即可设置音乐的变速倍数，播放预览视频效果，如图 9-43 所示。

图 9-43 预览视频效果

第10章

电影：彰显品质把视频变成影视大片

章前知识导读

在短视频平台上，经常可以刷到很多电影中常常出现的画面，画面炫酷又神奇，非常受大众的喜爱，轻轻松松就能收获百万点赞。本章将介绍电影特效的制作技巧，帮助读者也能收获百万点赞。

新手重点索引

- 制作城市夜景情景短视频
- 制作电影里常见的穿墙术
- 制作影视剧中的凌波微步
- 制作时间定格分身术效果

效果图片欣赏

059 制作城市夜景情景短视频

本节主要使用剪映的“闪黑”转场、“飘雪”素材以及“变亮”混合模式等功能，制作出雪花飘落的城市夜景视频效果，下面介绍具体的操作方法。

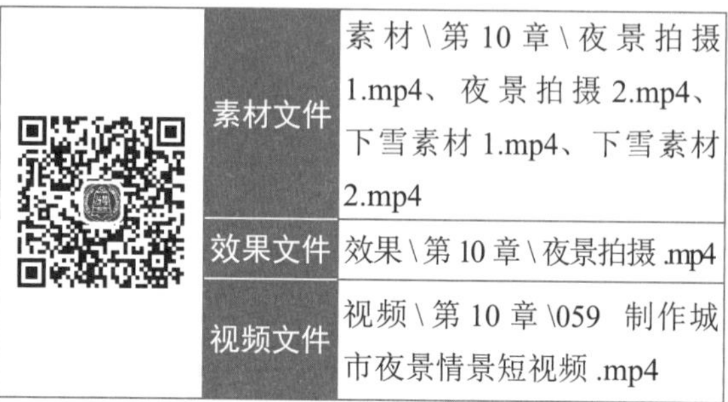

	素材文件	素材\第 10 章\夜景拍摄 1.mp4、夜景拍摄 2.mp4、下雪素材 1.mp4、下雪素材 2.mp4
	效果文件	效果\第 10 章\夜景拍摄 .mp4
	视频文件	视频\第 10 章\059　制作城市夜景情景短视频 .mp4

【操练 + 视频】
——制作城市夜景情景短视频

STEP 01 在剪映中导入两个视频素材，如图 10-1 所示。

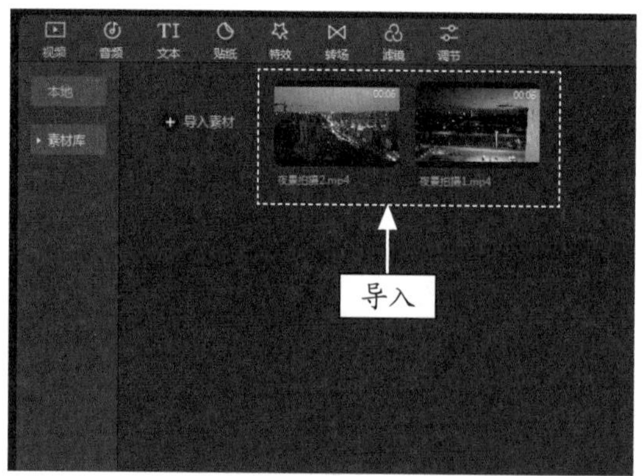

图 10-1　导入两个视频素材

STEP 02 将导入的素材添加到视频轨道中，如图 10-2 所示。

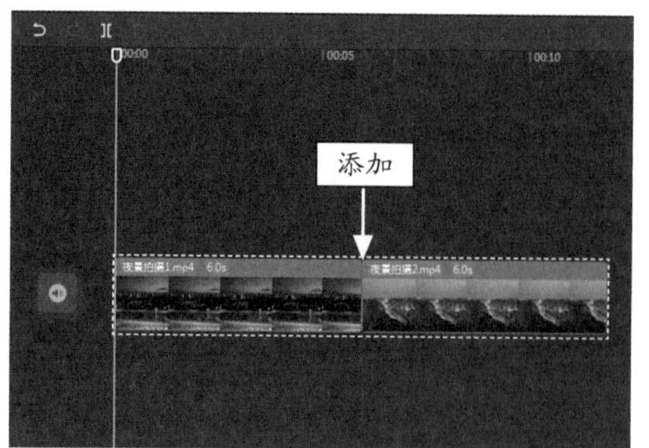

图 10-2　将素材添加到视频轨道

STEP 03 ❶单击“转场”按钮；❷在“基础转场”选项卡中单击“闪黑”转场中的添加按钮，如图 10-3 所示。

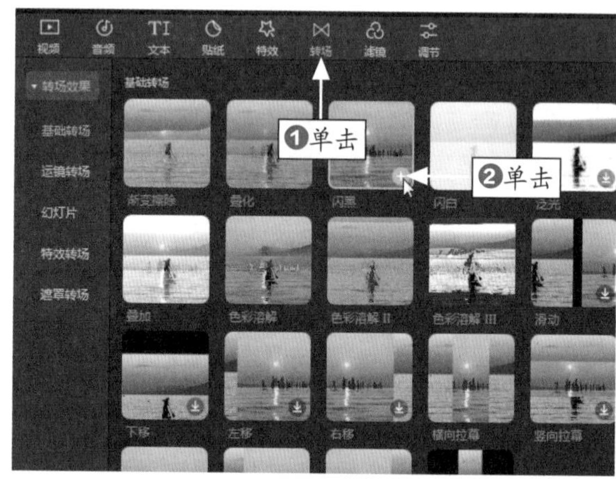

图 10-3　单击“闪黑”转场添加按钮

STEP 04 执行操作后，即可在两个素材之间添加“闪黑”转场效果，如图 10-4 所示。

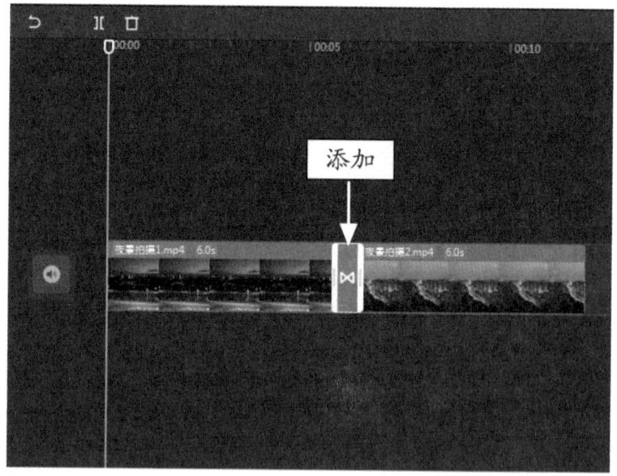

图 10-4　添加“闪黑”转场效果

STEP 05 单击“视频”按钮，在其中导入两个下雪的视频素材，如图 10-5 所示。

STEP 06 选择相应的视频素材，将其分别拖动至画中画轨道，并适当调整时长，如图 10-6 所示。

STEP 07 选择画中画轨道上的素材，如图 10-7 所示。

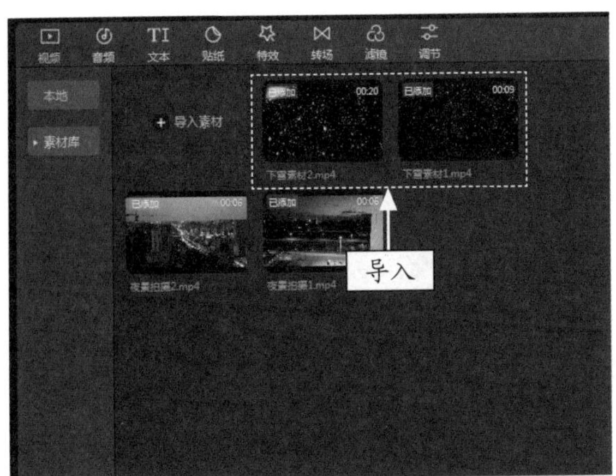

图 10-5　导入两个下雪的视频素材

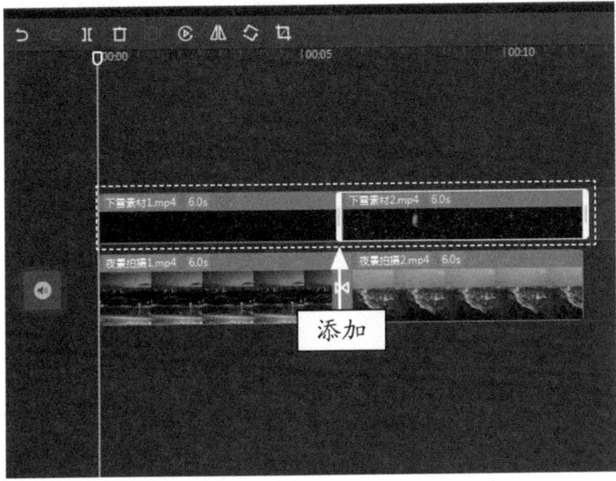

图 10-6　添加素材至画中画轨道

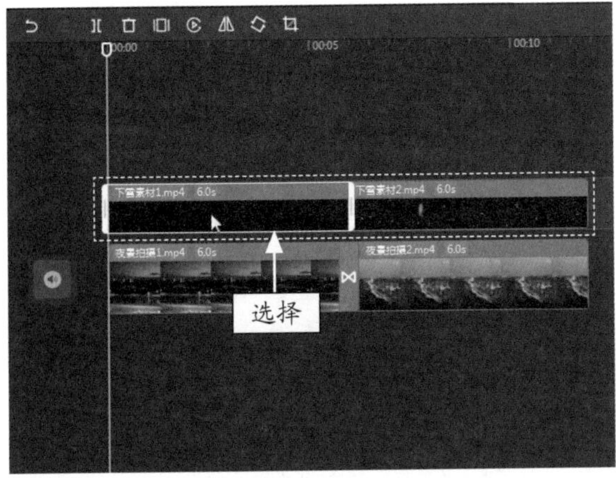

图 10-7　选择画中画轨道上的素材

STEP 08 ❶单击“画面”按钮；❷设置“混合模式”为“变亮”，合成下雪的画面效果，如图 10-8 所示。

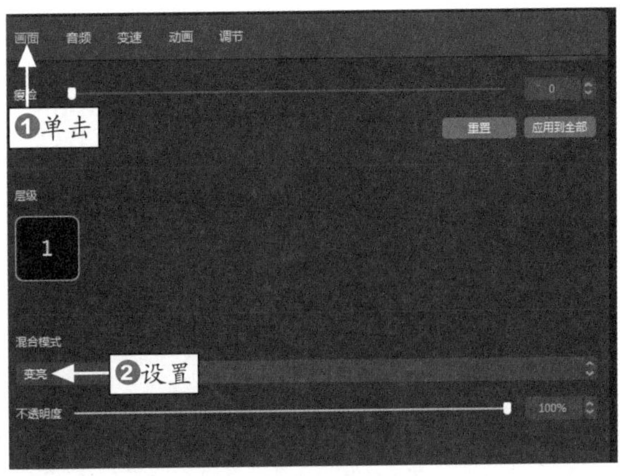

图 10-8　设置“混合模式”

STEP 09 ❶单击“音频”按钮，单击“音效素材”选项卡；❷在“环境音”选项卡中选择“背景的风声”选项，如图 10-9 所示。

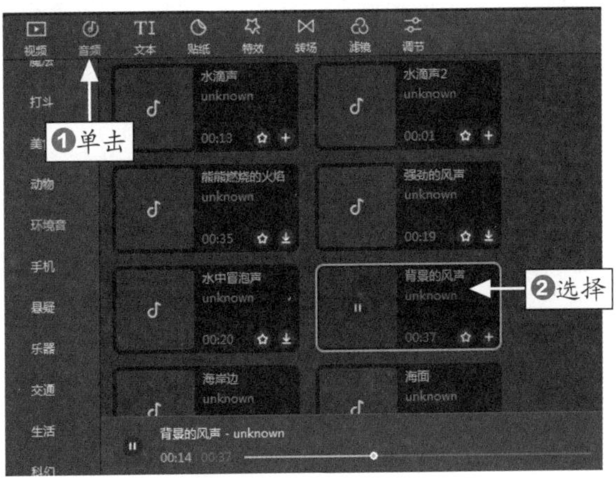

图 10-9　选择“背景的风声”选项

STEP 10 单击添加按钮＋，添加背景音效，并适当调整其时长，如图 10-10 所示。

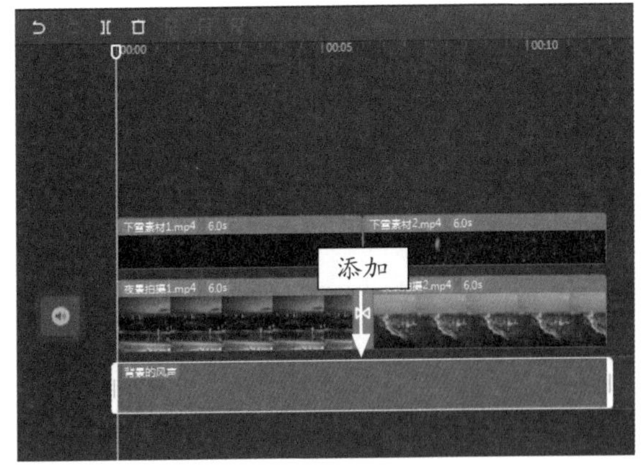

图 10-10　添加背景音效

STEP 11 添加合适的背景音乐，预览视频效果，如图 10-11 所示。

图 10-11　预览视频效果

060 制作影视剧中的凌波微步

本节主要使用剪映的“变速”和“不透明度”等功能，制作出影视剧中的“凌波微步”特效，下面介绍具体的操作方法。

	素材文件	素材 \ 第 10 章 \ 凌波微步 .mp4
	效果文件	效果 \ 第 10 章 \ 凌波微步 .mp4
	视频文件	视频 \ 第 10 章 \060　制作影视剧中的凌波微步 .mp4

【操练 + 视频】
——制作影视剧中的凌波微步

STEP 01 在剪映中导入视频素材，如图 10-12 所示。

STEP 02 将视频素材添加到视频轨道中，如图 10-13 所示。

STEP 03 拖动时间指示器至合适位置，将视频素材多次添加到画中画轨道中，起始时间分别为 0.5s 和 1s 附近，如图 10-14 所示。

STEP 04 选择视频轨道上的素材，❶单击“变速”按钮；❷将“倍数”设置为 3.0x，如图 10-15 所示。

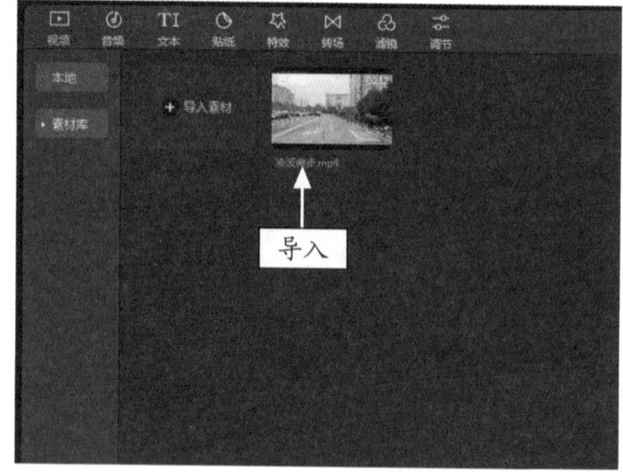

图 10-12　导入视频素材

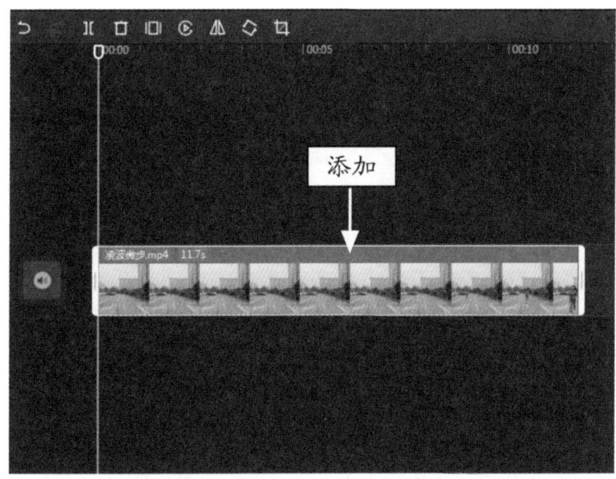

图 10-13　将素材添加到视频轨道

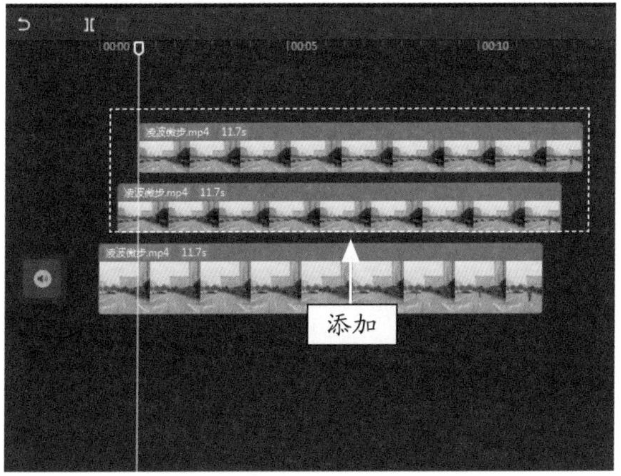

图 10-14　将素材多次添加到画中画轨道

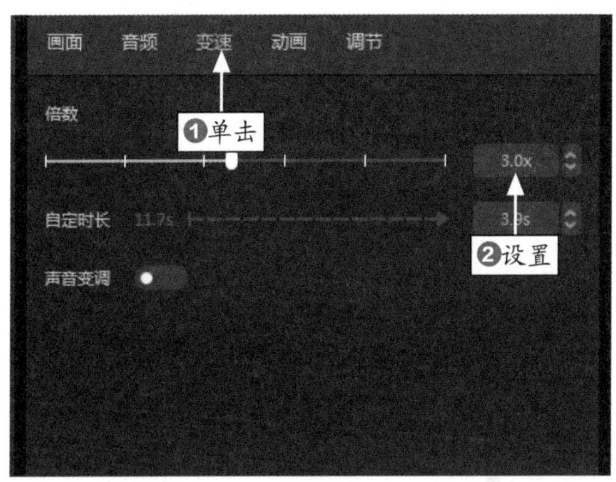

图 10-15　设置“倍数”参数

STEP 05 使用相同的操作方法，对两个画中画轨道上的素材进行变速处理，如图 10-16 所示。

STEP 06 分别选择两个画中画轨道上的素材，❶单击“画面”按钮；❷设置“不透明度”为 50%，如图 10-17 所示。

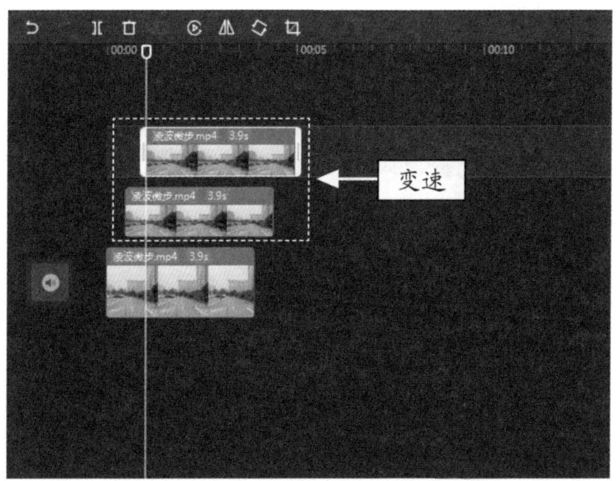

图 10-16　对画中画轨道中的素材进行变速处理

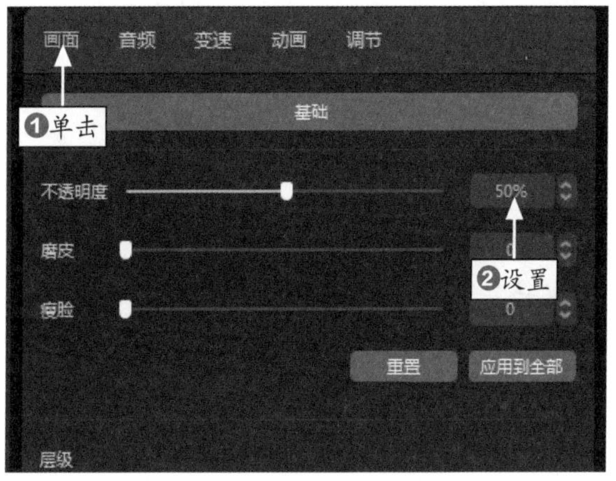

图 10-17　设置“不透明度”参数

STEP 07 ❶单击“滤镜”按钮；❷单击“风景”选项卡；❸单击“雾山”滤镜中的添加按钮，如图 10-18 所示。

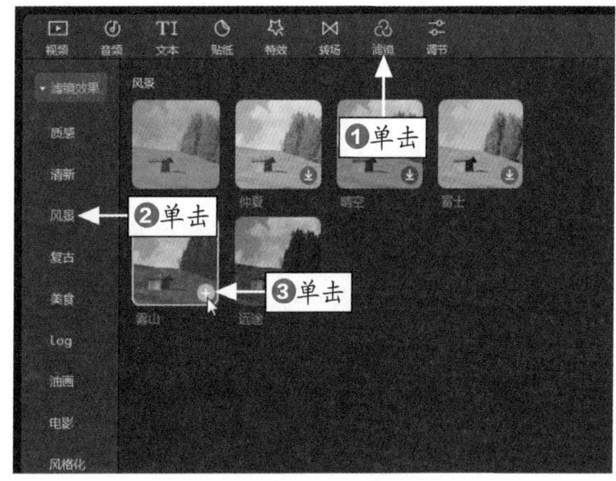

图 10-18　单击添加按钮

STEP 08 为整段视频添加“雾山”滤镜效果，如图 10-19 所示。

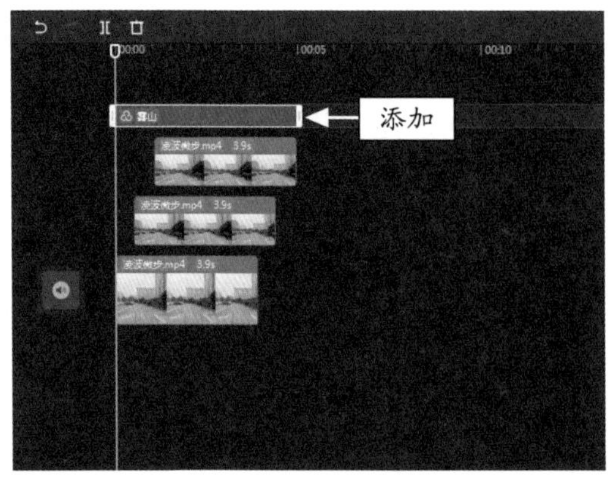

图 10-19　添加滤镜效果

STEP 09 添加合适的背景音乐，预览视频效果，如图 10-20 所示。

图 10-20　预览视频效果

061 制作电影里常见的穿墙术

本节主要使用剪映的“分割”功能，制作人物“穿越铁门”的电影特效，人物在门前跳起后，突然穿越到门后，同时只留下了一件衣服落在门前，下面介绍具体的操作方法。

	素材文件	素材 \ 第 10 章 \ 穿越铁门 1.mp4、穿越铁门 2.mp4
	效果文件	效果 \ 第 10 章 \ 穿越铁门 .mp4
	视频文件	视频 \ 第 10 章 \061　制作电影里常见的穿墙术 .mp4

【操练 + 视频】
——制作电影里常见的穿墙术

STEP 01 使用三脚架固定手机，拍摄一段人物走向铁门并跳跃的视频素材，如图 10-21 所示。

STEP 02 保持机位固定不动，拍摄一段人物脱掉外衣并绕到门后跳跃，同时将衣服扔到门口的画面，如图 10-22 所示。

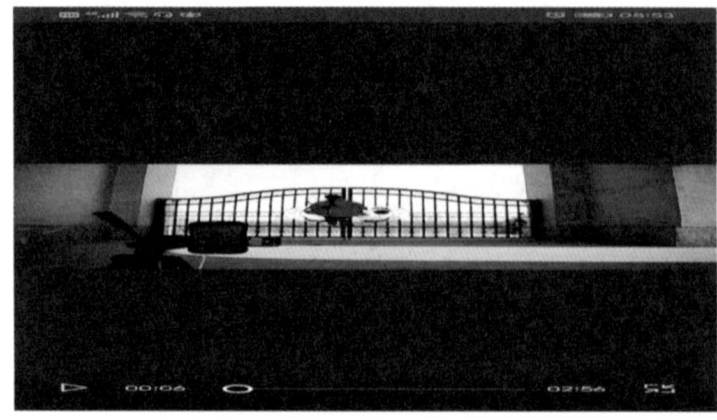

图 10-21　拍摄第 1 段视频素材

图 10-22　拍摄第 2 段视频素材

STEP 03 在剪映中导入拍好的两个视频素材，如图 10-23 所示。

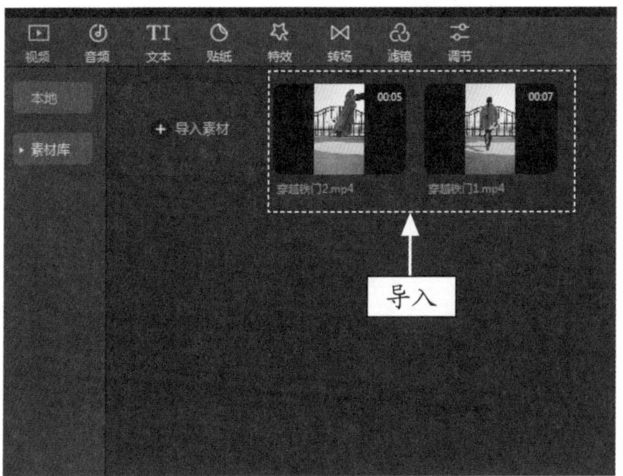

图 10-23　导入视频素材

STEP 04 将导入的素材添加到视频轨道中，如图 10-24 所示。

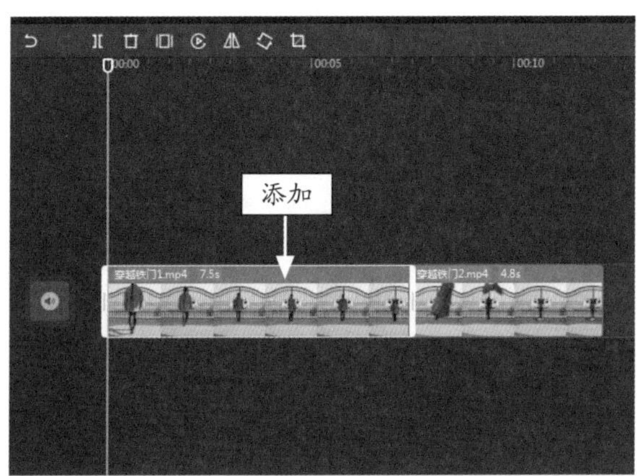

图 10-24　将素材添加到视频轨道

STEP 05 ❶选择第 1 个视频片段；❷拖动时间指示器至人物跳起的位置处；❸单击“分割”按钮，如图 10-25 所示。

STEP 06 ❶选择分割出来的后半段视频；❷单击“删除”按钮将其删除，如图 10-26 所示。

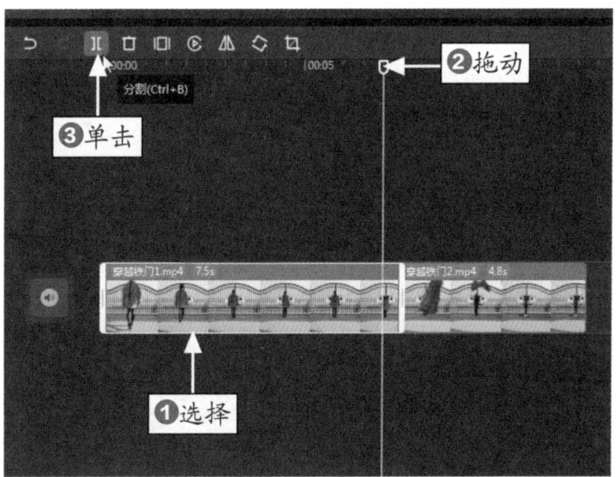

图 10-25　单击“分割”按钮

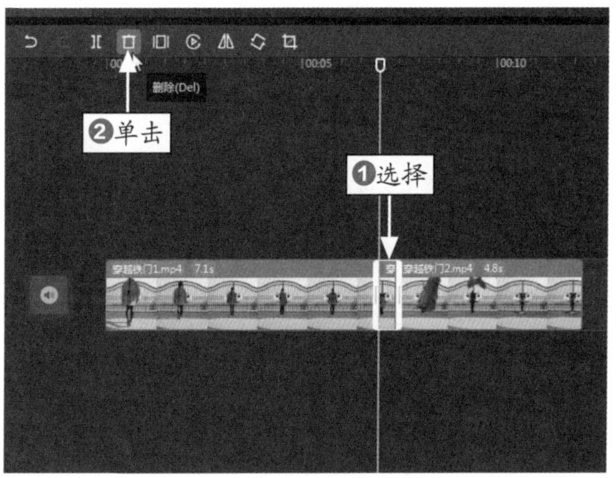

图 10-26　单击“删除”按钮

STEP 07 选择第 2 个视频片段，同样在人物跳起的位置处分割视频，如图 10-27 所示。

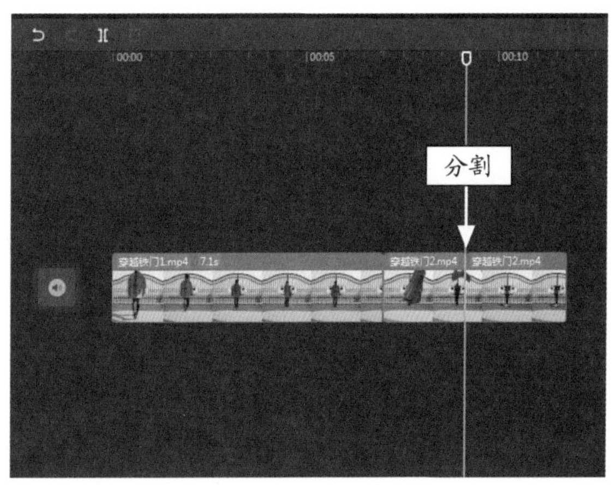

图 10-27　分割视频

STEP 08 ❶选择分割出来的前半段视频；❷单击“删除”按钮将其删除，如图 10-28 所示。

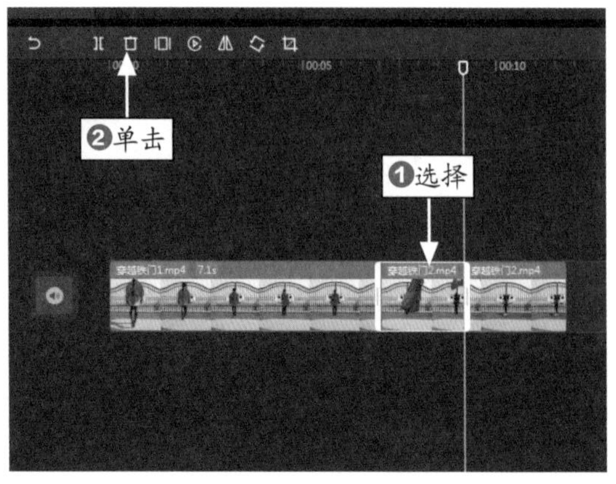

图 10-28　单击“删除”按钮

STEP 09 添加合适的背景音乐，预览视频效果，如图 10-29 所示。

图 10-29　预览视频效果

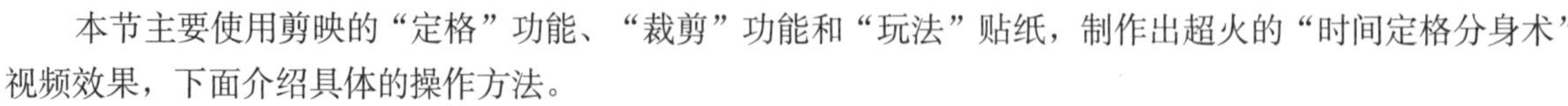

062 制作时间定格分身术效果

本节主要使用剪映的“定格”功能、“裁剪”功能和“玩法”贴纸，制作出超火的“时间定格分身术”视频效果，下面介绍具体的操作方法。

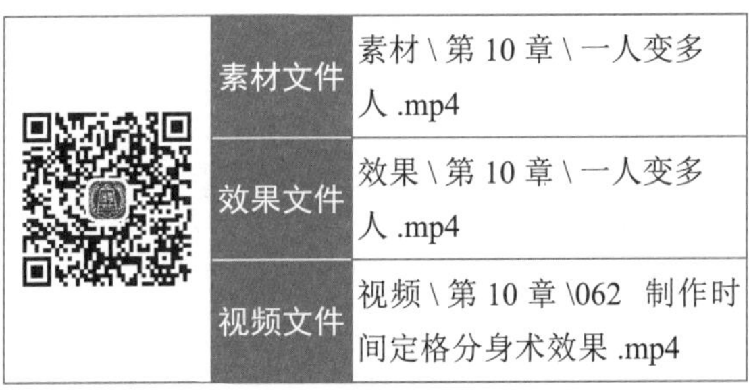

	素材文件	素材 \ 第 10 章 \ 一人变多人 .mp4
	效果文件	效果 \ 第 10 章 \ 一人变多人 .mp4
	视频文件	视频 \ 第 10 章 \062　制作时间定格分身术效果 .mp4

【操练 + 视频】——制作时间定格分身术效果

STEP 01 在剪映中导入视频素材，如图 10-30 所示。

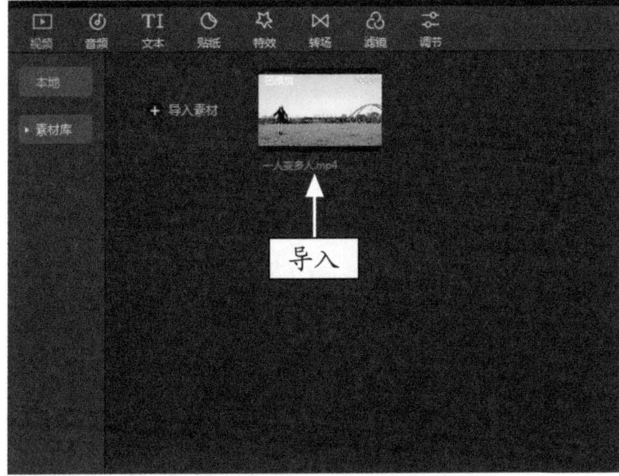

图 10-30　导入视频素材

STEP 02 将视频素材添加到视频轨道中，如图 10-31 所示。

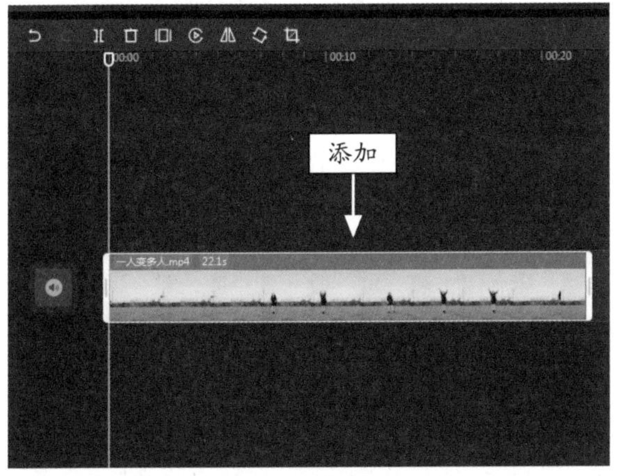

图 10-31　将素材添加到视频轨道

STEP 03 ❶将时间指示器拖动至人物摆第 1 个动作姿势的位置处；❷单击“定格”按钮，如图 10-32 所示。

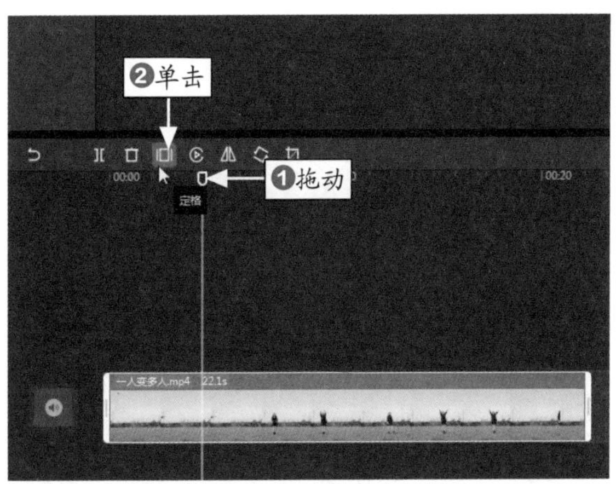

图 10-32　单击“定格”按钮

STEP 04 执行操作后，即可生成定格画面片段，如图 10-33 所示。

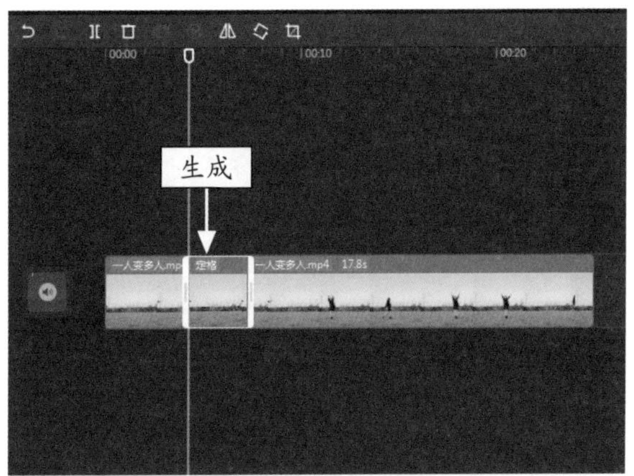

图 10-33　生成定格画面片段

STEP 05 将定格画面片段拖动至画中画轨道中，适当调整其时长，将结束位置与视频轨道的素材对齐，如图 10-34 所示。

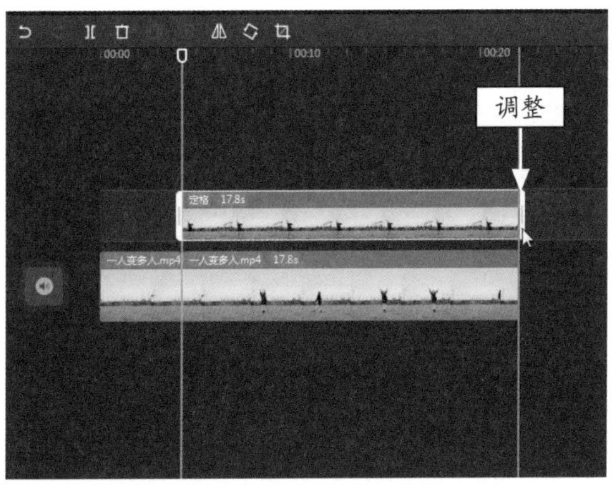

图 10-34　调整画中画轨道的时长

STEP 06 ❶选择画中画轨道上的素材；❷单击“裁剪”按钮，如图 10-35 所示。

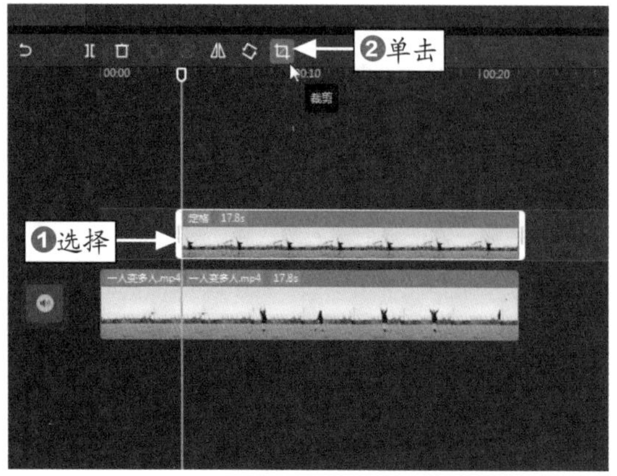

图 10-35　单击“裁剪”按钮

STEP 07 弹出“裁剪”对话框，在“裁剪”对话框的预览区域中，拖动裁剪控制框，对画面进行适当裁剪，如图 10-36 所示。

图 10-36　裁剪画面

STEP 08 单击“确定”按钮，在预览窗口中，适当调整裁剪画面的大小和位置，如图 10-37 所示。

图 10-37　调整画面的大小和位置

STEP 09 使用同样的操作方法，制作其他的定格分身效果，如图 10-38 所示。

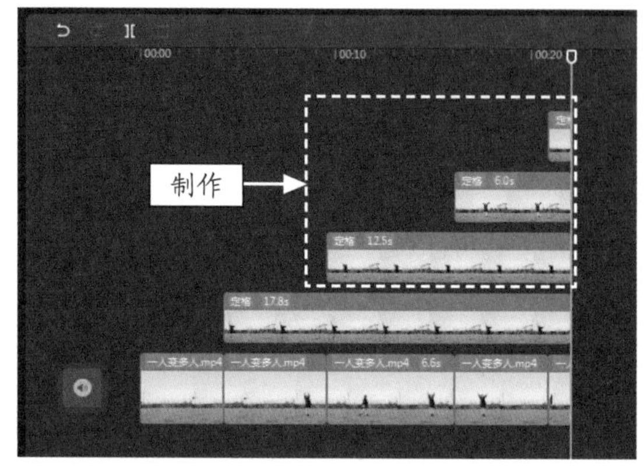

图 10-38　制作其他的定格分身效果

STEP 10 ❶单击“贴纸”功能区中的“爱心”选项卡；❷选择相应的贴纸效果，如图 10-39 所示。

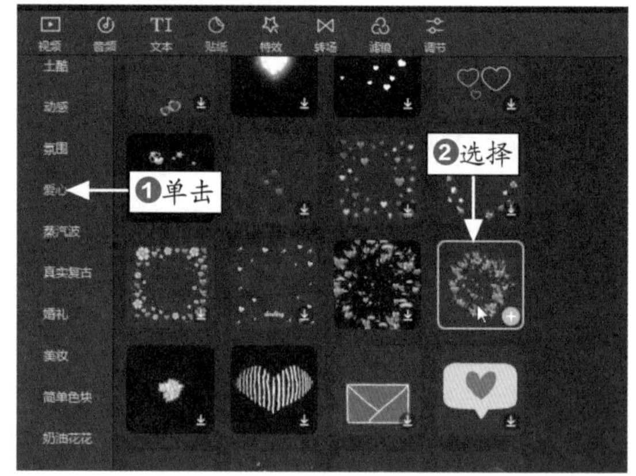

图 10-39　选择相应的贴纸效果

STEP 11 ❶将其添加到人物摆动作的位置处；❷复制多个贴纸，并调整其出现的时间和时长，如图 10-40 所示。

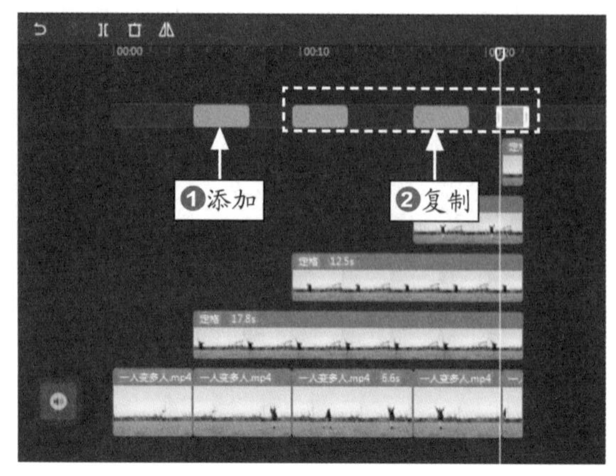

图 10-40　复制多个贴纸

STEP 12 在预览窗口中调整各个贴纸的大小和位置，如图 10-41 所示。

图 10-41　调整贴纸效果

STEP 13 预览视频效果，可以看到，人物的每个动作姿势都被定格在画面中，画面看起来非常有趣，如图 10-42 所示。

图 10-42　预览视频效果

图 10-42　预览视频效果（续）

专家指点

对视频素材进行定格操作后，画面的亮度会降低一些，用户可以根据自己的需求，在制作过程中调整定格后的画面色彩和亮度等。

第11章

字幕：文字解说让视频更加专业有范

章前知识导读

在观看短视频的时候，常常可以看到很多短视频都添加了字幕，这些字幕让观众在短短几秒内就能看懂视频内容，同时这些字幕还有助于观众记住发布者要表达的信息，吸引他们点赞和关注。

新手重点索引

- 为视频添加文本解说
- 为视频添加气泡效果
- 制作样式多彩的花字
- 添加精彩有趣的贴纸

效果图片欣赏

063 为视频添加文本解说

在剪映中可以输入和设置精彩纷呈的字幕效果，例如设置文字的字体、颜色、描边、边框、阴影和排列方式等属性，从而制作出不同样式的文字效果。下面介绍为视频添加文字内容的具体操作方法。

	素材文件	素材 \ 第 11 章 \ 立交桥 .MOV
	效果文件	效果 \ 第 11 章 \ 立交桥 .mp4
	视频文件	视频 \ 第 11 章 \063　为视频添加文本解说 .mp4

【操练 + 视频】
——为视频添加文本解说

STEP 01 在剪映中导入视频素材并将其添加到视频轨道中，如图 11-1 所示。

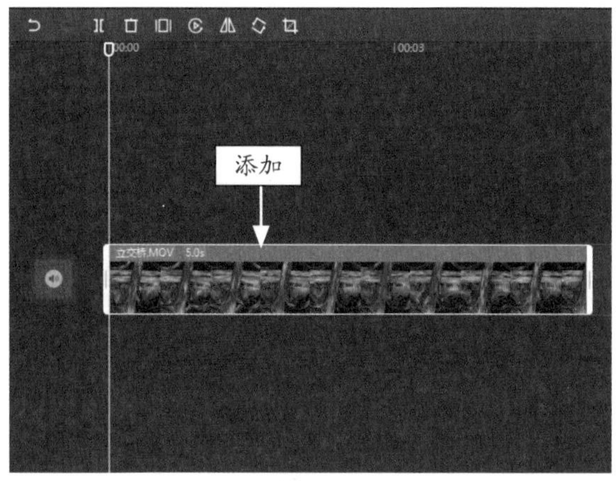

图 11-1　添加视频素材

STEP 02 单击“文本”按钮，如图 11-2 所示。

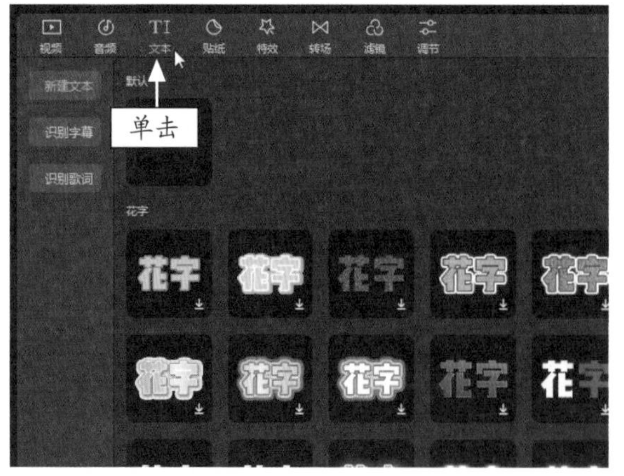

图 11-2　单击“文本”按钮

STEP 03 在“新建文本”选项卡中单击“默认文本”中的添加按钮，如图 11-3 所示。

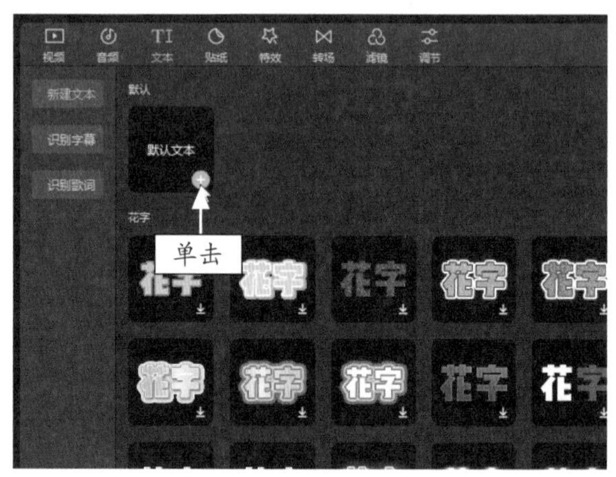

图 11-3　单击添加按钮

STEP 04 在文本轨道中即可添加一个文本，如图 11-4 所示。

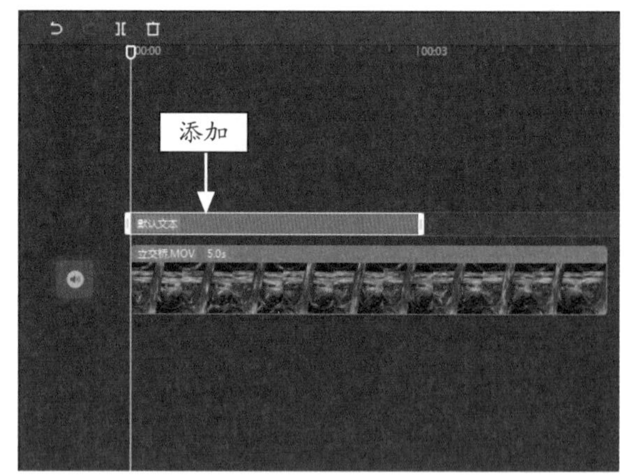

图 11-4　添加文本

STEP 05 选择文本，在“编辑”操作区中的文本框中输入相应文字，如图 11-5 所示。

STEP 06 在下方选择合适的预设样式，如图 11-6 所示。

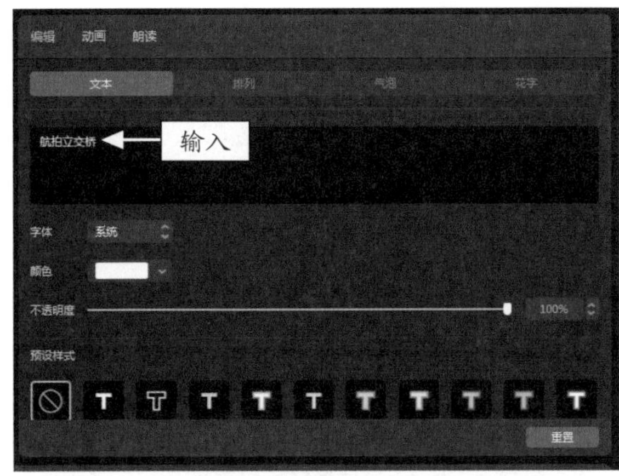

图 11-5　输入相应文字

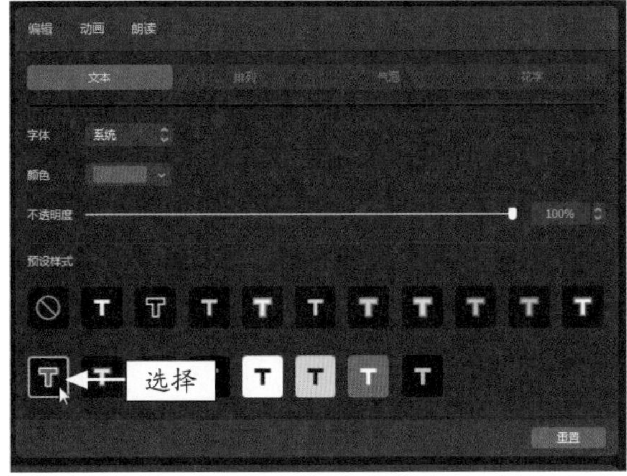

图 11-6　选择合适的预设样式

STEP 07 ❶选中“描边”复选框；❷设置相应的描边“颜色”和描边“粗细”选项，调整文字的描边效果，如图 11-7 所示。

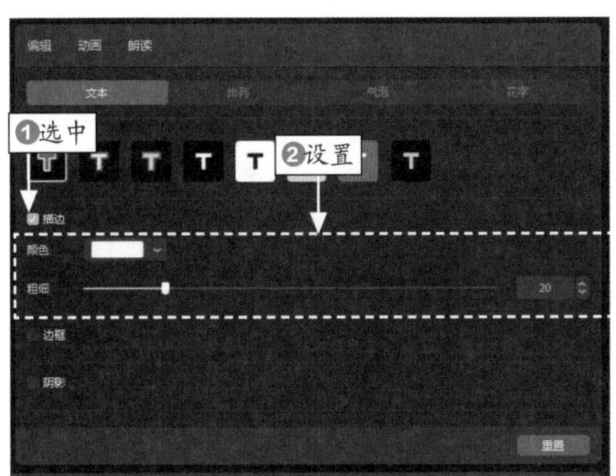

图 11-7　调整文字的描边效果

STEP 08 ❶选中“边框”复选框；❷设置其“颜色”为黑色；❸设置“不透明度”参数为 50%，如图 11-8 所示。

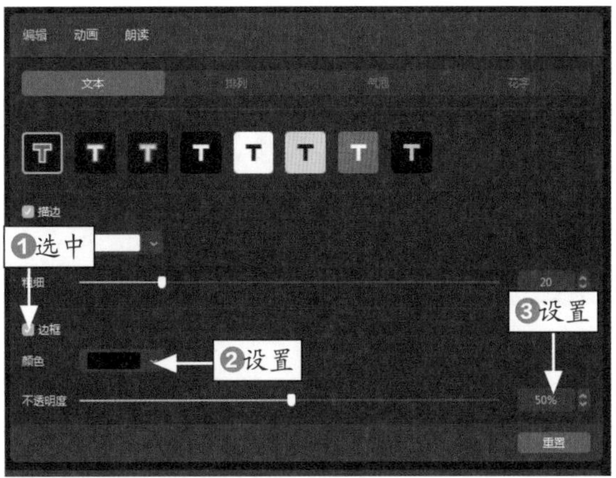

图 11-8　设置“边框”属性

STEP 09 ❶选中“阴影”复选框；❷设置“距离”为 70，其他选项保持默认设置即可，如图 11-9 所示。

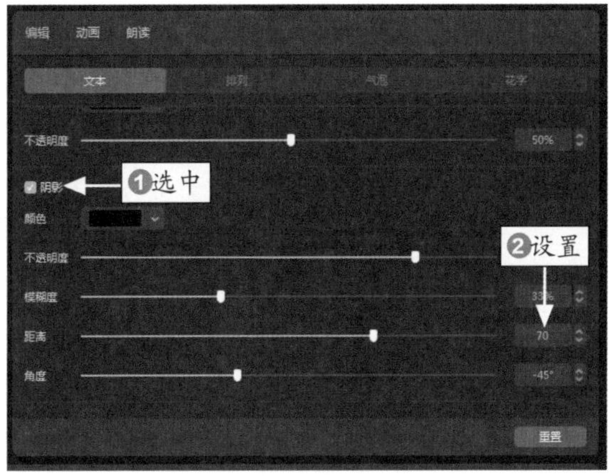

图 11-9　设置“阴影”属性

STEP 10 单击“排列”按钮，如图 11-10 所示。

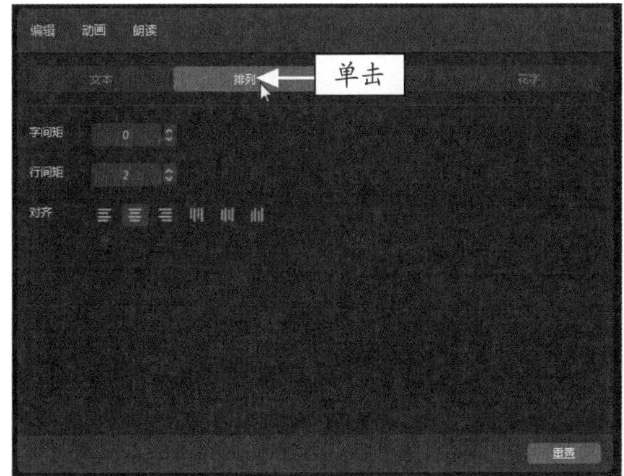

图 11-10　单击“排列”按钮

STEP 11 设置“字间距”为 15，如图 11-11 所示。

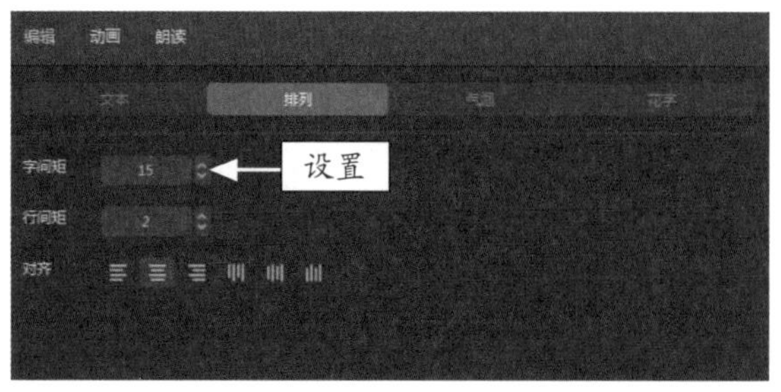

图 11-11 设置“字间距”参数

STEP 12 添加合适的背景音乐，播放视频，查看添加的主题文字效果，如图 11-12 所示。

图 11-12 预览视频效果

064 制作样式多彩的花字

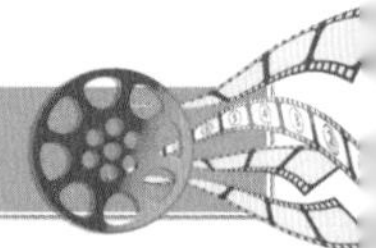

剪映中内置了很多花字模板，可以帮助用户一键制作出各种精彩的艺术字效果，下面介绍具体的操作方法。

<table>
<tr><td rowspan="3"></td><td>素材文件</td><td>素材 \ 第 11 章 \ 城市交通 .mp4</td></tr>
<tr><td>效果文件</td><td>效果 \ 第 11 章 \ 城市交通 .mp4</td></tr>
<tr><td>视频文件</td><td>视频 \ 第 11 章 \064 制作样式多彩的花字 .mp4</td></tr>
</table>

【操练 + 视频】
——制作样式多彩的花字

STEP 01 在剪映中导入视频素材，如图 11-13 所示。

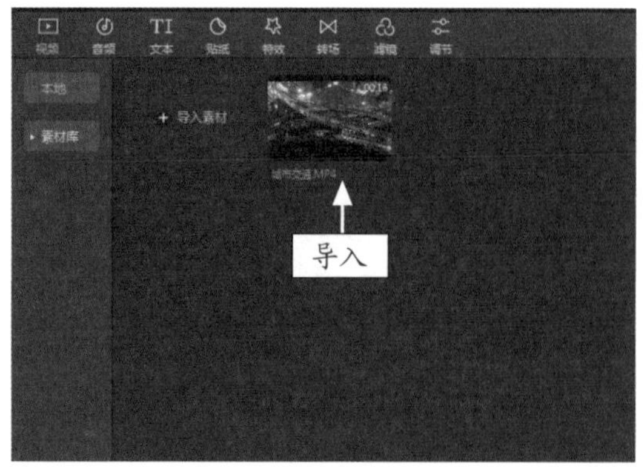

图 11-13 导入视频素材

STEP 02 将视频添加到视频轨道中，如图 11-14 所示。

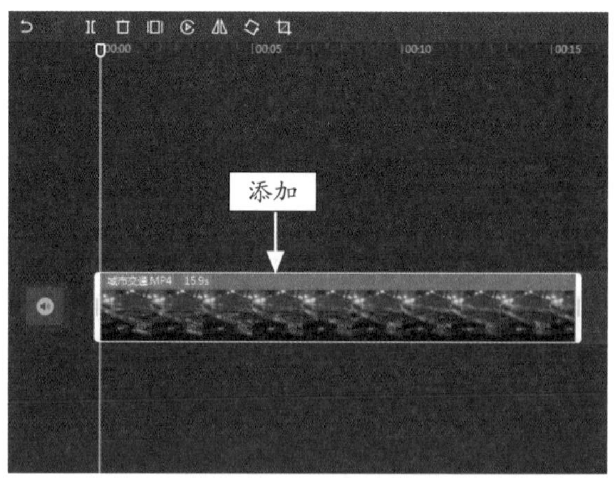

图 11-14 添加视频素材

STEP 03 单击“文本”按钮，如图 11-15 所示。

STEP 04 在“新建文本”选项卡中单击相应的花字模板中的添加按钮，如图 11-16 所示。

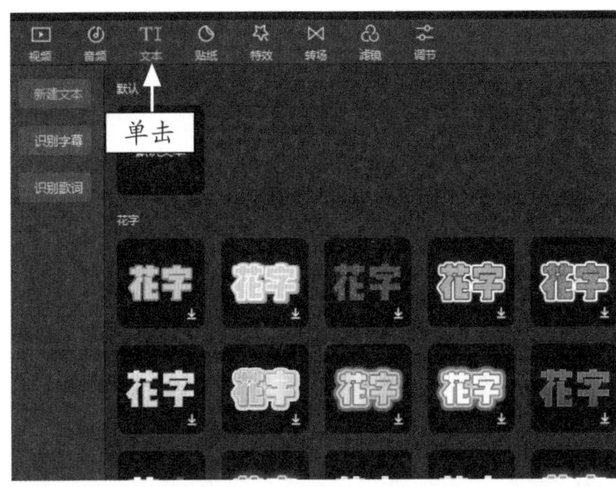

图 11-15　单击“文本”按钮

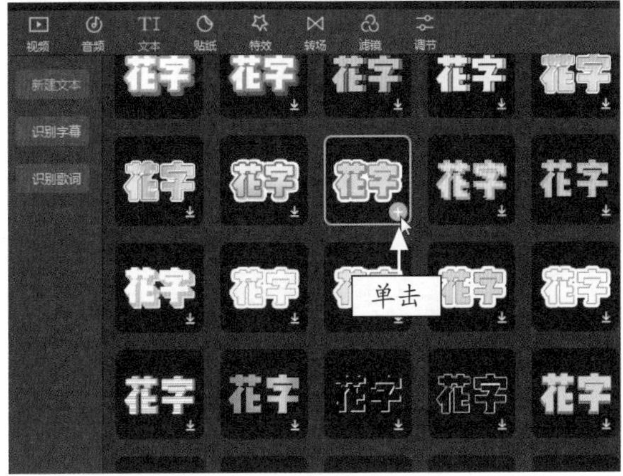

图 11-16　单击添加按钮

STEP 05 在视频轨道上方即可添加一个文本，如图 11-17 所示。

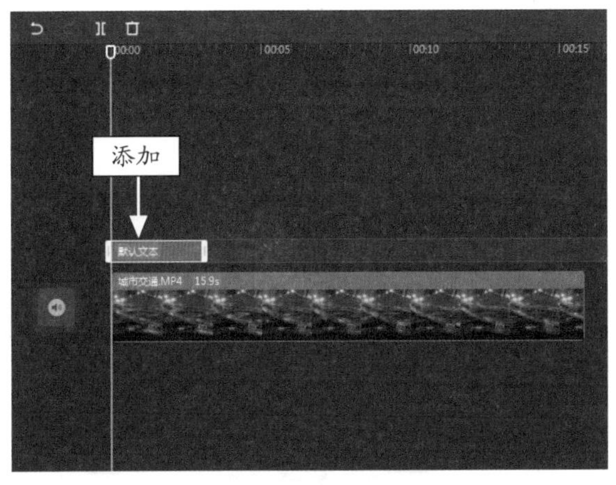

图 11-17　添加文本

STEP 06 选中文本，在预览窗口中，可以查看添加的文本模板效果，如图 11-18 所示。

图 11-18　查看文本模板效果

STEP 07 在“编辑”操作区中的文本框中输入相应文字，如图 11-19 所示。

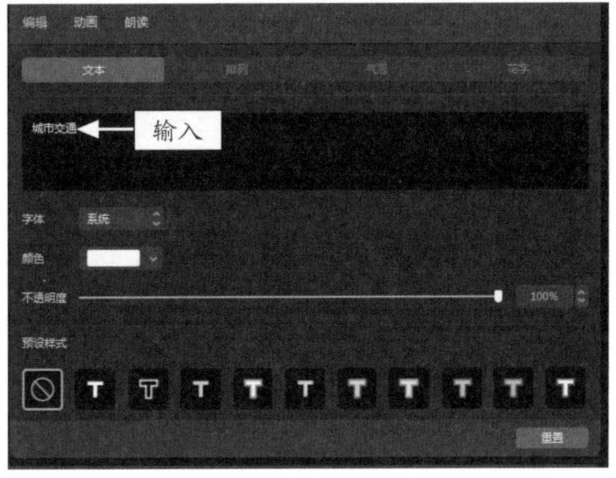

图 11-19　输入相应文字

STEP 08 ❶单击“花字”按钮；❷用户可以在此选择其他的花字模板，如图 11-20 所示。

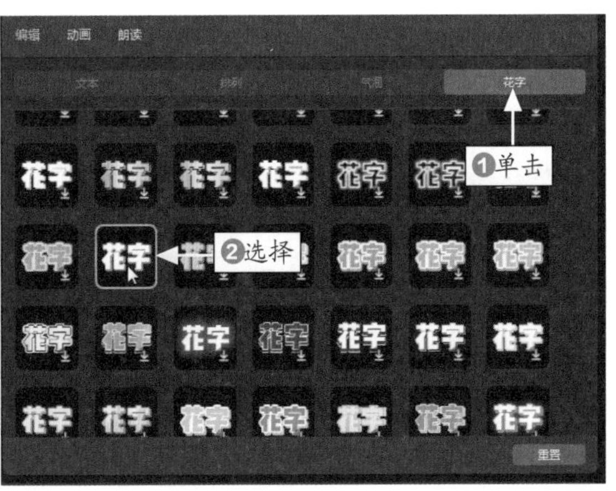

图 11-20　选择其他的花字模板

STEP 09 选择不同的花字模板，预览窗口中显示的文字样式也会随之发生变化，效果如图 11-21 所示。

图 11-21 查看其他花字模板效果

专家指点

字幕可以增强视频主题的表达能力，让观众更容易理解和记忆，能吸引更多受众。

STEP 10 选择一个自己满意的花字模板，添加合适的背景音乐。播放预览视频，查看制作的花字效果，如图 11-22 所示。

图 11-22 预览视频效果

065 为视频添加气泡效果

剪映中提供了丰富的气泡文字模板，能够帮助用户快速制作出精美的视频文字效果，下面介绍具体的操作方法。

<table>
<tr><td rowspan="3"></td><td>素材文件</td><td>素材 \ 第 11 章 \ 蓝天白云 .mp4</td></tr>
<tr><td>效果文件</td><td>效果 \ 第 11 章 \ 蓝天白云 .mp4</td></tr>
<tr><td>视频文件</td><td>视频 \ 第 11 章 \065 为视频添加气泡效果 .mp4</td></tr>
</table>

【操练 + 视频】
——为视频添加气泡效果

STEP 01 在剪映中导入视频素材，如图 11-23 所示。

STEP 02 将视频添加到视频轨道中，如图 11-24 所示。

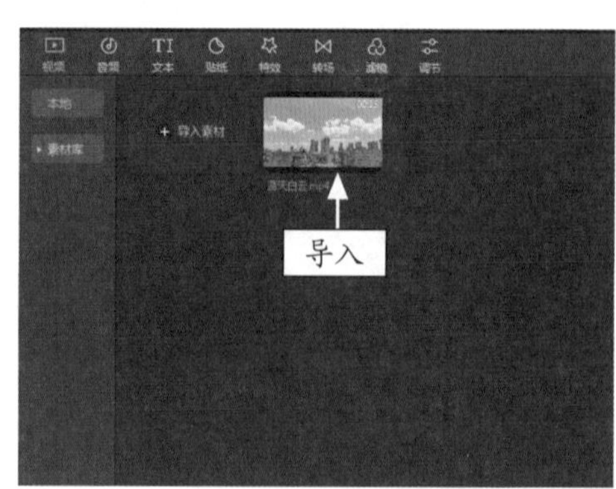

图 11-23 导入视频素材

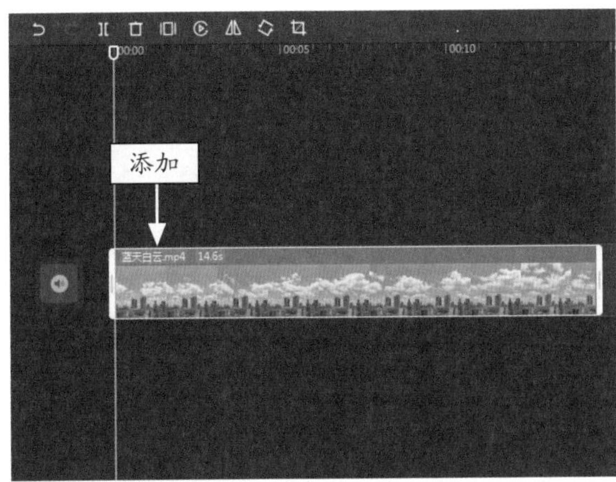

图 11-24　添加视频素材

STEP 03 ❶单击“文本”按钮；❷在“新建文本”选项卡中单击“默认文本”中的添加按钮，如图 11-25 所示。

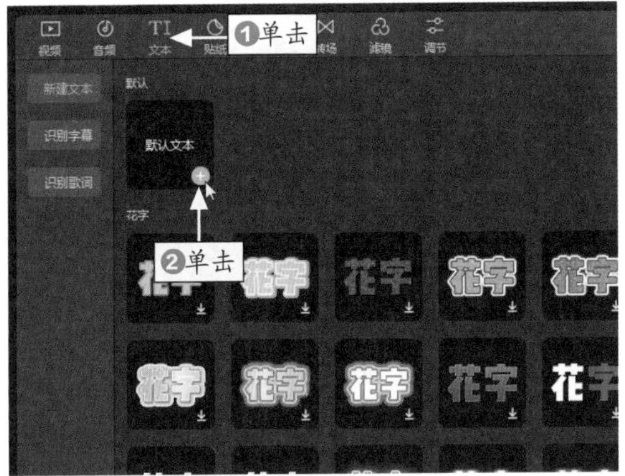

图 11-25　单击添加按钮

STEP 04 在视频轨道上方即可添加一个默认文本，如图 11-26 所示。

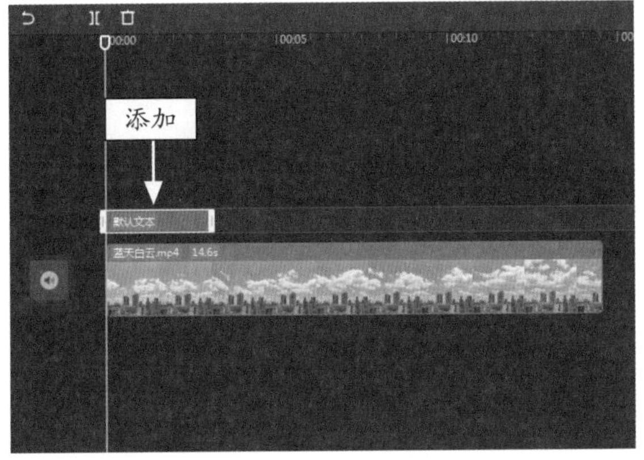

图 11-26　添加一个默认文本

STEP 05 在“编辑”操作区的文本框中输入相应文字，如图 11-27 所示。

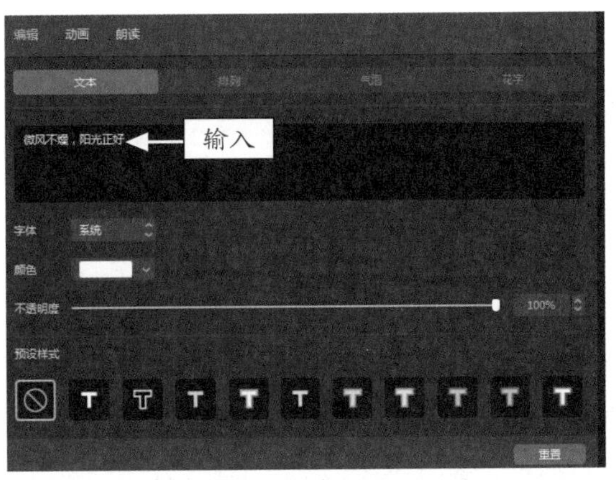

图 11-27　输入相应文字

STEP 06 在预览窗口中，查看默认属性的文字效果，如图 11-28 所示。

图 11-28　查看默认属性的文字效果

STEP 07 ❶单击“气泡”按钮；❷选择相应的气泡模板，如图 11-29 所示。

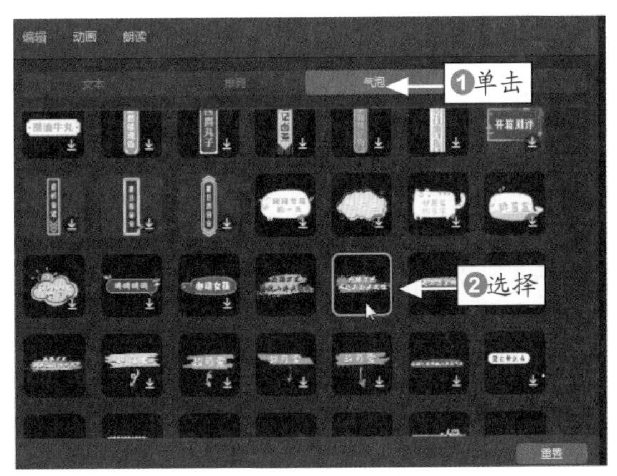

图 11-29　选择相应的气泡模板

STEP 08 在预览窗口中，查看套用气泡模板的文字效果，如图 11-30 所示。

图 11-30　查看套用气泡模板的文字效果

STEP 09 在“编辑”操作区中，❶单击“文本”按钮；❷对文字的版式进行适当调整，如图 11-31 所示。

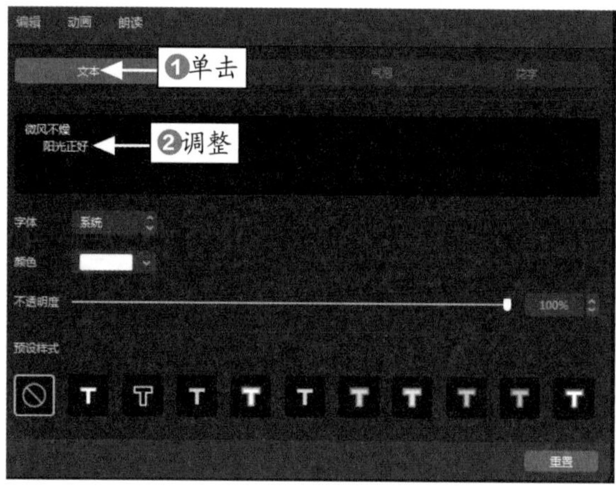

图 11-31　调整文字版式

STEP 10 ❶单击“系统”右侧的下拉按钮；❷在弹出的下拉列表中选择“宋体”选项，如图 11-32 所示。

STEP 11 ❶单击“排列”按钮；❷设置“行间距”参数为 28，如图 11-33 所示。

STEP 12 在预览窗口中拖动气泡文字，适当调整其位置，如图 11-34 所示。

STEP 13 在文本轨道中，拖动文本右侧的白色滑块，调整文本的时长与视频一致，如图 11-35 所示。

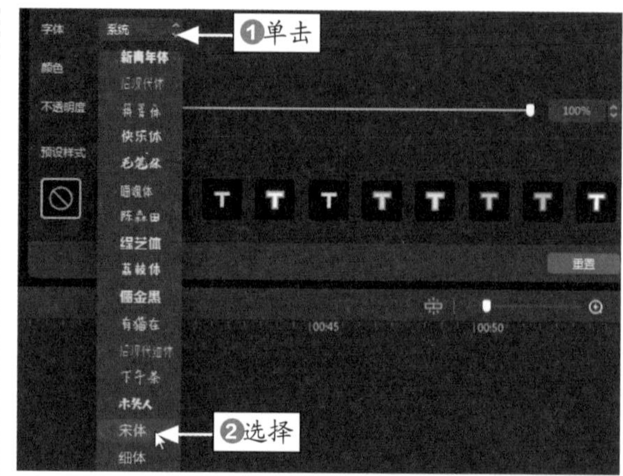

图 11-32　选择“宋体”选项

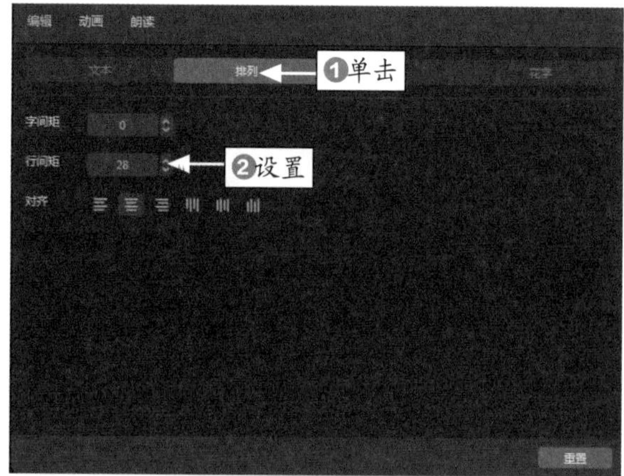

图 11-33　设置“行间距”参数

图 11-34　调整气泡文字位置

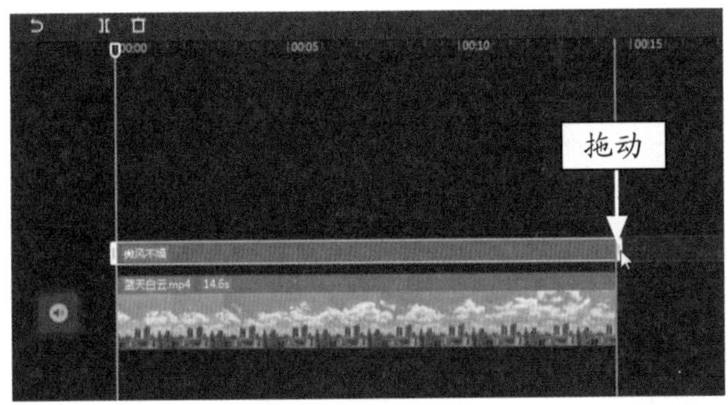

图 11-35　调整文本的时长

STEP 14 播放预览视频，查看制作的气泡文字效果，如图 11-36 所示。

图 11-36　预览视频效果

专家指点

在给视频添加字幕内容时，不仅要注意文字的准确性，同时还需要适当减少文字的数量，让观众获得更好的阅读体验。否则短视频中的文字太多，观众可能把视频都看完了，却还没有看清楚其中的文字内容。

066 添加精彩有趣的贴纸

剪映能够直接给短视频添加字幕贴纸效果，让短视频画面更加精彩、有趣，更吸引大家的目光，下面介绍具体的操作方法。

	素材文件	素材 \ 第 11 章 \ 湘江风貌 .mp4
	效果文件	效果 \ 第 11 章 \ 湘江风貌 .mp4
	视频文件	视频 \ 第 11 章 \066　添加精彩有趣的贴纸 .mp4

【操练 + 视频】
——添加精彩有趣的贴纸

STEP 01 在剪映中导入视频素材，如图 11-37 所示。

STEP 02 将视频添加到视频轨道中，如图 11-38 所示。

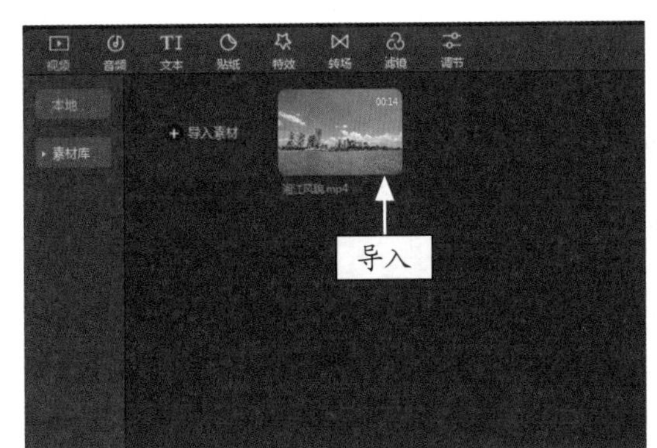

图 11-37　导入视频素材

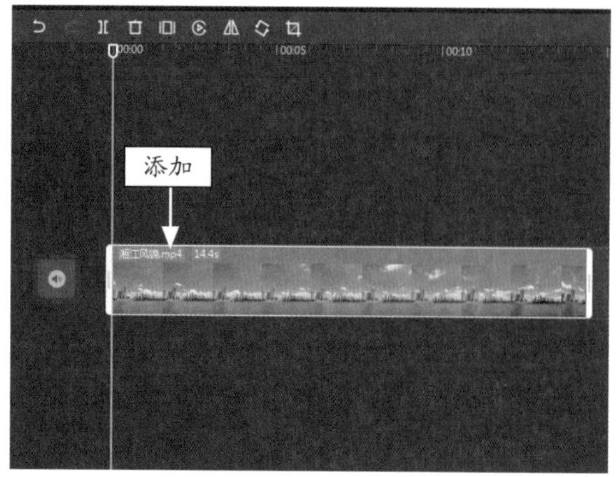

图 11-38　添加视频素材

STEP 03 单击“贴纸”按钮，如图 11-39 所示。

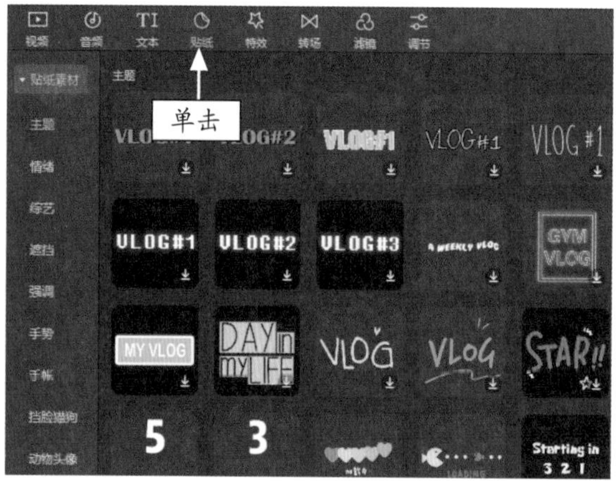

图 11-39　单击“贴纸”按钮

STEP 04 在“贴纸”功能区中，❶单击“主题”按钮；❷选择相应的贴纸并单击添加按钮，如图 11-40 所示。

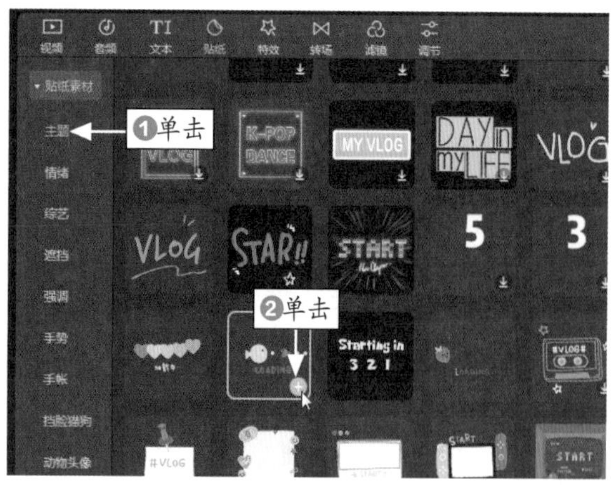

图 11-40　单击“主题”贴纸添加按钮

STEP 05 执行操作后，即可添加一个“主题”贴纸，如图 11-41 所示。

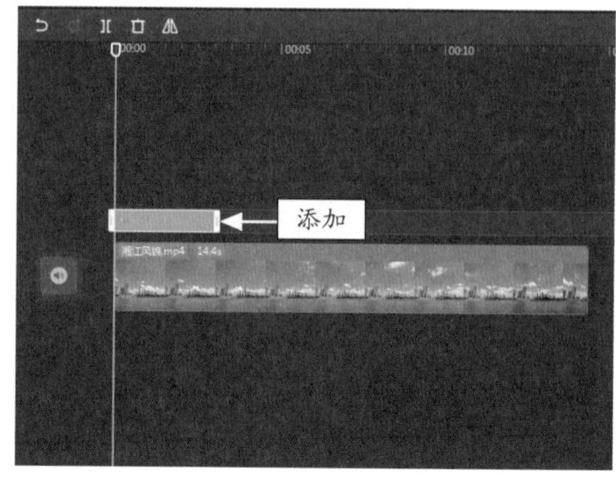

图 11-41　添加一个“主题”贴纸

STEP 06 在预览窗口中，可以查看并调整贴纸的大小和位置，如图 11-42 所示。

图 11-42　调整“主题”贴纸的大小和位置

STEP 07 将时间指示器拖动至第 1 个贴纸效果的结尾处，如图 11-43 所示。

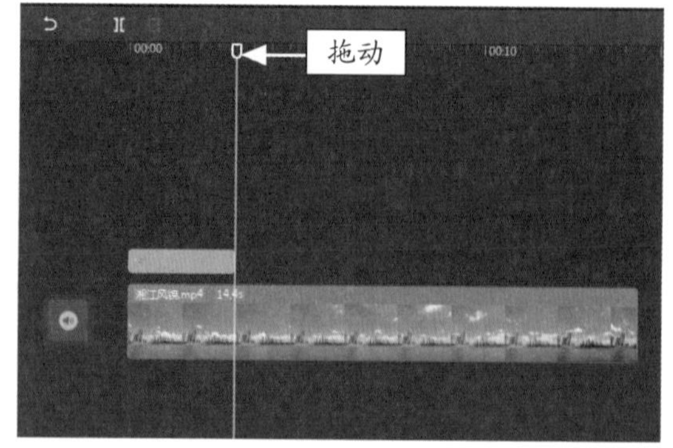

图 11-43　拖动时间指示器

STEP 08 在“贴纸”功能区的“手写字”选项卡中，选择相应的贴纸并单击添加按钮，如图 11-44 所示。

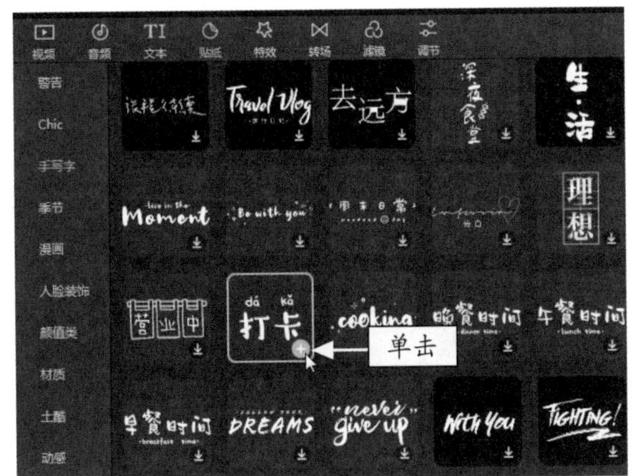

图 11-44　单击“手写字”贴纸添加按钮

STEP 09 执行操作后，即可在轨道中添加一个“手写字”贴纸，如图 11-45 所示。

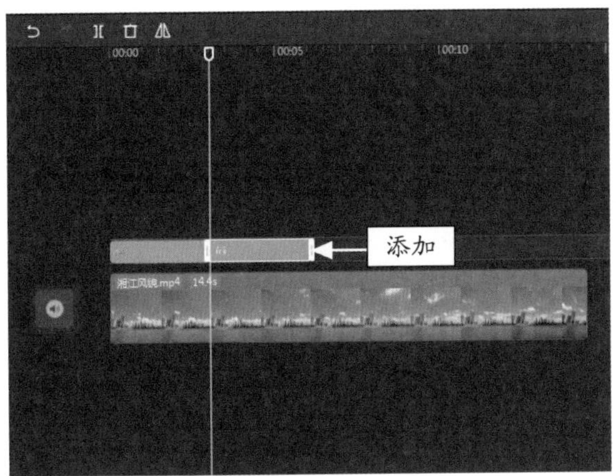

图 11-45　添加“手写字”贴纸

STEP 10 选择第 2 个贴纸效果，❶在“动画”操作区中单击“入场”按钮；❷选择“向下滑动”选项，如图 11-46 所示。

STEP 11 在预览窗口中适当调整“手写字”贴纸的位置，如图 11-47 所示。

STEP 12 将时间指示器拖动至第 2 个贴纸效果的结尾处，如图 11-48 所示。

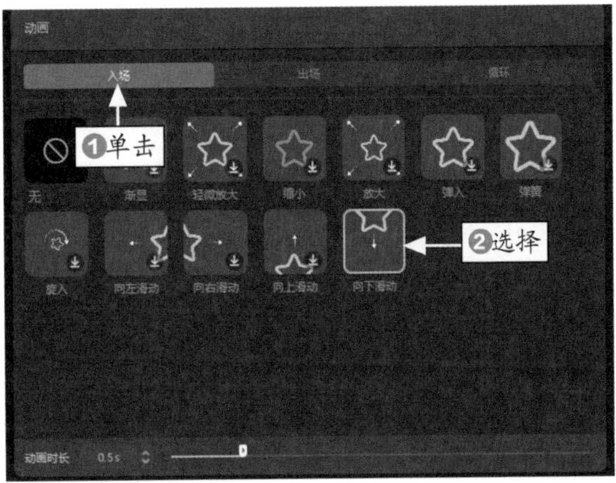

图 11-46　选择“向下滑动”选项

图 11-47　调整“手写字”贴纸的位置

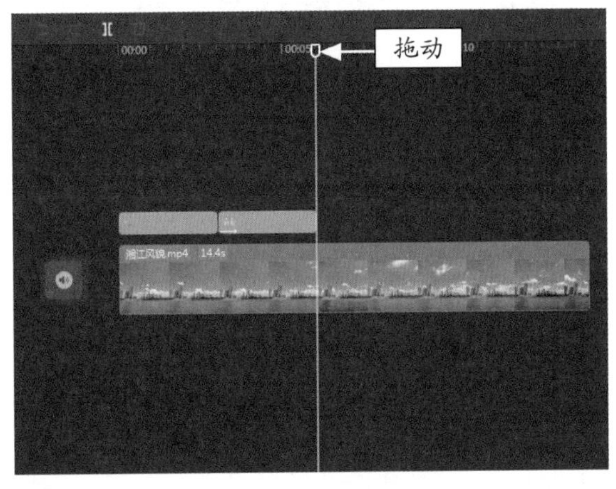

图 11-48　拖动时间指示器

STEP 13 ❶在“贴纸”功能区中单击“萌娃”按钮；❷选择相应的贴纸并单击添加按钮，如图 11-49 所示。

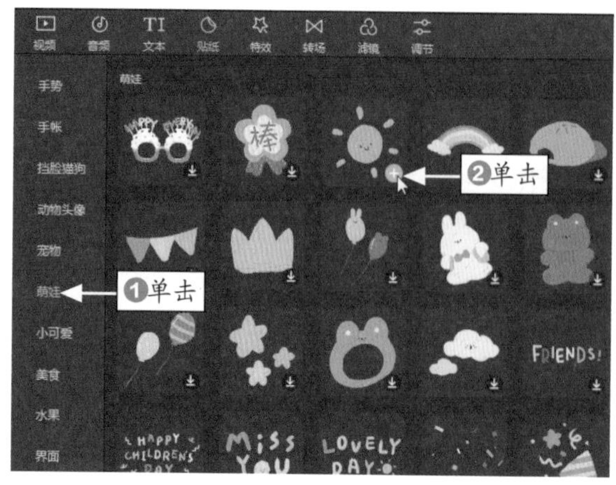

图 11-49　单击“萌娃”贴纸添加按钮

STEP 14 执行操作后，即可添加一个相应的“萌娃”贴纸，如图 11-50 所示。

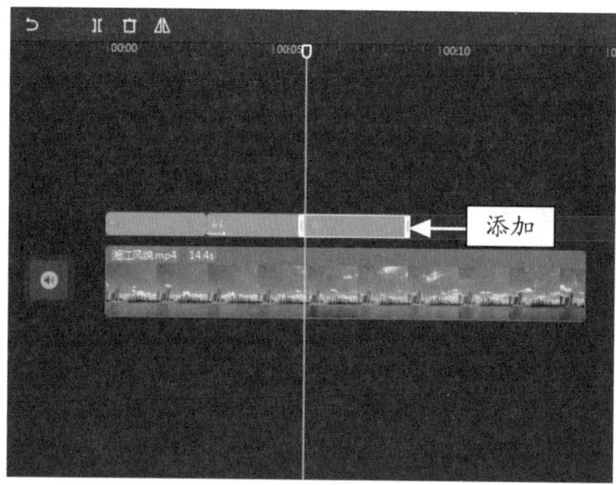

图 11-50　添加“萌娃”贴纸效果

STEP 15 选择第 3 个贴纸效果，适当调整其时长，如图 11-51 所示。

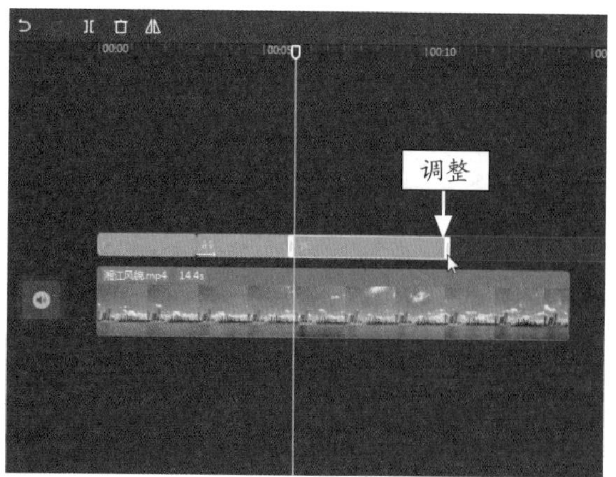

图 11-51　调整贴纸的时长

STEP 16 ❶在“动画”操作区中单击“循环”按钮；❷选择“轻微跳动”选项，如图 11-52 所示。

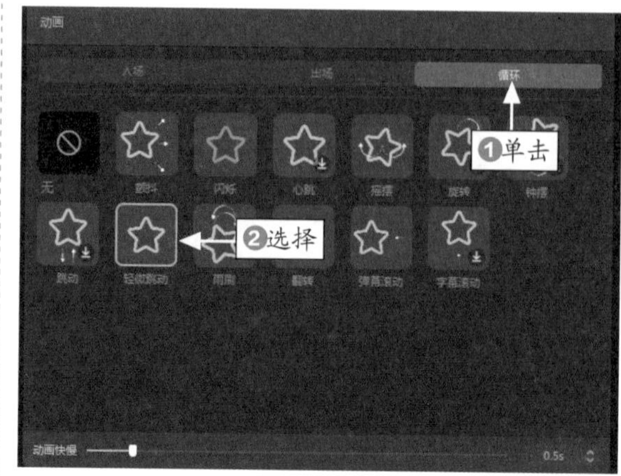

图 11-52　选择“轻微跳动”选项

专家指点

使用剪映的“贴纸”功能，不需要用户掌握很高超的后期剪辑操作技巧，只需要用户具备丰富的想象力，同时加上巧妙的贴纸组合，以及对各种贴纸的大小、位置和动画效果等进行适当调整，即可瞬间给普通的视频增添更多生机。

STEP 17 在预览窗口中适当调整“萌娃”贴纸的大小和位置，如图 11-53 所示。

图 11-53　调整“萌娃”贴纸的大小和位置

STEP 18 将时间指示器拖动至第 3 个贴纸效果的结尾处，如图 11-54 所示。

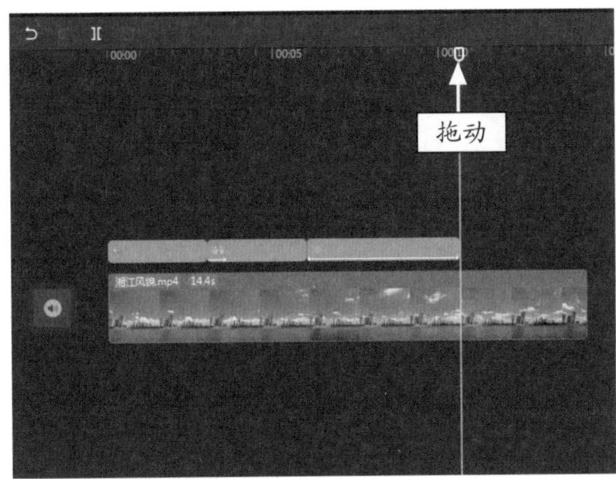

图 11-54　拖动时间指示器

STEP 19 ❶在“贴纸”功能区中单击 Plog 按钮；❷选择相应的贴纸并单击添加按钮，如图 11-55 所示。

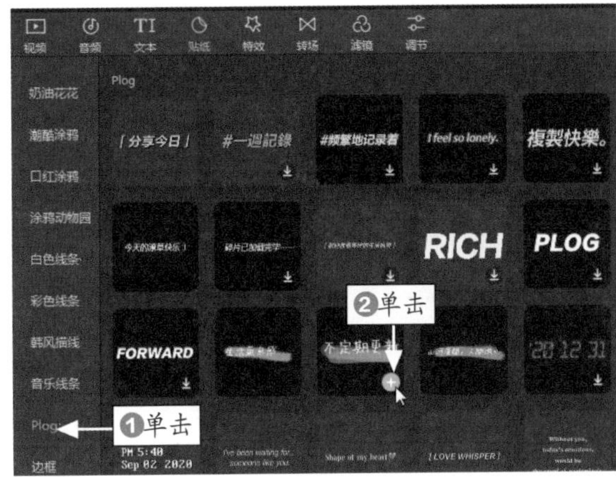

图 11-55　单击 Plog 贴纸添加按钮

STEP 20 在轨道中添加一个相应的 Plog 贴纸，如图 11-56 所示。

STEP 21 选择第 4 个贴纸效果，适当调整其时长，如图 11-57 所示。

STEP 22 ❶在“动画”操作区中单击“出场”按钮；❷选择“放大”选项；❸适当设置“动画时长”参数，如图 11-58 所示。

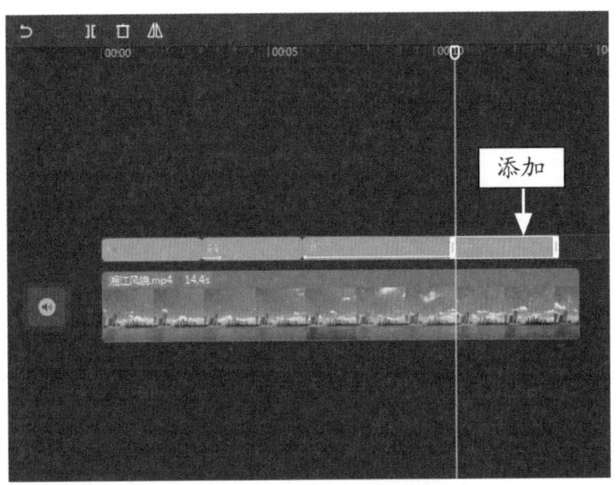

图 11-56　添加 Plog 贴纸

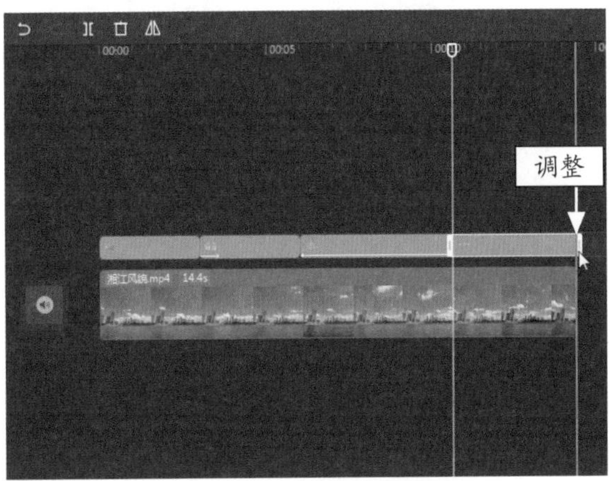

图 11-57　调整 Plog 贴纸时长

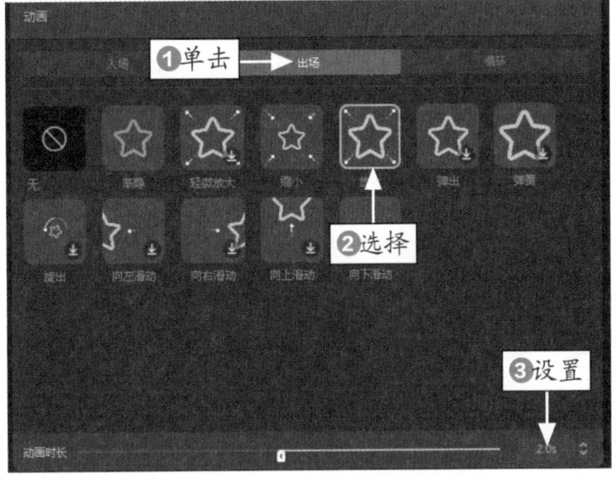

图 11-58　设置“动画时长”参数

STEP 23 播放预览视频，查看制作的贴纸动画效果，如图 11-59 所示。

图 11-59　预览视频效果

067 自动朗读添加的文字

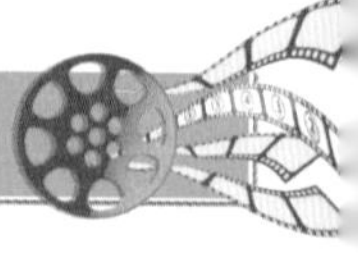

剪映的“文本朗读”功能能够自动将视频中的文字内容转化为语音，提升观众的观看体验。下面介绍将文字转化为语音的操作方法。

	素材文件	素材 \ 第 11 章 \ 蔡伦竹海 .mp4
	效果文件	效果 \ 第 11 章 \ 蔡伦竹海 .mp4
	视频文件	视频 \ 第 11 章 \067　自动朗读添加的文字 .mp4

【操练 + 视频】
——自动朗读添加的文字

STEP 01 在剪映中导入视频素材，如图 11-60 所示。

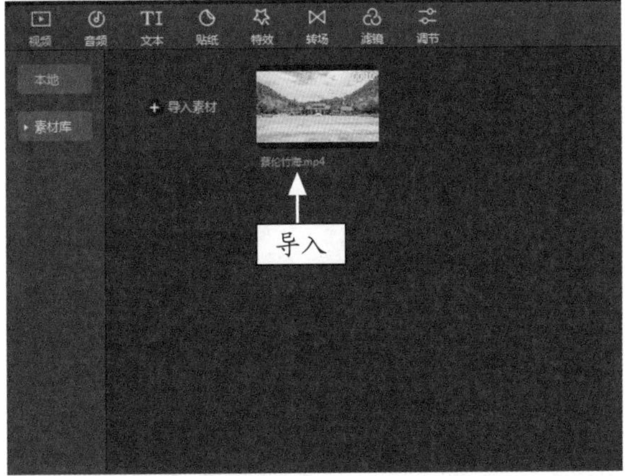

图 11-60　导入视频素材

STEP 02 将视频添加到视频轨道中，如图 11-61 所示。

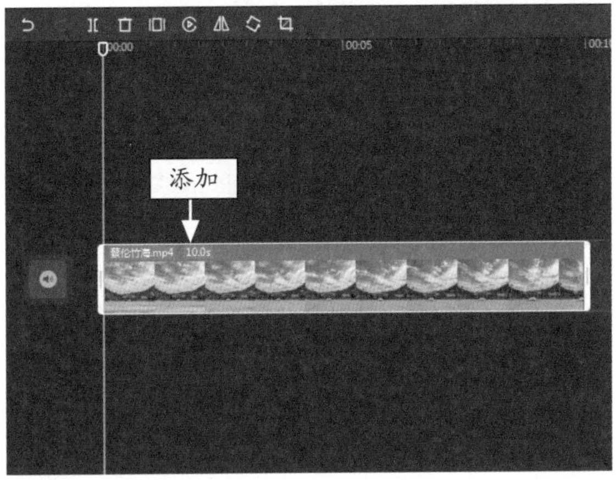

图 11-61　添加视频素材

STEP 03 单击“特效”按钮，切换至“特效”功能区，如图 11-62 所示。

STEP 04 ❶单击“边框”按钮；❷单击“取景框”特效中的添加按钮，如图 11-63 所示。

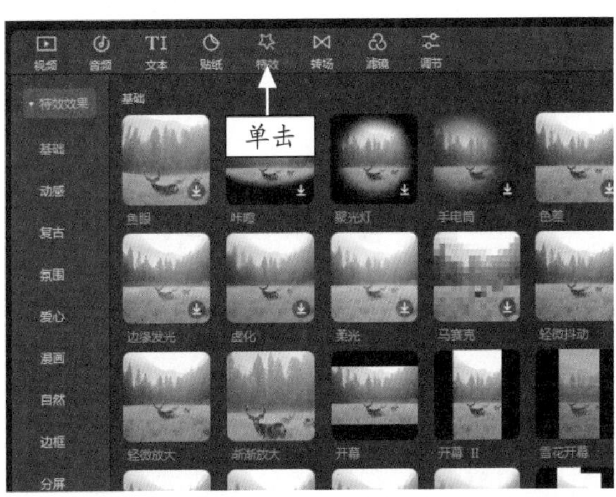

图 11-62　单击“特效”按钮

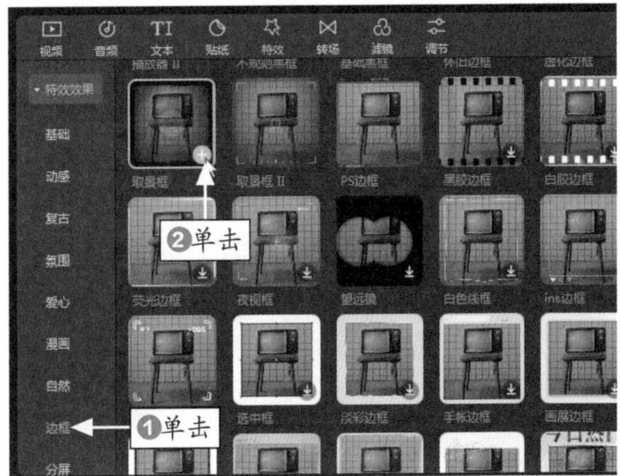

图 11-63　单击“取景框”特效添加按钮

STEP 05 执行操作后，即可添加一个“取景框”特效，如图 11-64 所示。

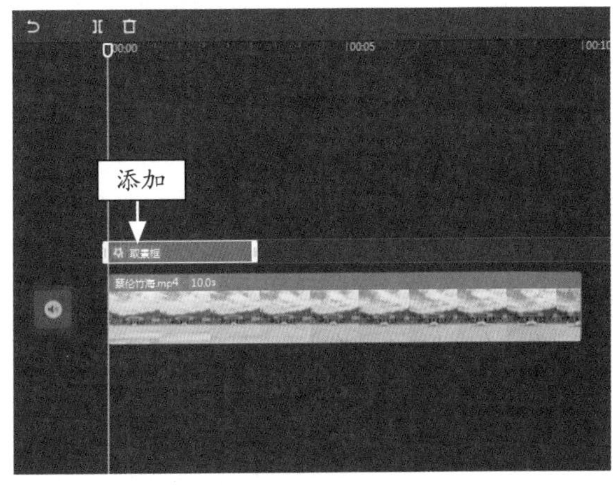

图 11-64　添加一个特效

STEP 06 ❶单击“文本”功能区中的“新建文本”按钮；❷单击“默认文本”中的添加按钮，如图 11-65 所示。

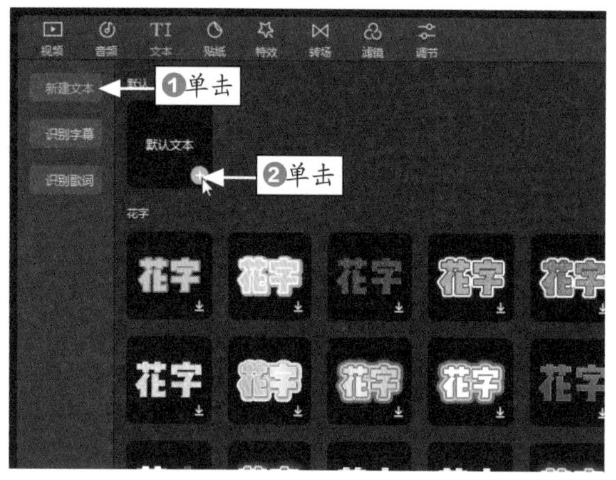

图 11-65　单击“默认文本”添加按钮

STEP 07 在文本轨道中，即可添加一个默认文本，如图 11-66 所示。

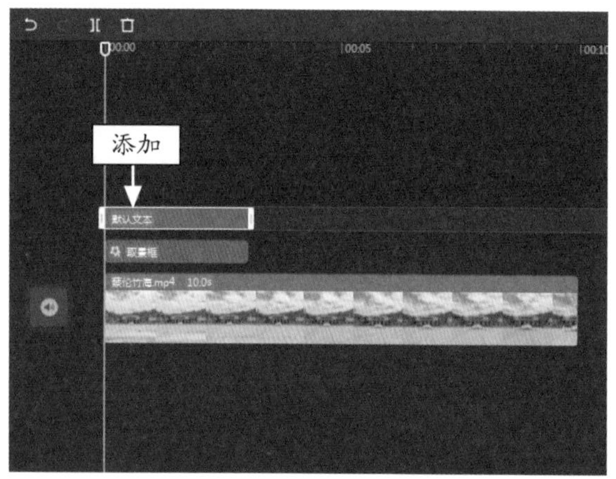

图 11-66　添加一个默认文本

STEP 08 在预览窗口中，可以查看添加的默认文本效果，如图 11-67 所示。

STEP 09 在“编辑”操作区的文本框中，输入相应的文字内容，如图 11-68 所示。

STEP 10 在“预设样式”选项区中，选择合适的预设样式，如图 11-69 所示。

STEP 11 在预览窗口中适当调整文字的大小和位置，如图 11-70 所示。

图 11-67　查看添加的默认文本效果

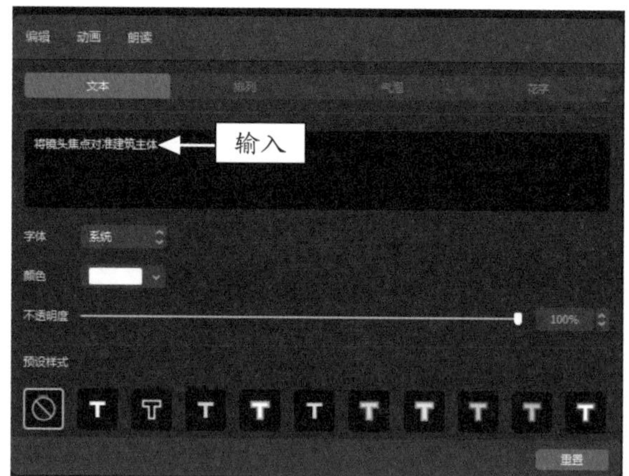

图 11-68　输入相应的文字内容

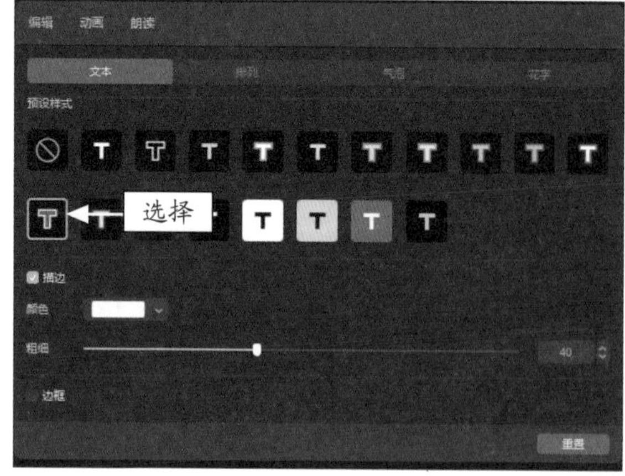

图 11-69　选择合适的预设样式

图 11-70　调整文字的大小和位置

STEP 12 复制并粘贴做好的文字效果，并适当调整文字的持续时长，如图 11-71 所示。

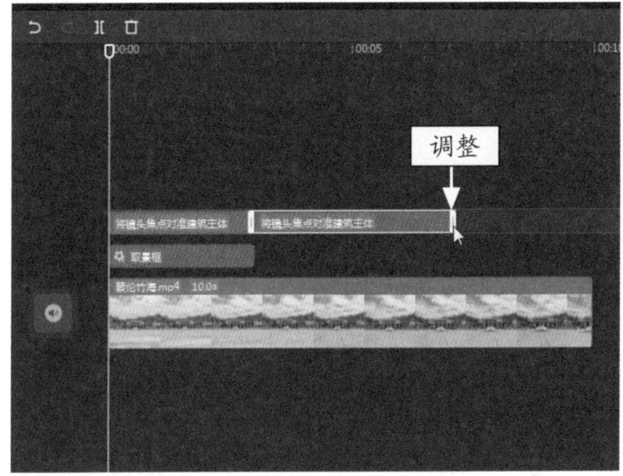

图 11-71　调整文字的持续时长

STEP 13 在“编辑”操作区的文本框中，修改其中的内容，如图 11-72 所示。

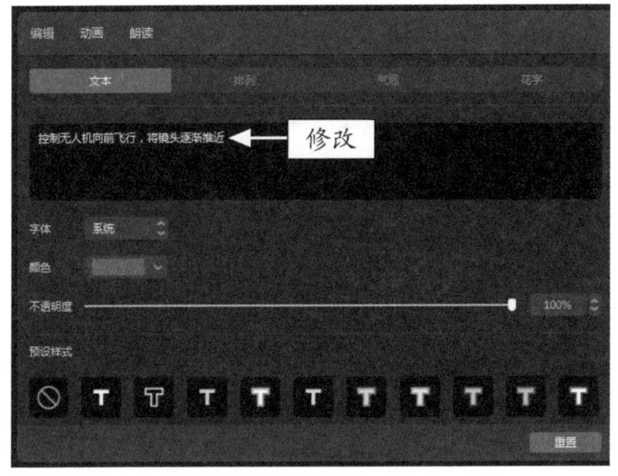

图 11-72　修改文字内容

STEP 14 在文本轨道中，选中第 1 段文字，如图 11-73 所示。

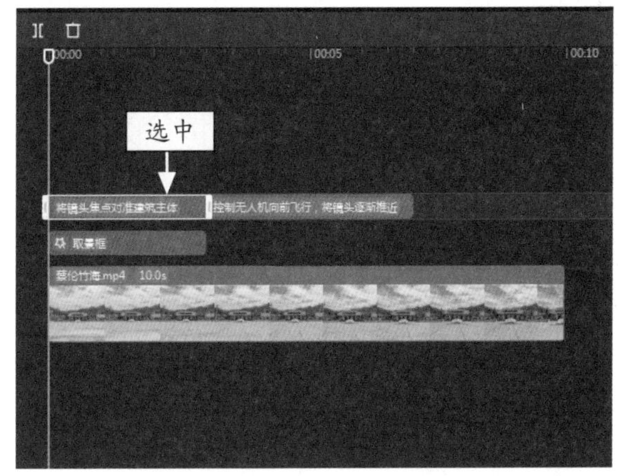

图 11-73　选中第 1 段文字

专家指点

在制作教程类或 Vlog 短视频时，“文本朗读”功能非常实用，可以帮助用户快速做出具有文字配音的视频效果。

STEP 15 ❶单击“朗读”按钮；❷选择“小姐姐”选项；❸单击“开始朗读”按钮，如图 11-74 所示。

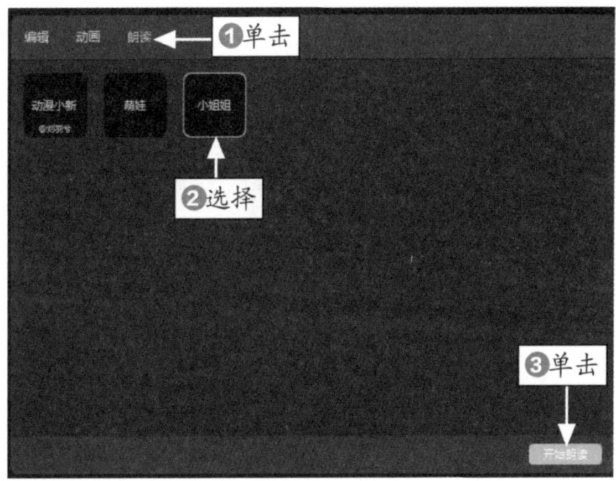

图 11-74　单击“开始朗读”按钮

STEP 16 稍等片刻，即可将文字转化为语音，并自动生成与文字内容同步的音频，如图 11-75 所示。

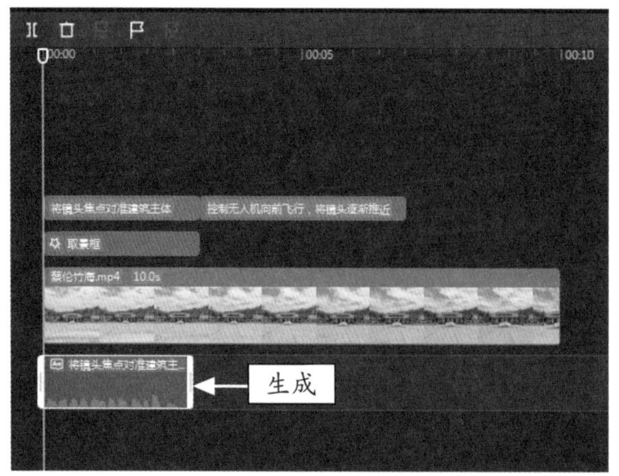

图 11-75　生成与文字内容同步的音频轨道

STEP 17 使用同样的操作方法，将第 2 段文字转化为语音，如图 11-76 所示。

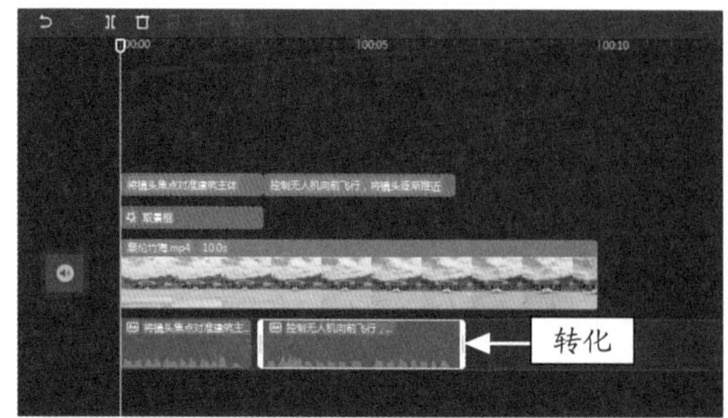

图 11-76　将第 2 段文字转化为语音

STEP 18 播放预览视频，查看制作的文字配音效果，如图 11-77 所示。

图 11-77　预览视频效果

专家指点

选择生成的文字语音后，用户还可以在“音频”操作区中调整音量、淡入时长、淡出时长、变声和变速等选项，打造出更具个性化的配音效果。

068 快速识别音频中的歌词

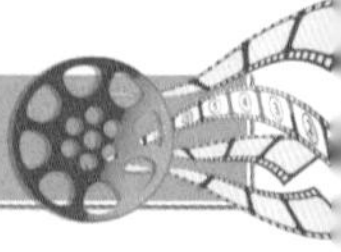

除了识别短视频字幕外，剪映还能够自动识别短视频中的歌词内容，非常方便地为背景音乐添加动态歌词效果，下面介绍具体的操作方法。

	素材文件	素材 \ 第 11 章 \ 流星划过 .mp4
	效果文件	无
	视频文件	视频 \ 第 11 章 \068　快速识别音频中的歌词 .mp4

【操练 + 视频】
——快速识别音频中的歌词

STEP 01 在剪映中导入视频素材，如图 11-78 所示。

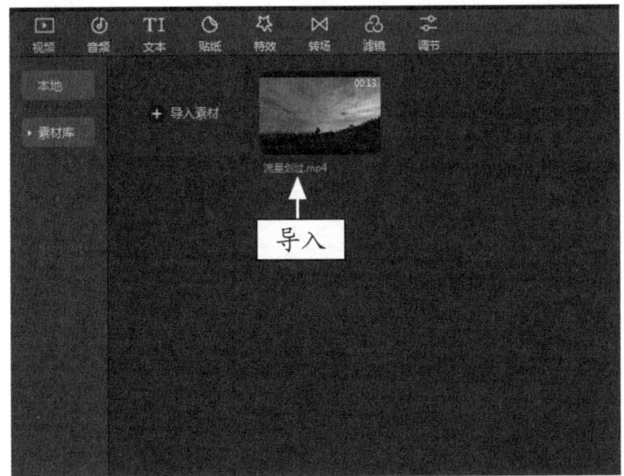

图 11-78　导入视频素材

STEP 02 将视频添加到视频轨道中，如图 11-79 所示。

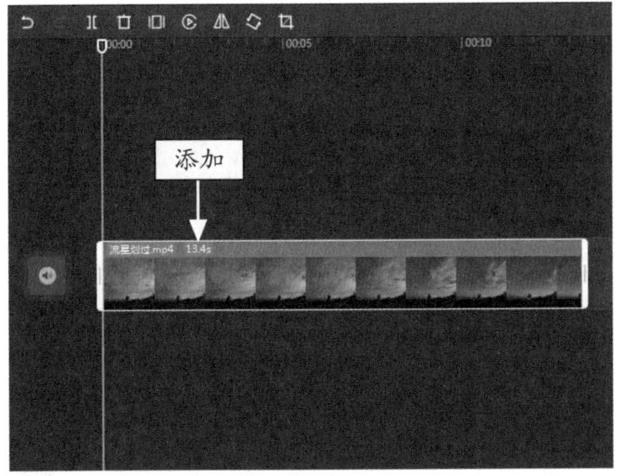

图 11-79　添加视频素材

STEP 03 在音频轨道中添加一首合适的背景音乐，如图 11-80 所示。

STEP 04 调整背景音乐的时长与视频时长一致，如图 11-81 所示。

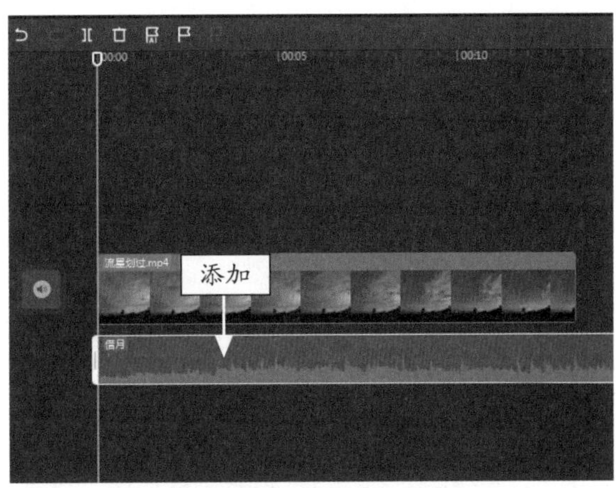

图 11-80　添加背景音乐

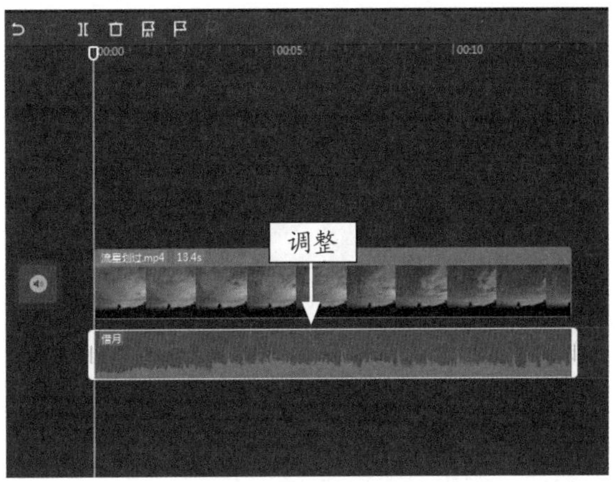

图 11-81　调整音乐时长

STEP 05 在“音频”操作区中，设置“淡出时长”参数为 0.3s，如图 11-82 所示。

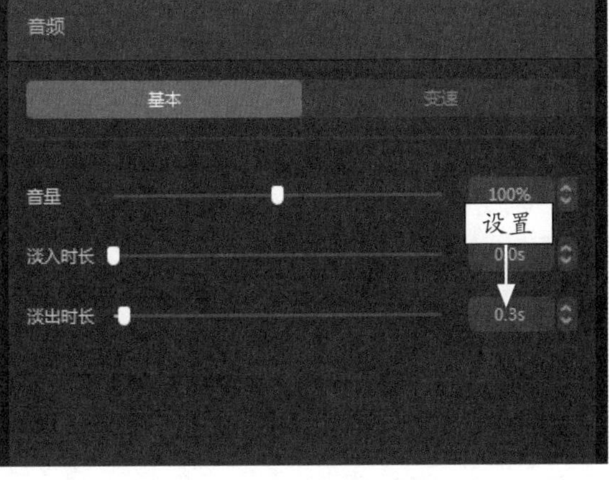

图 11-82　设置“淡出时长”参数

STEP 06 在“文本”功能区中，❶单击“识别歌词”

按钮；❷单击“开始识别”按钮，如图 11-83 所示。

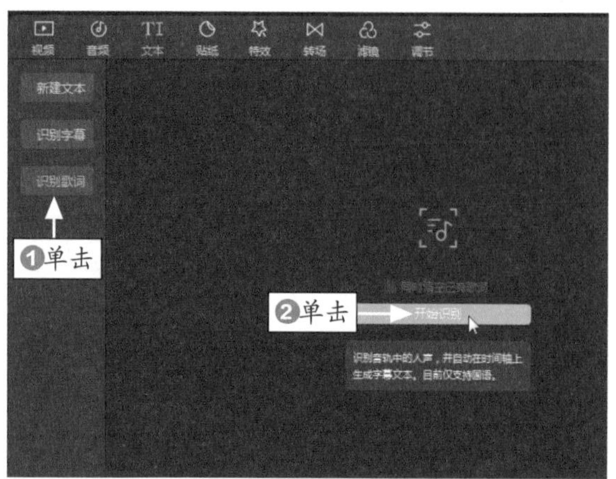

图 11-83　单击“开始识别”按钮

STEP 07 弹出“歌词识别中”提示框，如图 11-84 所示。

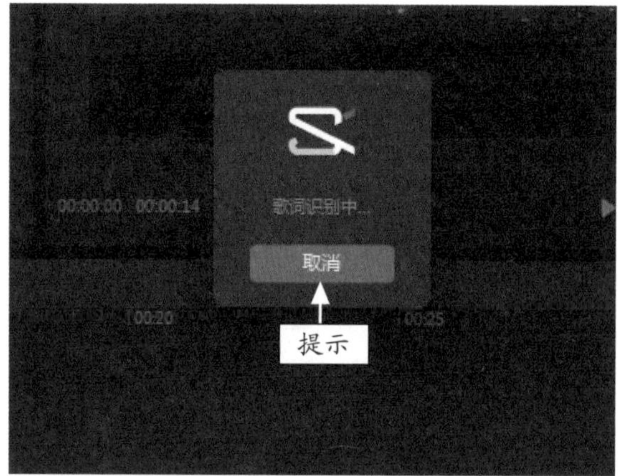

图 11-84　弹出提示框

STEP 08 稍等片刻，即可自动生成对应的歌词字幕，如图 11-85 所示。

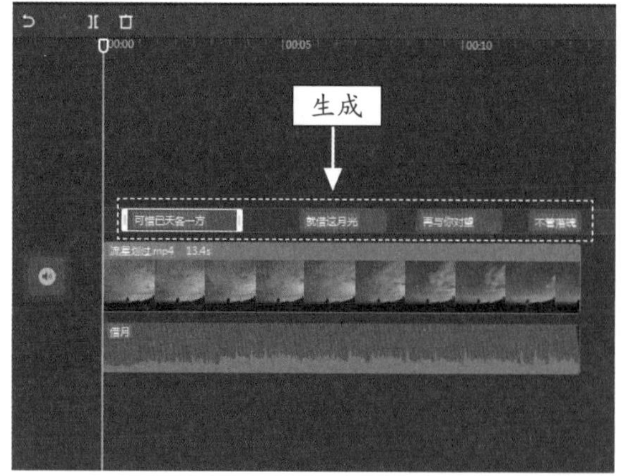

图 11-85　自动生成对应的歌词字幕

STEP 09 在“播放器”面板中单击“播放”按钮▶，即可在预览窗口中播放视频，查看制作的视频效果，如图 11-86 所示。

图 11-86　预览视频效果

图 11-86　预览视频效果（续）

069 制作视频歌词动画效果

在剪映中为视频添加歌词后，用户还可以给歌词添加入场动画、出场动画和循环动画效果，让视频中的歌词更具动态感，下面介绍具体的操作方法。

	素材文件	无
	效果文件	效果 \ 第 11 章 \ 流星划过 .mp4
	视频文件	视频 \ 第 11 章 \069　制作视频歌词动画效果 .mp4

【操练 + 视频】
——制作视频歌词动画效果

STEP 01 将上节制作的实例作为素材，选择第 1 段文字内容，如图 11-87 所示。

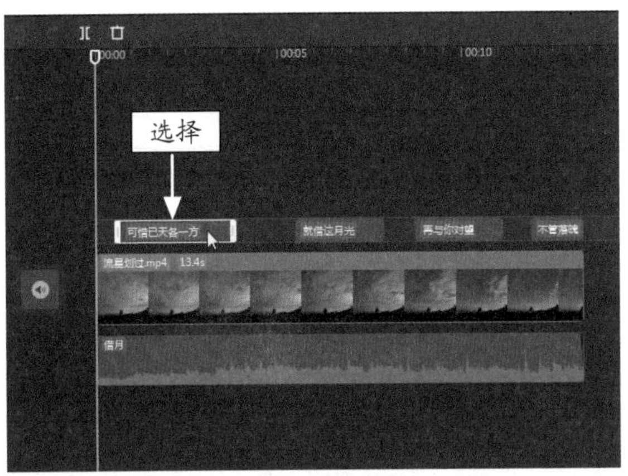

图 11-87　选择第 1 段文字内容

STEP 02 单击“动画”按钮，如图 11-88 所示。

图 11-88　单击“动画”按钮

STEP 03 ❶单击“入场”按钮；❷选择“打字机Ⅱ”选项；❸将“动画时长”设置为最长，如图 11-89 所示。

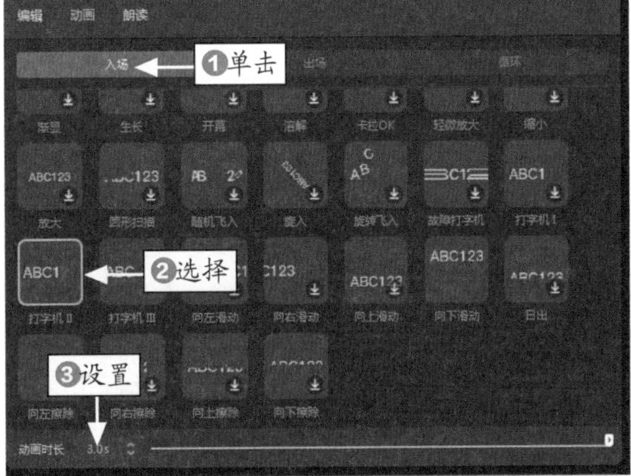

图 11-89　设置“入场”动画效果

STEP 04 在文本轨道中，选择第 2 段文字内容，如图 11-90 所示。

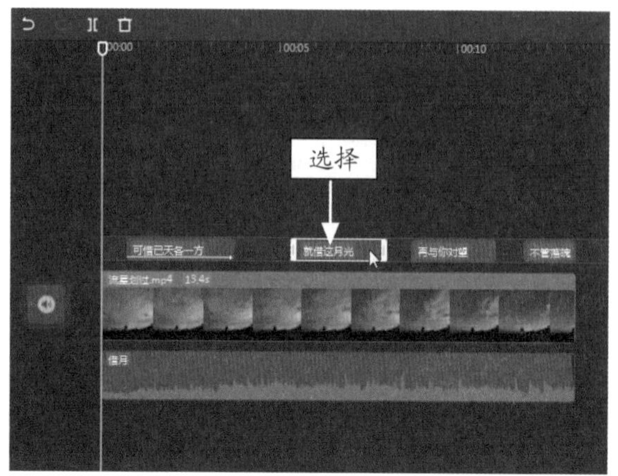

图 11-90 选择第 2 段文字内容

STEP 05 在“动画”操作区中，❶单击“循环”按钮；❷选择“逐字放大”选项；❸适当设置“动画快慢”参数，如图 11-91 所示。

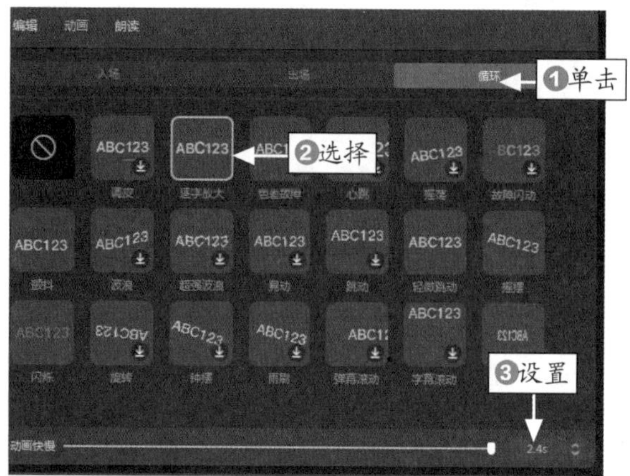

图 11-91 设置“循环”动画效果

STEP 06 在文本轨道中，选择第 3 段文字内容，如图 11-92 所示。

专家指点

循环动画无需设置动画时长，只要添加这种类型的动画效果，就会自动应用到所选的全部片段中。同时，用户可以通过调整循环动画的快慢，来改变动画播放效果。

STEP 07 在“动画”操作区中，❶单击“出场”按钮；❷选择“旋转飞出”选项；❸将“动画时长”设置为最长，如图 11-93 所示。

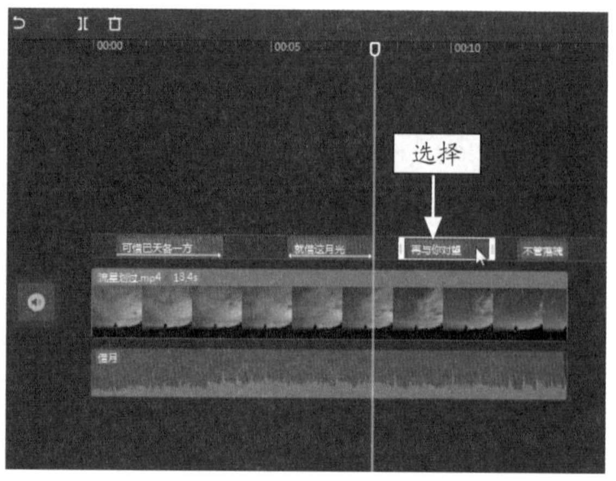

图 11-92 选择第 3 段文字内容

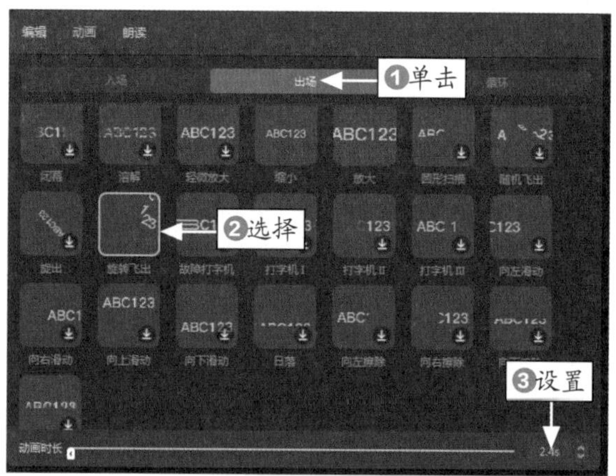

图 11-93 设置“出场”动画效果

STEP 08 在文本轨道中，选择第 4 段文字内容，在“动画”操作区中，❶单击“出场”按钮；❷选择“渐隐”选项；❸将“动画时长”设置为最长，如图 11-94 所示。

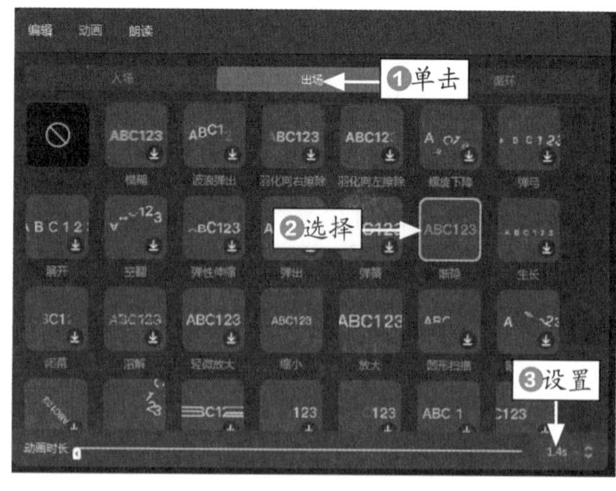

图 11-94 设置“出场”动画效果

STEP 09 在“播放器”面板中单击“播放”按钮▶，即可在预览窗口中播放视频，查看制作的歌词动画效果，如图 11-95 所示。

图 11-95　预览视频效果

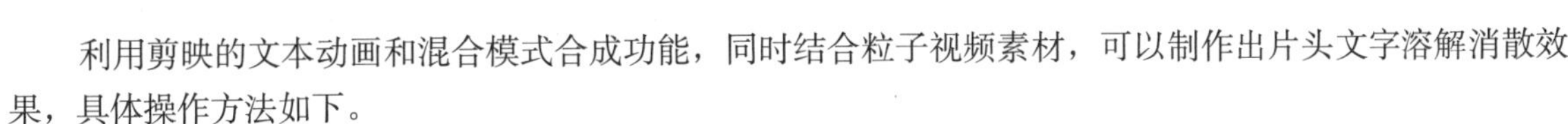

070 制作文字溶解消散效果

利用剪映的文本动画和混合模式合成功能，同时结合粒子视频素材，可以制作出片头文字溶解消散效果，具体操作方法如下。

	素材文件	素材 \ 第 11 章 \ 岁月静好 1.mp4、岁月静好 2.mp4、粒子消散 .mp4
	效果文件	效果 \ 第 11 章 \ 岁月静好 .mp4
	视频文件	视频 \ 第 11 章 \070　制作文字溶解消散效果 .mp4

【操练＋视频】——制作文字溶解消散效果

STEP 01 在剪映中导入视频素材，如图 11-96 所示。

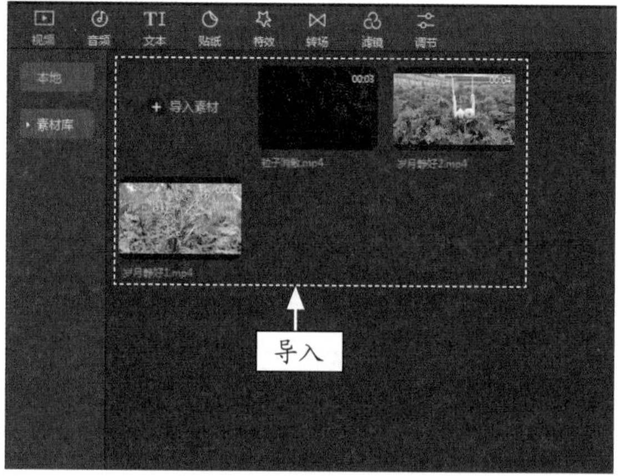

图 11-96　导入视频素材

STEP 02 ❶将“岁月静好 1”和“岁月静好 2”视频添加到视频轨道中；❷选择第 1 段视频，如图 11-97 所示。

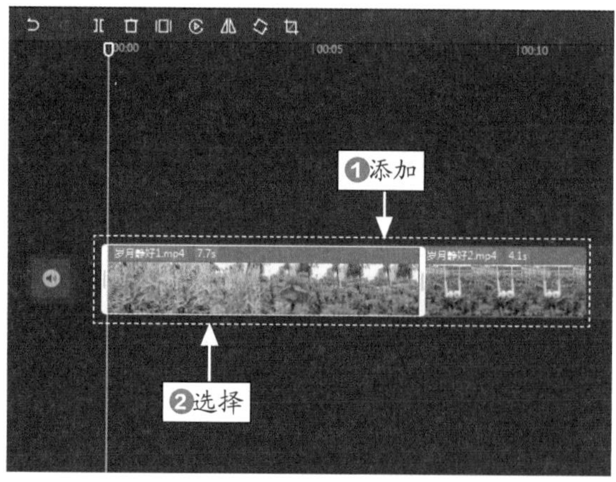

图 11-97　选择第 1 段视频

STEP 03 ❶单击“动画”按钮；❷单击“入场”按钮，选择“渐显”选项；❸设置“动画时长”为 1.0s，如图 11-98 所示。

STEP 04 选择视频轨道上的第 2 段视频，如图 11-99 所示。

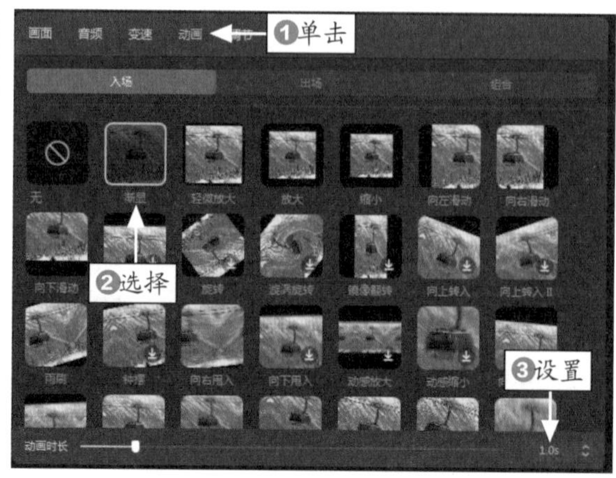

图 11-98　设置“入场”动画效果

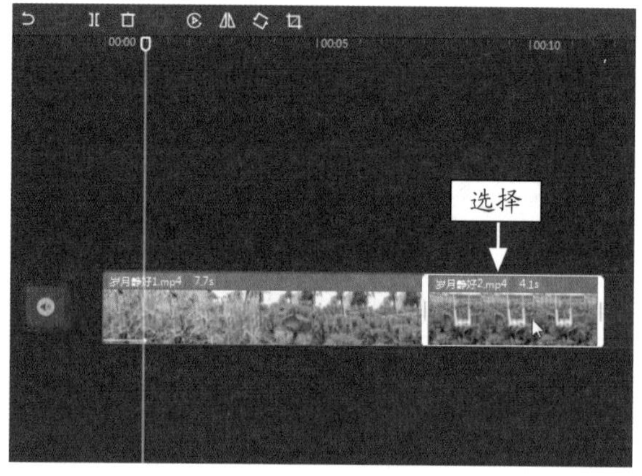

图 11-99　选择第 2 段视频

STEP 05 在“动画”操作区中，❶单击“出场”按钮；❷选择“渐隐”选项；❸设置“动画时长”参数为 0.5s，如图 11-100 所示。

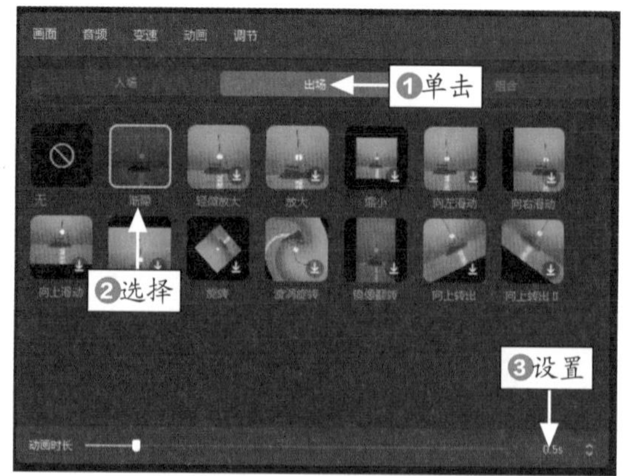

图 11-100　设置“出场”动画效果

STEP 06 ❶单击“转场”按钮；❷单击“基础转场”按钮；❸单击“叠化”转场中的添加按钮，如图 11-101 所示。

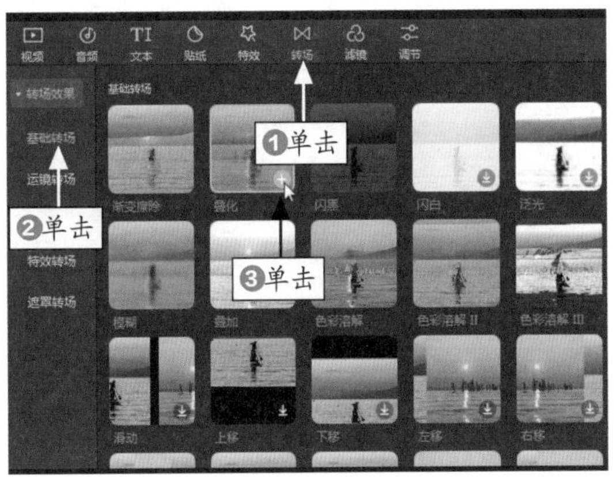

图 11-101　单击“叠化”转场添加按钮

STEP 07 执行操作后，即可在视频轨道的两个素材之间添加一个转场，如图 11-102 所示。

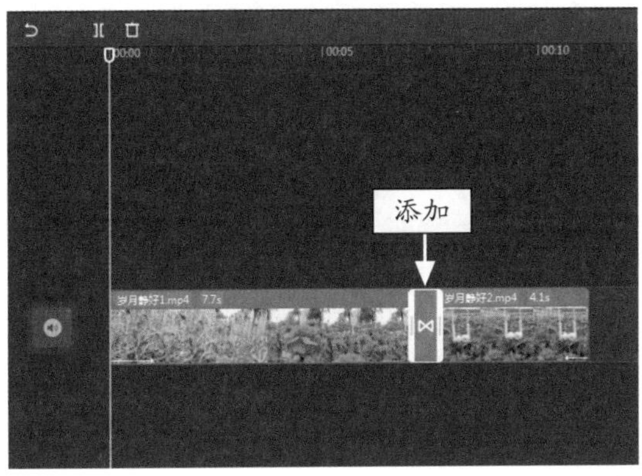

图 11-102　添加一个转场

STEP 08 在“转场”操作区中，设置“转场时长”为 1.0s，如图 11-103 所示。

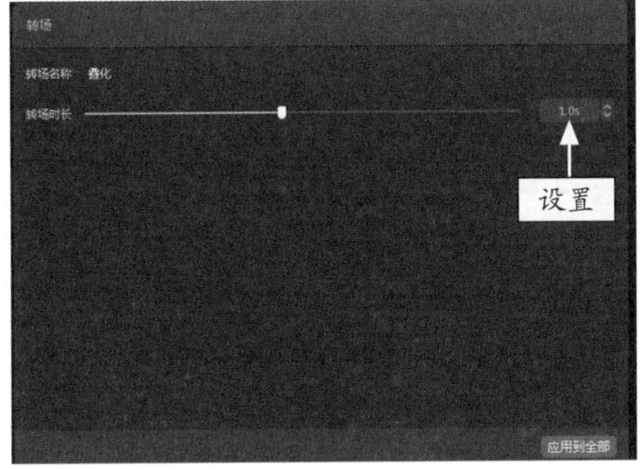

图 11-103　设置“转场时长”参数

STEP 09 在音乐轨中，为视频添加合适的背景音乐，如图 11-104 所示。

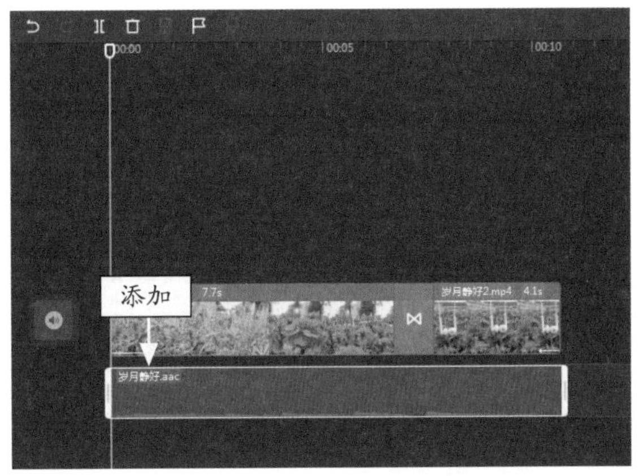

图 11-104　添加背景音乐

STEP 10 在“文本”功能区的“新建文本”选项卡中，单击“默认文本”添加按钮，如图 11-105 所示。

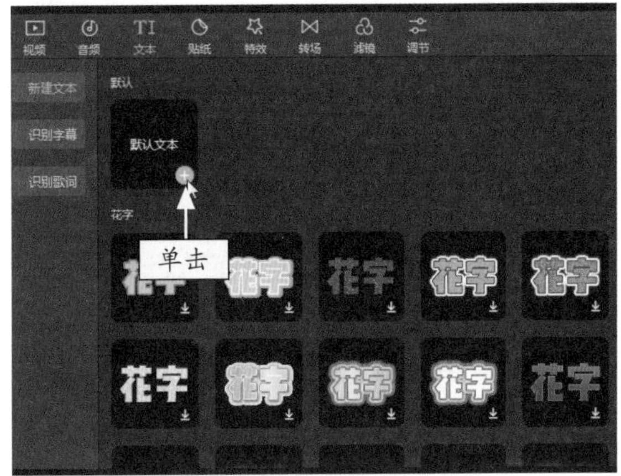

图 11-105　单击“默认文本”添加按钮

STEP 11 执行操作后，即可添加一个默认文本，如图 11-106 所示。

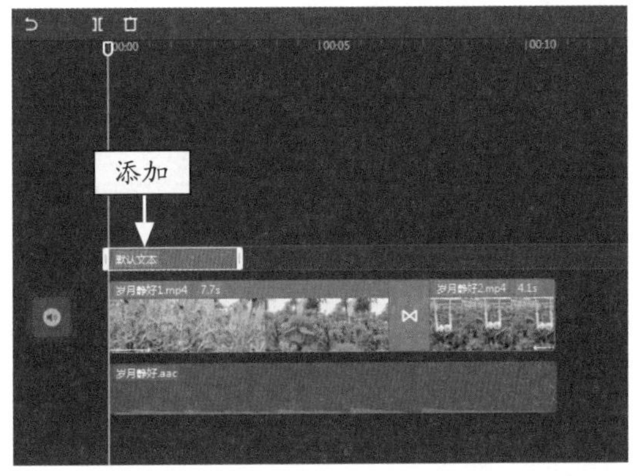

图 11-106　添加一个默认文本

STEP 12 在“编辑”操作区的文本框中，输入相应的文字内容，如图 11-107 所示。

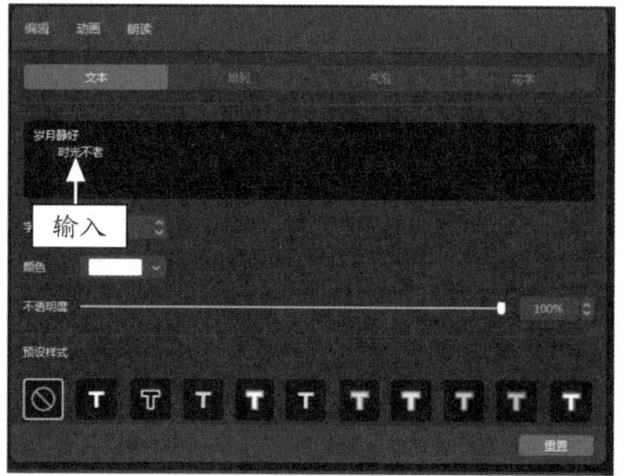

图 11-107　输入相应的文字内容

STEP 13 在文本框下方，设置“字体”为“宋体”，如图 11-108 所示。

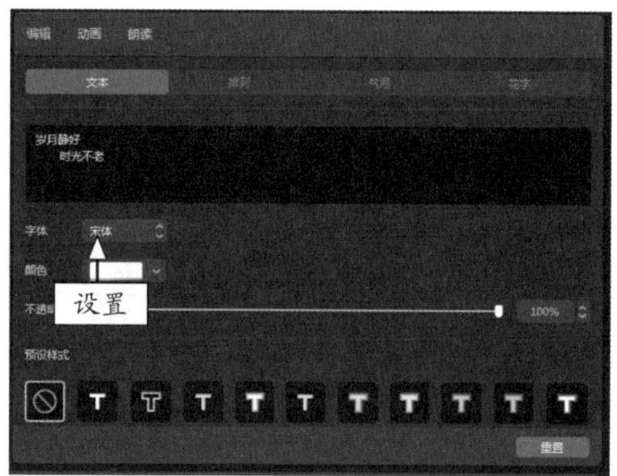

图 11-108　设置文本“字体”

STEP 14 选中“描边”复选框，如图 11-109 所示。

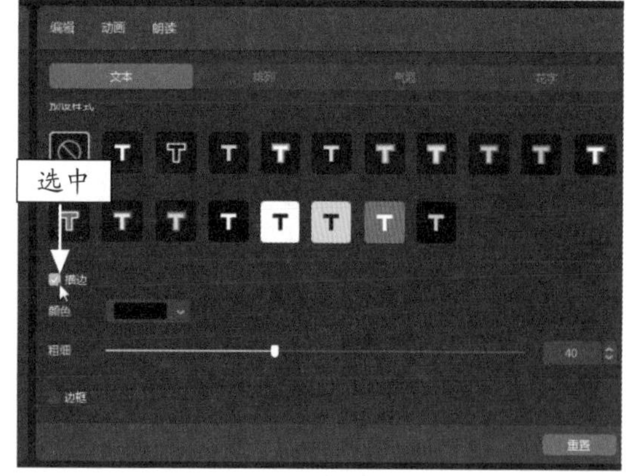

图 11-109　选中“描边”复选框

STEP 15 ❶单击“颜色”右侧的下拉按钮；❷在弹出的色板中选择一个颜色色块，如图 11-110 所示。

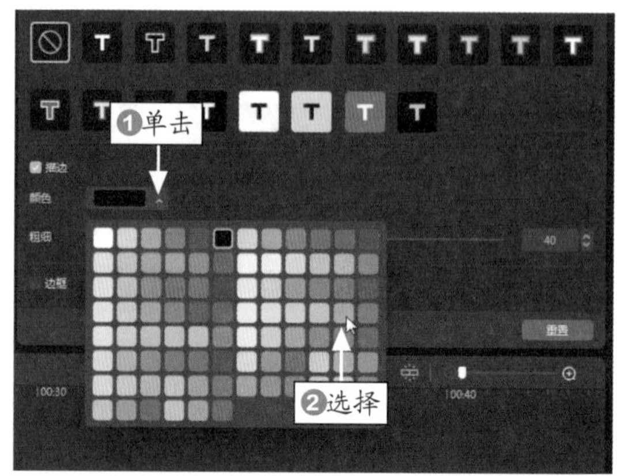

图 11-110　选择一个颜色色块

STEP 16 拖动“粗细”右侧的滑块，设置其参数为 25，如图 11-111 所示。

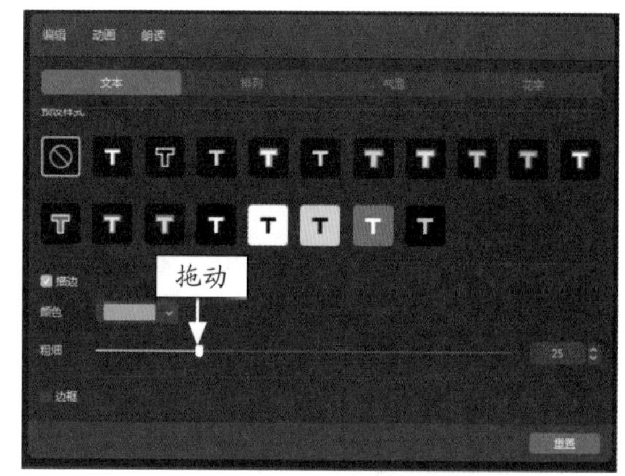

图 11-111　拖动“粗细”右侧的滑块

STEP 17 在“动画”操作区中，❶单击“入场”按钮；❷选择“渐显”选项；❸适当调整“动画时长”参数，如图 11-112 所示。

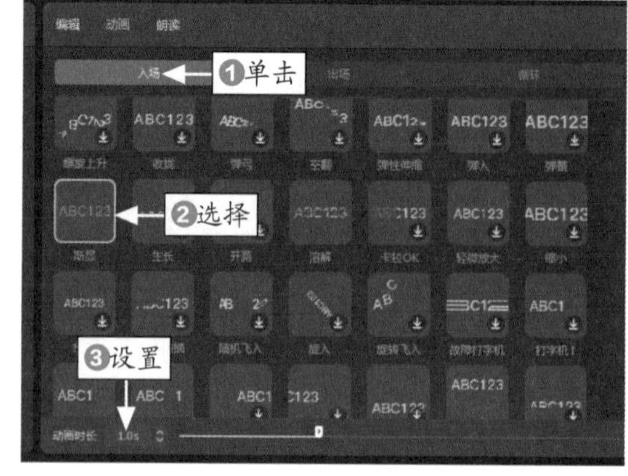

图 11-112　设置“入场”动画效果

STEP 18 ❶单击“出场”按钮；❷选择“溶解”选项；❸适当调整“动画时长”参数，如图 11-113 所示。

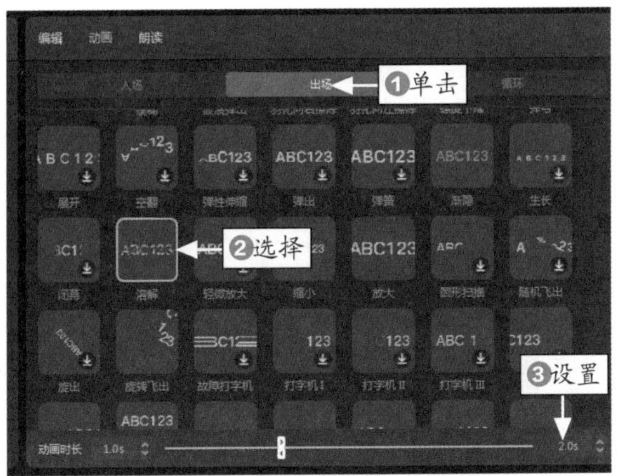

图 11-113　设置“出场”动画效果

▶ 专家指点

如果用户要对同一段文字设置多种不同类型的文本动画效果，则需要注意观察文本轨道的时长，所设置的动画效果总时长不能超过文本轨道的时长。

STEP 19 在“视频”功能区中，选择粒子视频素材，如图 11-114 所示。

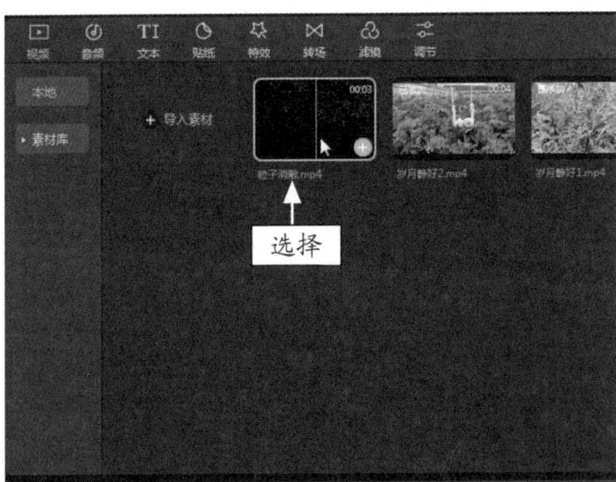

图 11-114　选择粒子视频素材

STEP 20 按住鼠标左键，将粒子视频素材拖动至画中画轨道中，释放鼠标左键即可添加粒子视频素材，如图 11-115 所示。

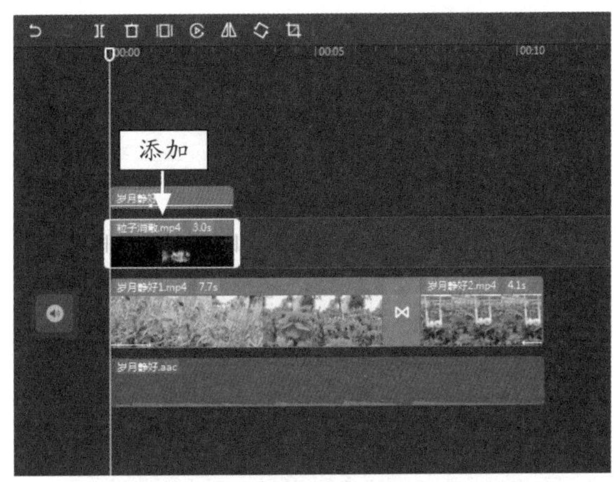

图 11-115　添加粒子视频素材

STEP 21 拖动粒子视频素材左侧的白色滑块，适当调整其时长，如图 11-116 所示。

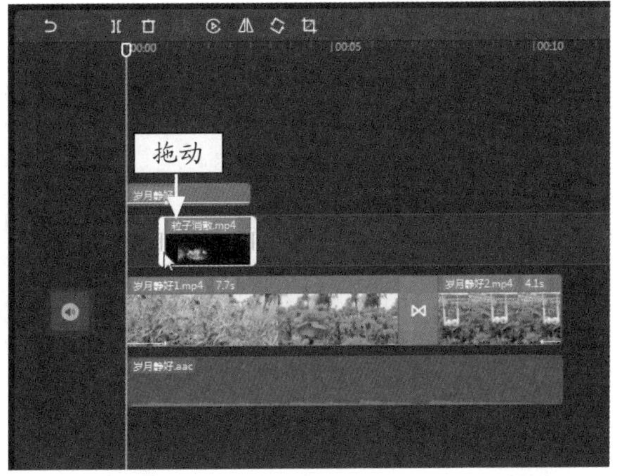

图 11-116　调整粒子视频的时长

STEP 22 在“画面”操作区中，设置“混合模式”为“滤色”，如图 11-117 所示。

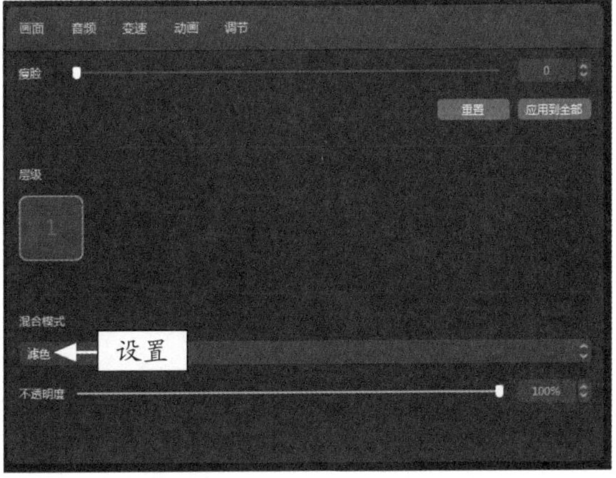

图 11-117　设置“混合模式”

STEP 23 在预览窗口中，即可查看合成的视频画面效果，如图 11-118 所示。

图 11-118　查看合成的视频画面效果

STEP 24 拖动粒子视频素材四周的控制柄，调整其大小和位置，如图 11-119 所示。

图 11-119　调整粒子素材的大小和位置

STEP 25 播放预览视频，查看文字溶解消散效果，如图 11-120 所示。

图 11-120　预览视频效果

图 11-120　预览视频效果（续）

071 制作古风烟雾飘散效果

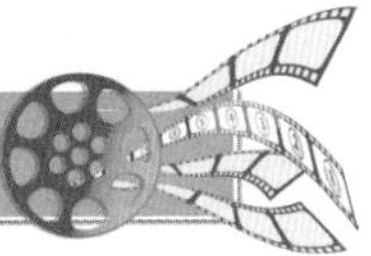

利用剪映的画中画合成功能，同时结合文本动画和烟雾飘散视频素材，可以制作出唯美的竖排古风文字特效，具体操作方法如下。

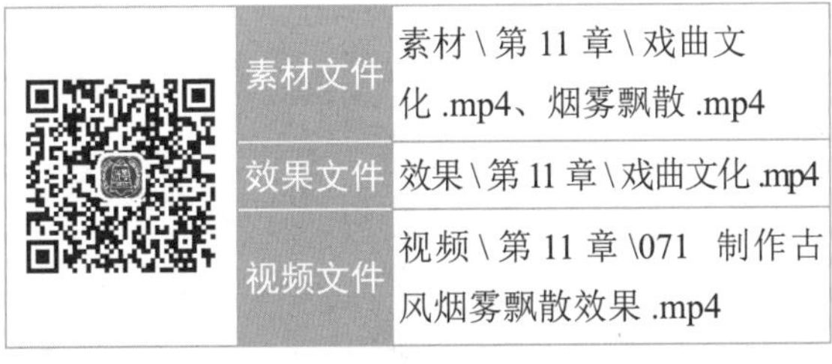

	素材文件	素材 \ 第 11 章 \ 戏曲文化 .mp4、烟雾飘散 .mp4
	效果文件	效果 \ 第 11 章 \ 戏曲文化 .mp4
	视频文件	视频 \ 第 11 章 \071　制作古风烟雾飘散效果 .mp4

【操练 + 视频】
——制作古风烟雾飘散效果

STEP 01 在剪映中导入两个视频素材，如图 11-121 所示。

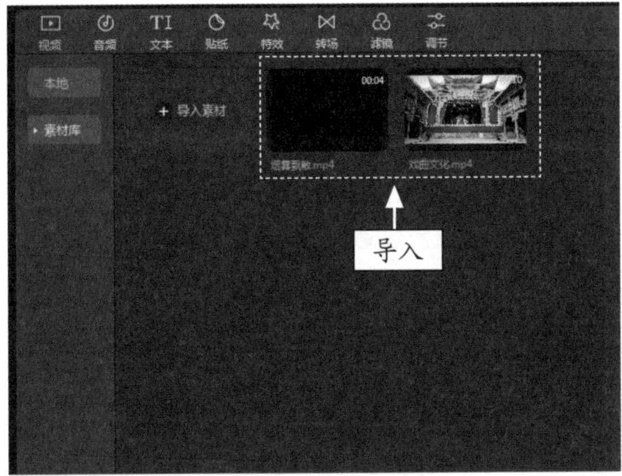

图 11-121　导入两个视频素材

STEP 02 将“戏曲文化”视频添加到视频轨道中，如图 11-122 所示。

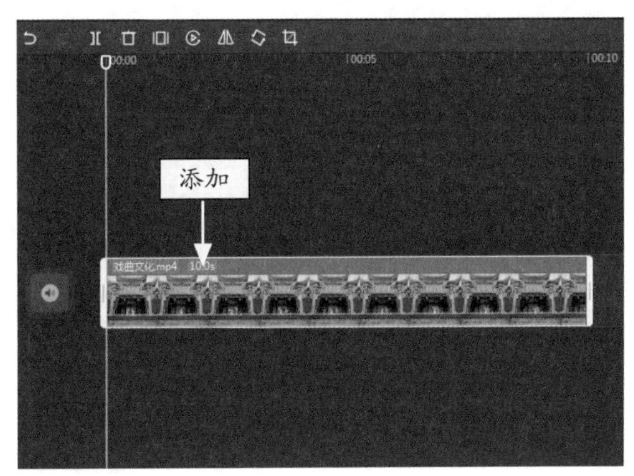

图 11-122　添加相应视频素材

STEP 03 在“文本”功能区的“新建文本”选项卡中，单击“默认文本”添加按钮，如图 11-123 所示。

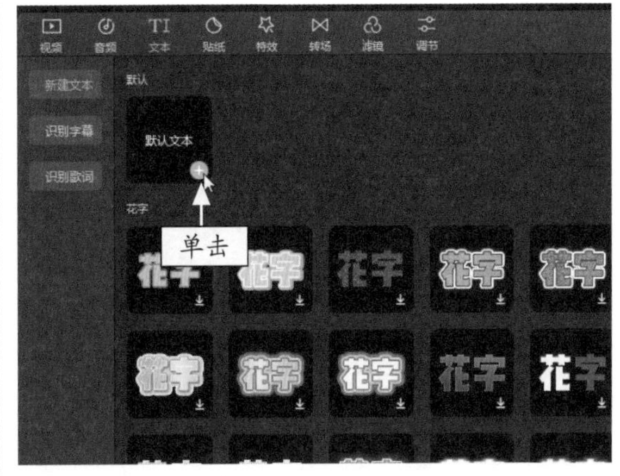

图 11-123　单击“默认文本”添加按钮

STEP 04 执行操作后，即可添加一个默认文本，如图 11-124 所示。

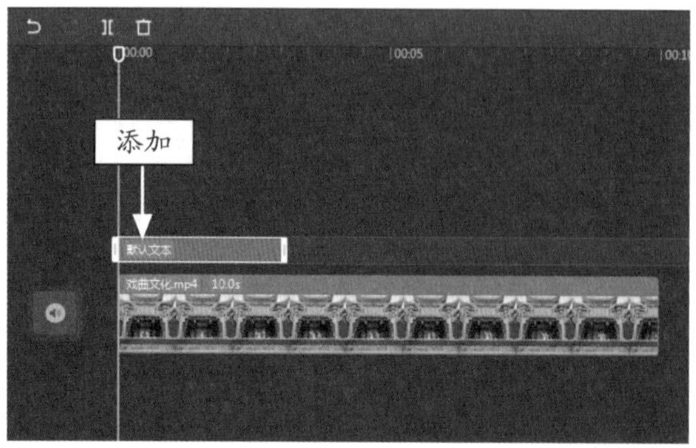

图 11-124 添加一个默认文本

STEP 05 在“编辑”操作区的文本框中，输入相应的文字内容，如图 11-125 所示。

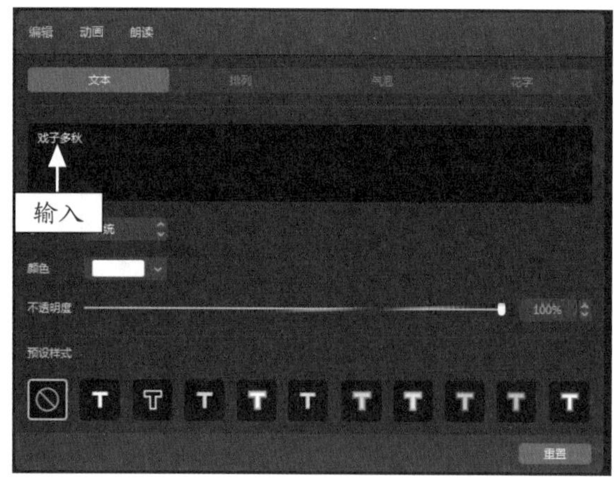

图 11-125 输入相应的文字内容

STEP 06 ❶单击“排列”按钮；❷设置“对齐”方式为▥（垂直顶对齐），如图 11-126 所示。

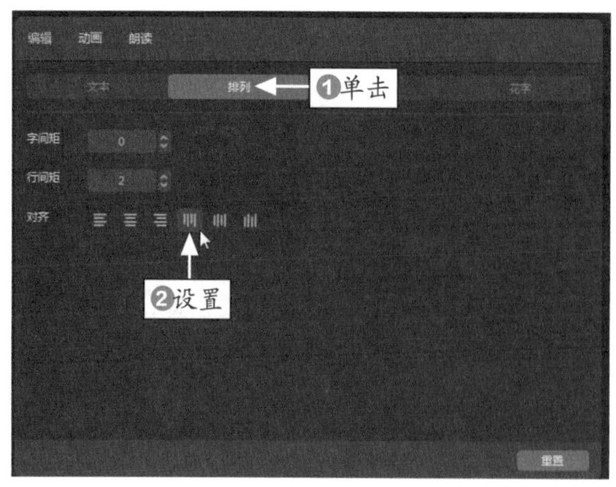

图 11-126 设置“对齐”方式

STEP 07 在预览窗口中，适当调整文字的大小和位置，如图 11-127 所示。

图 11-127 调整文字的大小和位置

STEP 08 ❶单击“花字”按钮；❷选择相应的花字模板，如图 11-128 所示。

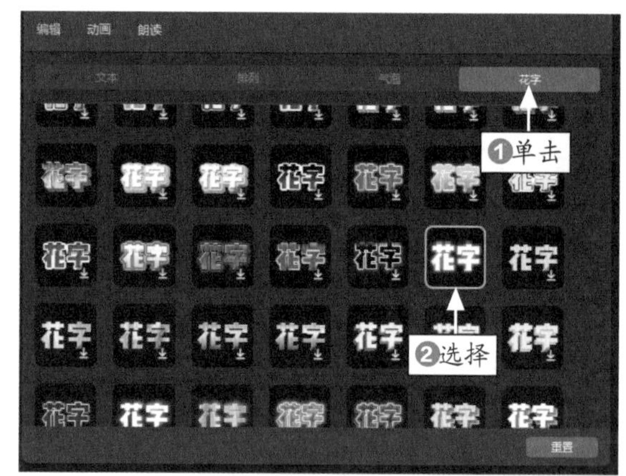

图 11-128 选择相应的花字模板

STEP 09 在预览窗口中，可以查看套用花字模板后的文字效果，如图 11-129 所示。

图 11-129 查看文字效果

STEP 10 在文本轨道中，将文本的长度与视频长度调整一致，如图 11-130 所示。

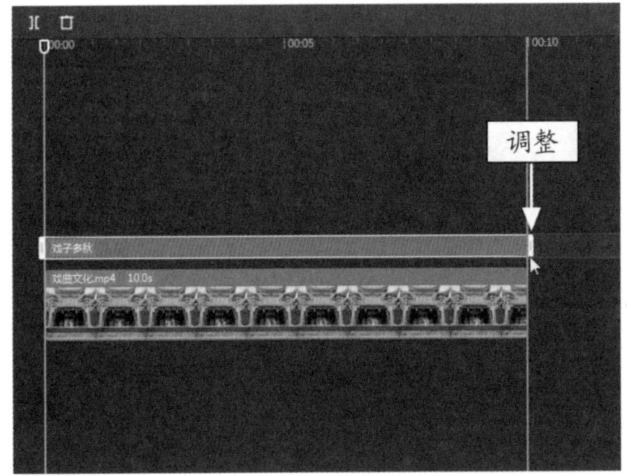

图 11-130　调整文本轨道的长度

STEP 11 单击“动画”按钮，单击“入场”按钮，如图 11-131 所示。

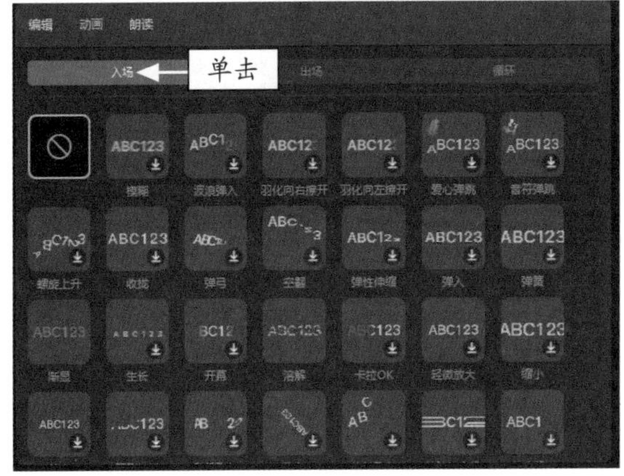

图 11-131　单击“入场”按钮

STEP 12 选择“打字机Ⅱ”选项，如图 11-132 所示。

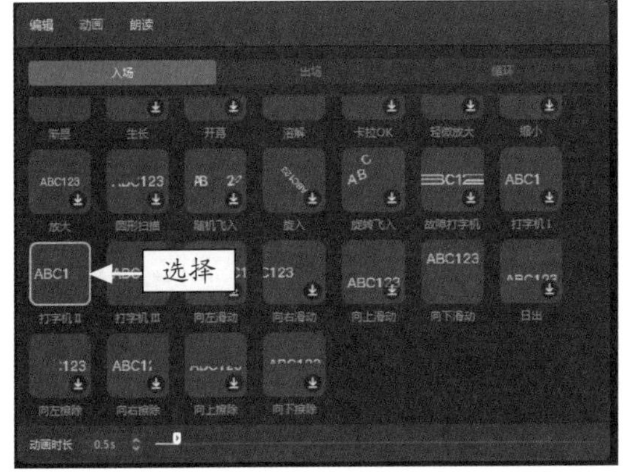

图 11-132　选择“打字机Ⅱ”选项

专家指点

剪映的“打字机Ⅱ”文本动画效果非常好用，可以在视频中模拟出逐字出现的真实打字效果，具有强调文字内容的作用。

STEP 13 在下方调整“动画时长”参数为 3.0s，如图 11-133 所示。

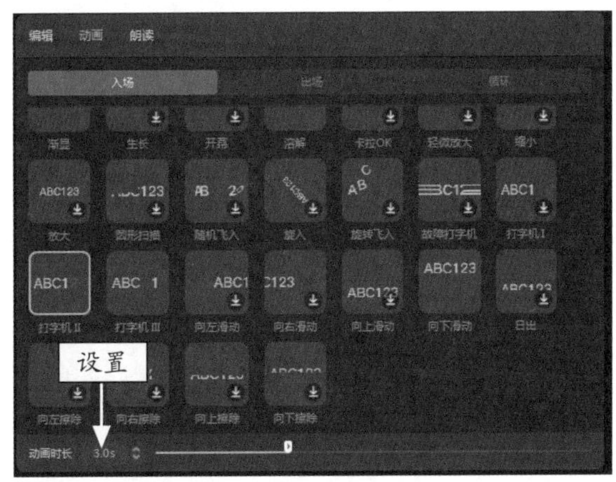

图 11-133　设置入场动画的时长

STEP 14 单击“出场”按钮，如图 11-134 所示。

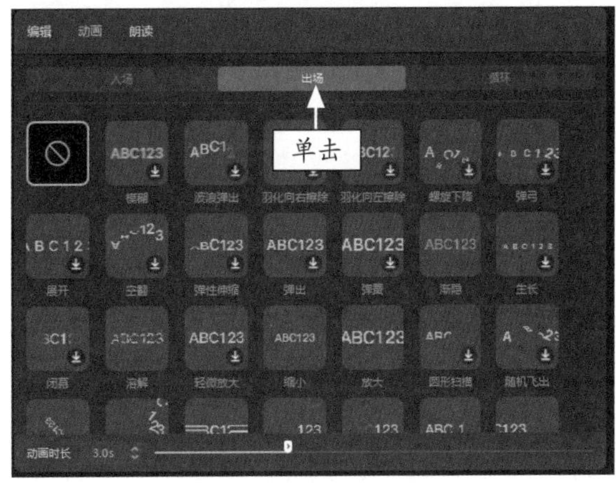

图 11-134　单击“出场”按钮

STEP 15 选择“渐隐”选项，如图 11-135 所示。

STEP 16 ❶将时间指示器拖动至文本入场动画的结束位置；❷按 Ctrl+C 和 Ctrl+V 组合键复制并粘贴制作好的文本效果，如图 11-136 所示。

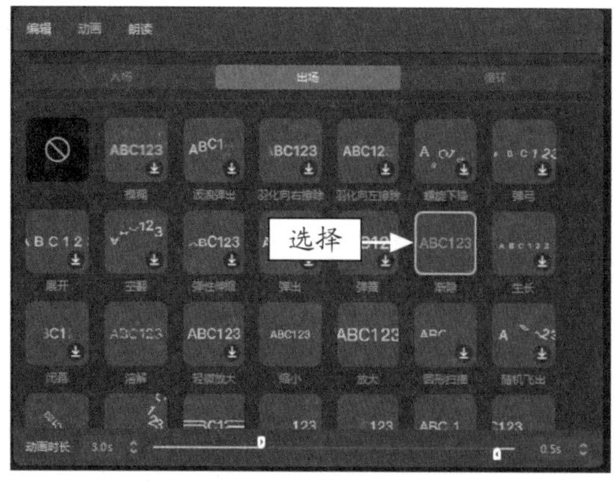

图 11-135　选择“渐隐”选项

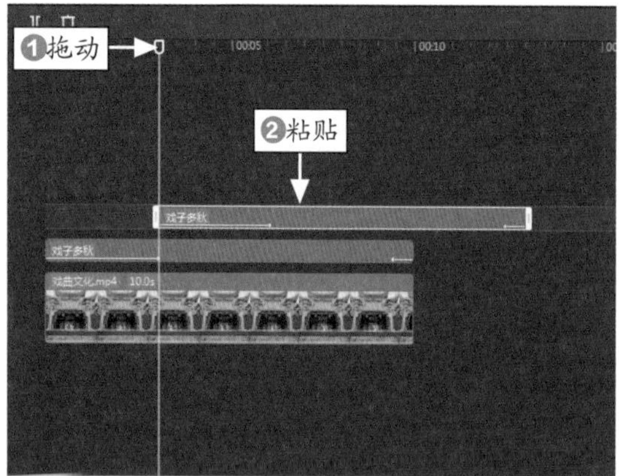

图 11-136　复制并粘贴文本

专家指点

在剪映中为文字添加“渐隐”出场动画效果后，文字会逐渐变成透明状，呈现出慢慢“消失”的效果。

STEP 17 拖动第 2 段文本右侧的白色滑块，适当调整文本时长，如图 11-137 所示。

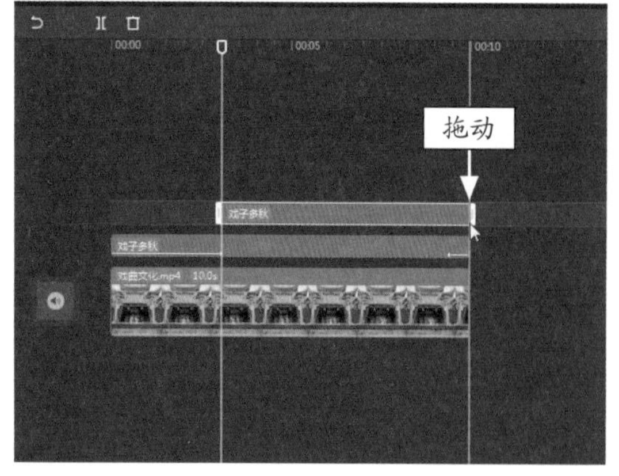

图 11-137　调整文本时长

STEP 18 在“编辑”操作区中修改文字内容，如图 11-138 所示。

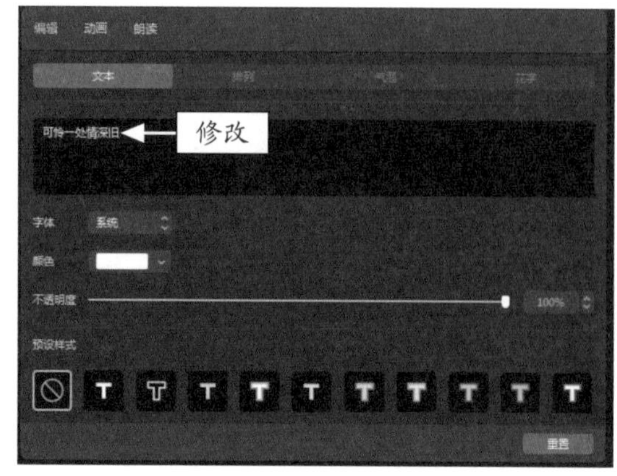

图 11-138　修改文本内容

STEP 19 在预览窗口中调整第 2 段文字的位置，如图 11-139 所示。

图 11-139　调整第 2 段文字的位置

STEP 20 使用上述同样的操作方法，再次复制并粘贴第 3 段文字，适当调整其时长，如图 11-140 所示。

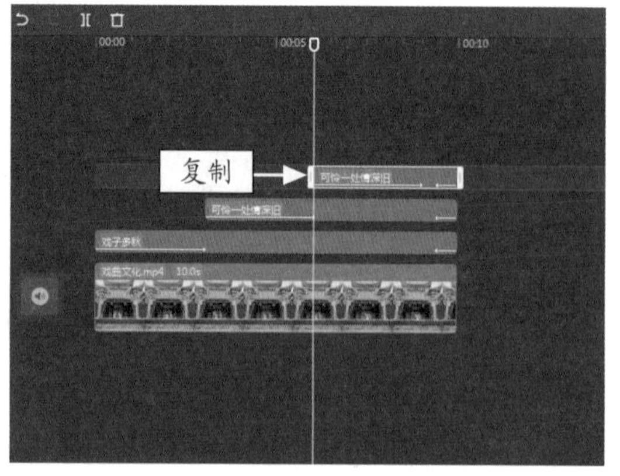

图 11-140　复制并粘贴第 3 段文字

STEP 21 在“编辑”操作区中修改第 3 段文字的内容，如图 11-141 所示。

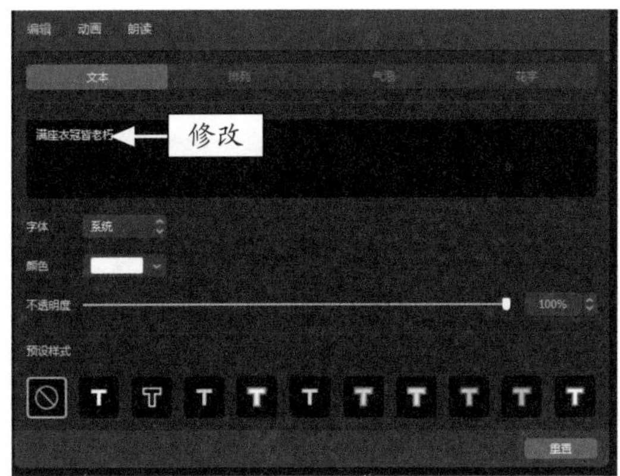

图 11-141　修改第 3 段文字的内容

STEP 22 在预览窗口中调整第 3 段文字的位置，如图 11-142 所示。

图 11-142　调整第 3 段文字的位置

STEP 23 进入“视频”功能区，选择“烟雾飘散”视频素材，如图 11-143 所示。

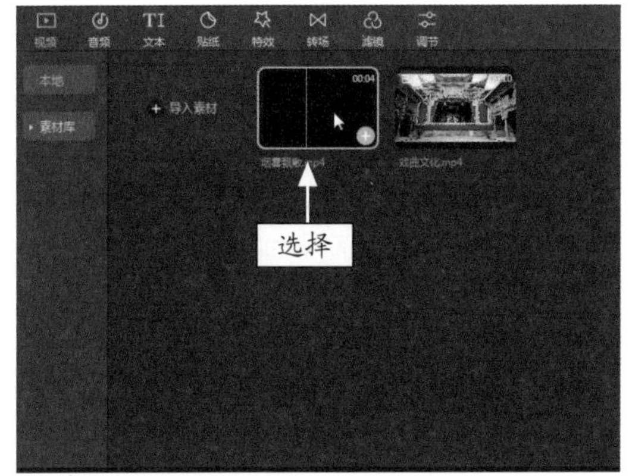

图 11-143　选择“烟雾飘散”视频素材

STEP 24 将“烟雾飘散”视频拖动至画中画轨道中，如图 11-144 所示。

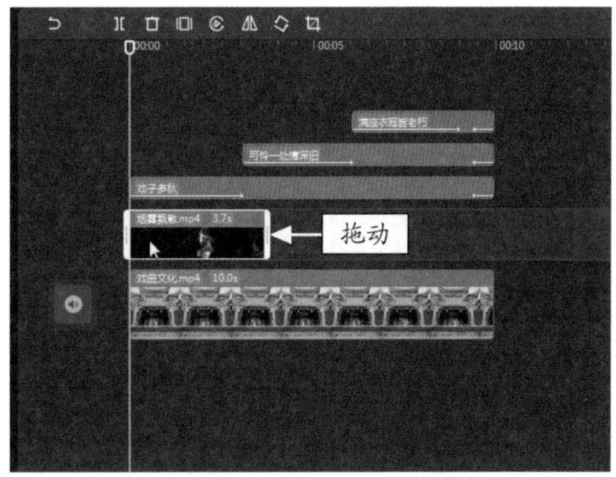

图 11-144　拖动视频至画中画轨道中

专家指点

在剪映电脑版中，主轨道无法直接切换为画中画，视频轨道中至少要保留一段视频，才能将其他视频片段拖动到画中画轨道中。

STEP 25 选择画中画轨道中的素材，在“画面”操作区中，设置“混合模式”为“滤色”，如图 11-145 所示。

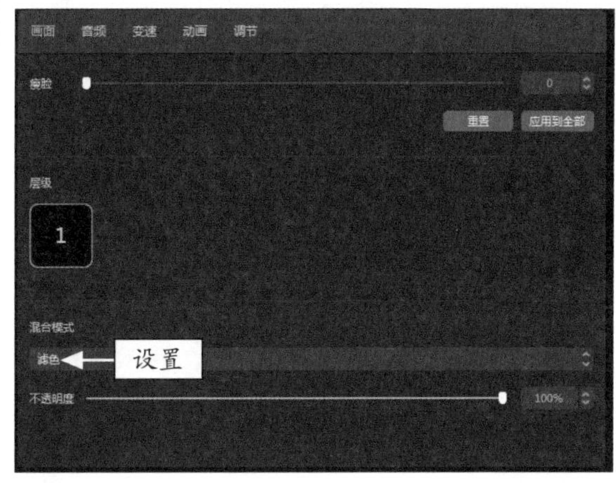

图 11-145　设置“混合模式”为“滤色”

STEP 26 在预览窗口中适当调整画中画素材的大小和位置，使其刚好覆盖第 1 段文字，如图 11-146 所示。

STEP 27 ❶拖动时间指示器至第 2 段文字的开始位置；❷复制画中画轨道中的素材并适当调整其位置，如图 11-147 所示。

图 11-146　调整画中画素材的大小和位置

专家指点

使用剪映的“滤色”混合模式，可以让画中画轨道中的画面变得更亮，从而去掉深色的画面部分，并保留浅色的画面部分。

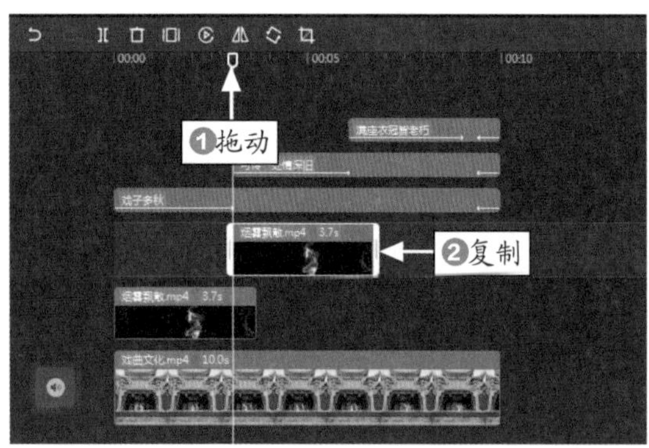

图 11-147　复制画中画素材

STEP 28 在预览窗口中适当调整复制的画中画素材的大小和位置，使其刚好覆盖第 2 段文字，如图 11-148 所示。

图 11-148　调整第 2 段画中画素材

STEP 29 使用同样的操作方法，再次复制和调整画中画轨道中的素材，如图 11-149 所示。

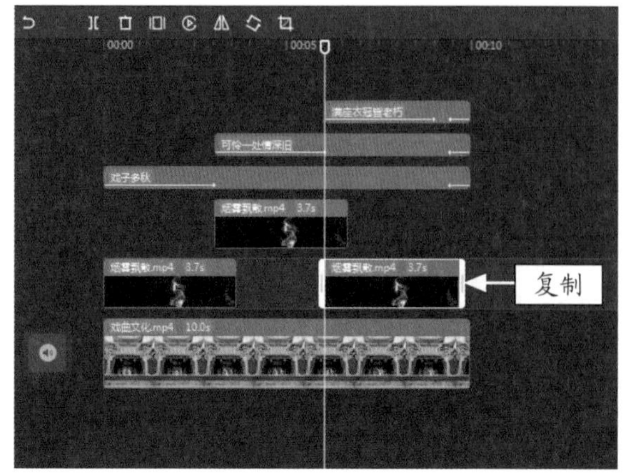

图 11-149　再次复制画中画素材

STEP 30 在预览窗口中调整第 3 段烟雾素材的位置，使其刚好覆盖第 3 段文字，如图 11-150 所示。

图 11-150　调整第 3 段画中画素材

专家指点

在剪辑视频时，一个视频轨道通常只能显示一个画面，两个视频轨道就能制作成两个画面同时显示的画中画特效。如果要制作多画面的画中画，就得用到多个视频轨道了。

STEP 31 在“播放器”面板中单击“播放”按钮▶，即可在预览窗口中播放视频，查看制作的古风烟雾飘散文字效果，如图 11-151 所示。

图 11-151　预览视频效果

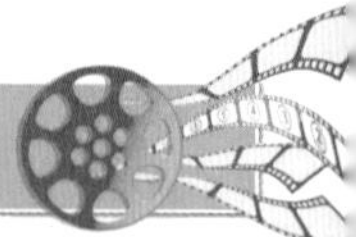

072 制作卡拉 OK 文字效果

利用剪映的歌词识别和文本动画功能，可以制作音乐 MV 中的卡拉 OK 文字效果，具体操作方法如下。

素材文件	素材 \ 第 11 章 \ 风光摄影 .mp4
效果文件	效果 \ 第 11 章 \ 风光摄影 .mp4
视频文件	视频 \ 第 11 章 \072 制作卡拉 OK 文字效果 .mp4

【操练 + 视频】
——制作卡拉 OK 文字效果

STEP 01 在剪映中导入视频素材，如图 11-152 所示。

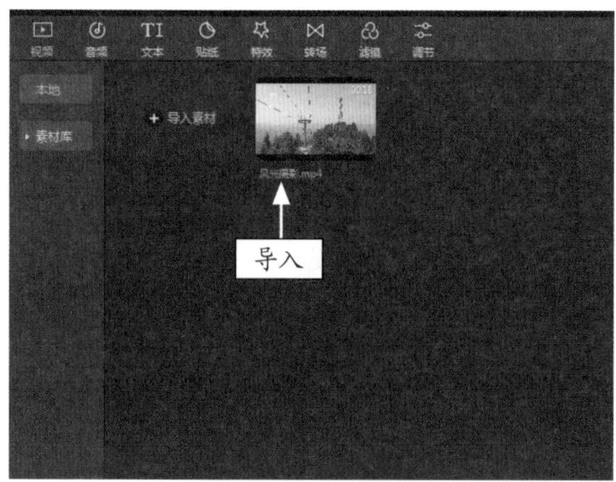

图 11-152 导入视频素材

STEP 02 将视频添加到视频轨道中，如图 11-153 所示。

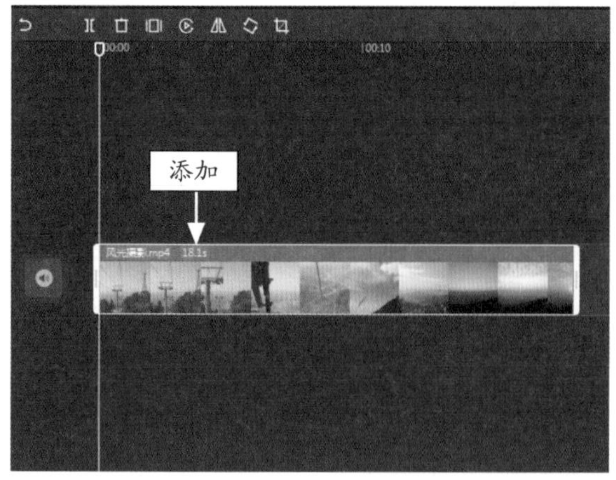

图 11-153 添加视频素材

STEP 03 在音频轨道中添加一首合适的背景音乐，如图 11-154 所示。

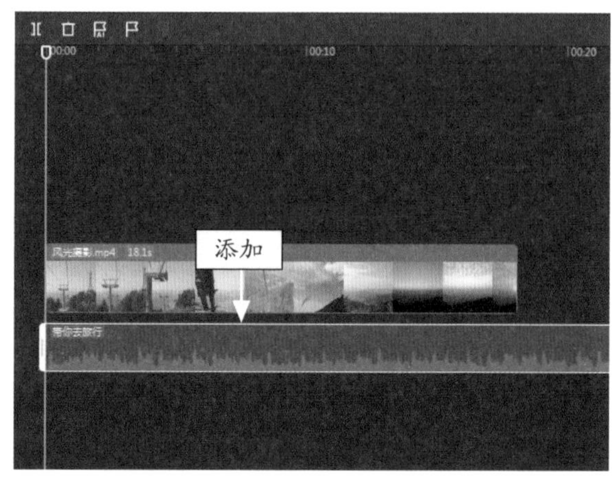

图 11-154 添加背景音乐

STEP 04 将背景音乐的时长与视频时长调整一致，如图 11-155 所示。

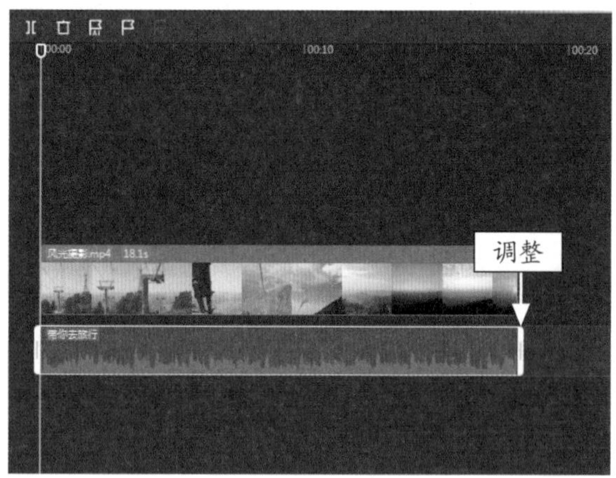

图 11-155 调整音乐时长

STEP 05 在“音频”操作区中，设置“淡出时长”参数为 0.3s，如图 11-156 所示。

STEP 06 在“文本”功能区中，❶单击“识别歌词”按钮；❷单击“开始识别”按钮，如图 11-157 所示。

STEP 07 弹出“歌词识别中”提示框，如图 11-158 所示。

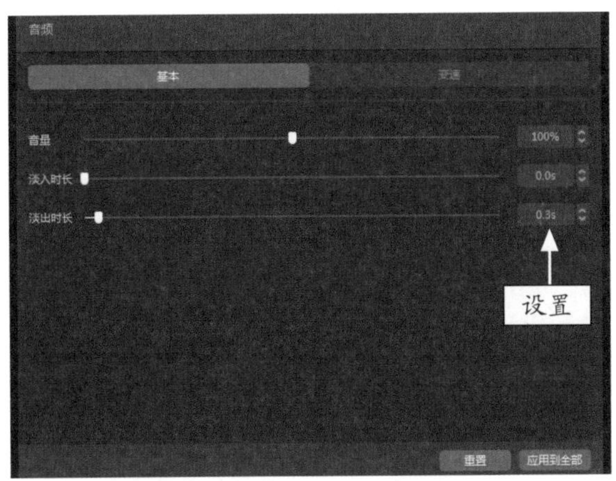

图 11-156　设置“淡出时长”参数

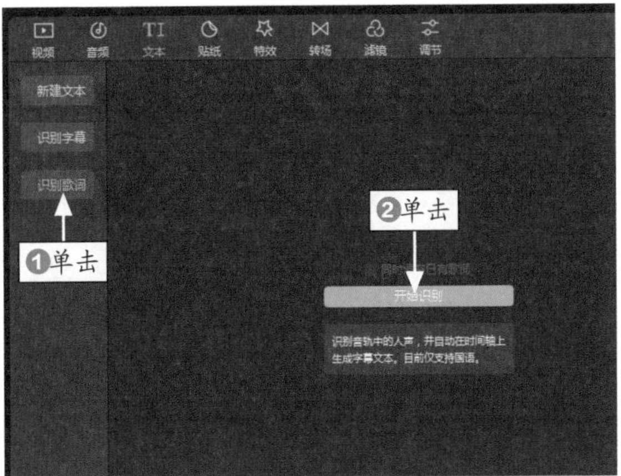

图 11-157　单击“开始识别”按钮

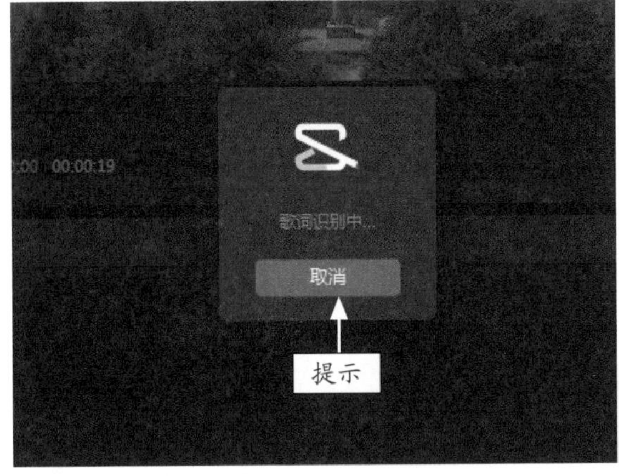

图 11-158　弹出提示框

STEP 08 稍等片刻，即可自动生成对应的歌词字幕，如图 11-159 所示。

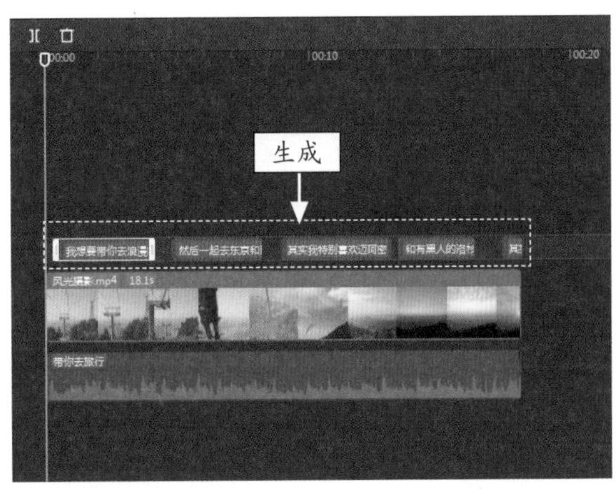

图 11-159　自动生成对应的歌词字幕

STEP 09 选择第 1 段文本，在“编辑”操作区中，单击“气泡”按钮，如图 11-160 所示。

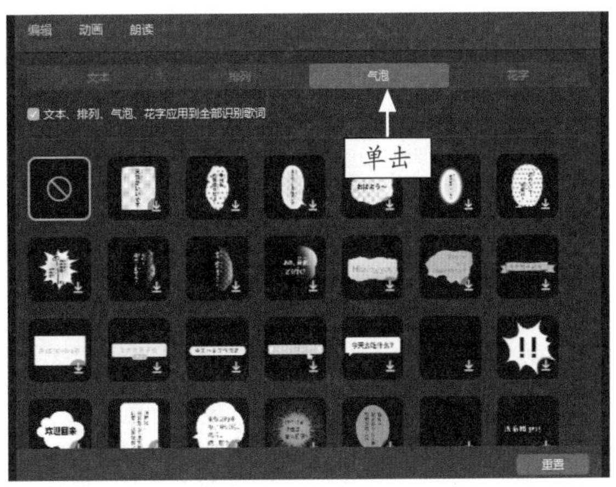

图 11-160　单击“气泡”按钮

STEP 10 选择一个相应的气泡模板，如图 11-161 所示。

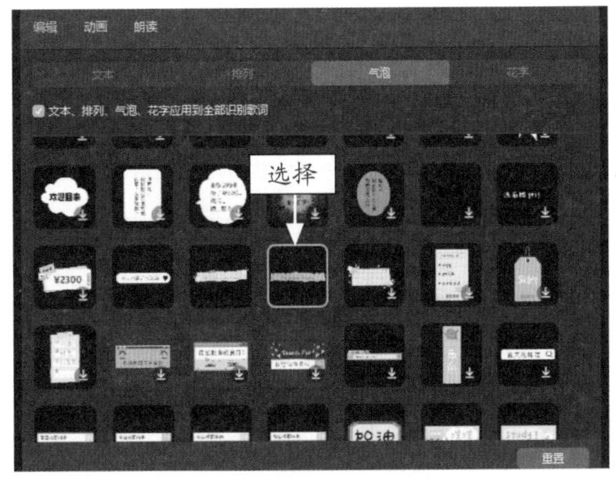

图 11-161　选择一个气泡模板

STEP 11 在预览窗口中，适当调整文字的大小和位置，如图 11-162 所示。

图 11-162 适当调整文字的大小和位置

STEP 12 单击“动画”按钮，单击“入场”按钮，如图 11-163 所示。

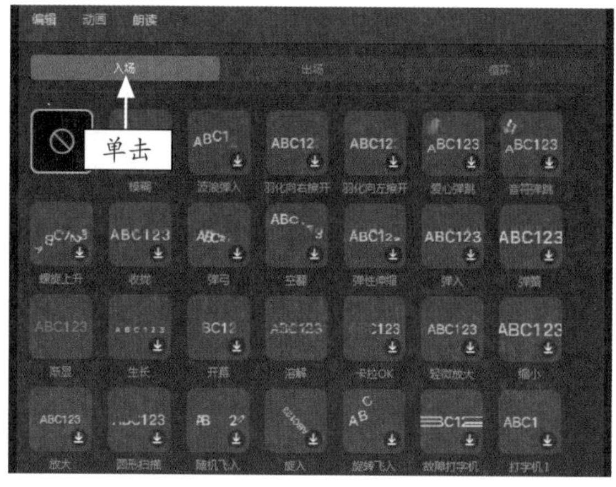

图 11-163 单击“入场”按钮

STEP 13 ❶选择“卡拉 OK”选项；❷将“动画时长”设置为最长，如图 11-164 所示。

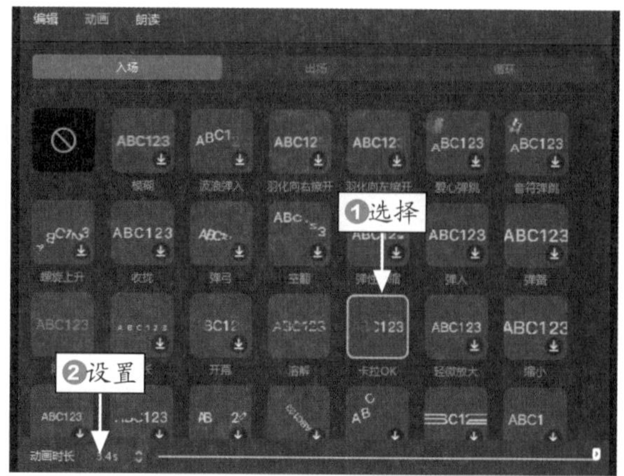

图 11-164 将“动画时长”设置为最长

STEP 14 使用同样的操作方法，为其他的歌词内容添加“卡拉 OK”文本动画效果，如图 11-165 所示。

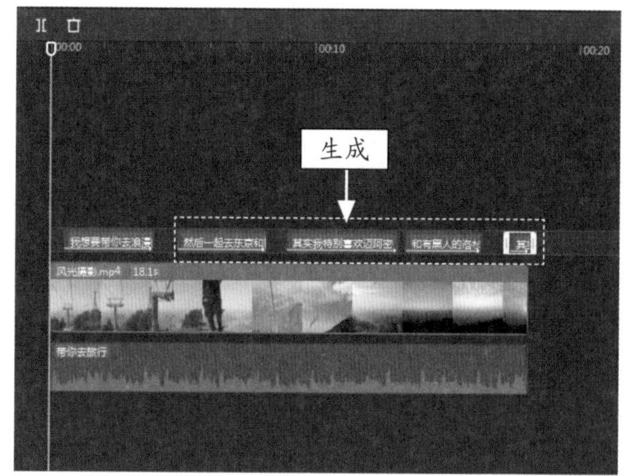

图 11-165 添加“卡拉 OK”文本动画效果

专家指点

使用剪映的“卡拉 OK”文本动画，可以制作出像真实卡拉 OK 中一样的字幕动画效果，歌词字幕会根据音乐节奏一个字接着一个字地慢慢变换颜色。

STEP 15 播放预览视频，查看制作的卡拉 OK 文字效果，如图 11-166 所示。

图 11-166 预览视频效果

图 11-166　预览视频效果（续）

第12章

照片变视频：制作动态的相册视频

章前知识导读

用一张张照片也能制作多种火爆的短视频。本章将通过剪映为读者介绍制作多款动态相册视频的方法，让你轻松学会用照片制作短视频，提高你的创作能力，让短视频产生更强的冲击力。

新手重点索引

- 《幸福恋人》成为别人羡慕的情侣
- 《青春记忆》我还是从前那个少年
- 《动态写真》朋友圈创意九宫格玩法
- 《滚屏影集》向左移动过渡切换照片

效果图片欣赏

可爱宝宝

073 《幸福恋人》成为别人羡慕的情侣

使用剪映的"滤色"混合模式合成功能，同时加上"悠悠球"和"碎块滑动Ⅱ"视频动画，以及各种氛围特效等功能，可以将两张照片制作成浪漫温馨的短视频，下面介绍具体的操作方法。

	素材文件	素材\第 12 章\"幸福恋人"文件夹
	效果文件	效果\第 12 章\幸福恋人.mp4
	视频文件	视频\第 12 章\073《幸福恋人》成为别人羡慕的情侣.mp4

【操练 + 视频】
——《幸福恋人》成为别人羡慕的情侣

STEP 01 在剪映中导入两张照片素材和一个视频素材，如图 12-1 所示。

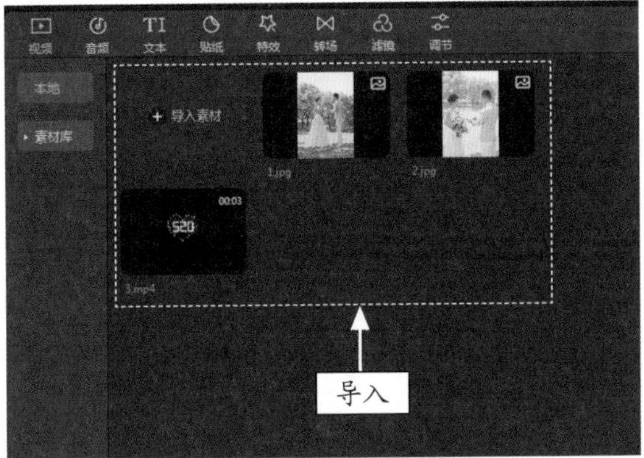

图 12-1　导入素材

STEP 02 将两张照片素材添加到视频轨道中，如图 12-2 所示。

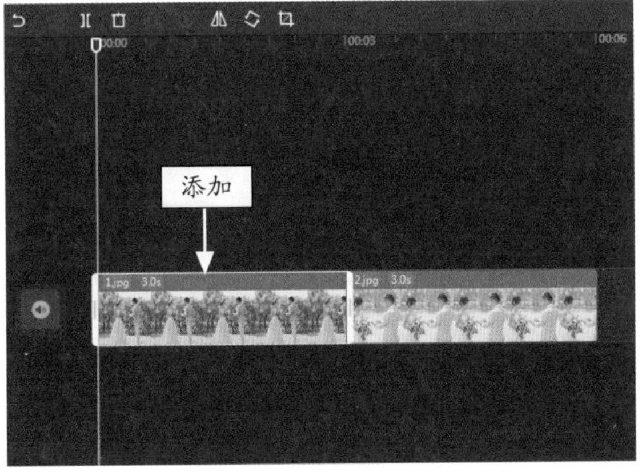

图 12-2　添加照片素材

STEP 03 将视频素材添加到画中画轨道中的结尾处，如图 12-3 所示。

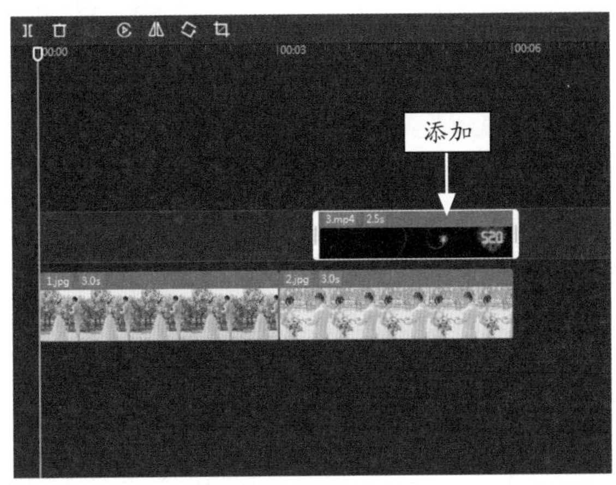

图 12-3　将视频素材添加到画中画轨道

STEP 04 选择画中画轨道中的视频素材，❶单击"画面"按钮；❷设置"混合模式"为"滤色"，如图 12-4 所示。

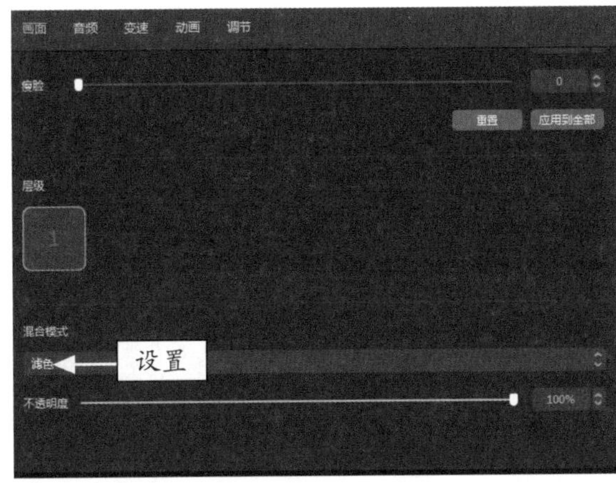

图 12-4　设置"混合模式"

STEP 05 在预览窗口中，可以查看合成的画面效果，如图 12-5 所示。

STEP 06 在视频轨道中，选择第 1 个素材文件，如图 12-6 所示。

图 12-5　查看合成的画面效果

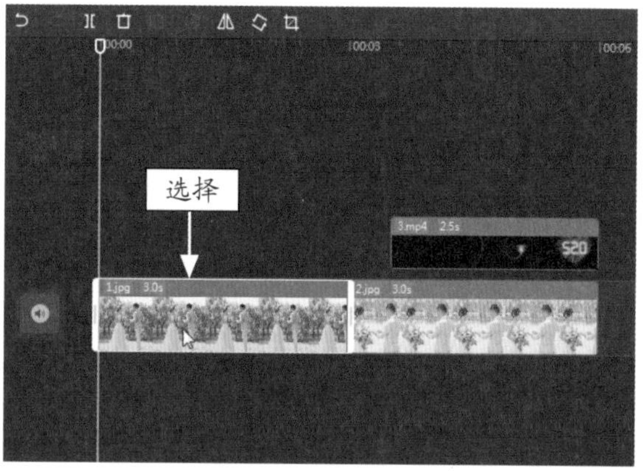

图 12-6　选择第 1 个素材文件

STEP 07 ❶单击“动画”按钮；❷在“组合”选项卡中选择“悠悠球”选项，添加动画效果，如图 12-7 所示。

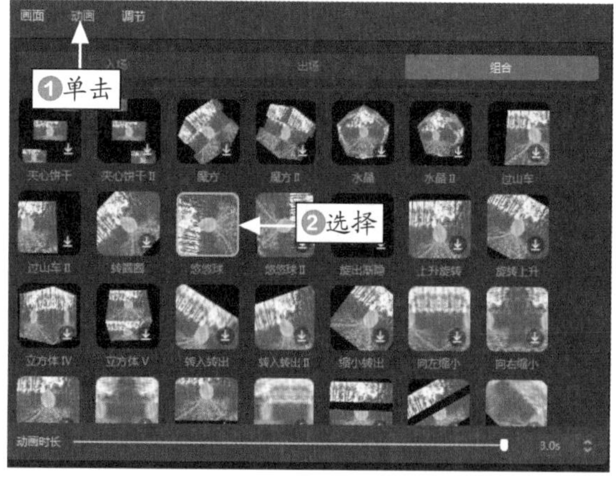

图 12-7　选择“悠悠球”选项

STEP 08 在视频轨道中，选择第 2 个素材文件，如图 12-8 所示。

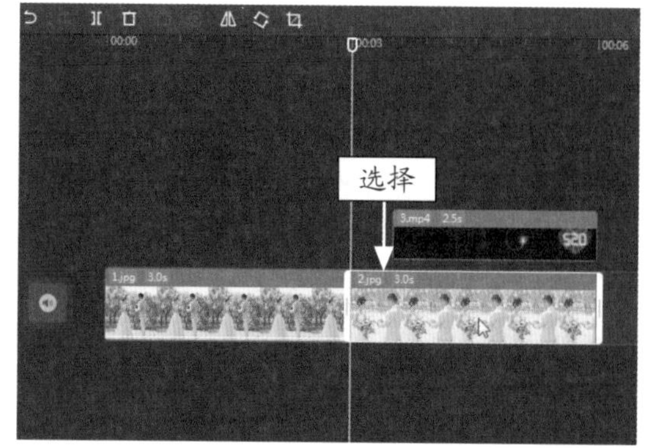

图 12-8　选择第 2 个素材文件

STEP 09 ❶单击“动画”按钮；❷在“组合”选项卡中选择“碎块滑动Ⅱ”选项，添加动画效果，如图 12-9 所示。

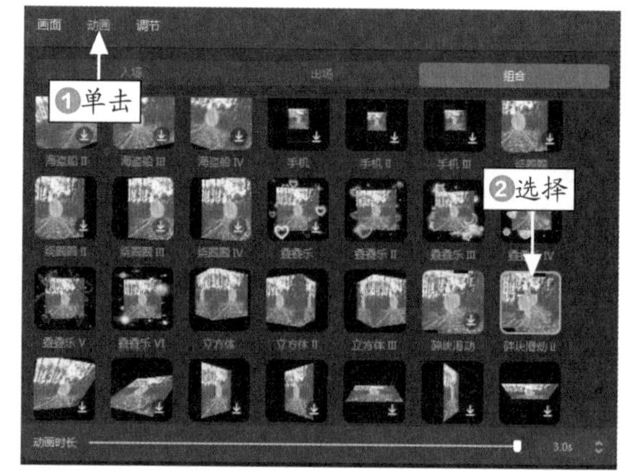

图 12-9　选择“碎块滑动Ⅱ”选项

STEP 10 ❶单击“特效”按钮；❷在“氛围”选项卡中选择“飘落闪粉”选项，如图 12-10 所示。

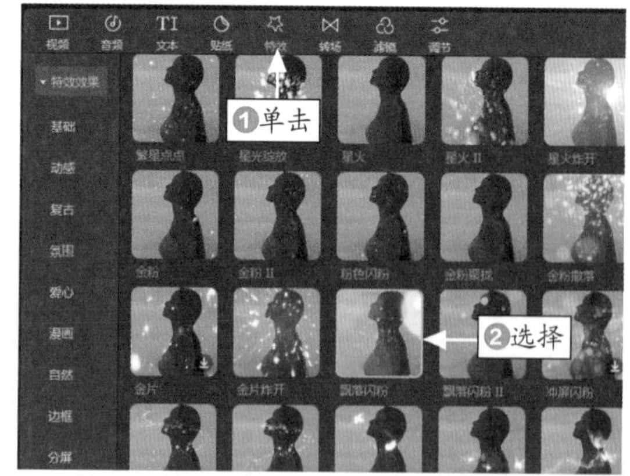

图 12-10　选择“飘落闪粉”选项

STEP 11 单击添加按钮，为第 1 个素材文件添加“飘落闪粉”特效，如图 12-11 所示。

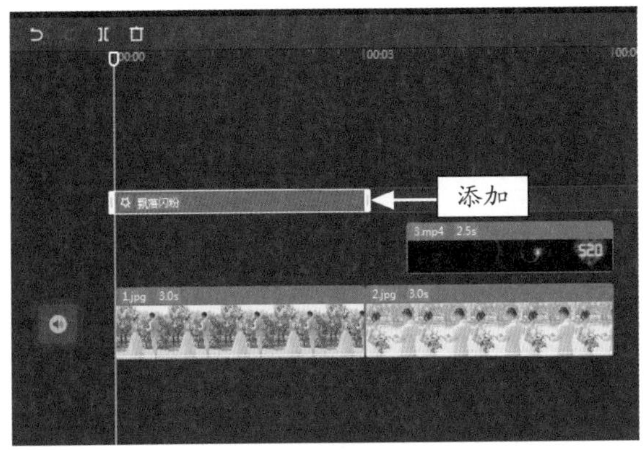

图 12-11　添加“飘落闪粉”特效

STEP 12 将时间指示器拖动至第 2 个照片素材的开始位置处，①单击“特效”功能区的“爱心”选项卡；②单击“爱心缤纷”特效中的添加按钮，如图 12-12 所示。

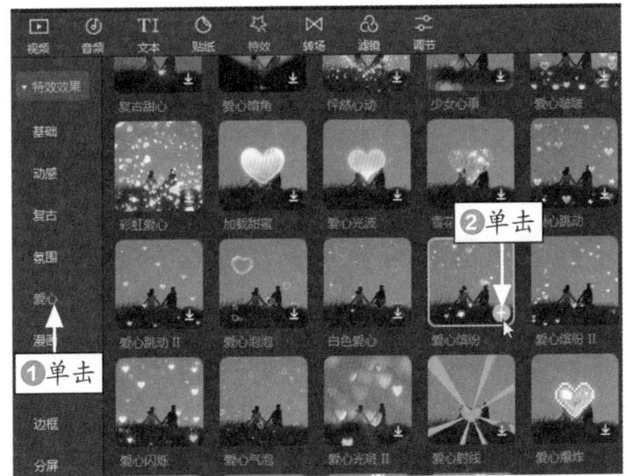

图 12-12　单击“爱心缤纷”特效的添加按钮

STEP 13 执行操作后，即可为第 2 个素材文件添加“爱心缤纷”特效，如图 12-13 所示。

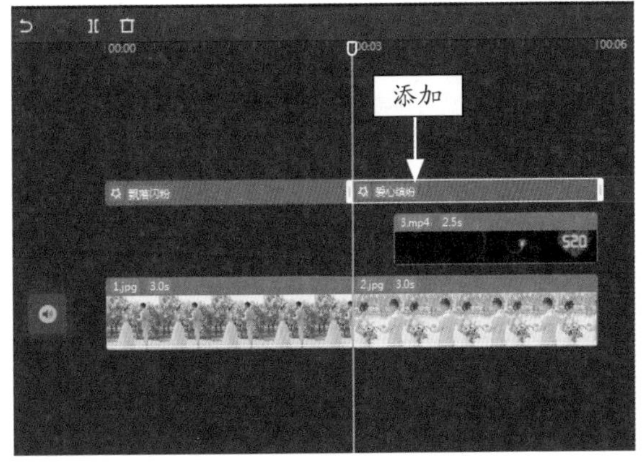

图 12-13　添加“爱心缤纷”特效

STEP 14 在音频轨中添加合适的背景音乐，如图 12-14 所示。

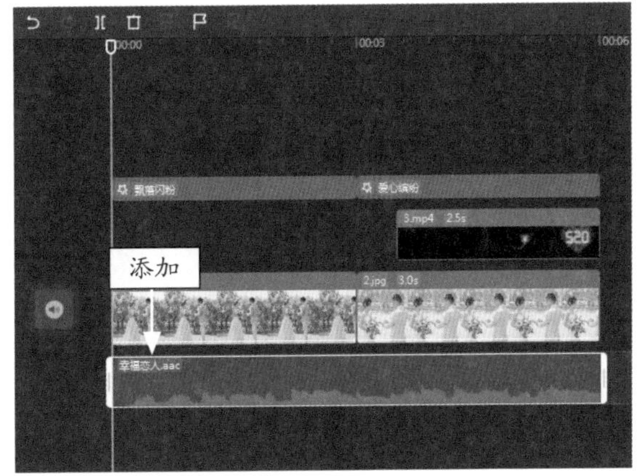

图 12-14　添加背景音乐

STEP 15 在预览窗口中播放视频，查看制作的视频效果，如图 12-15 所示。

图 12-15　预览视频效果

图 12-15　预览视频效果（续）

074《青春记忆》我还是从前那个少年

《少年》这首歌曲长期占据着各大短视频和音乐平台的热门排行榜。它以其高亢的歌声、动听的旋律以及充满正能量的歌词，引发了无数网友的共鸣。下面就来教读者使用这首歌曲作为背景音乐制作一个关于青春回忆的短视频，具体操作方法如下。

	素材文件	素材 \ 第 12 章 \“青春记忆”文件夹
	效果文件	效果 \ 第 12 章 \ 青春记忆 .mp4
	视频文件	视频\第 12 章\074《青春记忆》我还是从前那个少年 .mp4

【操练 + 视频】
——《青春记忆》我还是从前那个少年

STEP 01 在剪映中导入多张照片素材和背景音乐素材，如图 12-16 所示。

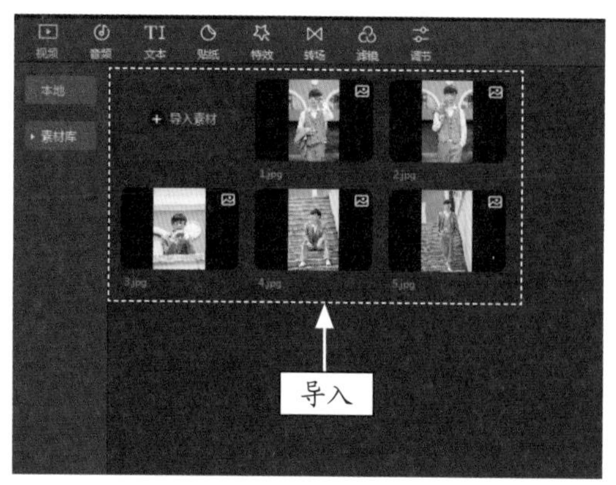

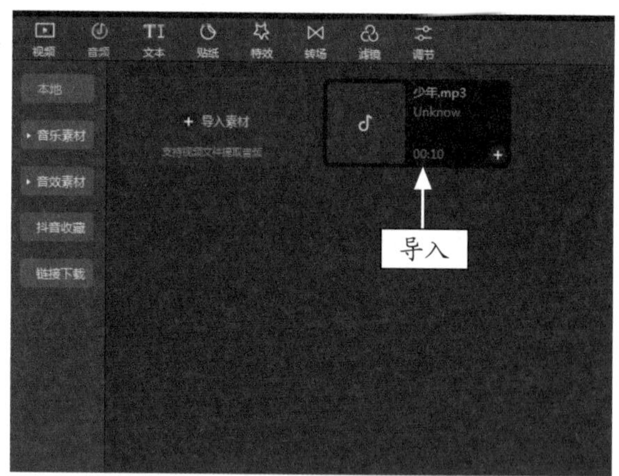

图 12-16　导入照片素材和背景音乐素材

STEP 02 将照片素材和背景音乐素材分别添加到视频轨道和音频轨道中，如图 12-17 所示。

STEP 03 在视频轨道中，❶将第 1 个素材文件的时长调整为 3.5s 左右；❷将其他素材文件的时长调整为 1.6s 左右，如图 12-18 所示。

STEP 04 在视频轨道中，选择第 1 个素材文件，如图 12-19 所示。

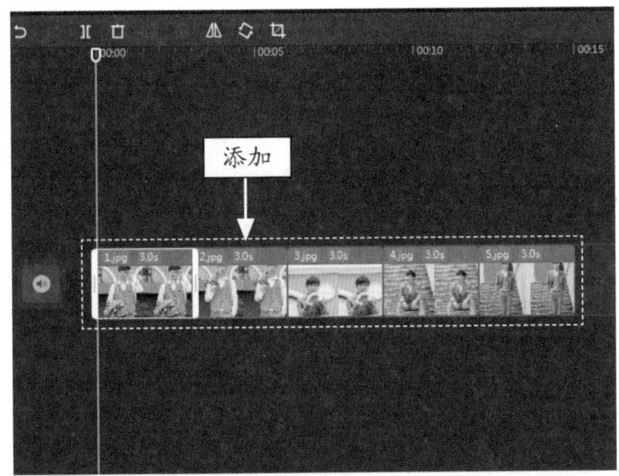

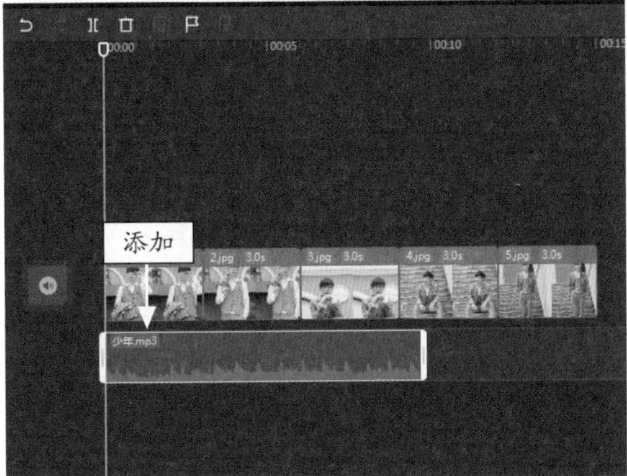

图 12-17　添加照片素材和背景音乐素材

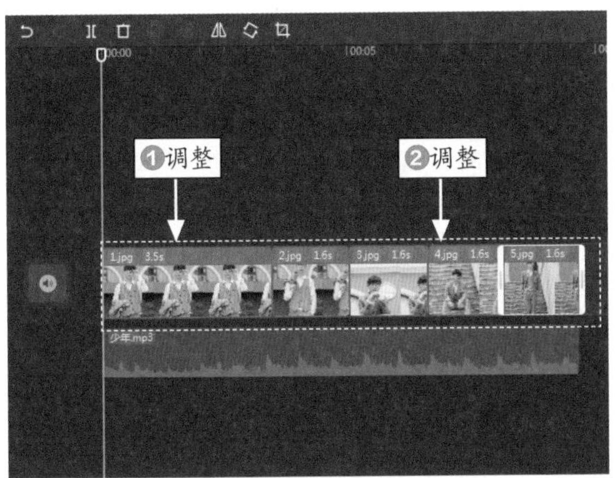

图 12-18　调整素材文件的时长

STEP 05 ❶单击“动画”按钮；❷在“入场”选项卡中选择“缩小”选项，添加动画效果，如图 12-20 所示。

STEP 06 分别选择后面的 4 个素材文件，为其添加“向左下甩入”入场动画，如图 12-21 所示。

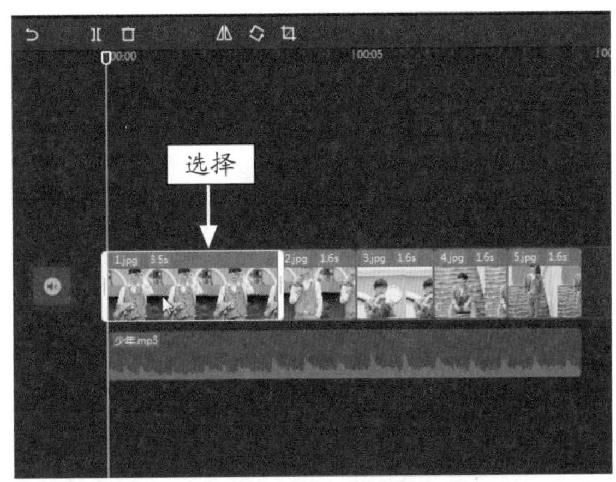

图 12-19　选择第 1 个素材文件

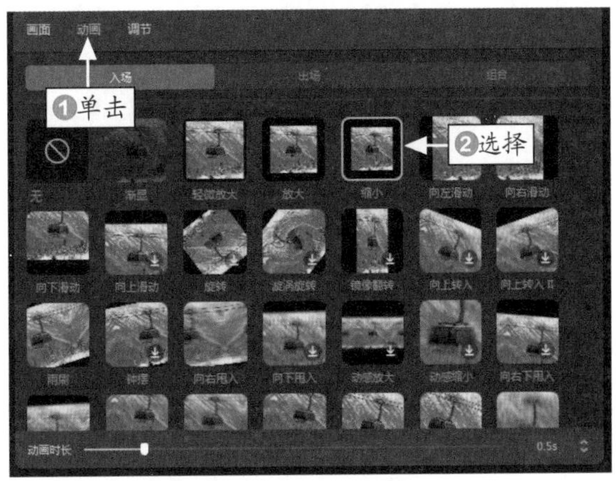

图 12-20　选择“缩小”选项

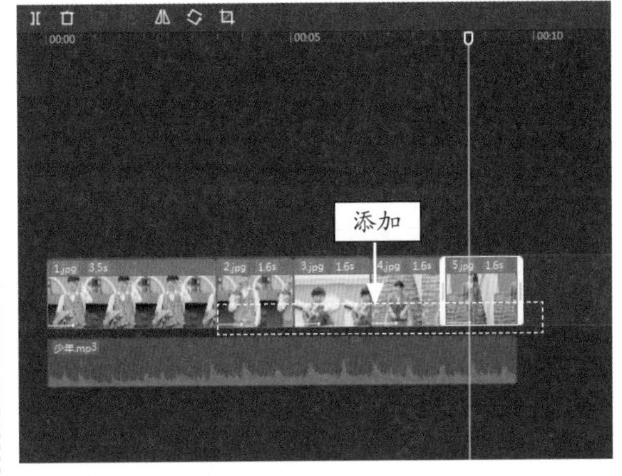

图 12-21　添加“向左下甩入”入场动画

专家指点

在剪映中，用户不仅可以使用“转场”功能来实现素材与素材之间的切换，也可以利

专家指点

用“动画”功能实现素材与素材之间的切换。“动画”功能能够让各个素材之间的连接更加紧密，获得更流畅和平滑的过渡效果，从而让短视频作品显得更加专业。

STEP 07 将时间指示器拖动至开始位置处，❶单击“特效”按钮；❷在“基础”选项卡中单击“变清晰”特效中的添加按钮，如图 12-22 所示。

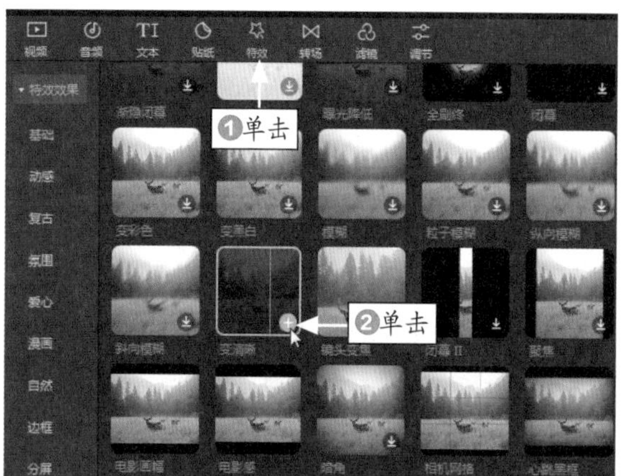

图 12-22　单击“变清晰”特效中的添加按钮

STEP 08 将其添加到第 1 个素材文件的上方，并将时长调整一致，如图 12-23 所示。

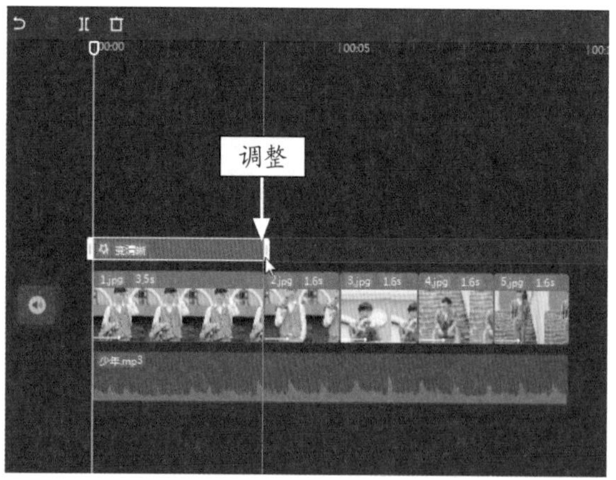

图 12-23　调整“变清晰”特效时长

STEP 09 在“特效”功能区中，❶单击“氛围”选项卡；❷单击“星火”特效中的添加按钮，如图 12-24 所示。

STEP 10 将“星火”特效添加到第 2 个素材文件的上方，并将时长调整一致，如图 12-25 所示。

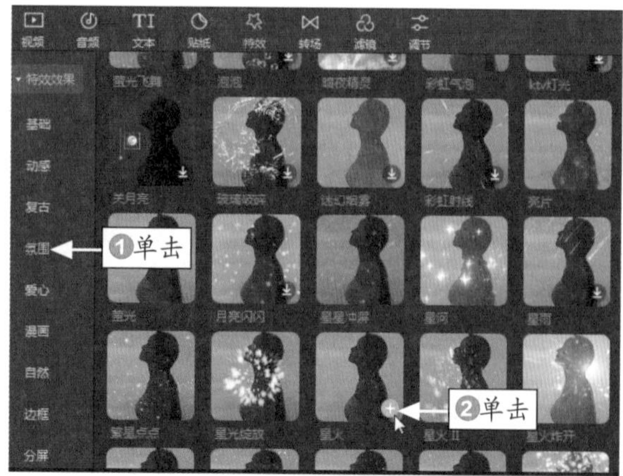

图 12-24　单击“星火”添加按钮

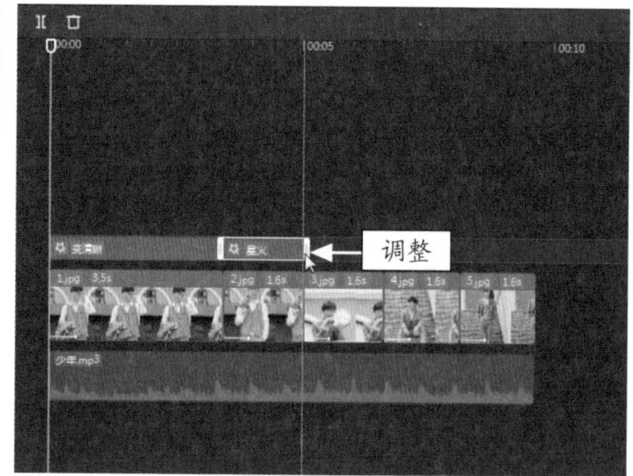

图 12-25　调整“星火”特效时长

STEP 11 复制多个“星火”特效，并将其粘贴到其他素材文件的上方，如图 12-26 所示。

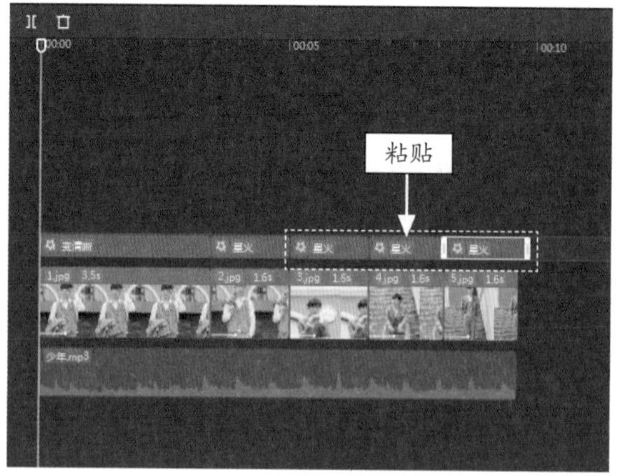

图 12-26　复制并粘贴特效

STEP 12 ❶单击“文本”按钮；❷单击“识别歌词”选项卡；❸单击“开始识别”按钮，如图 12-27 所示。

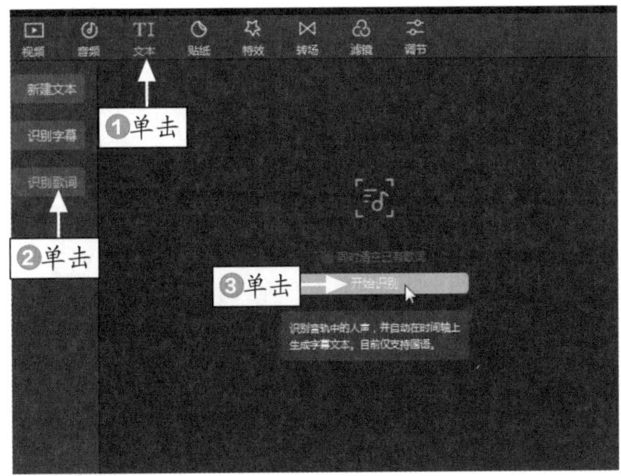

图 12-27　单击“开始识别”按钮

STEP 13 稍等片刻，即可自动生成对应的歌词字幕，如图 12-28 所示。

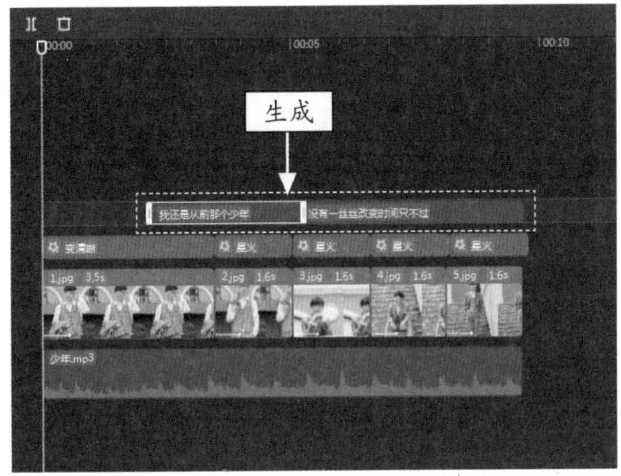

图 12-28　生成歌词字幕

STEP 14 选择文本，❶单击“编辑”按钮；❷在“花字”选项卡中选择相应的花字模板，如图 12-29 所示。

STEP 15 在预览窗口中适当调整歌词的位置，如图 12-30 所示。

STEP 16 ❶单击“动画”按钮；❷在“入场”选项卡中选择“收拢”选项；❸将“动画时长”设置为 1.0s，如图 12-31 所示。

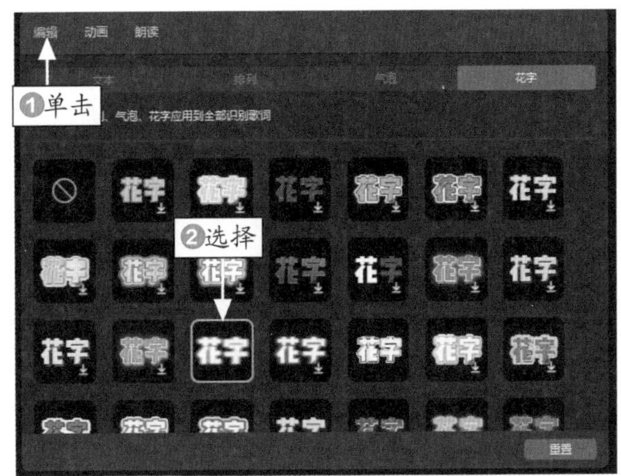

图 12-29　选择相应的花字模板

图 12-30　调整歌词位置

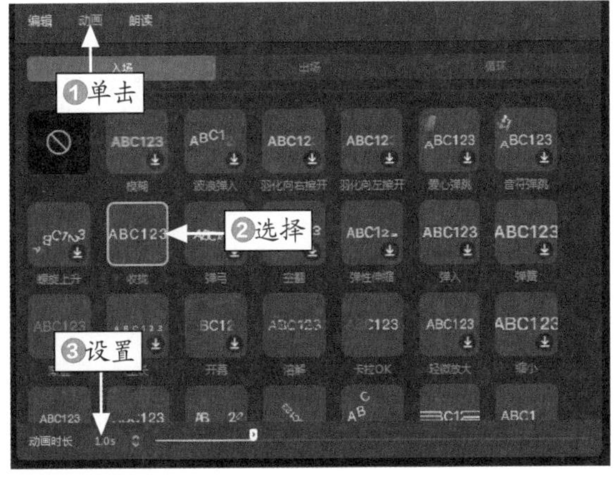

图 12-31　设置“动画时长”参数

STEP 17 为所有的歌词字幕添加文本动画效果。播放预览视频，随着歌曲节奏的变化，视频画面中出现了动态的照片切换效果，如图 12-32 所示。

图 12-32　预览视频效果

075 《动态写真》朋友圈创意九宫格玩法

使用剪映的“滤色”混合模式，同时加上各种特效、贴纸和视频动画等功能，可以制作出创意十足的朋友圈九宫格动态写真视频效果，下面介绍具体的操作方法。

	素材文件	素材 \ 第 12 章 \“动态写真”文件夹
	效果文件	效果 \ 第 12 章 \ 动态写真 1.mp4、动态写真 2.mp4
	视频文件	视频 \ 第 12 章 \075 《动态写真》朋友圈创意九宫格玩法 .mp4

【操练 + 视频】
——《动态写真》朋友圈创意九宫格玩法

STEP 01 在微信朋友圈中发布 9 张纯黑色的图片，同时将朋友圈封面也设置为纯黑色的图片并截图，如图 12-33 所示。

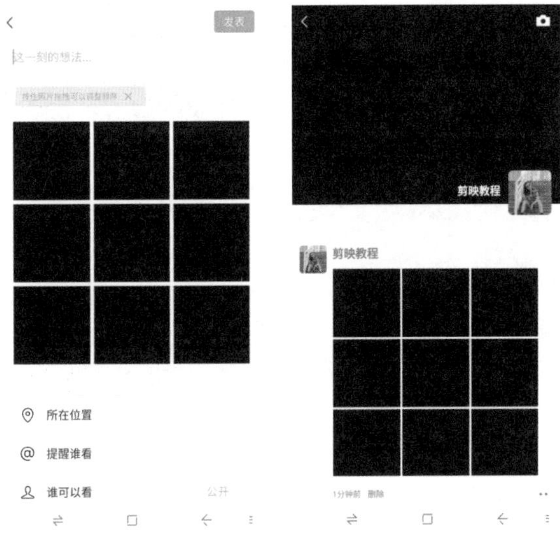

图 12-33　发布朋友圈后进行截图

STEP 02 在剪映中导入 1 张照片素材，如图 12-34 所示。

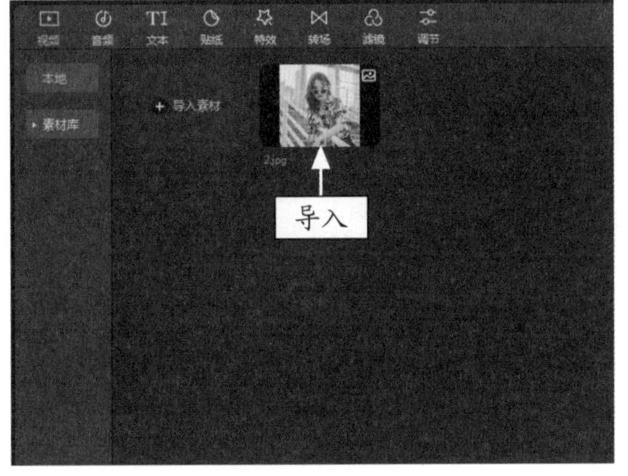

图 12-34　导入照片素材

STEP 03 将其添加到视频轨道中，将时长调整为 6.0s，如图 12-35 所示。

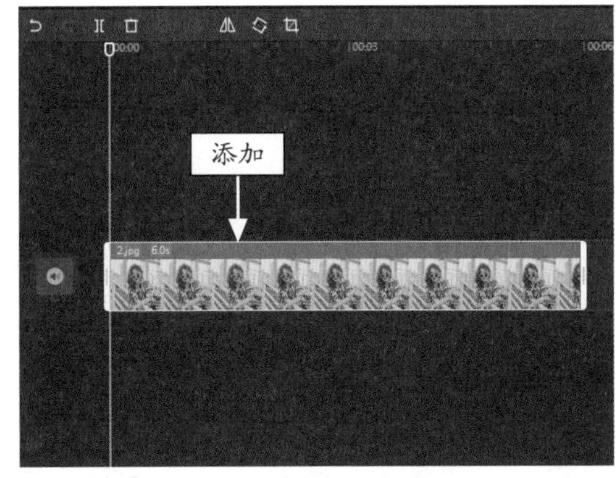

图 12-35　添加素材并调整时长

STEP 04 在中间位置处对视频轨道进行分割处理，如图 12-36 所示。

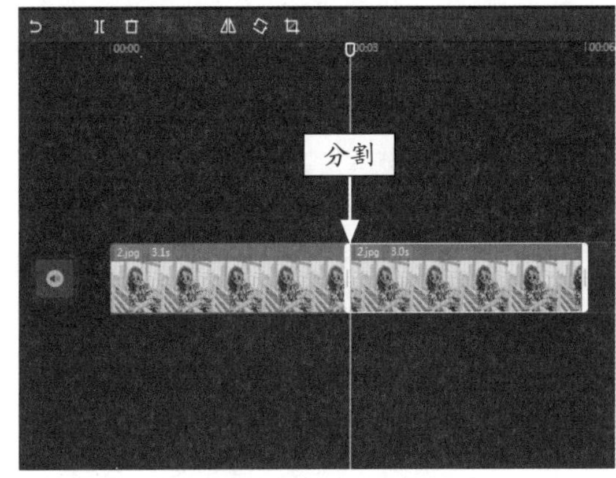

图 12-36　分割视频轨道

STEP 05 ❶单击“特效”按钮；❷在“基础”选项卡中选择“模糊”选项，如图 12-37 所示。

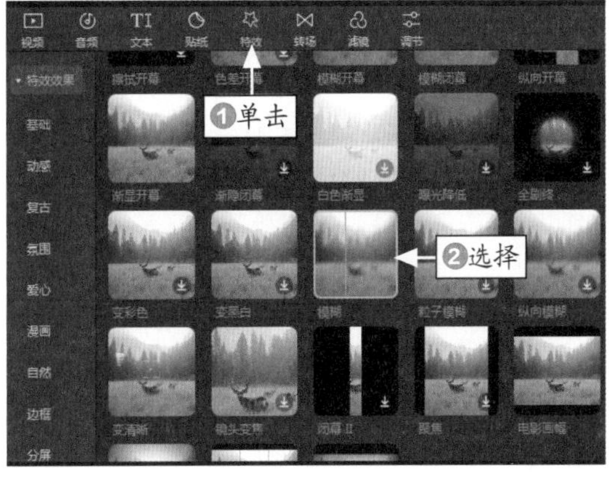

图 12-37　选择“模糊”选项

> **专家指点**
>
> 用户可以打开手机中的照相机，用一块黑布将摄像头遮挡住，当屏幕变黑时，点击拍摄按钮，即可得到黑底的照片素材。

STEP 06 将“模糊”特效添加到第 1 个素材文件的上方，并适当调整特效时长，如图 12-38 所示。

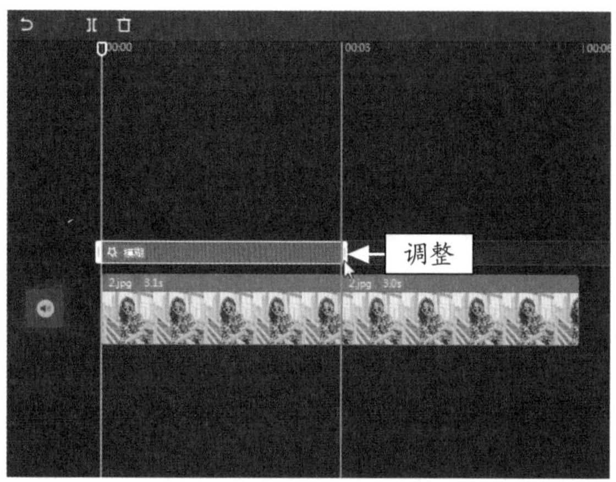

图 12-38　调整特效的时长

STEP 07 ❶单击“贴纸”按钮；❷在“爱心”选项卡中选择一个爱心贴纸，如图 12-39 所示。

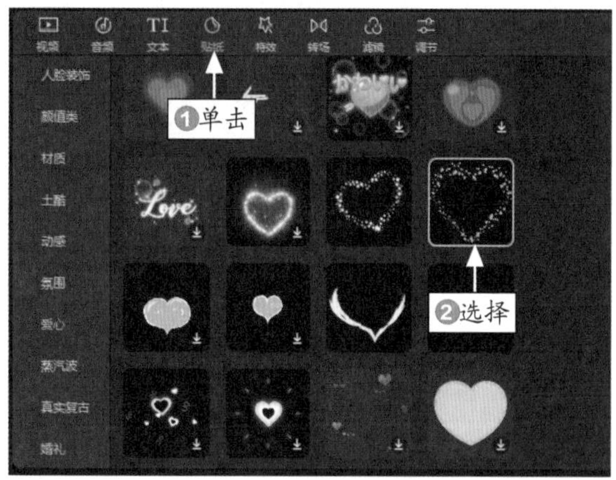

图 12-39　选择一个爱心贴纸

STEP 08 将爱心贴纸添加到第 1 个素材文件的上方，如图 12-40 所示。

STEP 09 在视频轨道中，选择第 2 个素材文件，如图 12-41 所示。

STEP 10 ❶单击“动画”按钮；❷在“入场”选项卡中选择“向右下甩入”选项，添加动画效果，如图 12-42 所示。

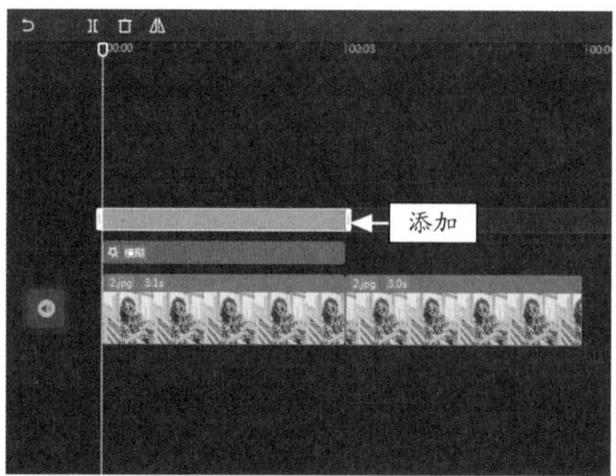

图 12-40　添加爱心贴纸

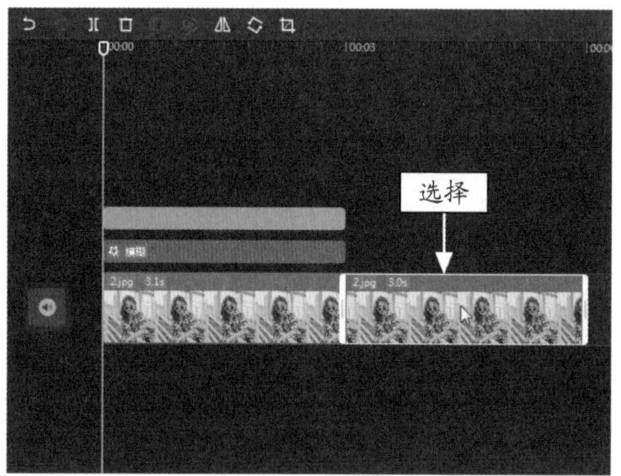

图 12-41　选择第 2 个素材文件

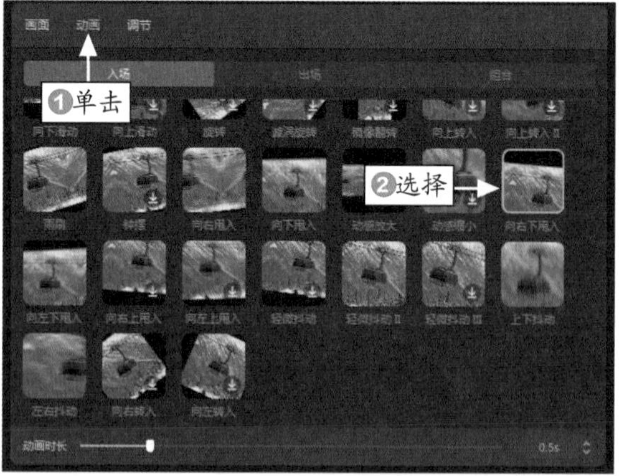

图 12-42　选择“向右下甩入”选项

STEP 11 ❶单击“特效”按钮；❷在“氛围”选项卡中选择“金粉”选项，如图 12-43 所示。

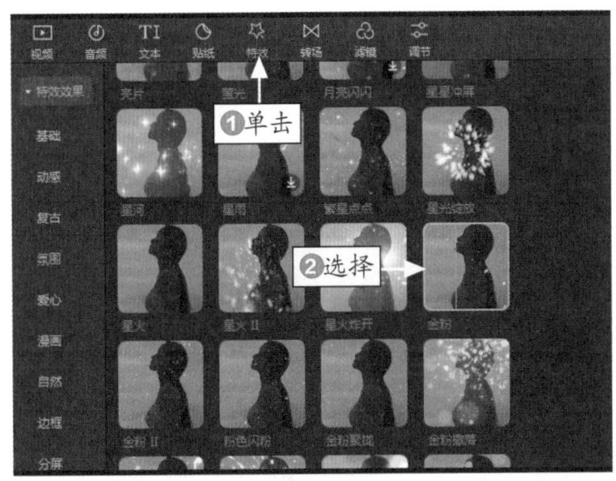

图 12-43　选择“金粉”选项

STEP 12 在第2个素材文件的上方添加“金粉”特效，如图 12-44 所示。

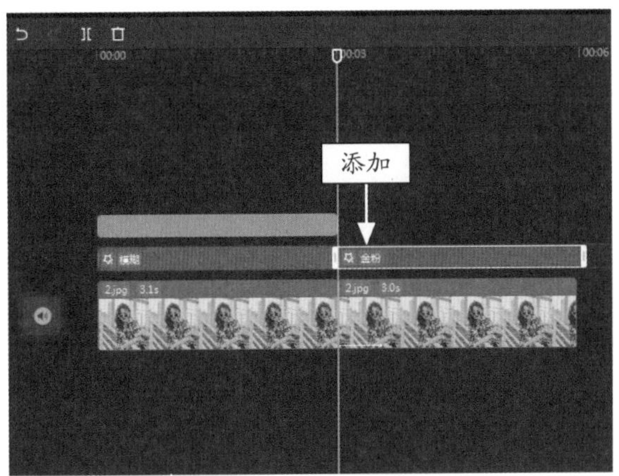

图 12-44　添加“金粉”特效

STEP 13 单击“导出”按钮，如图 12-45 所示。

图 12-45　单击“导出”按钮

STEP 14 弹出“导出”对话框，在“作品名称”右侧的文本框中，❶输入相应的名称；❷单击“浏览”按钮，如图 12-46 所示。

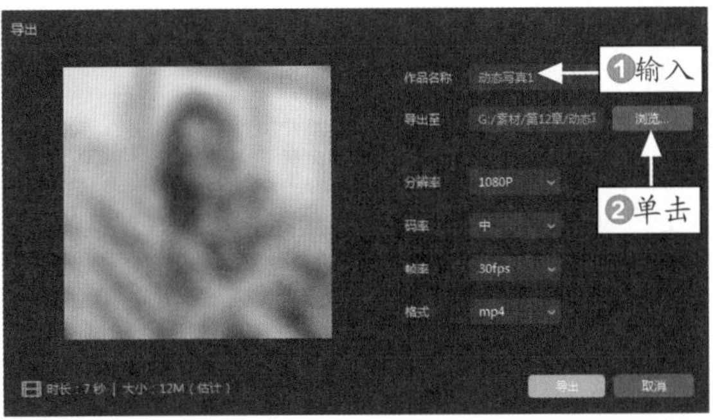

图 12-46　单击“浏览”按钮

STEP 15 弹出“请选择导出路径”对话框，在其中设置视频保存的位置，单击“选择文件夹”按钮，如图 12-47 所示。

图 12-47　单击“选择文件夹”按钮

STEP 16 返回“导出”对话框，单击“导出”按钮，如图 12-48 所示。

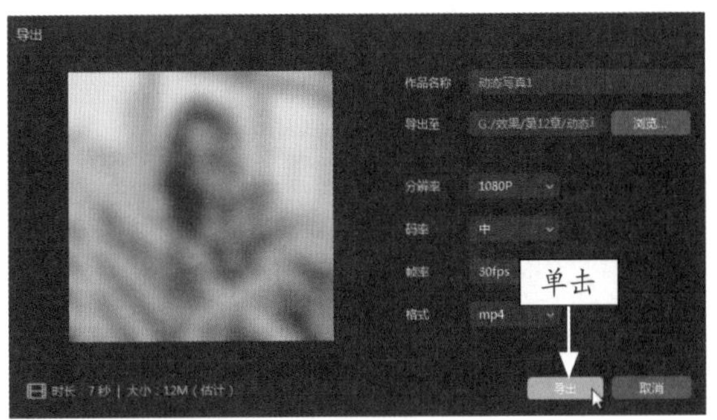

图 12-48　单击“导出”按钮

STEP 17 稍等片刻即可完成导出，单击“关闭”按钮，如图 12-49 所示。

图 12-49　单击“关闭”按钮

STEP 18 在界面左上角，选择“菜单”|“文件”|“新建草稿”命令，如图 12-50 所示。

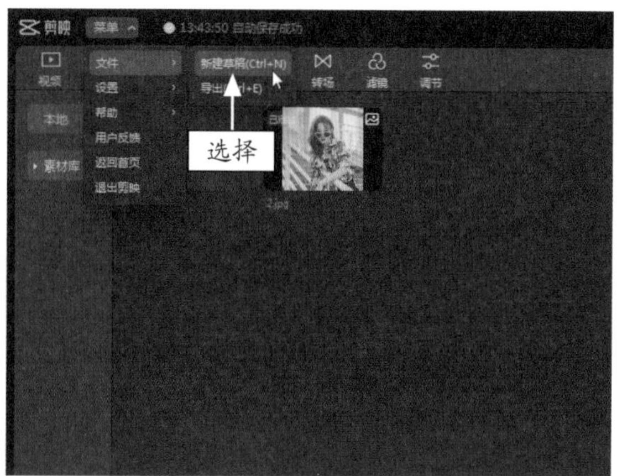

图 12-50　选择“新建草稿”命令

STEP 19 弹出信息提示框，单击“确认”按钮，如图 12-51 所示。

图 12-51　单击“确认”按钮

STEP 20 执行操作后，即可新建一个空白草稿，在“视频”功能区中，单击“导入素材”按钮，如图 12-52 所示。

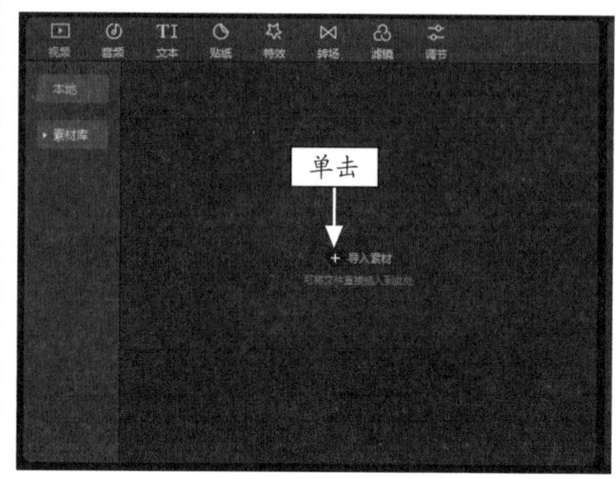

图 12-52　单击“导入素材”按钮

STEP 21 弹出“请选择媒体资源”对话框，❶选择前面导出的视频素材；❷单击“打开”按钮，如图 12-53 所示。

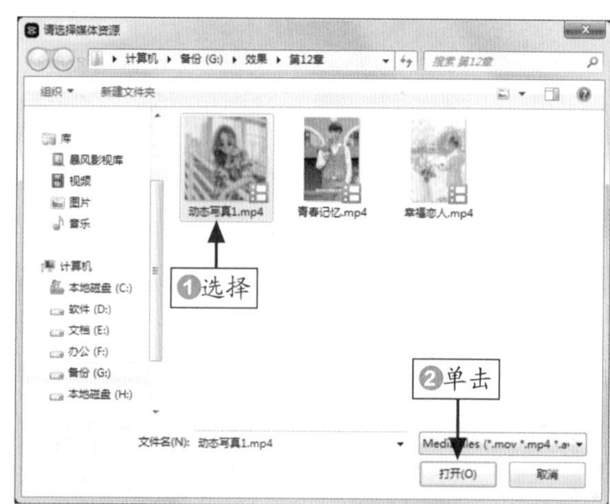

图 12-53　单击“打开”按钮

STEP 22 执行操作后，❶在“视频”功能区中导入制作好的视频素材；❷单击“导入素材”按钮，如图 12-54 所示。

STEP 23 弹出“请选择媒体资源”对话框，❶选择截屏的朋友圈图片；❷单击“打开”按钮，如图 12-55 所示。

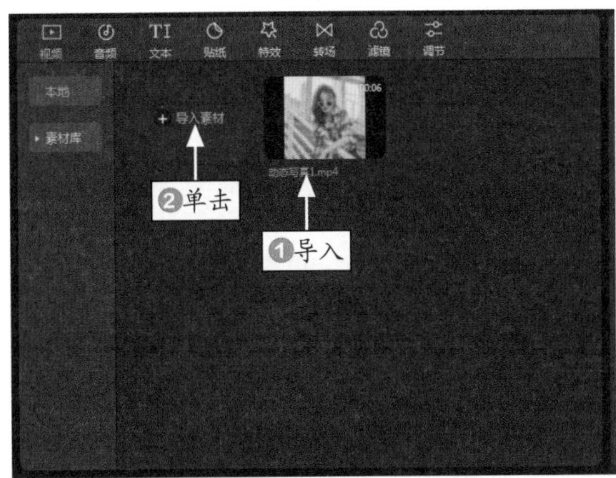

图 12-54　单击“导入素材”按钮

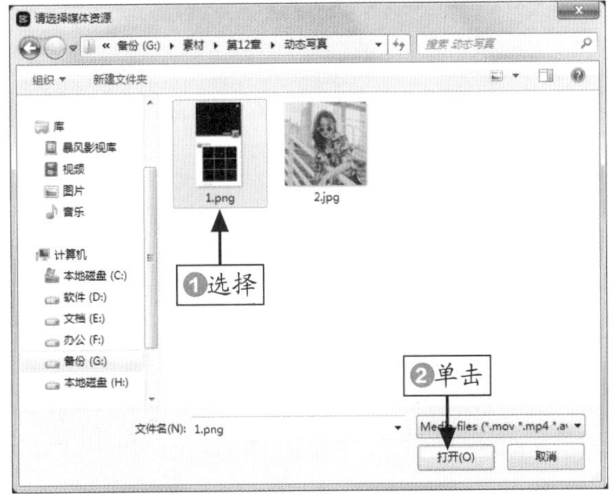

图 12-55　单击“打开”按钮

STEP 24 ❶导入截屏的朋友圈图片；❷单击图片素材中的添加按钮，如图 12-56 所示。

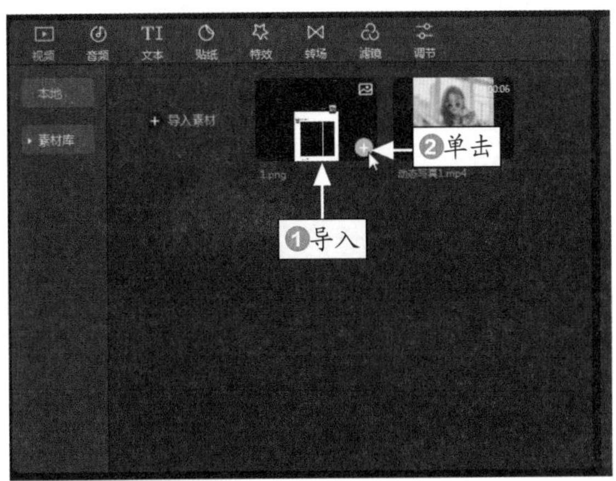

图 12-56　单击图片素材中的添加按钮

STEP 25 将朋友圈截屏图片添加到主视频轨道中，如图 12-57 所示。

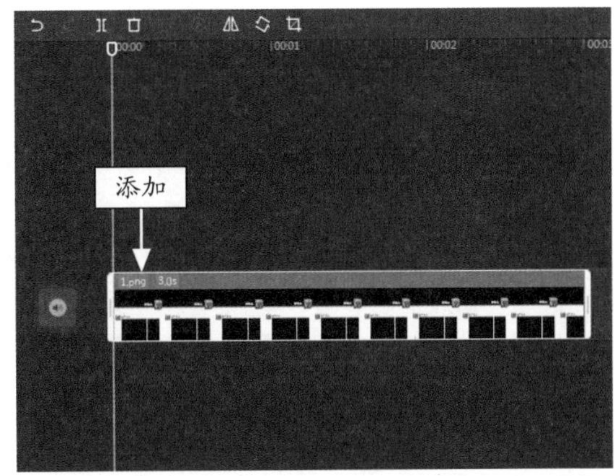

图 12-57　添加朋友圈截屏图片

STEP 26 将做好的视频素材添加至画中画轨道中，如图 12-58 所示。

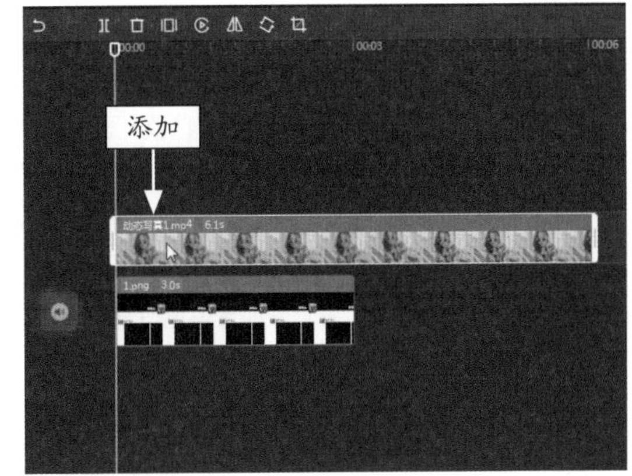

图 12-58　将视频添加至画中画轨道中

STEP 27 在预览窗口中，适当调整视频画面的大小和位置，使其刚好覆盖九宫格照片区域，如图 12-59 所示。

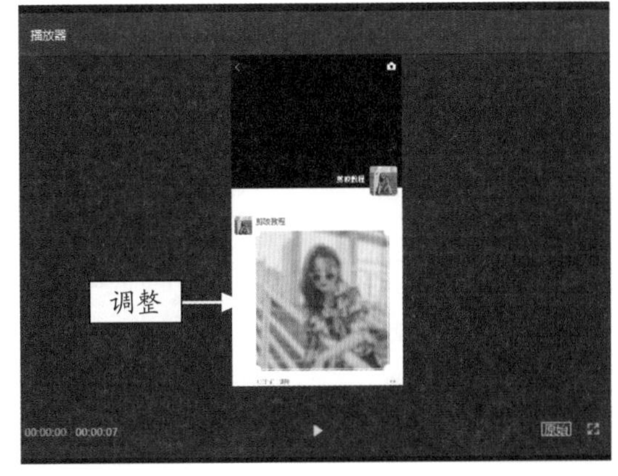

图 12-59　调整视频画面的大小和位置

STEP 28 ❶单击“画面”按钮；❷设置“混合模式”为“滤色”，如图 12-60 所示。

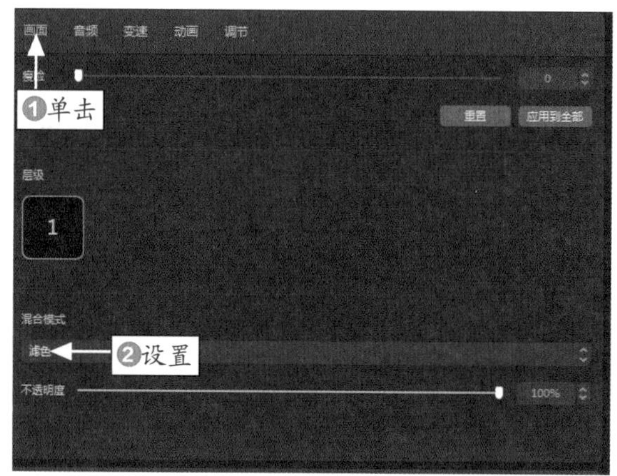

图 12-60　设置“混合模式”

STEP 29 在预览窗口中，可以查看合成的视频画面，如图 12-61 所示。

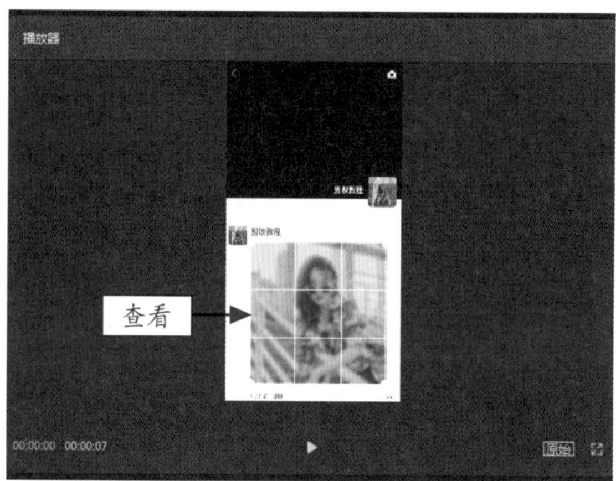

图 12-61　查看合成的视频画面

STEP 30 复制画中画轨道中的视频素材，将其粘贴至第 2 个画中画轨道中的相同位置处，如图 12-62 所示。

STEP 31 在预览窗口中适当调整视频画面的大小和位置，如图 12-63 所示。

STEP 32 选择视频轨道上的图片素材，拖动素材右侧的白色滑块，将其时长与视频素材的时长调整一致，如图 12-64 所示。

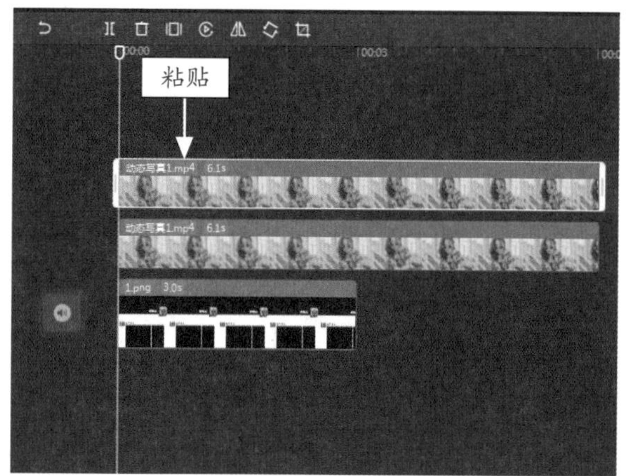

图 12-62　复制并粘贴画中画素材

图 12-63　调整视频画面的大小和位置

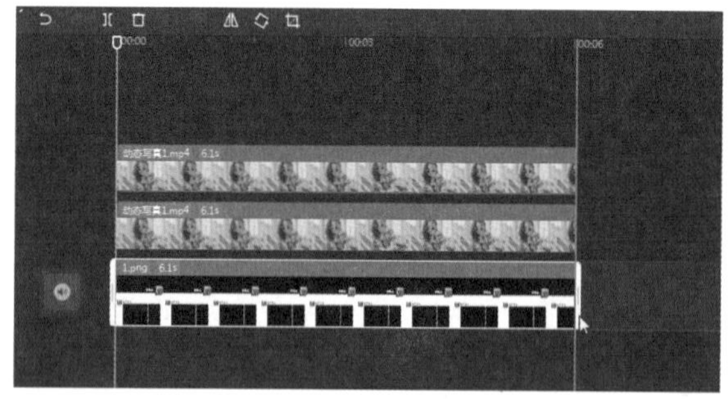

图 12-64　调整图片素材的时长

STEP 33 添加合适的背景音乐，播放预览视频，效果如图 12-65 所示。

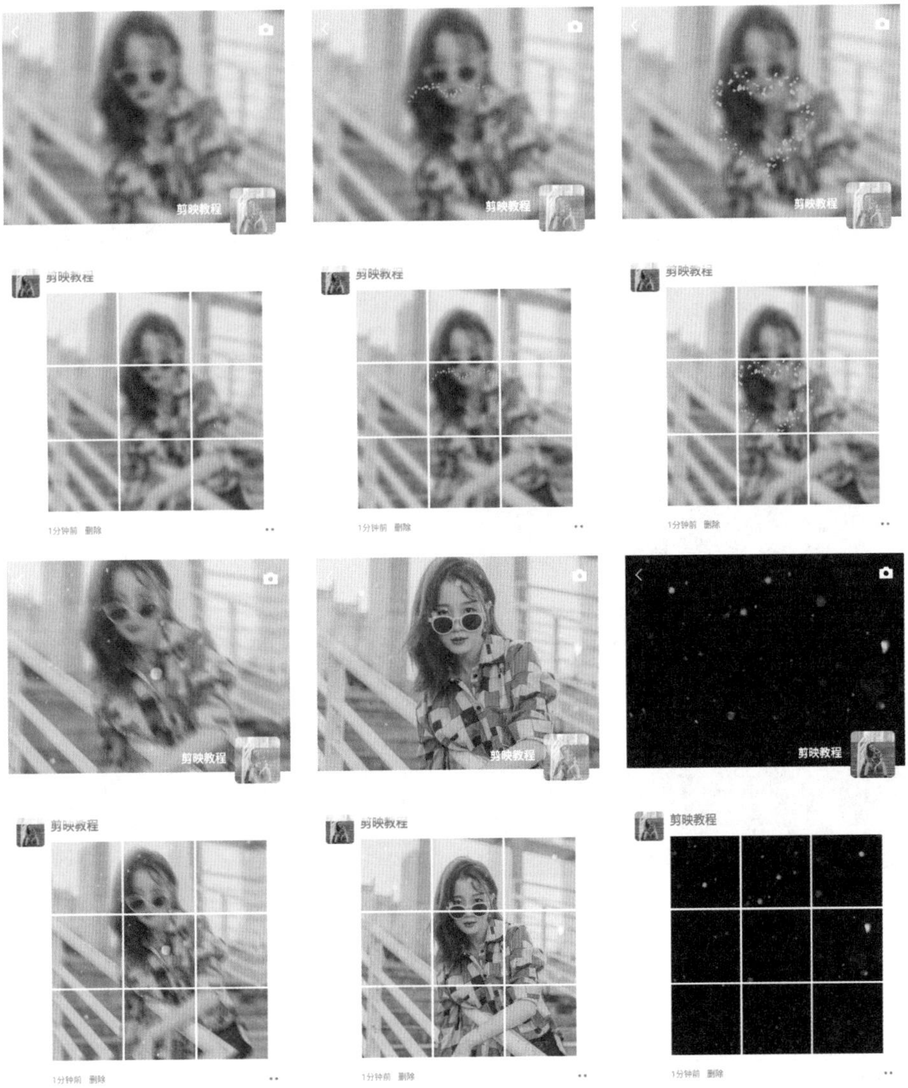

图 12-65　预览视频效果

076 《滚屏影集》向左移动过渡切换照片

使用剪映的“左移”转场、“边框”特效以及“气泡”文本等功能，可以将多张照片制作成滚屏影集，下面介绍具体的操作方法。

	素材文件	素材 \ 第 12 章 \“滚屏影集”文件夹
	效果文件	效果 \ 第 12 章 \ 滚屏影集 .mp4
	视频文件	视频 \ 第 12 章 \076　《滚屏影集》向左移动过渡切换照片 .mp4

【操练 + 视频】

——《滚屏影集》向左移动过渡切换照片

STEP 01 在剪映中导入多张照片素材，如图 12-66 所示。

STEP 02 将照片素材分别添加到视频轨道中，如图 12-67 所示。

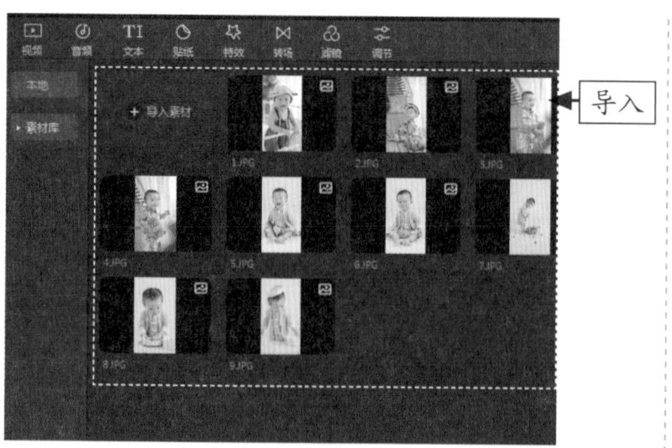

图 12-66　导入多张照片素材文件

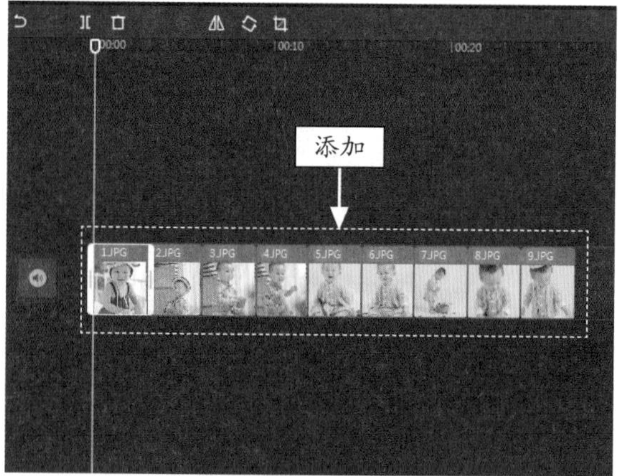

图 12-67　添加素材文件

STEP 03 ❶单击“转场”按钮；❷在“基础转场”选项卡中选择“左移”选项，如图 12-68 所示。

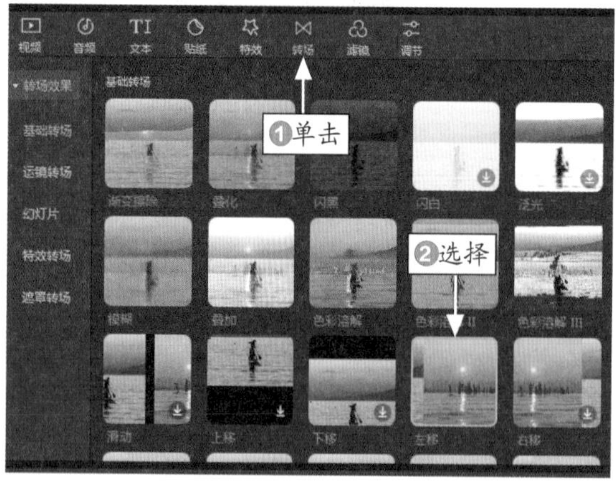

图 12-68　选择“左移”选项

STEP 04 单击添加按钮，在第 1 个素材与第 2 个素材的连接处添加“左移”转场效果，如图 12-69 所示。

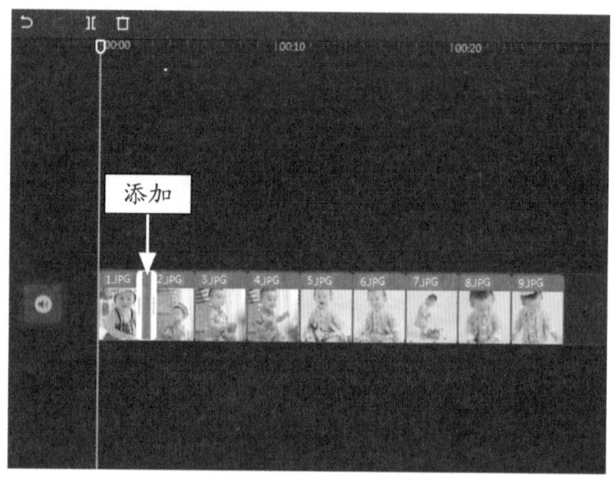

图 12-69　添加“左移”转场效果

STEP 05 选择转场效果，❶在“转场”操作区中将“转场时长”设置为最长；❷单击“应用到全部”按钮，如图 12-70 所示。

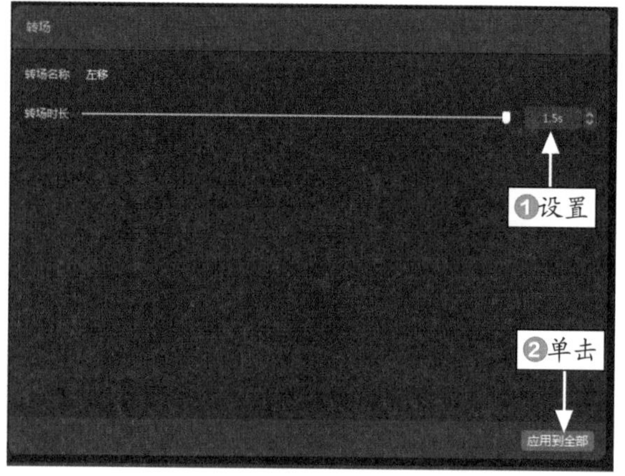

图 12-70　单击“应用到全部”按钮

STEP 06 在其他素材连接处添加相同的转场效果，如图 12-71 所示。

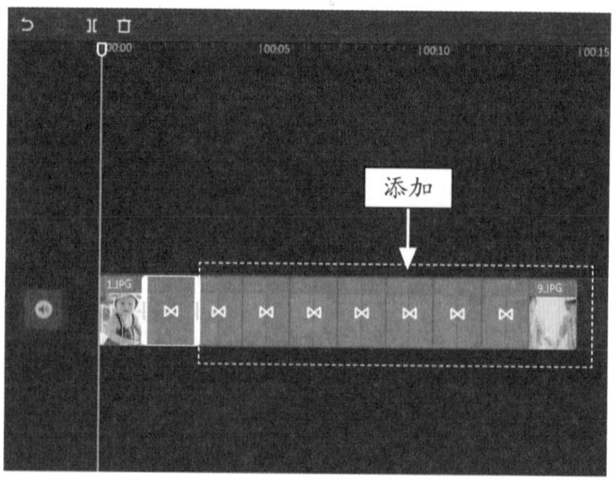

图 12-71　添加相同的转场效果

STEP 07 单击“特效”按钮，如图 12-72 所示。

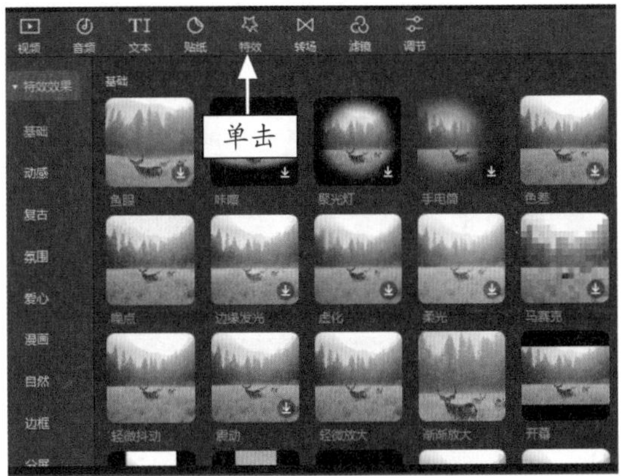

图 12-72　单击“特效”按钮

STEP 08 在“边框”选项卡中选择“画展边框”选项，如图 12-73 所示。

图 12-73　选择“画展边框”选项

STEP 09 单击添加按钮，添加“画展边框”特效，如图 12-74 所示。

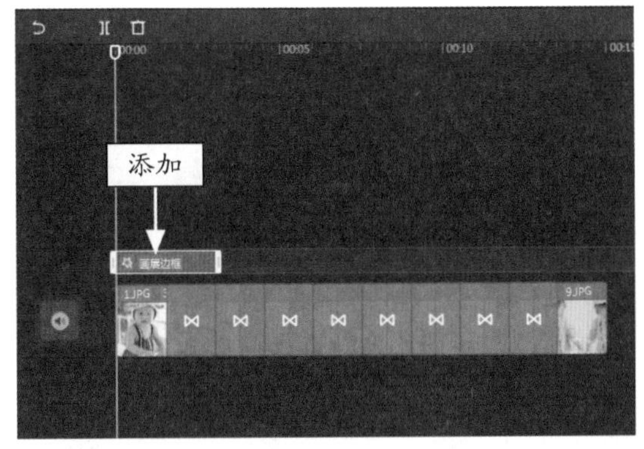

图 12-74　添加“画展边框”特效

STEP 10 将特效的时长调整为与视频轨道中的素材一致，如图 12-75 所示。

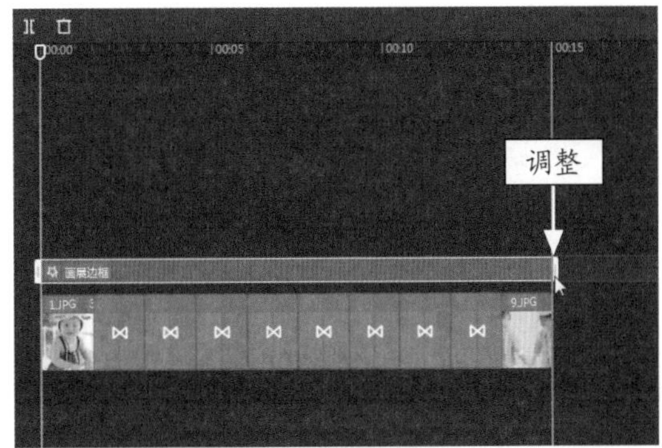

图 12-75　调整特效的时长

STEP 11 ❶单击“文本”按钮；❷在“新建文本”选项卡中单击“默认文本”中的添加按钮，如图 12-76 所示。

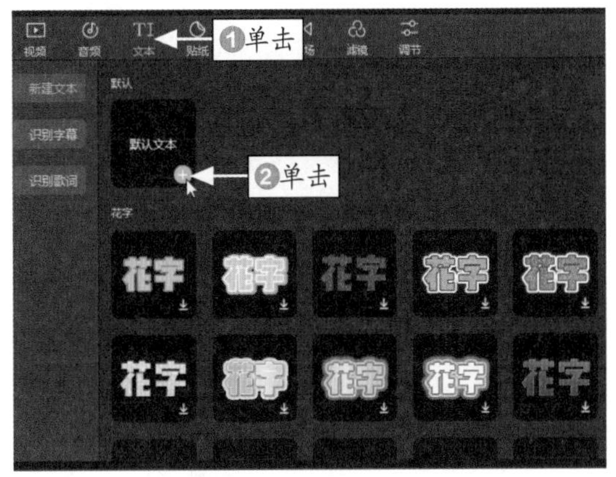

图 12-76　单击添加按钮

STEP 12 执行操作后，即可添加一个文本素材，如图 12-77 所示。

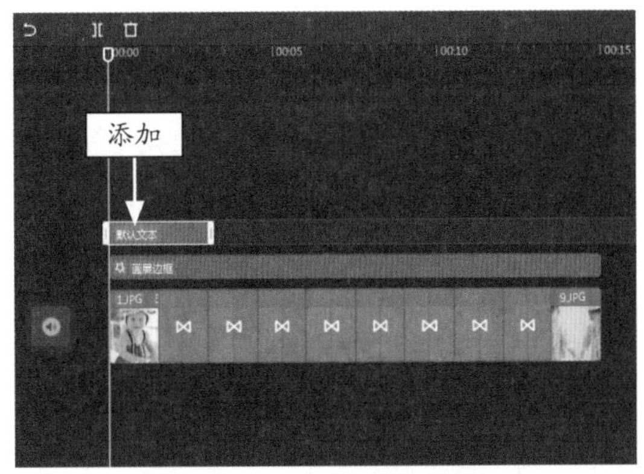

图 12-77　添加一个文本素材

STEP 13 选择文本素材，❶在“编辑”操作区中单击“气泡”选项卡；❷选择相应的气泡模板，如图 12-78 所示。

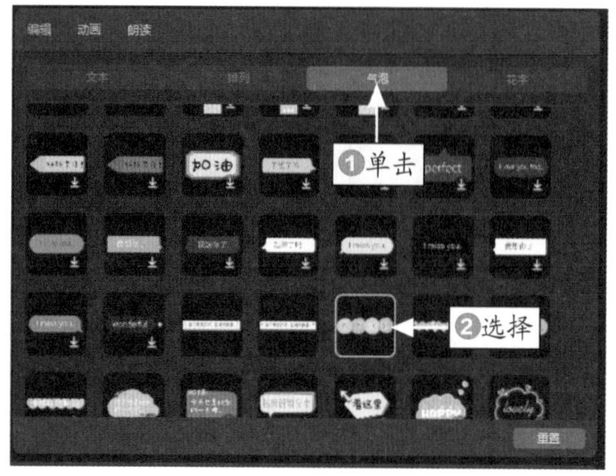

图 12-78　选择相应的气泡模板

STEP 14 ❶单击“文本”选项卡；❷在文本框中输入相应的文字内容，如图 12-79 所示。

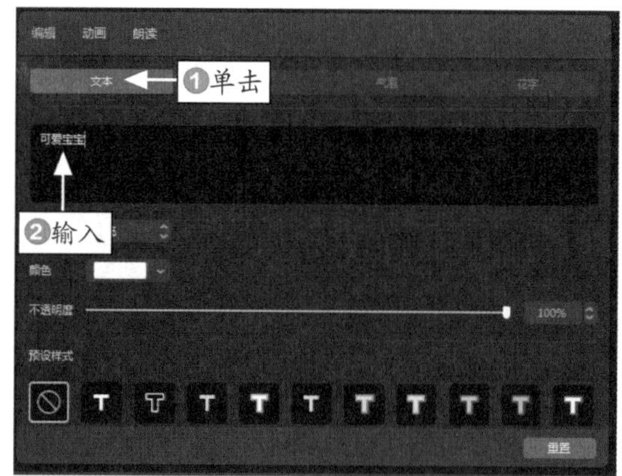

图 12-79　输入相应的文字内容

STEP 15 ❶单击“排列”选项卡；❷设置“字间距”参数为 70，如图 12-80 所示。

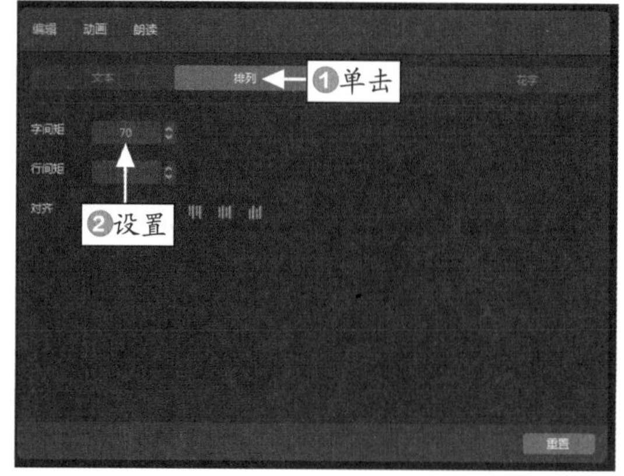

图 12-80　设置“字间距”参数

STEP 16 在预览窗口中适当调整气泡文字的位置，如图 12-81 所示。

图 12-81　调整气泡文字的位置

专家指点

使用气泡文字来作为短视频的主题，可以让文字变得更加醒目，从而增强主题的表达能力，让短视频彰显出更加强大的吸引力。

STEP 17 在“编辑”操作区中，❶单击“花字”选项卡；❷选择相应的花字模板，如图 12-82 所示。

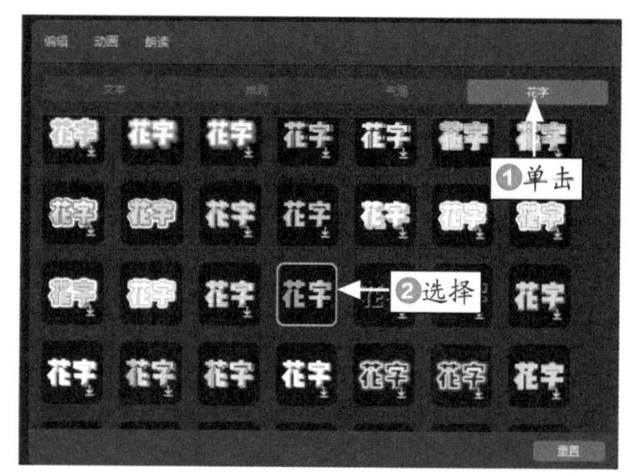

图 12-82　选择相应的花字模板

STEP 18 将文本的时长调整为与视频轨道上的素材一致，如图 12-83 所示。

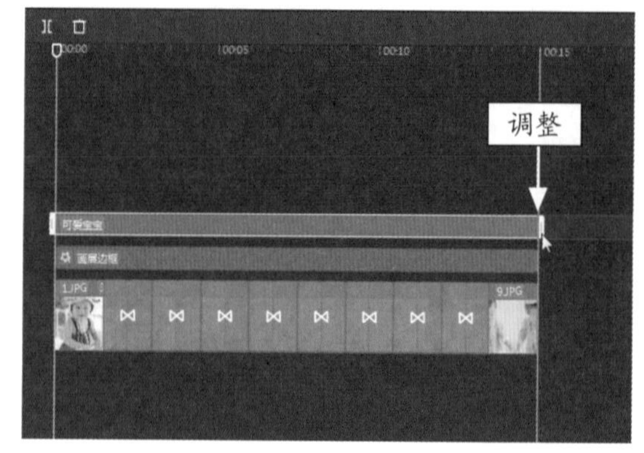

图 12-83　调整文本的时长

STEP 19 在音频轨道中，添加合适的背景音乐。在预览窗口中，单击“播放”按钮▶，预览视频效果，如图 12-84 所示。

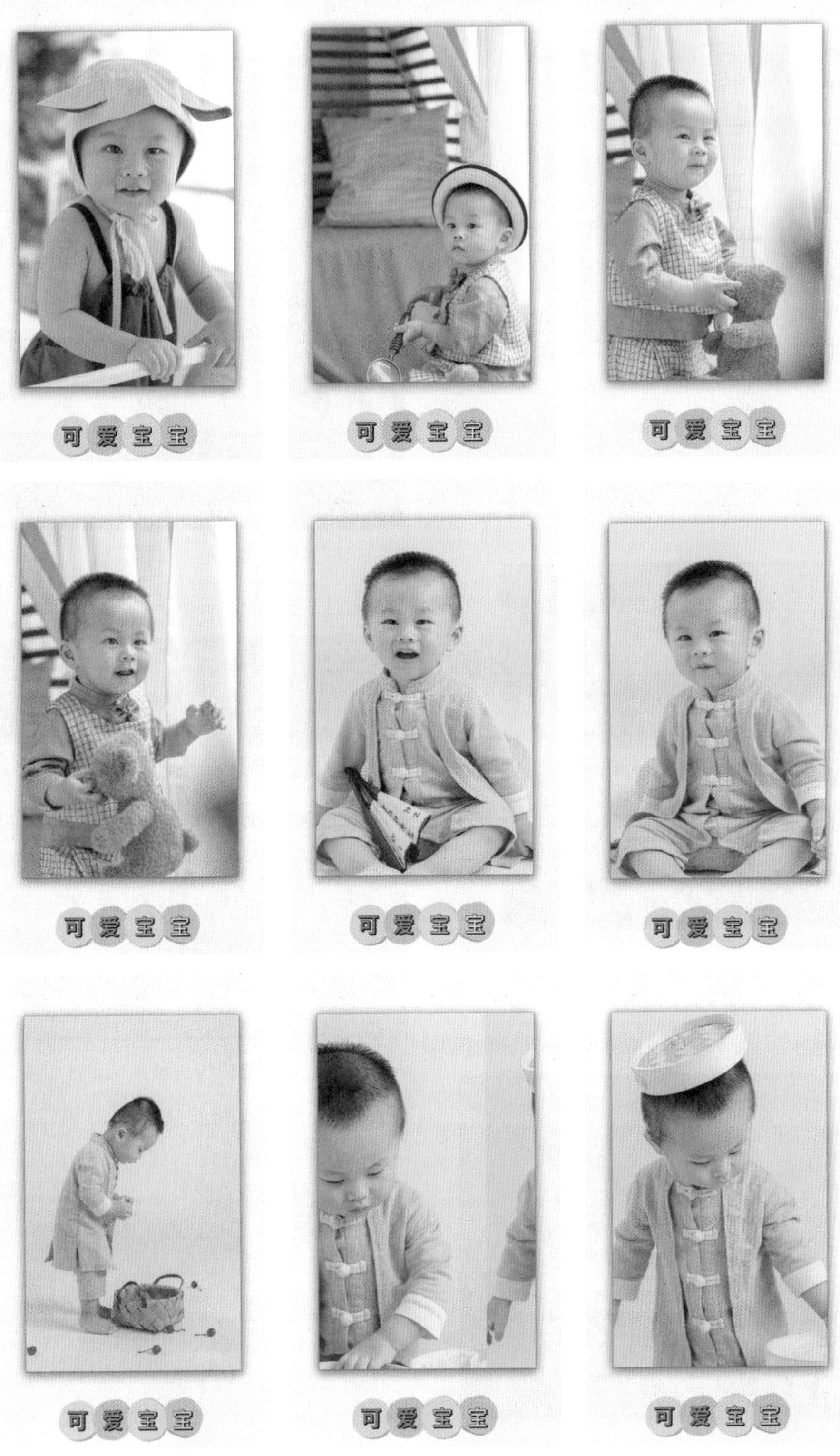

图 12-84　预览视频效果

077 《自拍合集》背景模糊旋转飞入照片

使用剪映的“组合”动画、Bling 特效以及“模糊”背景填充等功能，可以将多张自拍照制作成自拍合集视频，下面介绍具体的操作方法。

	素材文件	素材 \ 第 12 章 \“自拍合集”文件夹
	效果文件	效果 \ 第 12 章 \ 自拍合集 .mp4
	视频文件	视频 \ 第 12 章 \077 《自拍合集》背景模糊旋转飞入照片 .mp4

【操练＋视频】
——《自拍合集》背景模糊旋转飞入照片

STEP 01 在剪映中导入多张照片素材，如图 12-85 所示。

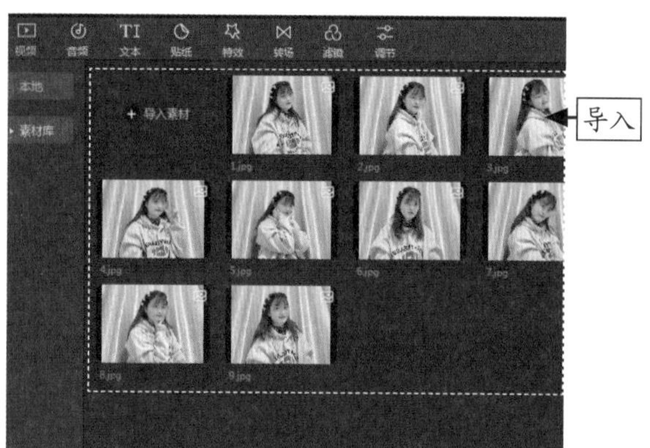

图 12-85　导入多张照片素材文件

STEP 02 将照片素材分别添加到视频轨道中，如图 12-86 所示。

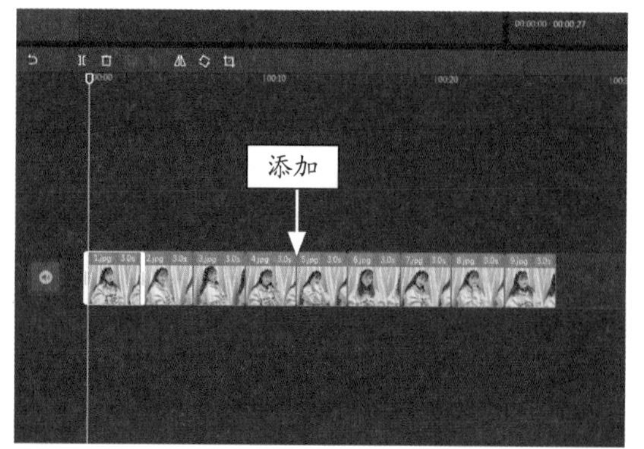

图 12-86　添加素材文件

STEP 03 通过拖动照片素材上的白色滑块，调整第 2 张照片素材的时长为 1.1s、第 3 张照片素材至第 8 张照片素材的时长均为 0.88s、第 9 张照片素材的时长为 0.70s，如图 12-87 所示。

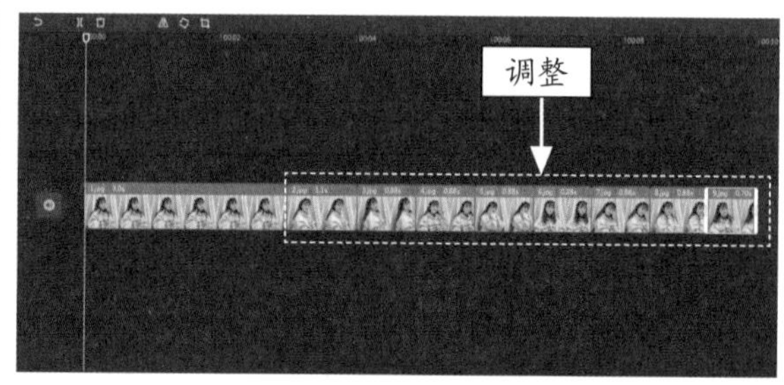

图 12-87　调整素材时长

STEP 04 选择第 1 张照片素材，如图 12-88 所示。

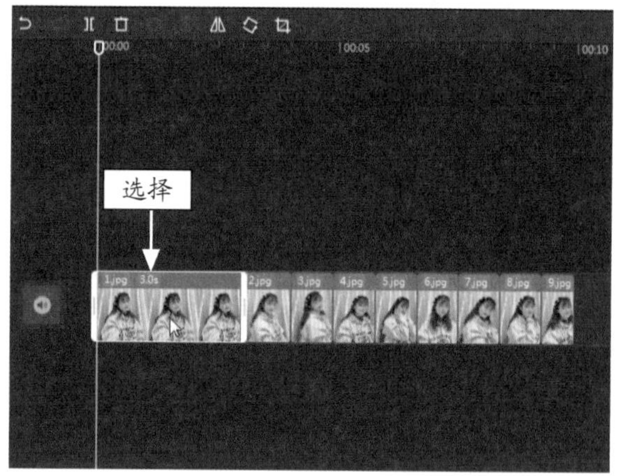

图 12-88　选择第 1 张照片素材

STEP 05 在预览窗口中，可以预览画面效果，如图 12-89 所示。

STEP 06 ❶单击“调节”按钮；❷设置“饱和度”参数为 9；❸设置“色温”参数为 -30；❹单击“应用到全部”按钮，如图 12-90 所示。

STEP 07 执行操作后，即可将素材画面调整得更加透亮，使人物肤色更加显白，效果如图 12-91 所示。

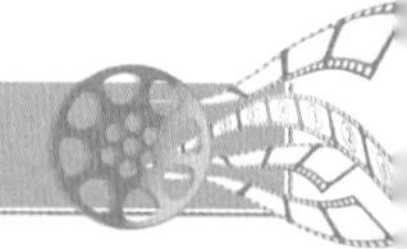

图 12-89　预览画面效果

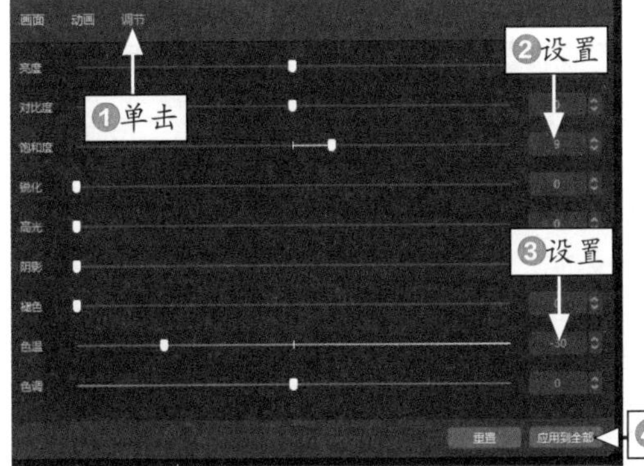

图 12-90　单击“应用到全部”按钮

图 12-91　调整后的照片效果

STEP 08 ❶单击“动画”按钮；❷单击“组合”选项卡，如图 12-92 所示。

STEP 09 ❶选择“降落旋转”选项；❷设置“动画时长”为最长，如图 12-93 所示。

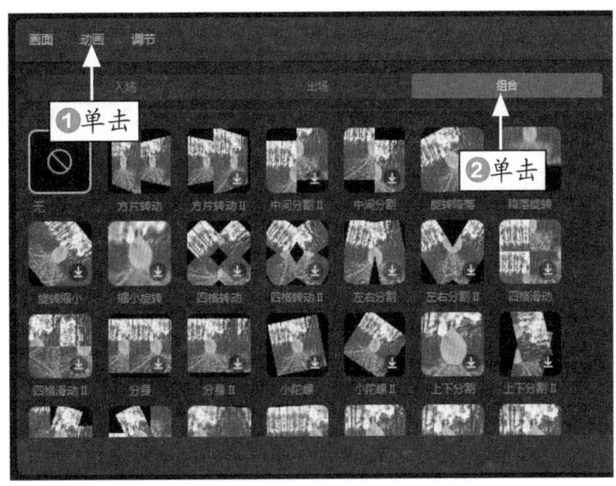

图 12-92　单击“组合”选项卡

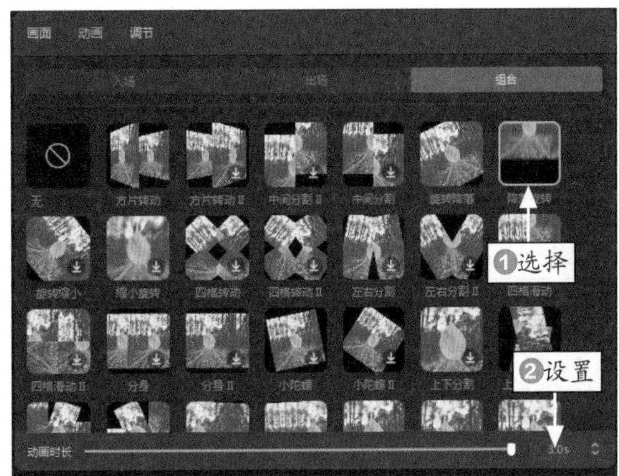

图 12-93　设置“动画时长”

STEP 10 ❶选择视频轨道中的第 2 张照片素材；❷在“动画”操作区的“组合”选项卡中选择“旋转降落”选项，如图 12-94 所示。

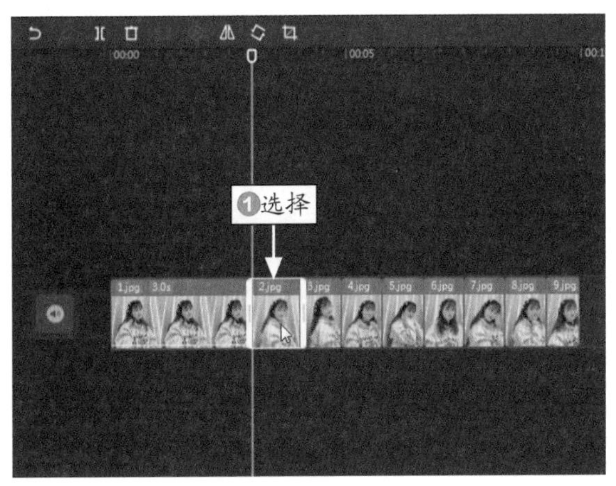

图 12-94　设置第 2 张照片素材的动画效果

图 12-94　设置第 2 张照片素材的动画效果（续）

STEP 11 ❶选择视频轨道中的第 3 张照片素材；❷在“动画”操作区的“组合”选项卡中选择“旋入晃动”选项，如图 12-95 所示。

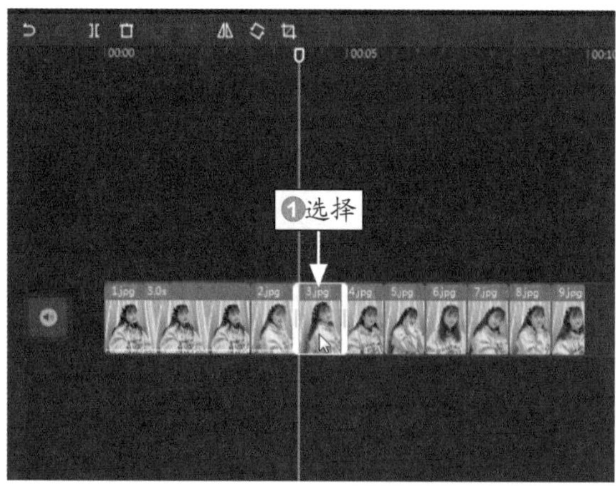

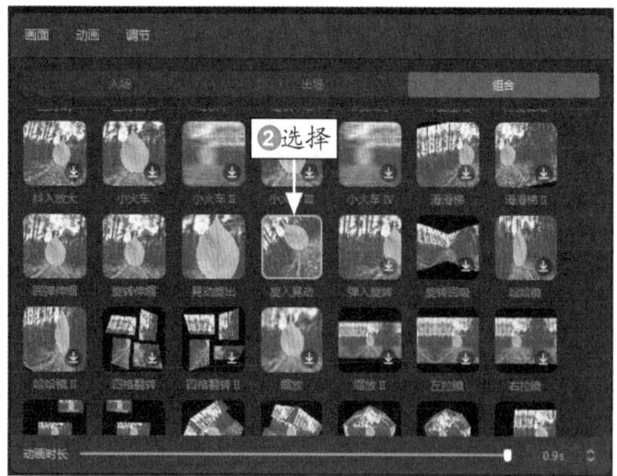

图 12-95　设置第 3 张照片素材的动画效果

STEP 12 ❶选择视频轨道中的第 4 张照片素材；❷在“动画”操作区的“组合”选项卡中选择“荡秋千”选项，如图 12-96 所示。

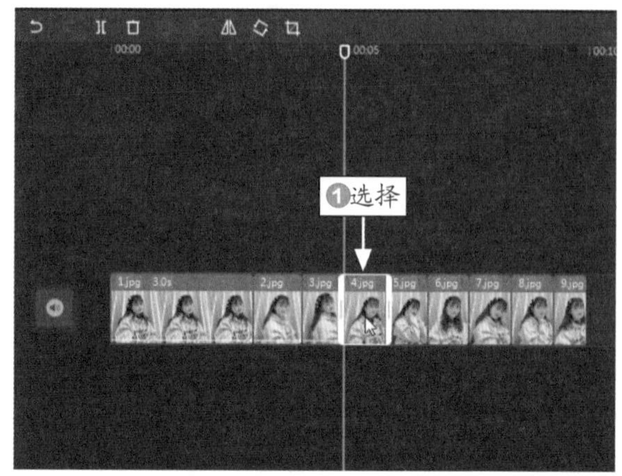

图 12-96　设置第 4 张照片素材的动画效果

STEP 13 ❶选择视频轨道中的第 5 张照片素材；❷在“动画”操作区的“组合”选项卡中选择“荡秋千Ⅱ”选项，如图 12-97 所示。

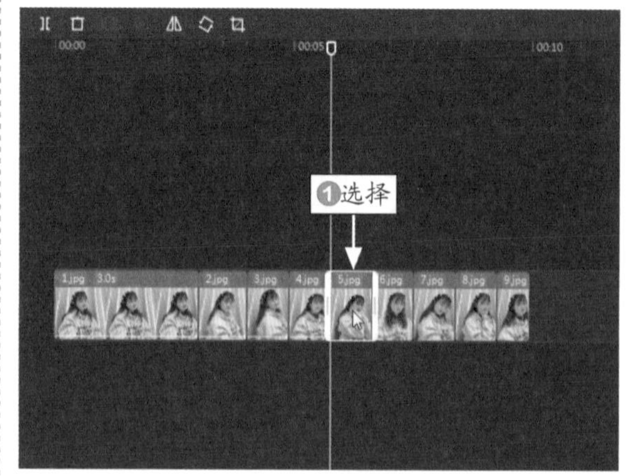

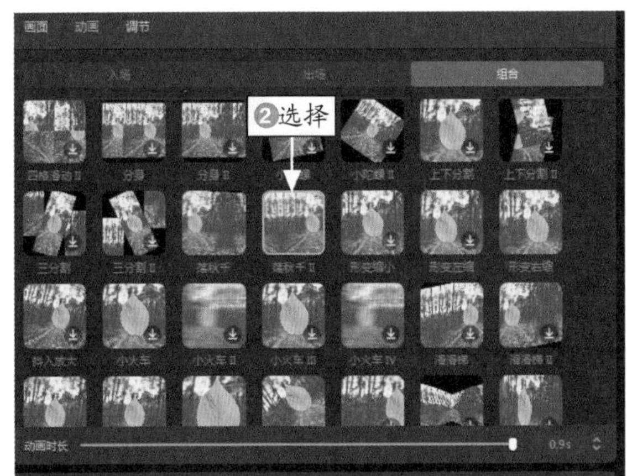

图 12-97　设置第 5 张照片素材的动画效果

STEP 14 ❶选择视频轨道中的第 6 张照片素材；❷在“动画”操作区的“组合”选项卡中选择“旋转降落”选项，如图 12-98 所示。

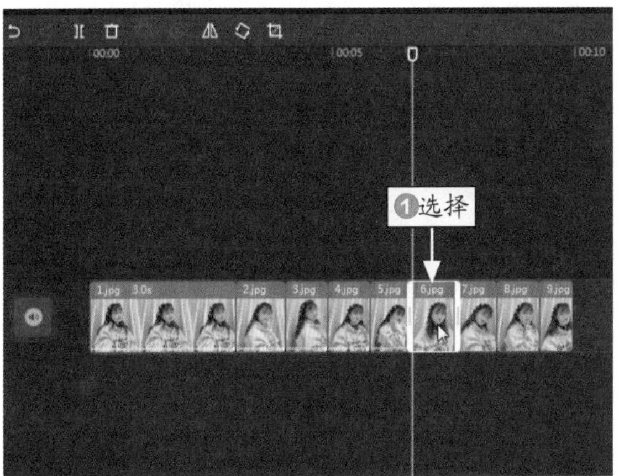

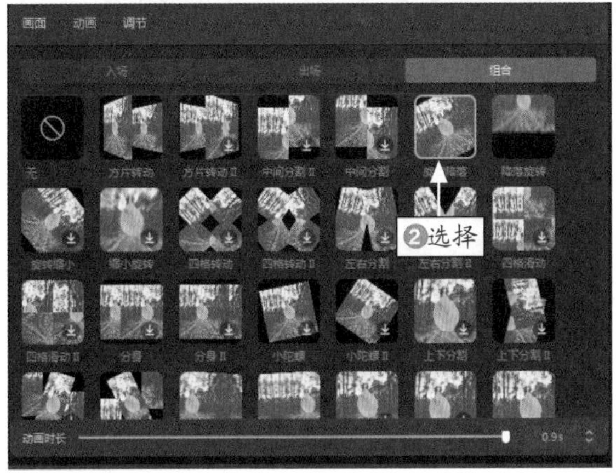

图 12-98　设置第 6 张照片素材的动画效果

STEP 15 使用上述同样的方法，❶为第 7、8、9 张照片素材添加与第 4、5、6 张照片素材相同的动画效果；❷将时间指示器拖动至开始位置处；❸选择第 1 张照片素材，如图 12-99 所示。

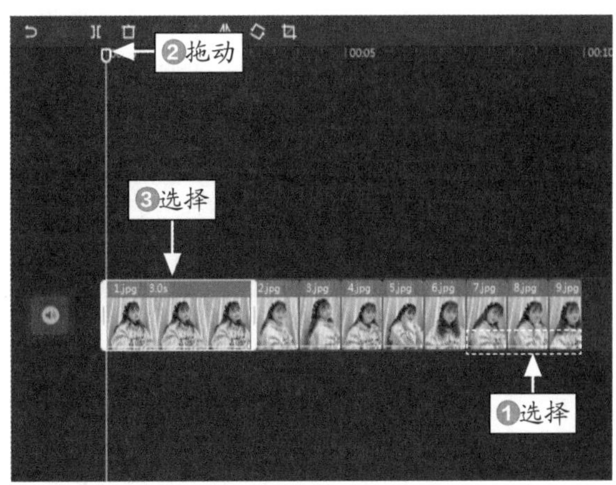

图 12-99　选择第 1 张照片素材

STEP 16 在“播放器”面板的右下角，❶单击“原始”按钮；❷在弹出的下拉列表中选择 9:16 选项，如图 12-100 所示。

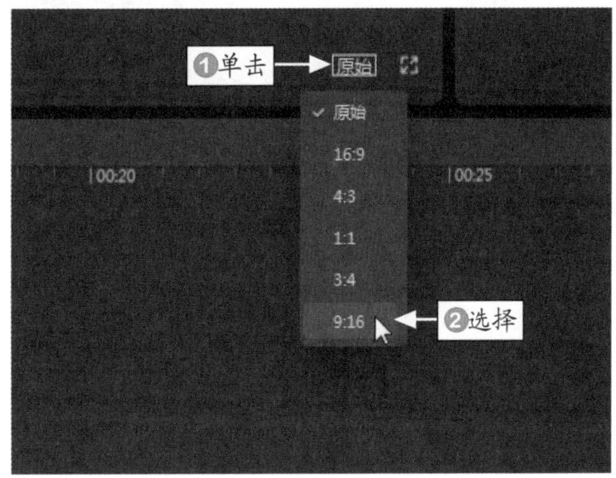

图 12-100　选择 9:16 选项

STEP 17 执行操作后，即可调整视频的画布比例，如图 12-101 所示。

STEP 18 ❶单击“画面”按钮；❷单击“背景”选项卡；❸单击“背景填充”下方的下拉按钮；❹在弹出的下拉列表中选择“模糊”选项，如图 12-102 所示。

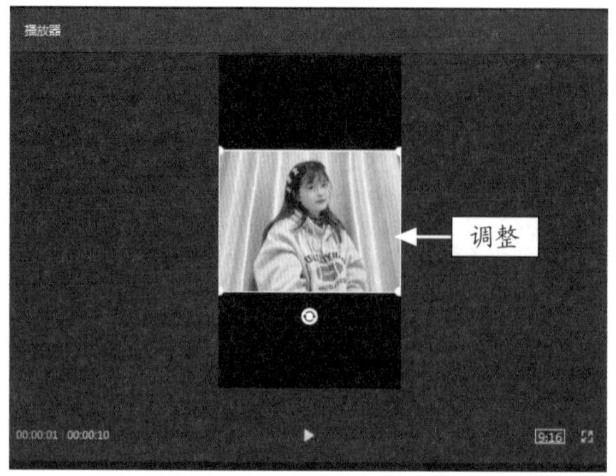

图 12-101 调整视频的画布比例

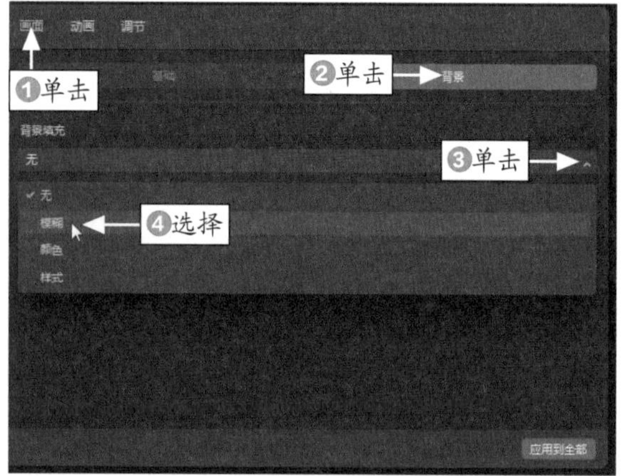

图 12-102 选择“模糊”选项

专家指点

在处理视频画布比例时，用户可以在预览窗口中通过拖动素材四周的控制柄，调整素材的大小和位置，也可以根据需要结合前文所学技巧对画面进行裁剪。

STEP 19 在“模糊”选项区中，❶选择第 2 个样式；❷此时面板中会弹出信息提示框，提示用户背景已添加到所选择的片段上，如图 12-103 所示。

STEP 20 单击面板下方的“应用到全部”按钮，即可将当前背景设置应用到视频轨的全部素材片段上，如图 12-104 所示。

STEP 21 在预览窗口中，可以查看背景模糊效果，如图 12-105 所示。

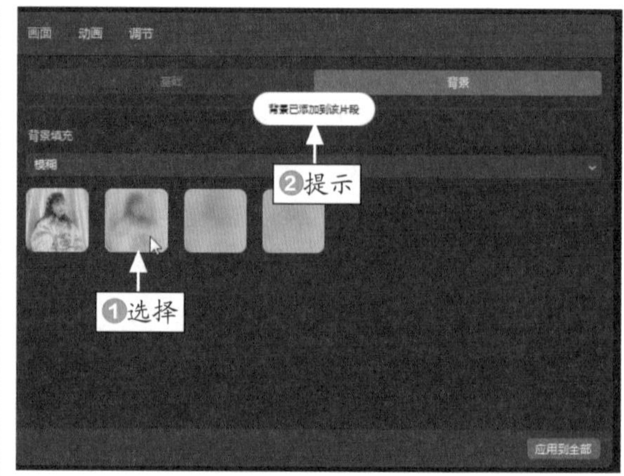

图 12-103 弹出信息提示框

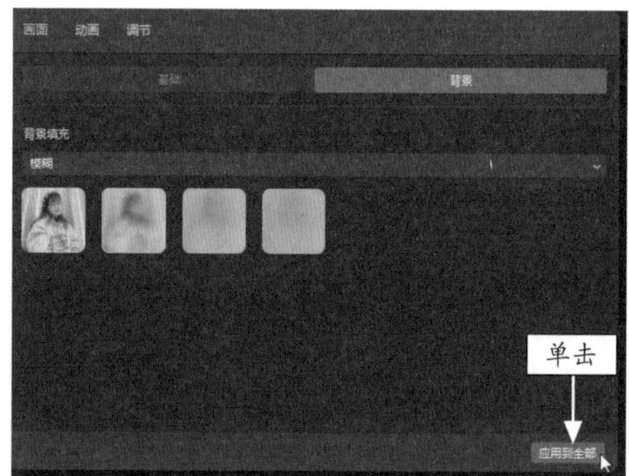

图 12-104 单击“应用到全部”按钮

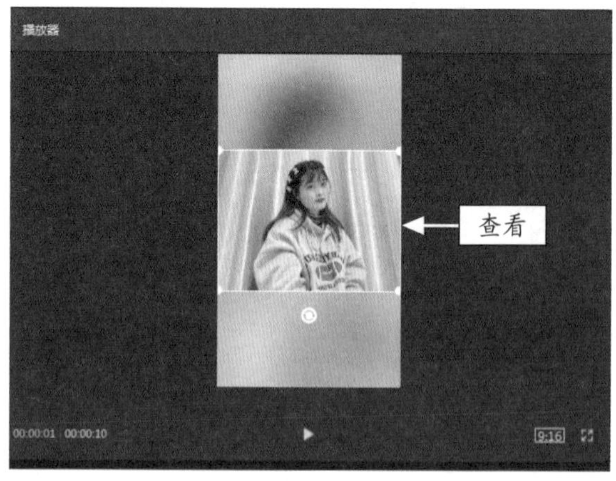

图 12-105 查看背景模糊效果

STEP 22 在视频轨道中选择第 4 张照片素材，如图 12-106 所示。

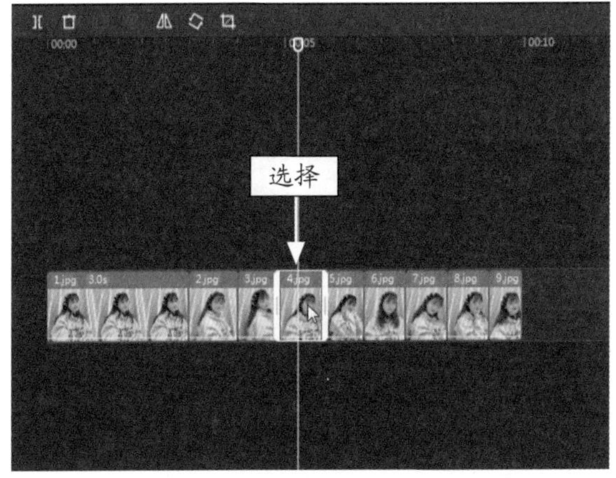

图 12-106　选择第 4 张照片素材

STEP 23 在预览窗口中调整素材的大小和位置，如图 12-107 所示。

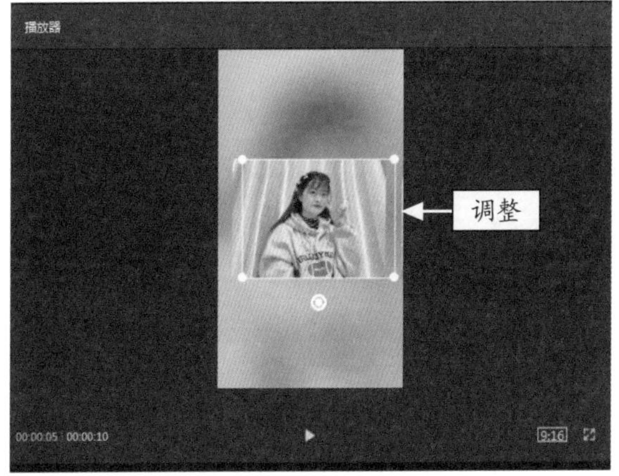

图 12-107　调整第 4 张照片素材的大小和位置

STEP 24 使用上述同样的方法，在视频轨道中选择第 5 张照片素材，在预览窗口中调整其大小和位置，如图 12-108 所示。

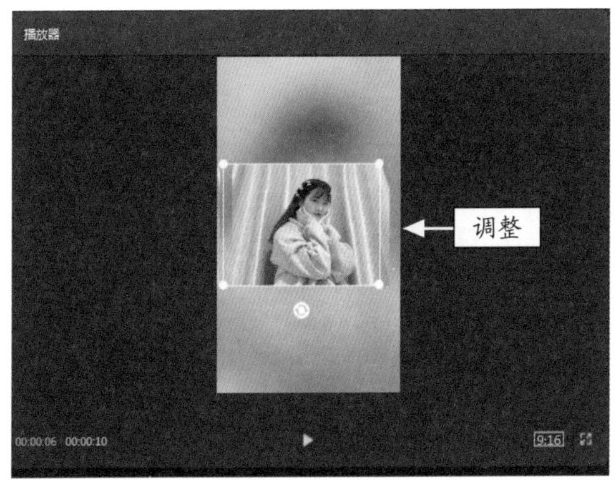

图 12-108　调整第 5 张照片素材的大小和位置

专家指点

在预览窗口中调整素材大小和位置时，可以结合添加的动画效果进行调整。调整完成后要拖动时间指示器查看一下调整后的效果，如果不满意可继续拖动素材控制柄进行微调整。

STEP 25 继续使用上述同样的方法，在预览窗口中调整第 7、8 张照片素材的大小和位置，如图 12-109 所示。

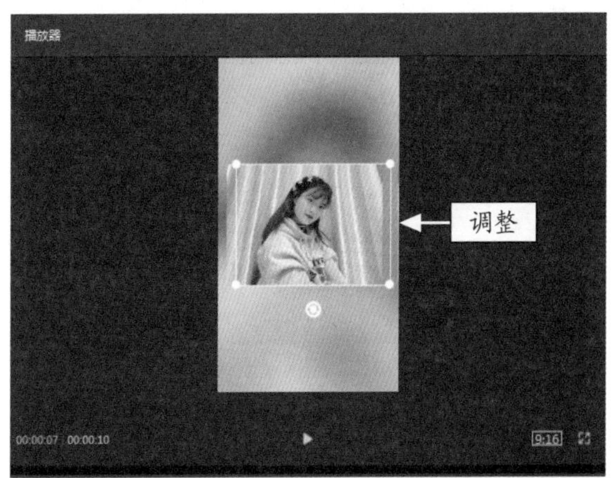

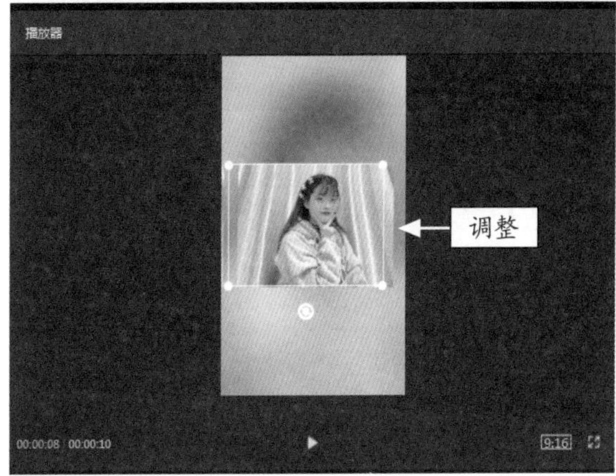

图 12-109　调整第 7、8 张照片素材的大小和位置

STEP 26 再次将时间指示器拖动至开始位置处，如图 12-110 所示。

STEP 27 单击“特效”按钮，如图 12-111 所示。

STEP 28 ❶单击 Bling 选项卡；❷单击“星星闪烁Ⅱ”特效中的添加按钮，如图 12-112 所示。

STEP 29 执行操作后，❶即可添加一个“星星闪烁Ⅱ”特效；❷拖动特效右侧的白色滑块调整其时长，如图 12-113 所示。

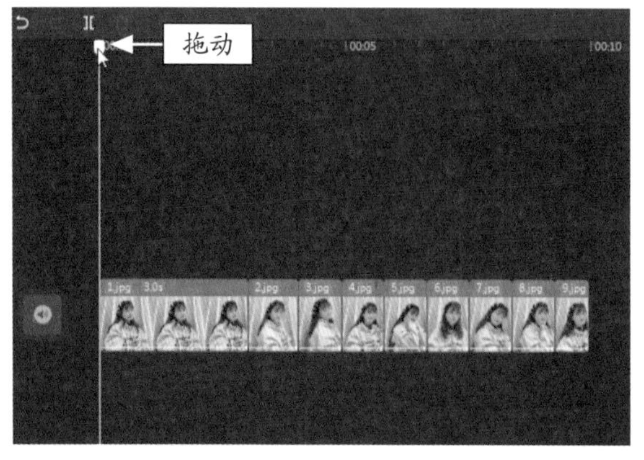

图 12-110　再次拖动时间指示器

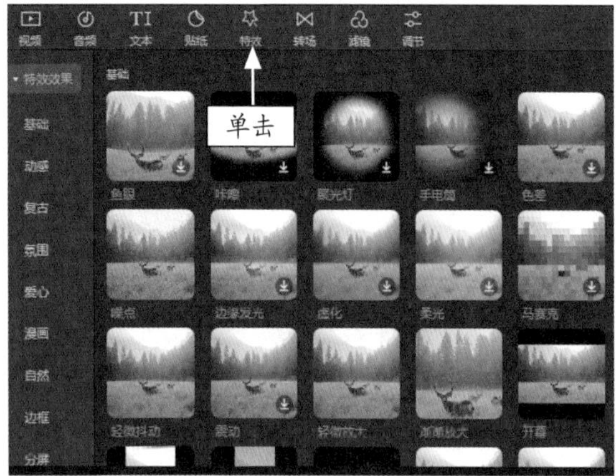

图 12-111　单击“特效”按钮

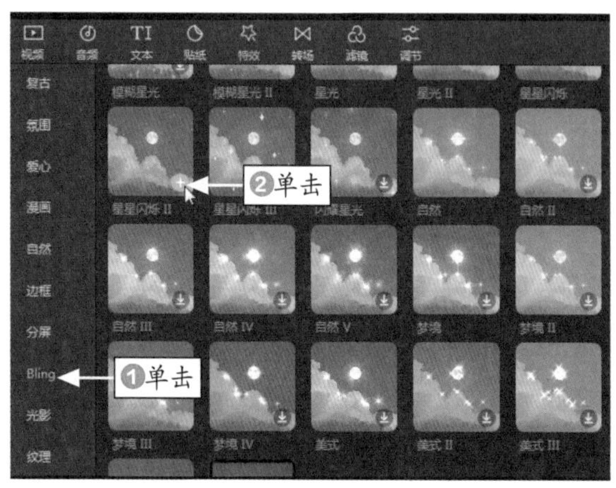

图 12-112　单击添加按钮

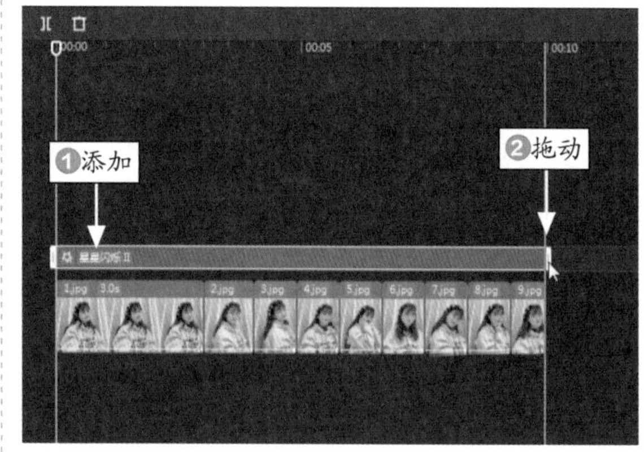

图 12-113　调整特效时长

专家指点

在“特效”功能区中提供了多款 Bling 特效，用户可以进行不同尝试，根据自己的素材选择一个或多个适用的特效。

STEP 30 在音频轨道中，添加合适的背景音乐。在预览窗口中，单击“播放”按钮，预览视频效果，如图 12-114 所示。

图 12-114　预览视频效果

图 12-114　预览视频效果（续）

第13章

热门 Vlog：让你秒变视频达人

章前知识导读

Vlog是一种用视频记录日常生活的新媒体。不管是记录一次下班回家的过程，还是一场旅行，都可以成为Vlog的拍摄主题。

新手重点索引

- 《下班回家》轻松记录美好生活
- 《旅行大片》制作风光美景视频
- 《唯美清新》制作文艺伤感风格

效果图片欣赏

078 《下班回家》轻松记录美好生活

本节要制作一个《下班回家》的 Vlog 视频，主要通过剪映的“变速”功能、“叠化”转场、“开幕”特效以及背景音乐和字幕等，对视频进行后期剪辑，就能制作出一个 Vlog。下面介绍其制作方法。

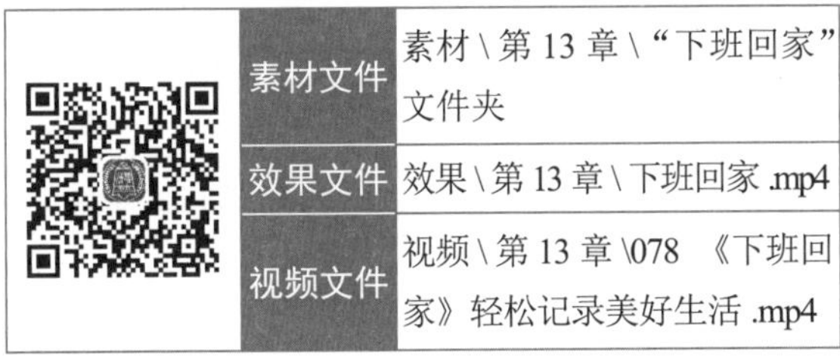

素材文件	素材 \ 第 13 章 \“下班回家”文件夹
效果文件	效果 \ 第 13 章 \ 下班回家 .mp4
视频文件	视频 \ 第 13 章 \078 《下班回家》轻松记录美好生活 .mp4

【操练 + 视频】
——《下班回家》轻松记录美好生活

STEP 01 在剪映中导入 3 个视频素材，如图 13-1 所示。

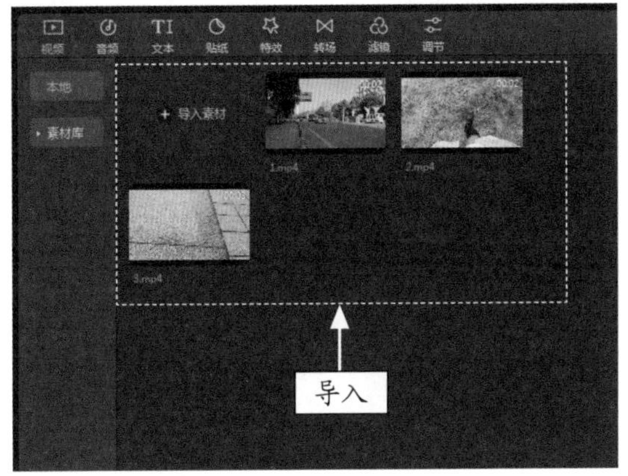

图 13-1　导入 3 个视频素材

STEP 02 将 3 个视频素材依次添加至视频轨道上，如图 13-2 所示。

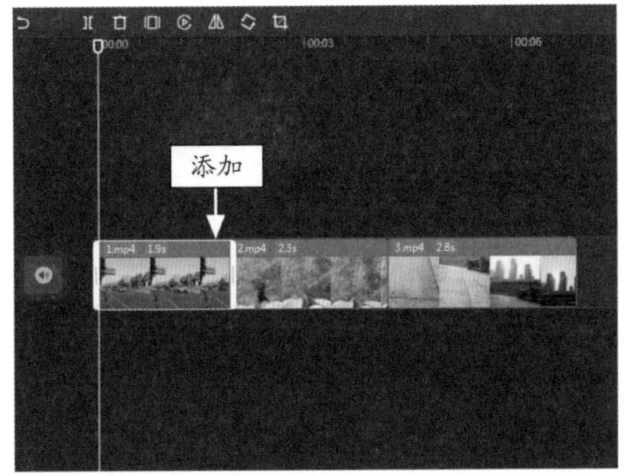

图 13-2　添加视频素材

STEP 03 选择第 1 个视频素材，❶单击“变速”按钮；❷设置“倍数”参数为 0.5x，如图 13-3 所示。

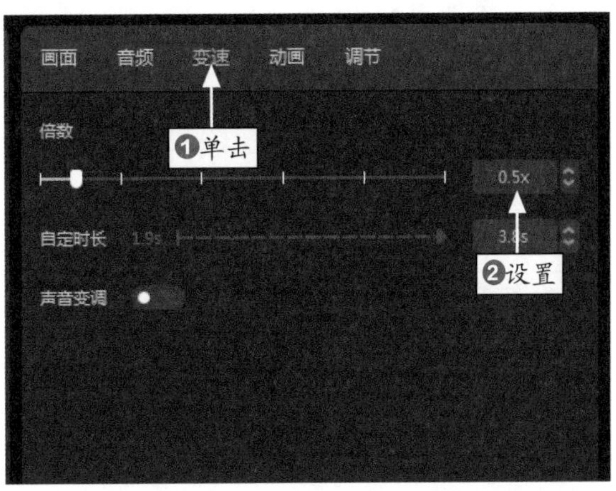

图 13-3　设置“倍数”参数

STEP 04 同时，视频轨道中的第 1 个视频缩略图上会显示变速倍数，如图 13-4 所示。

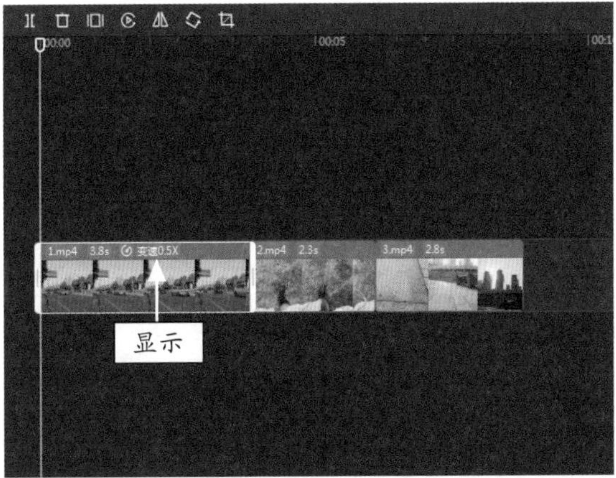

图 13-4　显示变速倍数

STEP 05 使用同样的方法，将第 2 个和第 3 个视频素材的播放速度都设置为 0.5x，如图 13-5 所示。

STEP 06 ❶单击“转场”按钮；❷在“基础转场”选项卡中选择“叠化”转场，如图 13-6 所示。

STEP 07 将选择的“叠化”转场添加到第 1 个视频

和第 2 个视频之间，如图 13-7 所示。

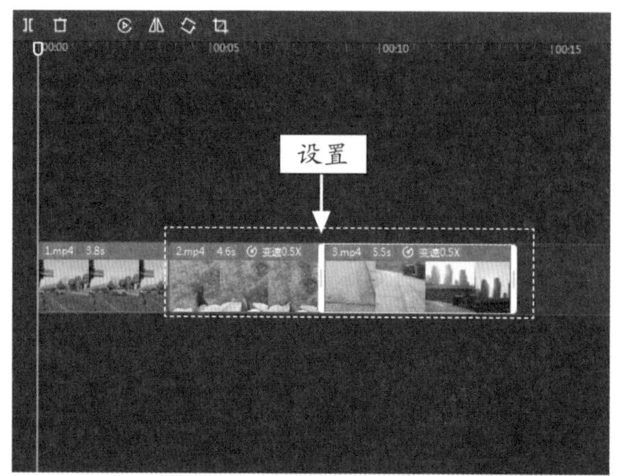

图 13-5　设置另外两个视频的播放速度

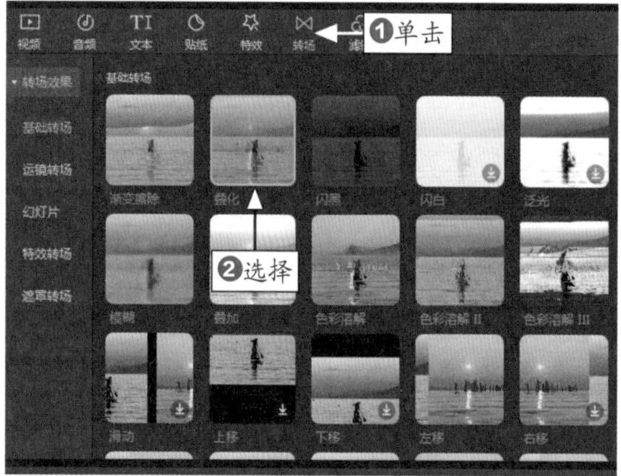

图 13-6　选择“叠化”转场

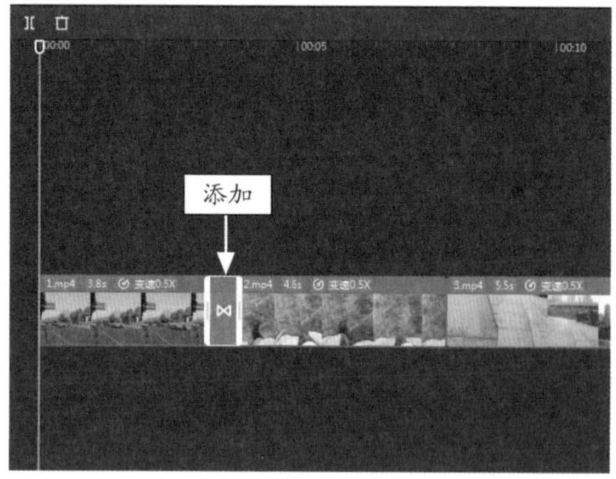

图 13-7　添加“叠化”转场

STEP 08 执行操作后，在“转场”操作区中，设置“叠化”转场的“转场时长”参数为 0.5s，如图 13-8 所示。

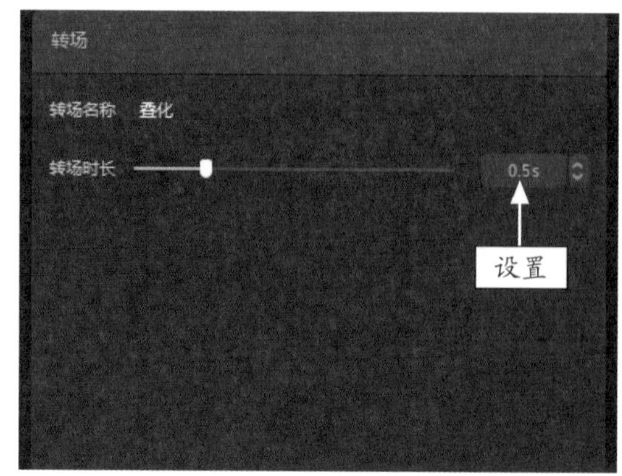

图 13-8　设置“转场时长”的参数

STEP 09 使用上述同样的方法，在第 2 个视频和第 3 个视频之间添加时长为 0.5s 的“叠化”转场，如图 13-9 所示。

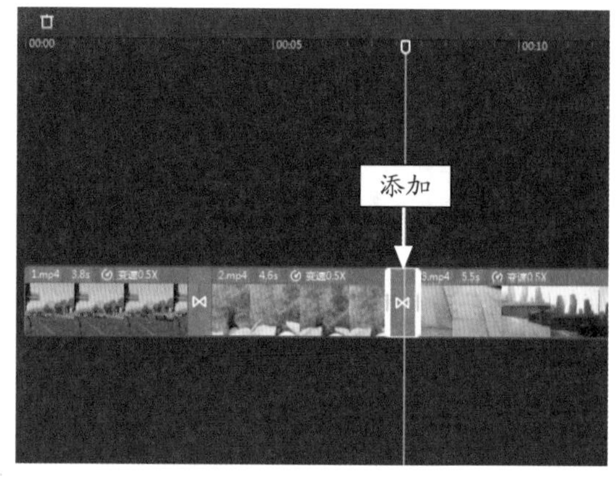

图 13-9　再次添加一个“叠化”转场

STEP 10 将时间指示器拖动至开始位置处，❶单击“特效”按钮；❷在“基础”选项卡中选择“开幕”特效，如图 13-10 所示。

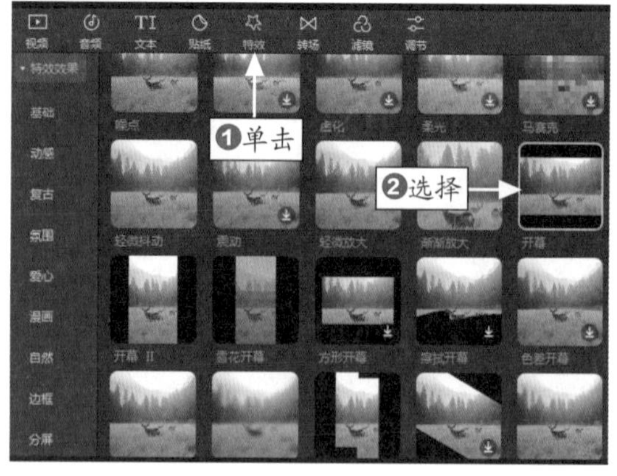

图 13-10　选择“开幕”特效

STEP 11 将选择的“开幕”特效添加到视频轨道的上方，如图 13-11 所示。

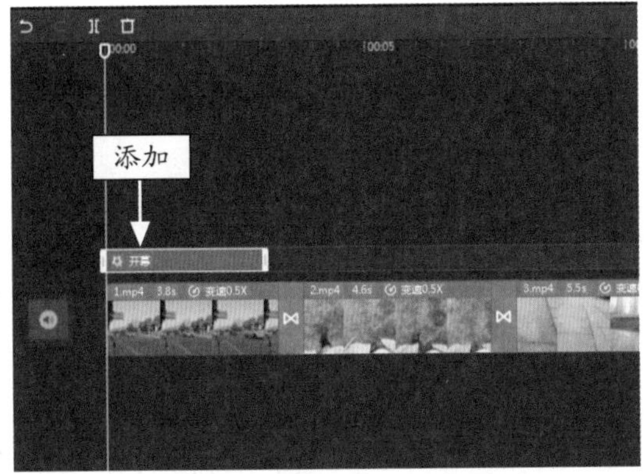

图 13-11　添加“开幕”特效

STEP 12 在“特效”功能区的“基础”选项卡中，单击“电影画幅”特效中的添加按钮，如图 13-12 所示。

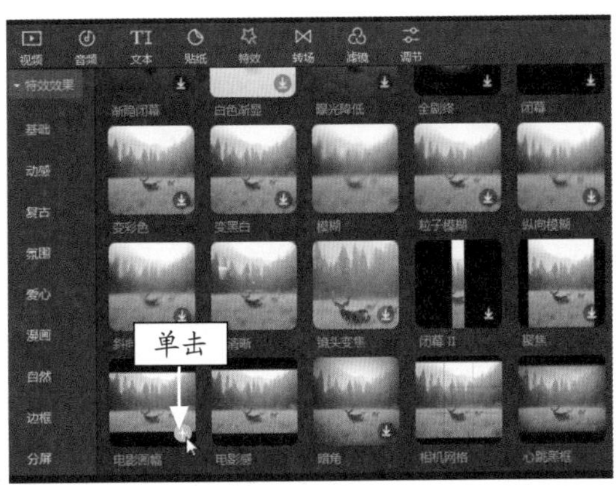

图 13-12　单击添加按钮

STEP 13 ❶在特效轨道中添加一个“电影画幅”特效；❷拖动“电影画幅”特效右侧的白色滑块，适当调整特效的时长，如图 13-13 所示。

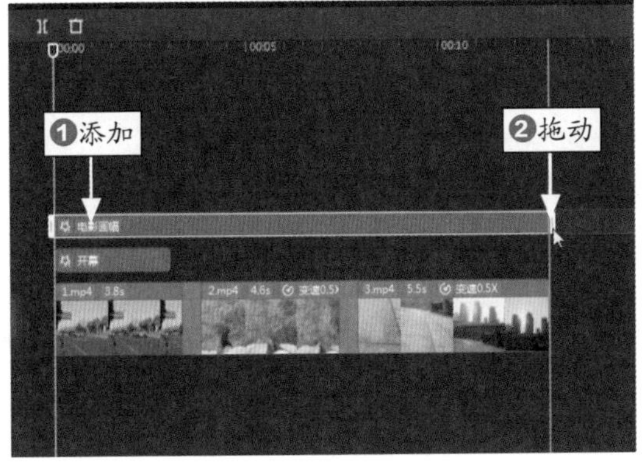

图 13-13　调整特效的时长

STEP 14 ❶单击“音频”按钮；❷在“本地”选项卡中单击“导入素材”按钮，如图 13-14 所示。

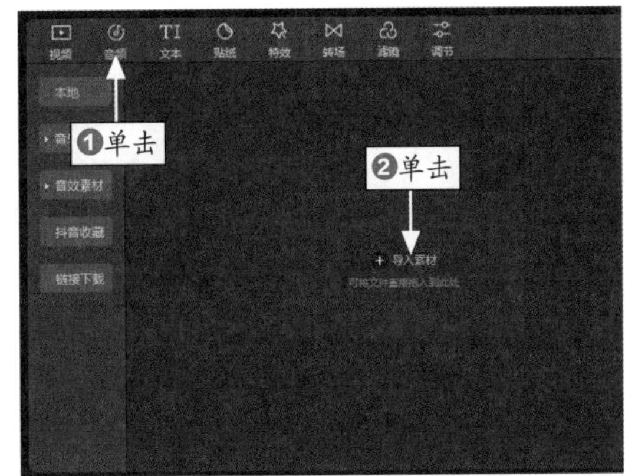

图 13-14　单击“导入素材”按钮

STEP 15 弹出“请选择媒体资源”对话框，❶选择一个音频素材；❷单击“打开”按钮，如图 13-15 所示。

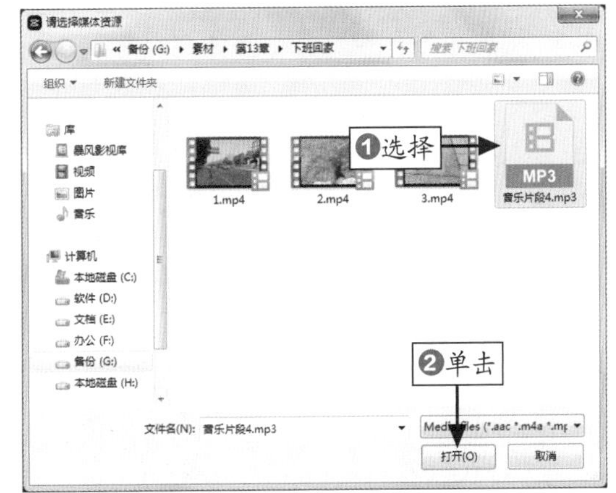

图 13-15　单击“打开”按钮

STEP 16 在“音频”功能区中导入音频素材，单击添加按钮，如图 13-16 所示。

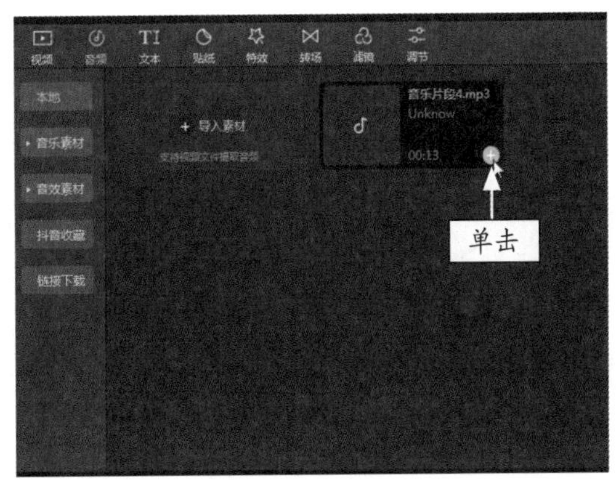

图 13-16　单击添加按钮

STEP 17 执行操作后，即可在音频轨道上添加背景音乐素材，如图 13-17 所示。

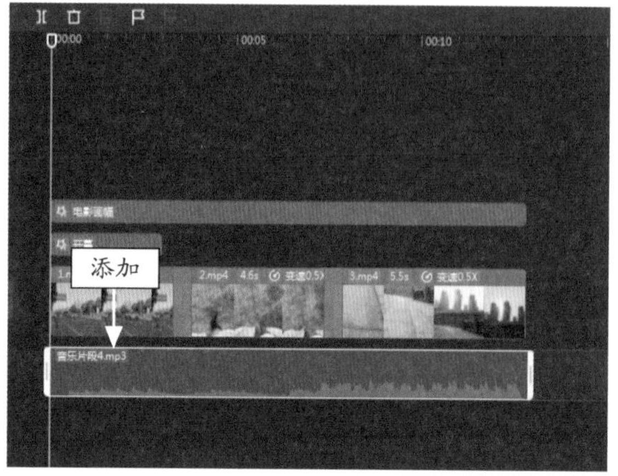

图 13-17　添加背景音乐素材

STEP 18 ❶单击“文本”功能区的“识别歌词”选项卡；❷单击“开始识别”按钮，如图 13-18 所示。

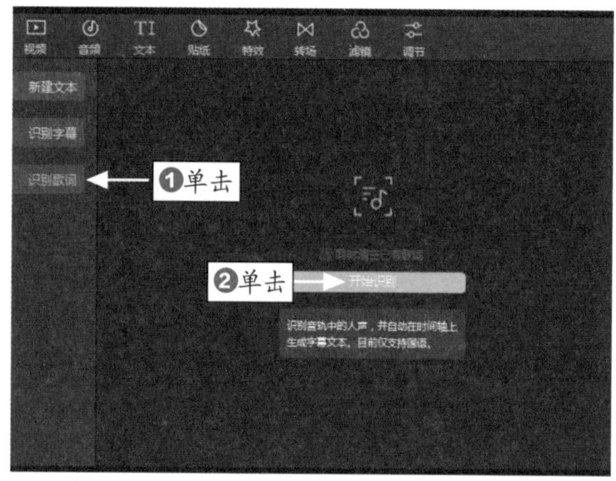

图 13-18　单击“开始识别”按钮

STEP 19 稍等片刻，即可自动生成歌词字幕，如图 13-19 所示。

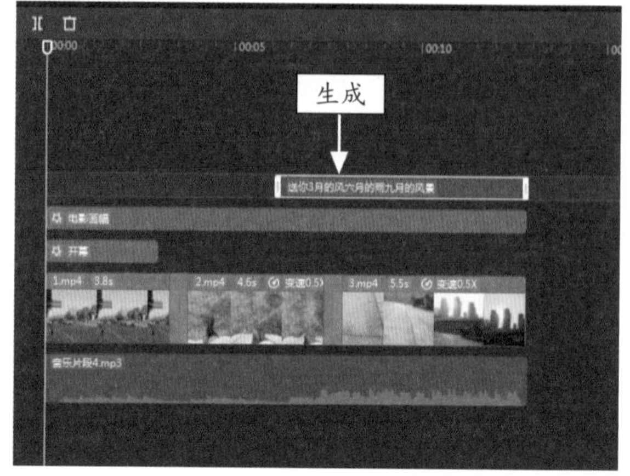

图 13-19　自动生成歌词字幕

STEP 20 在预览窗口中，调整歌词字幕的位置和大小，如图 13-20 所示。

图 13-20　调整歌词字幕的位置和大小

STEP 21 在预览窗口中，单击“播放”按钮，预览视频效果，如图 13-21 所示。

图 13-21　预览视频效果

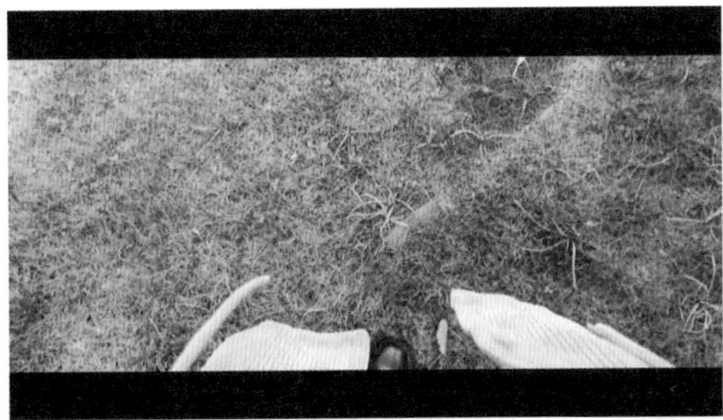

图 13-21　预览视频效果（续）

079 《旅行大片》制作风光美景视频

本节要制作一个在外旅行的 Vlog 视频，主要通过剪映的“运镜转场”功能、“调节”功能、“变速”功能、“贴纸”功能以及音效等对视频进行后期剪辑加工，制作出一个具有大片范的风光旅行 Vlog，下面介绍其制作方法。

素材文件	素材\第 13 章\“旅行大片”文件夹
效果文件	效果\第 13 章\旅行大片 .mp4
视频文件	视频\第 13 章\079 《旅行大片》制作风光美景视频 .mp4

【操练 + 视频】
——《旅行大片》制作风光美景视频

STEP 01 在剪映中导入 4 个视频素材，如图 13-22 所示。

STEP 02 将 4 个视频素材依次添加至视频轨道上，如图 13-23 所示。

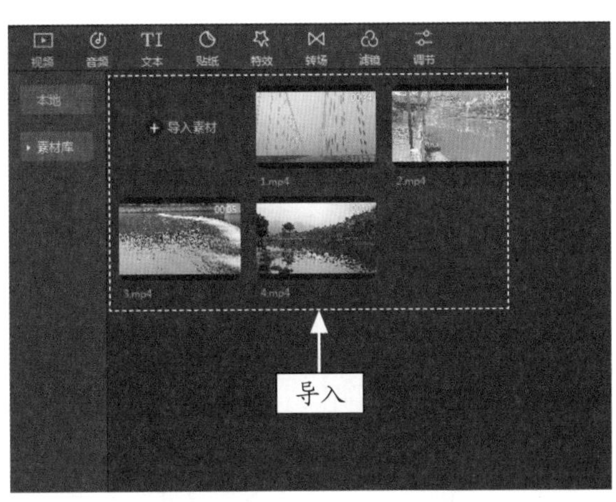

图 13-22　导入 4 个视频素材

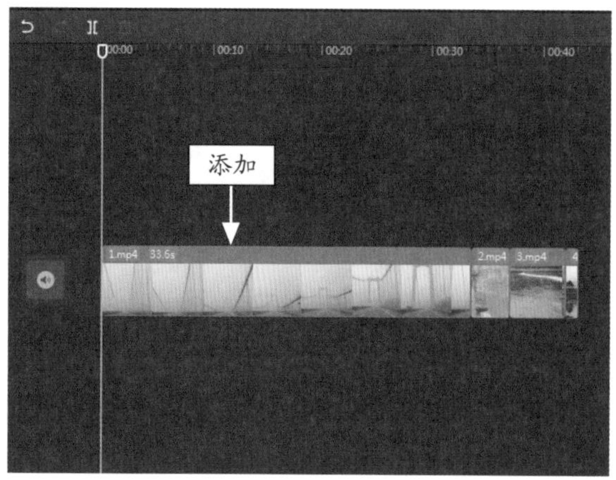

图 13-23 添加视频素材

STEP 03 选择第 1 个视频素材，❶单击“变速”按钮；❷设置“倍数”参数为 3.0x，如图 13-24 所示。

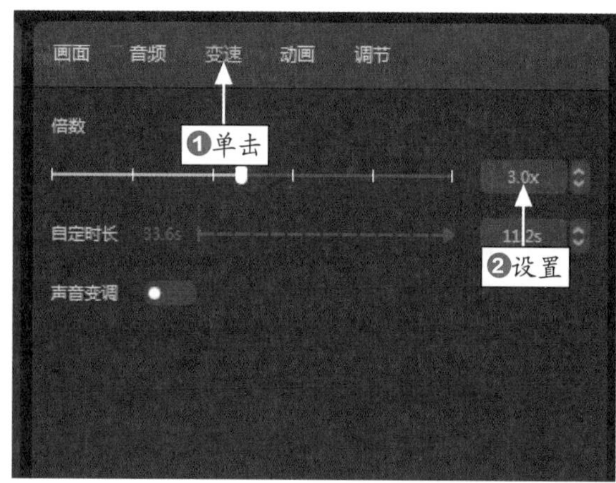

图 13-24 设置“倍数”参数

STEP 04 同时，视频轨道中的第 1 个视频缩略图上会显示变速倍数，如图 13-25 所示。

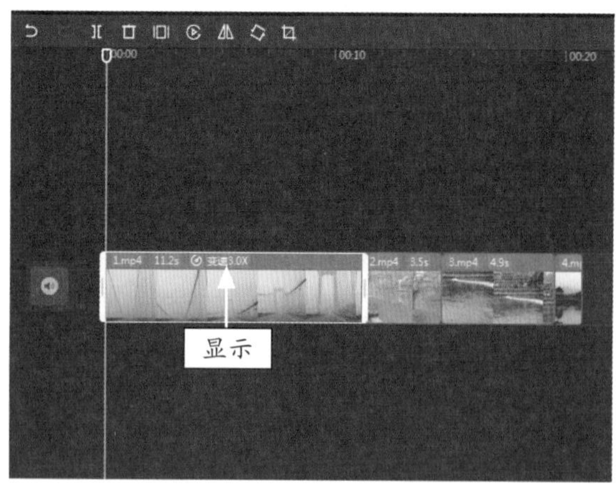

图 13-25 显示变速倍数

STEP 05 应用“分割”功能，将第 1 个视频分割为 4 段，如图 13-26 所示。

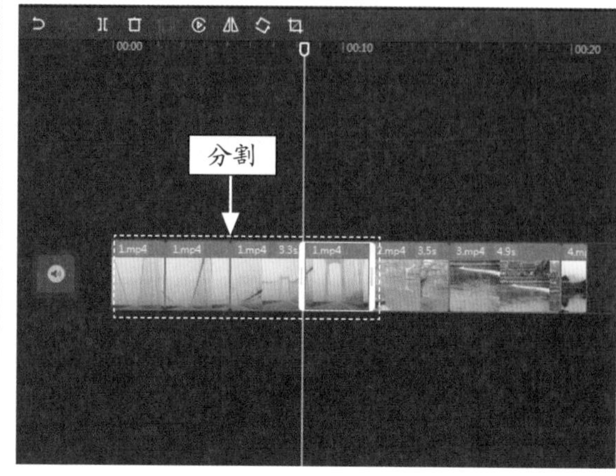

图 13-26 第 1 段视频分割为 4 段

STEP 06 将分割后的第 2 段和第 4 段视频删除，效果如图 13-27 所示。

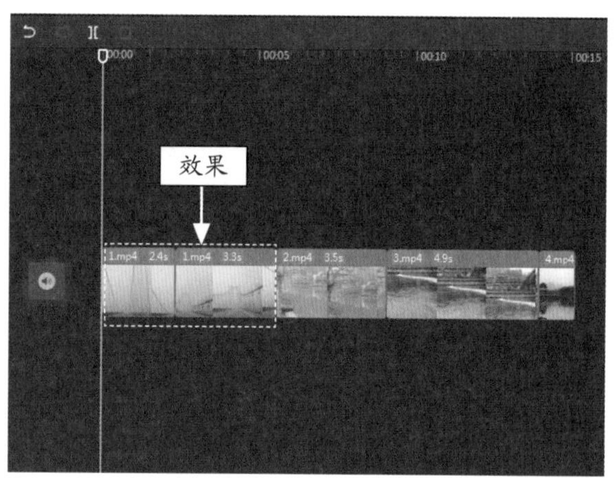

图 13-27 删除相应的视频片段

STEP 07 ❶单击“转场”功能区中的“运镜转场”选项卡；❷单击“推近”转场中的添加按钮，如图 13-28 所示。

STEP 08 执行操作后，即可在两个视频片段之间添加一个“推近”转场，如图 13-29 所示。

STEP 09 将时间指示器拖动至第 2 段视频与第 3 段视频之间，如图 13-30 所示。

STEP 10 在“转场”功能区的“运镜转场”选项卡中，单击“向左”转场中的添加按钮，如图 13-31 所示。

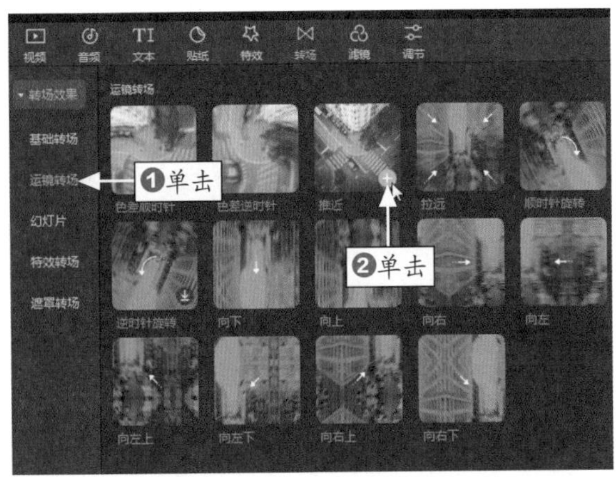

图 13-28　单击“推近”转场中的添加按钮

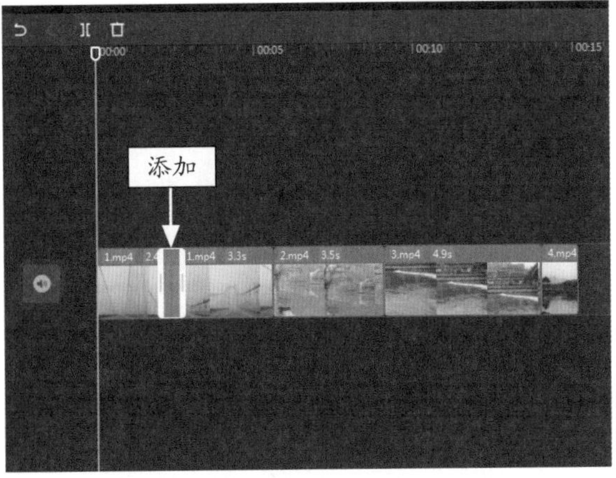

图 13-29　添加一个“推近”转场

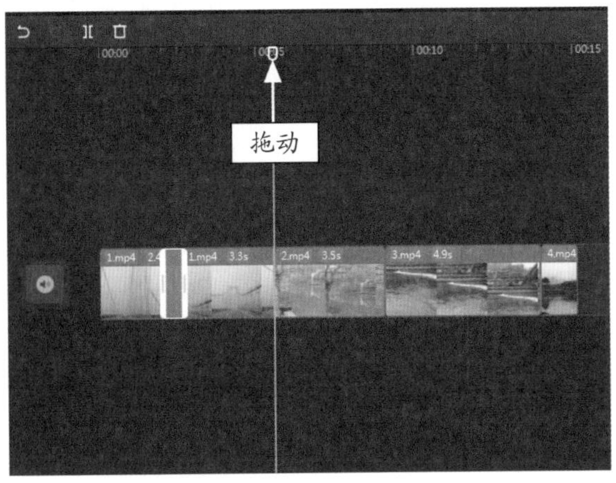

图 13-30　拖动时间指示器

STEP 11　执行操作后，即可在时间指示器的位置添加一个“向左”转场，如图 13-32 所示。

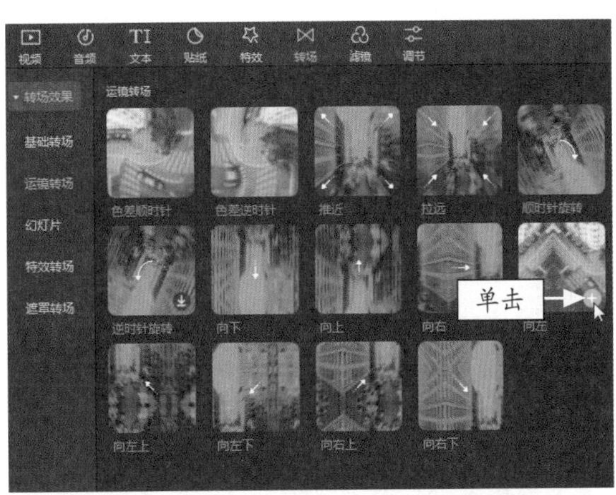

图 13-31　单击“向左”转场中的添加按钮

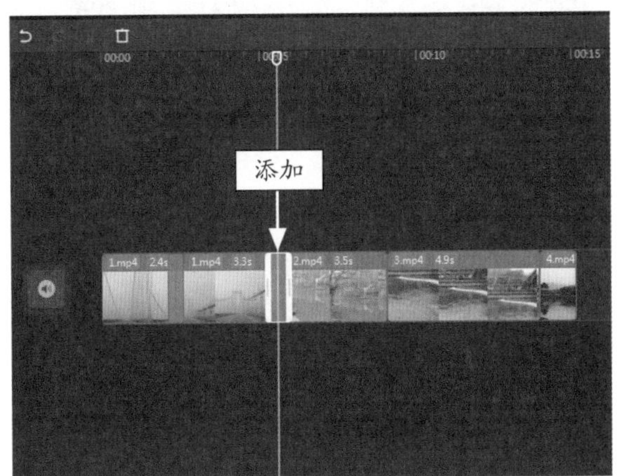

图 13-32　添加一个“向左”转场

STEP 12　使用上述同样的方法，在视频轨道中继续添加一个“向左下”转场和一个“向右”转场，如图 13-33 所示。

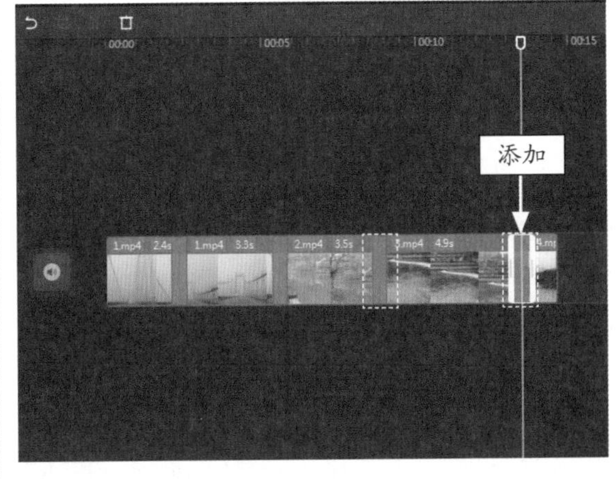

图 13-33　添加两个转场

STEP 13 ❶单击“调节”按钮，切换至“调节”功能区；❷单击“自定义调节”中的添加按钮，如图 13-34 所示。

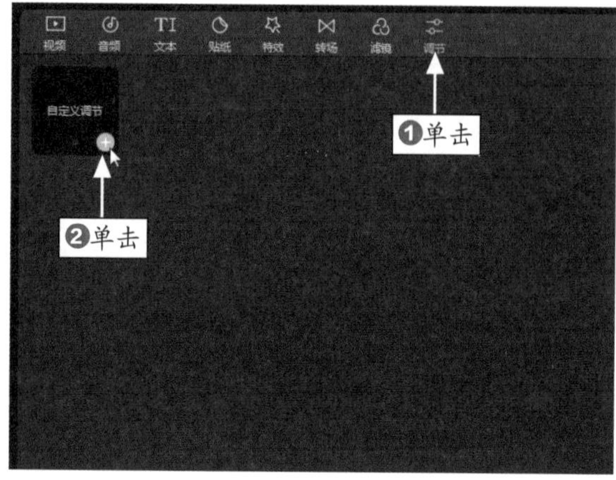

图 13-34 单击添加按钮

STEP 14 在视频轨道的上方调整添加的“调节 1”的时长，如图 13-35 所示。

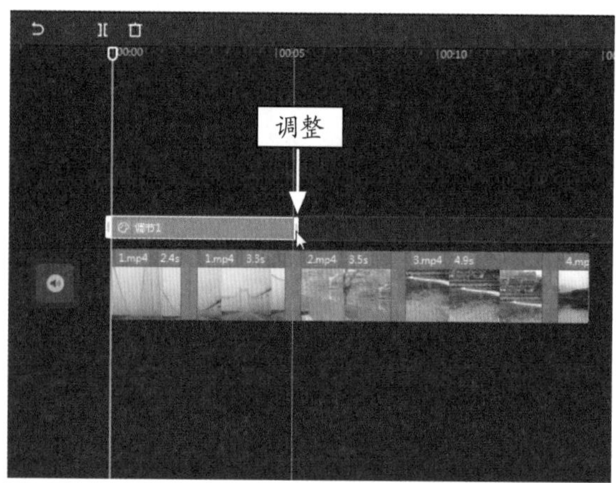

图 13-35 调整“调节 1”的时长

STEP 15 在“调节”操作区中，❶设置“亮度”为 10；❷在预览窗口中可以查看亮度调节效果，如图 13-36 所示。

图 13-36 设置“调节 1”的亮度效果

STEP 16 ❶设置“对比度”为 17；❷在预览窗口中查看对比度调节效果，如图 13-37 所示。

图 13-37 设置“调节 1”的对比度效果

STEP 17 ❶设置“饱和度”为 50；❷在预览窗口中查看饱和度调节效果，如图 13-38 所示。

图 13-38 设置“调节 1”的饱和度效果

STEP 18 ❶设置“锐化”为 20；❷在预览窗口中可以查看锐化调节效果，如图 13-39 所示。

图 13-39 设置“调节 1”的锐化效果

STEP 19 ❶设置“色温”为 -27；❷在预览窗口中可以查看色温调节效果，如图 13-40 所示。

图 13-40 设置“调节 1”的色温效果

STEP 20 ❶设置“色调”为 -12；❷在预览窗口中可以查看色调调节效果，如图 13-41 所示。

图 13-41 设置“调节 1”的色调效果

STEP 21 用 STEP13 中的方法，在“调节 1”后面添加一个“调节 2”，并调整其时长，如图 13-42 所示。

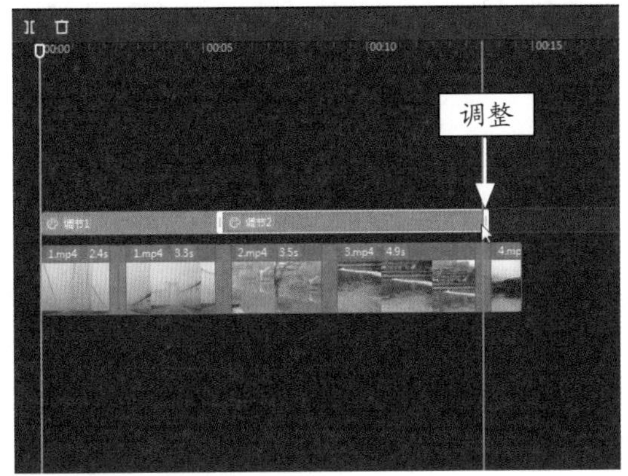

图 13-42 添加并调整“调节 2”的时长

STEP 22 在预览窗口中可以查看调节前的画面效果，如图 13-43 所示。

图 13-43 查看调节前的画面效果

STEP 23 在“调节”操作区中，❶设置“亮度”为 -9、“对比度”为 9、“饱和度”为 12、“色温”为 -33；❷在预览窗口中可以查看调色效果，如图 13-44 所示。

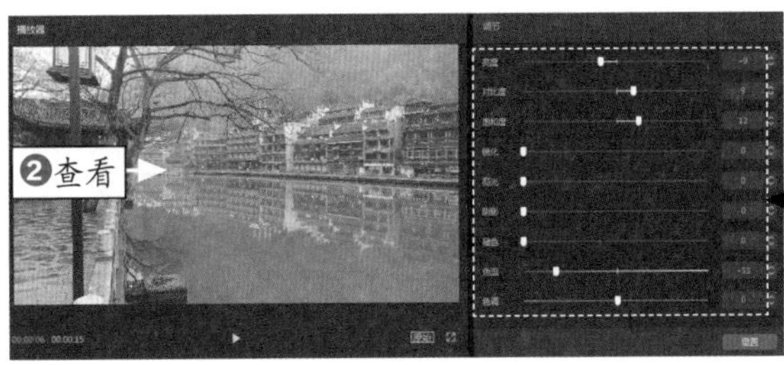

图 13-44 设置“调节 2”的调色效果

STEP 24 用 STEP13 中的方法，在“调节 2”后面添加一个“调节 3”，并调整其时长，如图 13-45 所示。

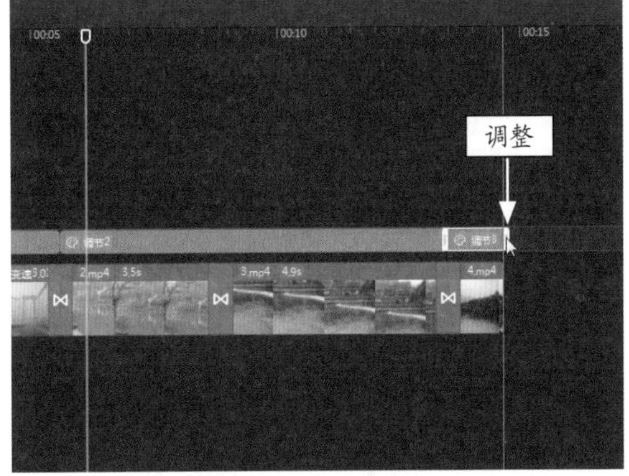

图 13-45 添加并调整“调节 3”的时长

STEP 25 在预览窗口中可以查看最后一段视频调节前的画面效果，如图 13-46 所示。

图 13-46 查看最后一段视频调节前的画面效果

STEP 26 在“调节”操作区中，设置“亮度”为 39、“对比度”为 -24、“饱和度”为 42、“色温”为 -23；在预览窗口中可以查看调色效果，如图 13-47 所示。

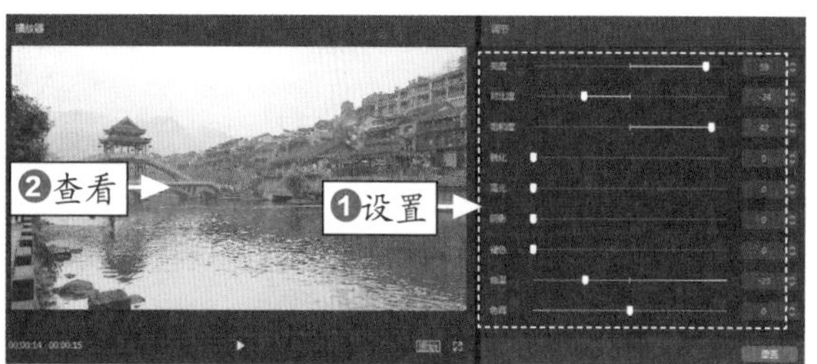

图 13-47　设置“调节 3”的调色效果

专家指点

用户在调节素材画面色彩色调时，可以先调整色温、色调以及饱和度，待查看调整的画面效果后，再根据需要调整画面的亮度、对比度、锐化、高光、阴影以及褪色等，这样更容易调出自己想要的画面效果。

STEP 27 ❶单击“贴纸”功能区的“主题”选项卡；❷选择一张贴纸并单击添加按钮，如图 13-48 所示。

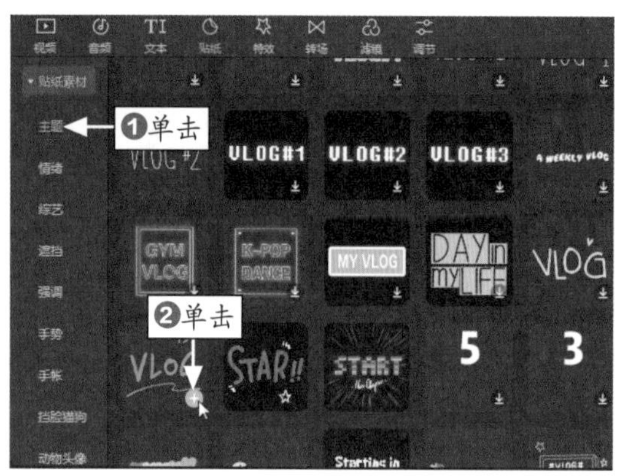

图 13-48　单击主题贴纸的添加按钮

STEP 28 执行操作后，即可添加一个主题贴纸，拖动贴纸右侧的白色滑块，调整其时长与第 1 个视频的时长一致，如图 13-49 所示。

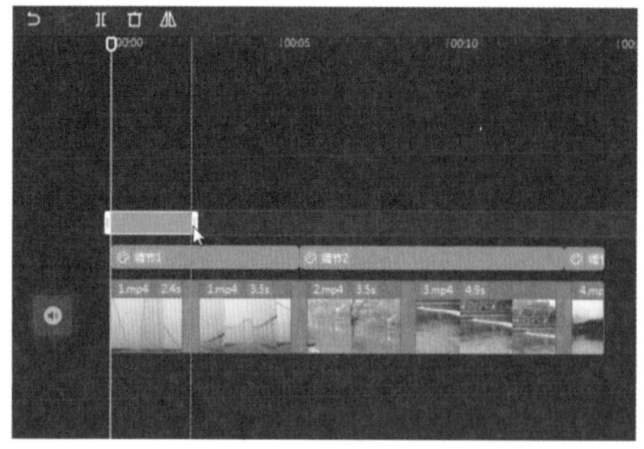

图 13-49　调整贴纸时长

STEP 29 选择贴纸，❶单击“动画”操作区的“入场”选项卡；❷选择“渐显”选项，为主题贴纸添加入场动画，如图 13-50 所示。

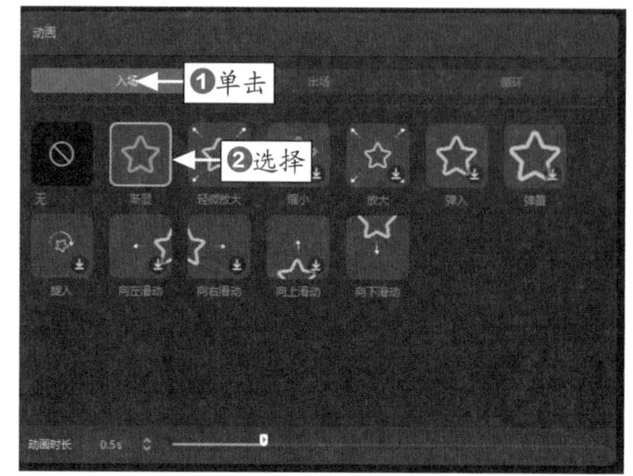

图 13-50　选择“渐显”选项

STEP 30 在“贴纸”功能区的“主题”选项卡中，再次选择一张贴纸并单击添加按钮，如图 13-51 所示。

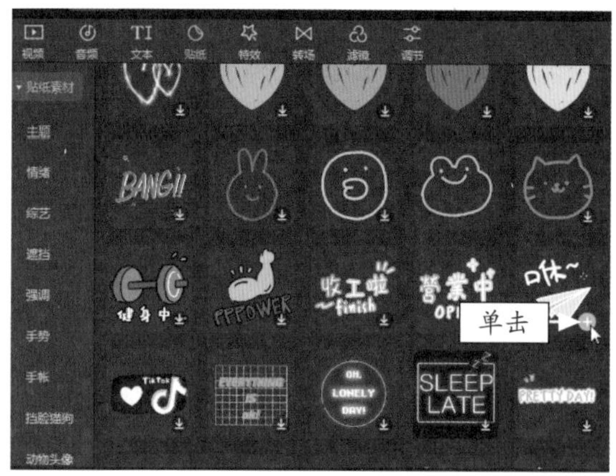

图 13-51　单击主题贴纸的添加按钮

STEP 31 在第 2 个转场的位置，再次添加一个主题贴纸，并调整其时长，如图 13-52 所示。

STEP 32 在预览窗口中可以查看并调整主题贴纸的大小和位置，如图 13-53 所示。

STEP 33 ❶单击“贴纸”功能区的“动感”选项卡；❷选择一张水花溅起的贴纸并单击添加按钮，如图 13-54 所示。

STEP 34 在第 3 个转场的位置，添加水花溅起的贴纸并调整其时长，如图 13-55 所示。

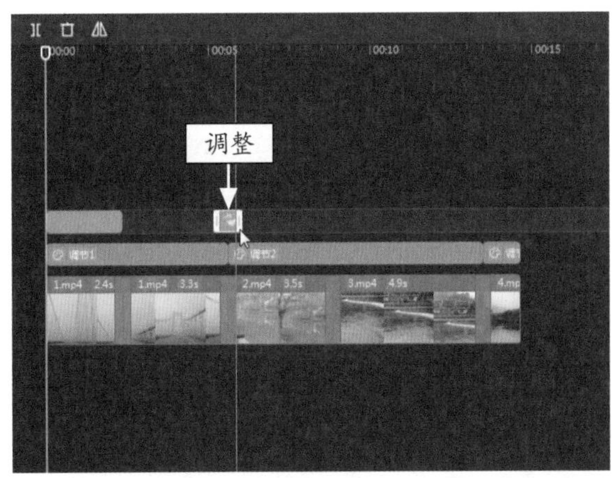

图 13-52　再次添加一个主题贴纸

图 13-53　调整主题贴纸的大小和位置

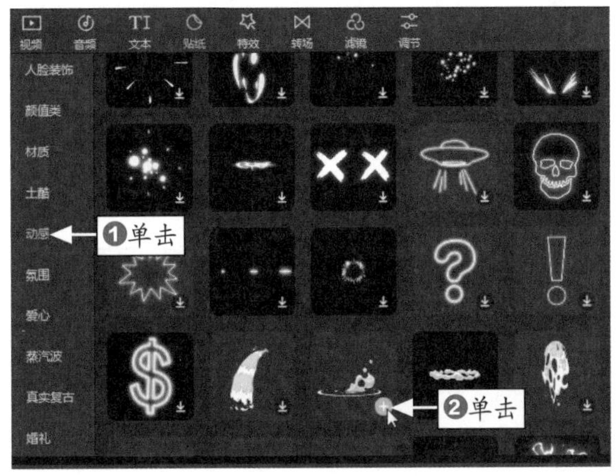

图 13-54　单击水花溅起贴纸的添加按钮

STEP 35 ❶单击“贴纸”功能区的“手写字”选项卡；❷选择一张文字贴纸并单击添加按钮，如图 13-56 所示。

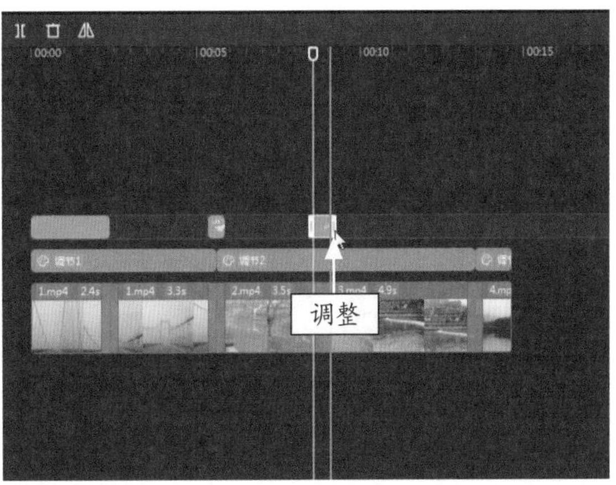

图 13-55　添加水花溅起的贴纸并调整其时长

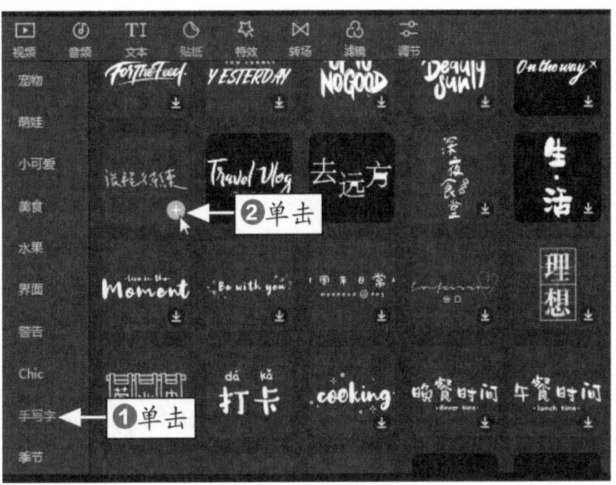

图 13-56　单击文字贴纸的添加按钮

STEP 36 在第 4 个转场的开始位置，添加文字贴纸，如图 13-57 所示。

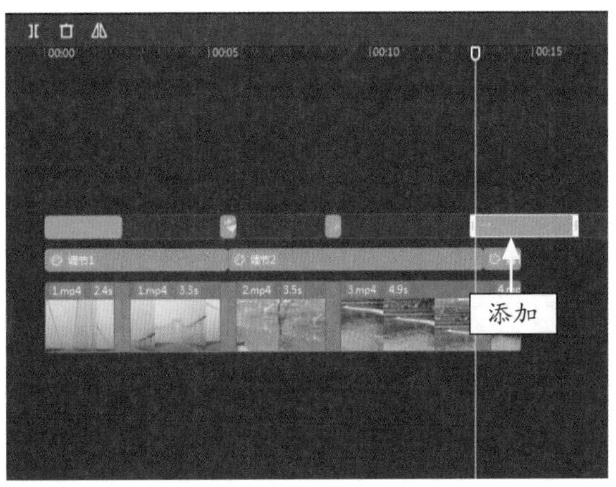

图 13-57　添加文字贴纸

STEP 37 单击“音频”按钮，切换至“音频”功能区，如图 13-58 所示。

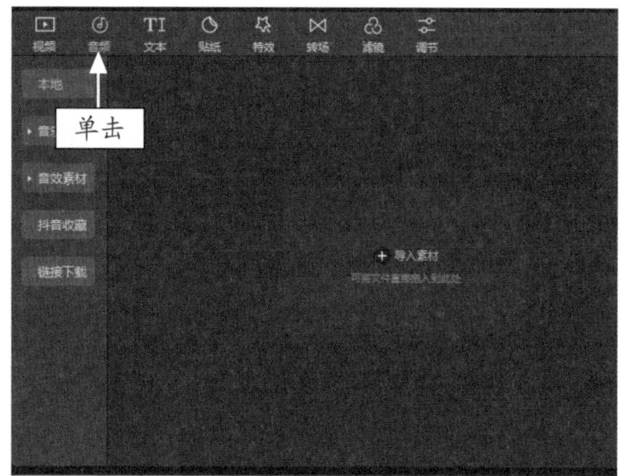

图 13-58　切换至“音频”功能区

STEP 38 ❶单击“音效素材”按钮，切换至“音效素材”选项卡；❷选择“转场”音效类型，如图 13-59 所示。

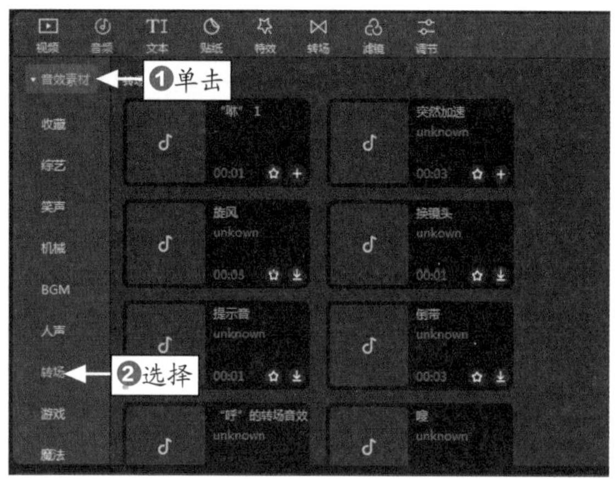

图 13-59　选择“转场”音效类型

STEP 39 在音效列表中单击相应音效中的添加按钮，如图 13-60 所示。

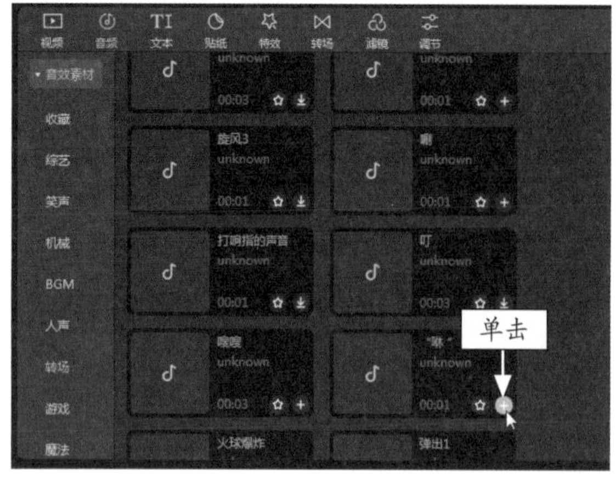

图 13-60　单击音效添加按钮

STEP 40 在音频轨道中即可添加一个音效，将其拖动至第 1 个转场下方并调整时长，如图 13-61 所示。

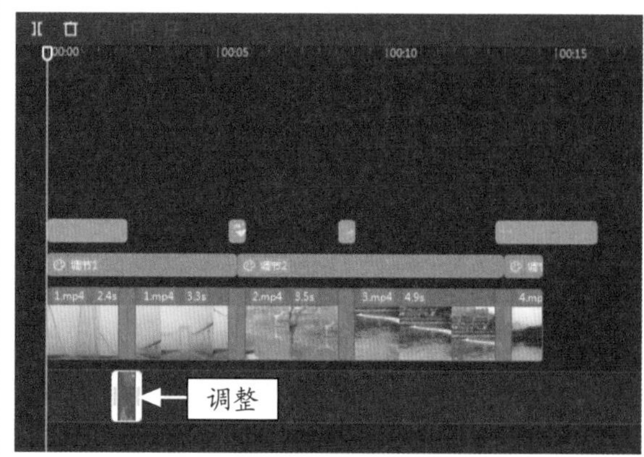

图 13-61　调整音效位置及时长

STEP 41 选择添加的音效，❶单击“音频”操作区中的“基本”选项卡；❷设置“音量”参数为 200%，如图 13-62 所示。

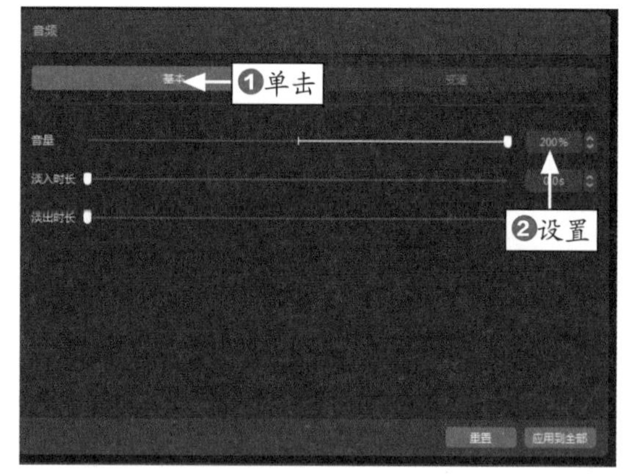

图 13-62　设置“音量”参数

STEP 42 ❶在音频轨道上复制音效；❷在每个转场的下方粘贴复制的音效，如图 13-63 所示。

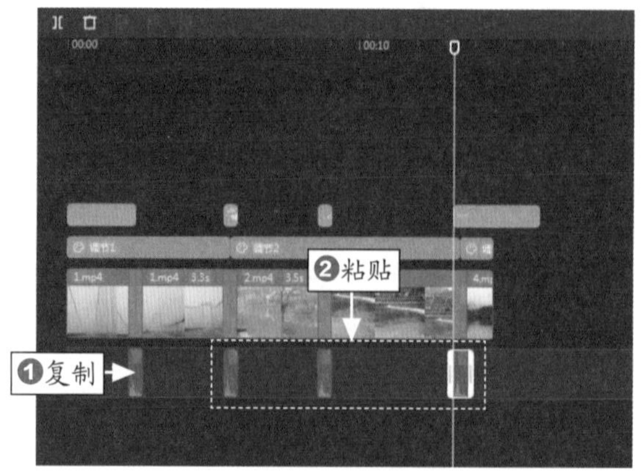

图 13-63　粘贴复制的音效

STEP 43 单击“音频”按钮，在“旅行”选项卡中选择一段音频素材，并将其添加到音频轨道上，如图 13-64 所示。

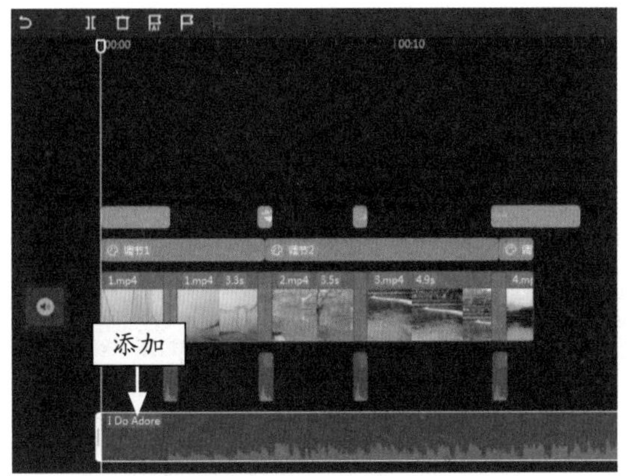

图 13-64　添加一段音频素材

STEP 44 ❶将时间指示器拖动至最后一个贴纸的结束位置处；❷单击“分割”按钮；❸将音频分割并删除后一段音频，如图 13-65 所示。

STEP 45 选择音频素材，❶单击“音频”操作区中的“基本”选项卡；❷设置“音量”为 50%；❸设置“淡出时长”为 0.5s，如图 13-66 所示。

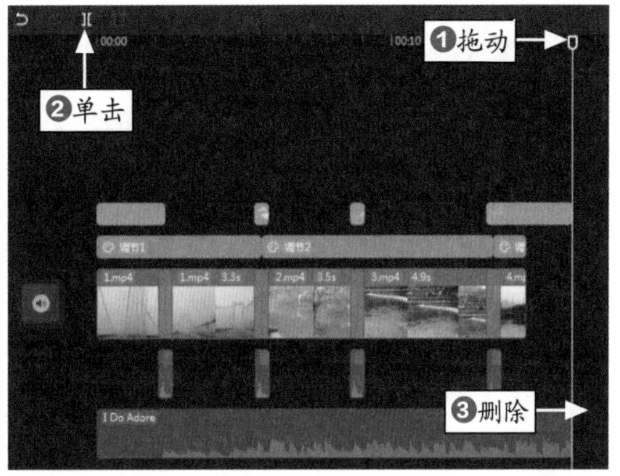

图 13-65　剪辑音频素材

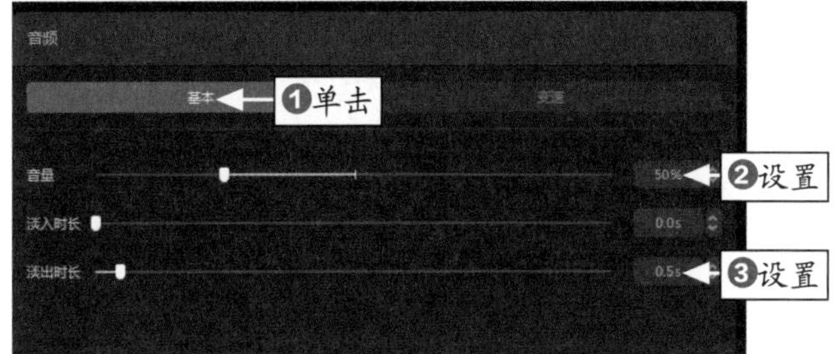

图 13-66　设置“淡出时长”的参数

STEP 46 在预览窗口中，单击“播放”按钮，预览视频效果，如图 13-67 所示。

图 13-67　预览视频效果

图 13-67　预览视频效果（续）

080 《唯美清新》制作文艺伤感风格

本节要制作一个具有文艺伤感风格的 Vlog 视频，主要通过剪映的“叠化”转场、“仲夏”滤镜、“模糊”背景、“文本”功能、“贴纸”功能以及“识别歌词”功能等对拍摄的多段文艺视频进行后期剪辑加工，制作出唯美清新的短视频，下面介绍其制作方法。

	素材文件	素材 \ 第 13 章 \“唯美清新”文件夹
	效果文件	效果 \ 第 13 章 \ 唯美清新 .mp4
	视频文件	视频 \ 第 13 章 \080 《唯美清新》制作文艺伤感风格 .mp4

【操练 + 视频】
——《唯美清新》制作文艺伤感风格

STEP 01 在剪映中导入 4 个视频素材，如图 13-68 所示。

STEP 02 将 4 个视频素材依次添加至视频轨道上，如图 13-69 所示。

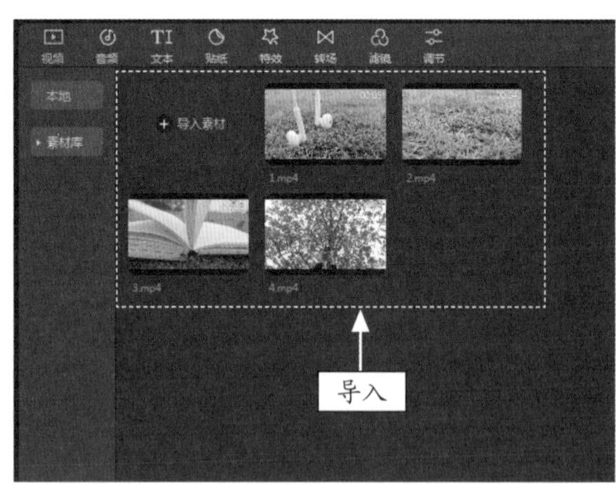

图 13-68　导入 4 个视频素材

STEP 03 ❶将每个视频的时长都调整到 2.0s；❷单击“关闭原声”按钮，如图 13-70 所示。

STEP 04 选择第 1 个视频，❶单击“变速”按钮；❷设置“倍数”参数为 0.5x，如图 13-71 所示。

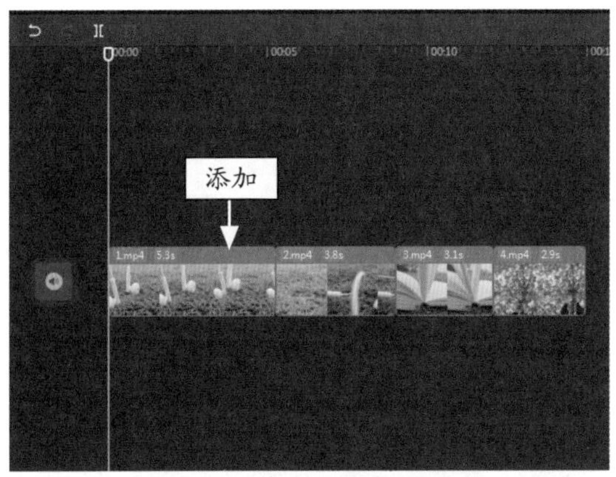

图 13-69　添加视频素材

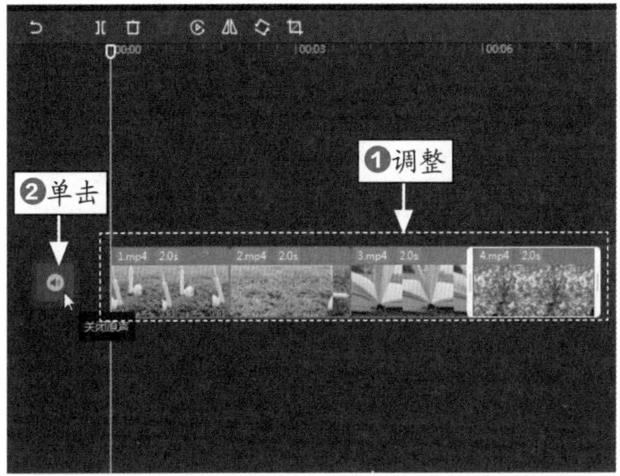

图 13-70　单击“关闭原声”按钮

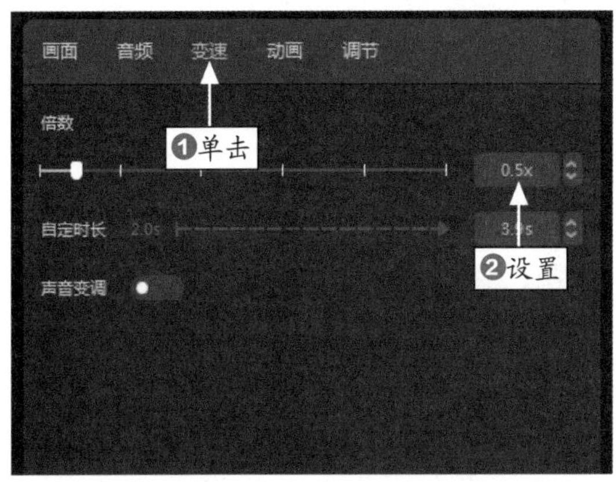

图 13-71　设置“倍数”参数

STEP 05 使用上述同样的方法，将后面 3 个视频的播放速度都设置为 0.5x，如图 13-72 所示。

STEP 06 ❶单击“转场”按钮；❷在“基础转场”选项卡中单击“叠化”转场中的添加按钮，如图 13-73 所示。

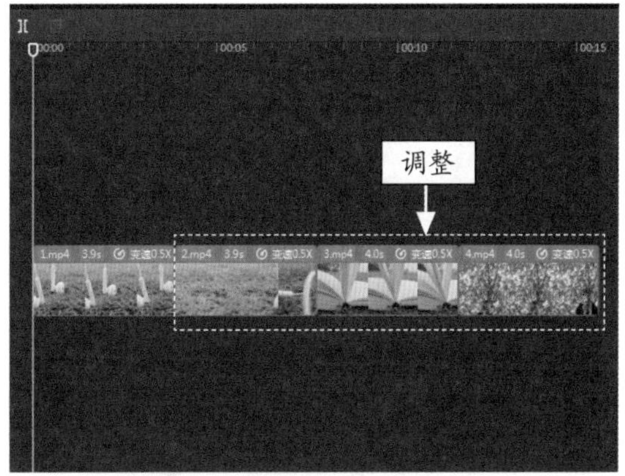

图 13-72　设置视频的播放速度

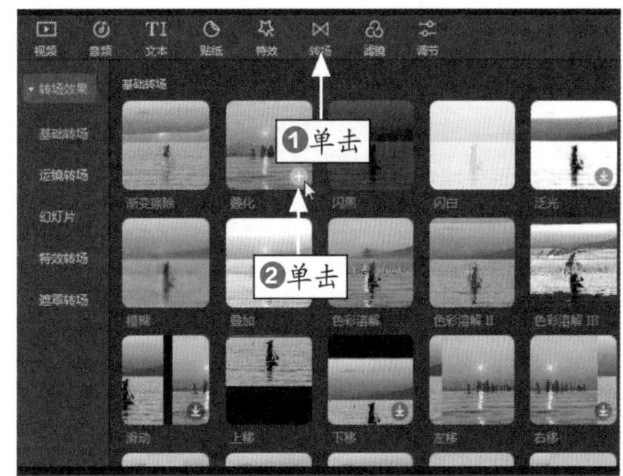

图 13-73　单击“叠化”转场添加按钮

STEP 07 执行操作后，即可在第 1 个视频和第 2 个视频之间添加一个“叠化”转场，如图 13-74 所示。

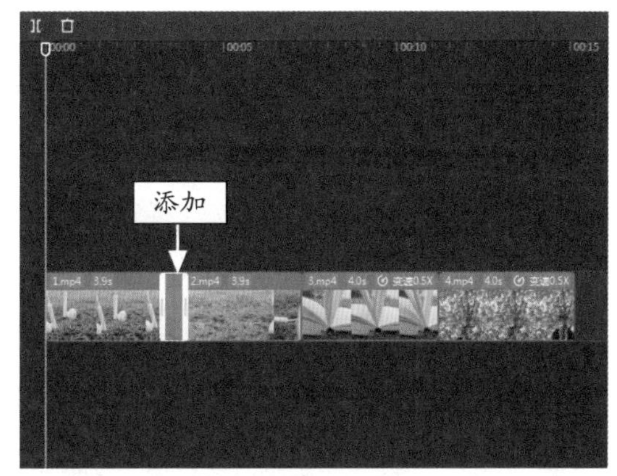

图 13-74　添加“叠化”转场

STEP 08 ❶单击“转场”按钮；❷设置“叠化”转场中的“转场时长”为 0.8s；❸单击“应用到全部”按钮，如图 13-75 所示。

图 13-75　单击“应用到全部”按钮

STEP 09 执行操作后，即可在每个视频之间都添加一个“叠化”转场，如图 13-76 所示。

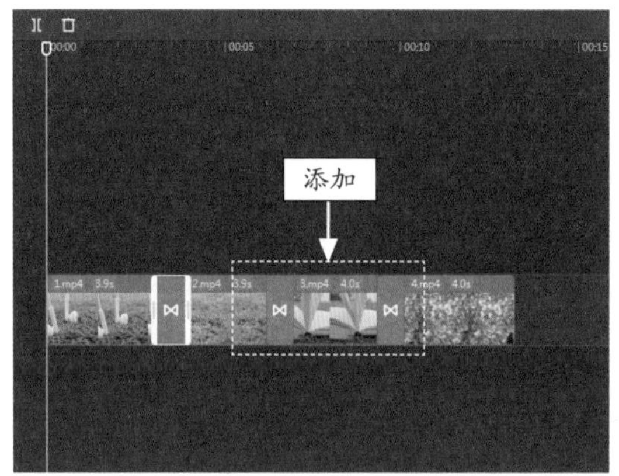

图 13-76　添加多个“叠化”转场

STEP 10 ❶单击“滤镜”功能区的“风景”选项卡；❷单击“仲夏”滤镜中的添加按钮，如图 13-77 所示。

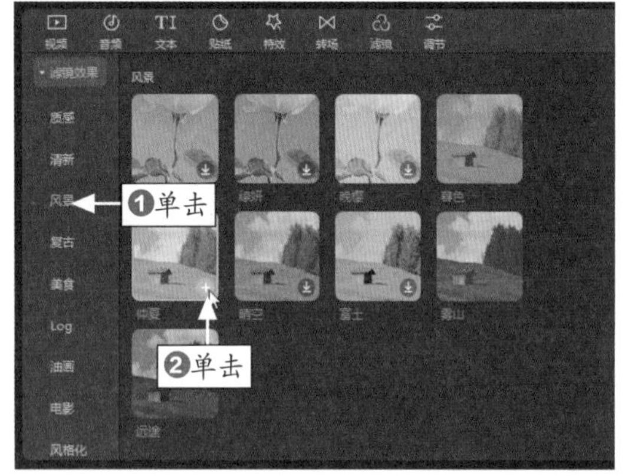

图 13-77　单击“仲夏”滤镜中的添加按钮

STEP 11 执行操作后，即可在视频轨道的上方添加一个“仲夏”滤镜，如图 13-78 所示。

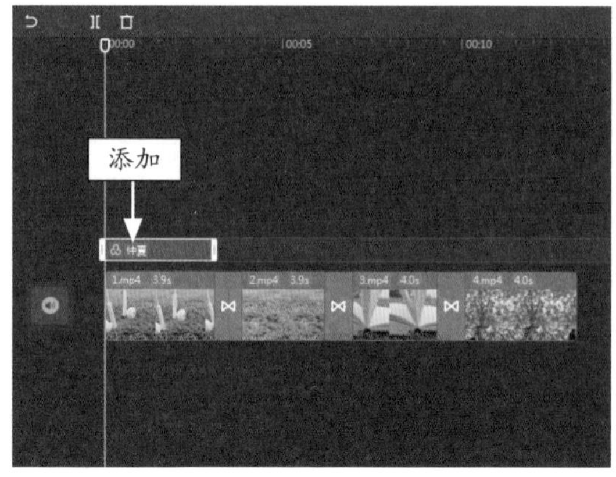

图 13-78　添加“仲夏”滤镜

STEP 12 ❶单击“调节”按钮；❷单击“自定义调节”添加按钮，如图 13-79 所示。

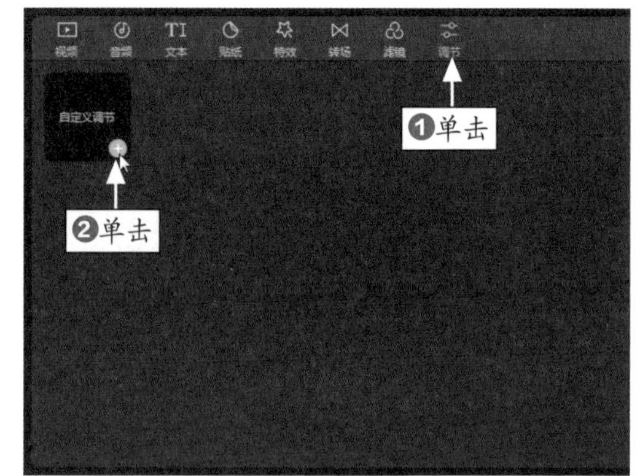

图 13-79　单击“自定义调节”添加按钮

STEP 13 执行操作后，即可在滤镜的上方添加“调节 1”，如图 13-80 所示。

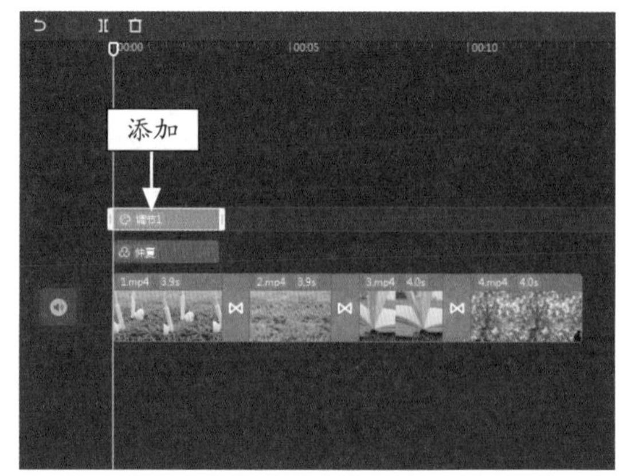

图 13-80　添加“调节 1”

STEP 14 在预览窗口中，可以查看添加滤镜后还未调色的视频效果，如图 13-81 所示。

图 13-81　查看未调色的视频效果

STEP 15 在“调节”操作区中，❶设置“饱和度”为 -10；❷在预览窗口中可以查看饱和度调节效果，如图 13-82 所示。

图 13-82　设置“调节 1”的饱和度效果

STEP 16 ❶设置“锐化”为 26；❷在预览窗口中可以查看锐化调节效果，如图 13-83 所示。

图 13-83　设置“调节 1”的锐化效果

STEP 17 ❶设置“色温”为 -18；❷在预览窗口中可以查看色温调节效果，如图 13-84 所示。

STEP 18 ❶设置“色调”为 -19；❷在预览窗口中可以查看色调调节效果，如图 13-85 所示。

STEP 19 在相应轨道中，调整“调节 1”和“仲夏”滤镜的时长，如图 13-86 所示。

图 13-84　设置“调节 1”的色温效果

图 13-85　设置“调节 1”的色调效果

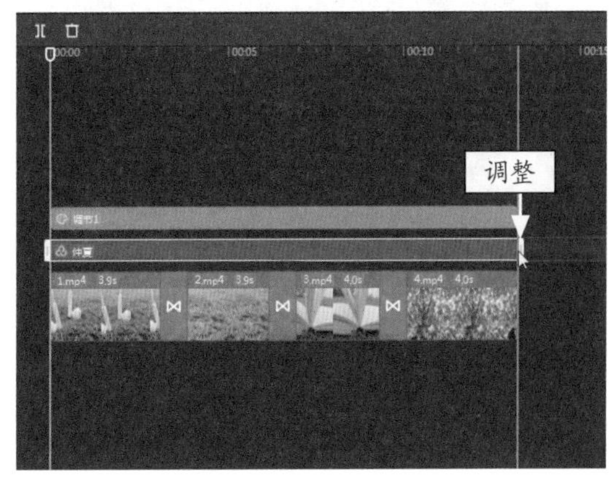

图 13-86　调整时长

STEP 20 ❶单击“音频”按钮；❷在“本地”选项卡中单击“导入素材”按钮，如图 13-87 所示。

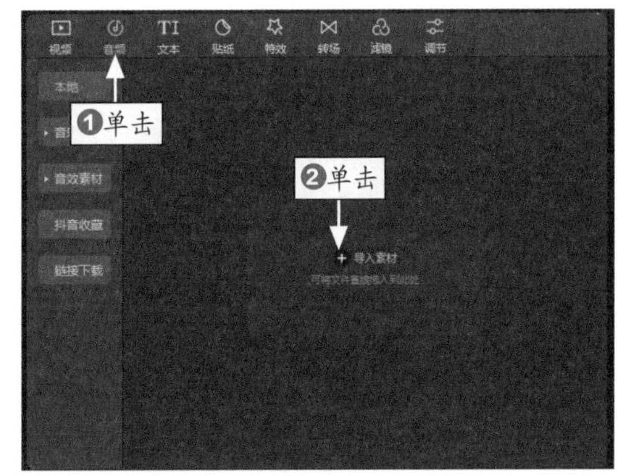

图 13-87　单击“导入素材”按钮

STEP 21 弹出“请选择媒体资源”对话框，❶选择音频素材；❷单击“打开”按钮，如图 13-88 所示。

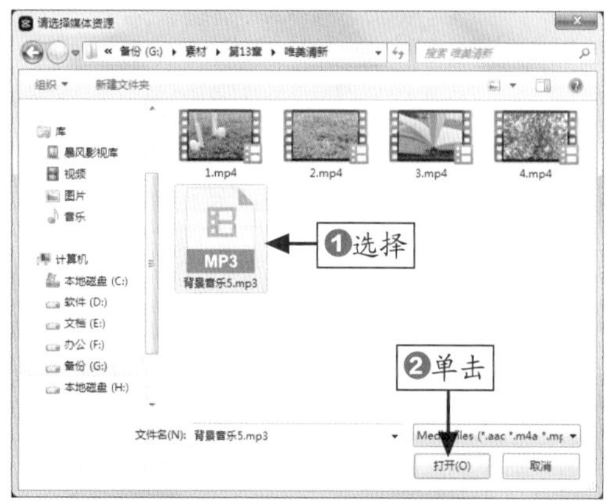

图 13-88 单击“打开”按钮

STEP 22 在“音频”功能区中即可导入选择的音频素材，单击添加按钮，如图 13-89 所示。

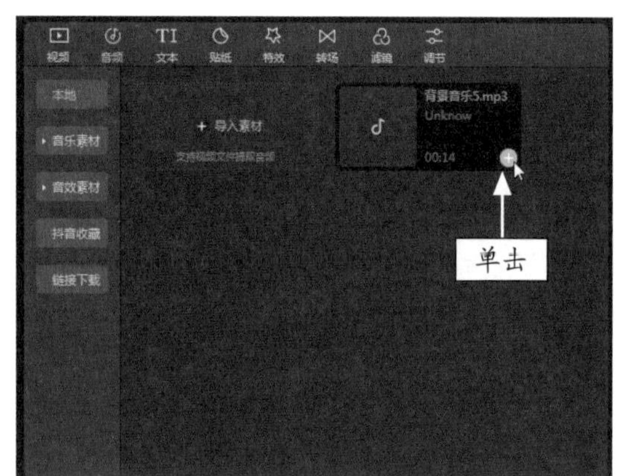

图 13-89 单击音频素材中的添加按钮

STEP 23 执行操作后，即可在音频轨道中添加一段音频素材，拖动音频素材右侧的白色滑块，适当调整音频时长，如图 13-90 所示。

图 13-90 添加一段音频素材

STEP 24 选择视频轨道中的第 1 段视频，在“播放器”面板中，设置视频的画布比例为 9:16，如图 13-91 所示。

图 13-91 设置画布比例

STEP 25 ❶单击“画面”操作区的“背景”选项卡；❷单击“背景填充”下拉按钮；❸在弹出的下拉列表中选择“模糊”选项，如图 13-92 所示。

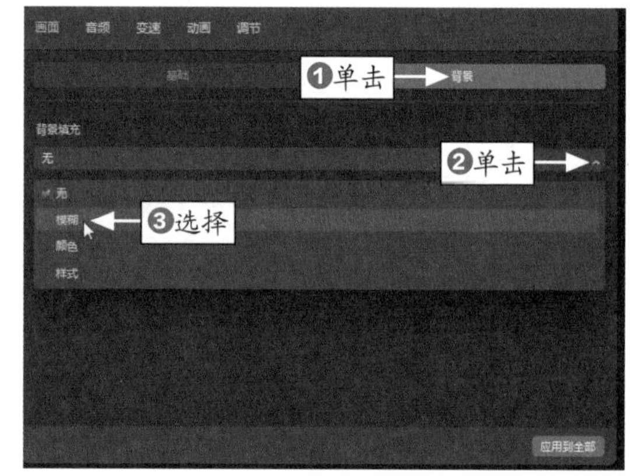

图 13-92 选择“模糊”选项

STEP 26 在“模糊”选项区中，❶选择第 2 个模糊样式；❷单击“应用到全部”按钮，如图 13-93 所示。

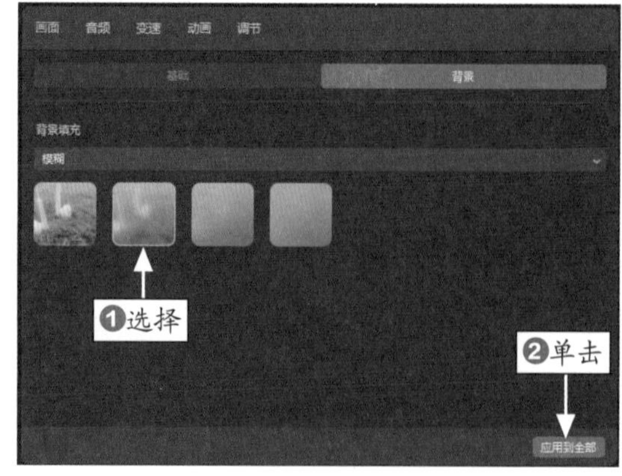

图 13-93 单击“应用到全部”按钮

STEP 27 ❶单击“文本”功能区的“识别歌词”选项卡；❷单击“开始识别”按钮，如图 13-94 所示。

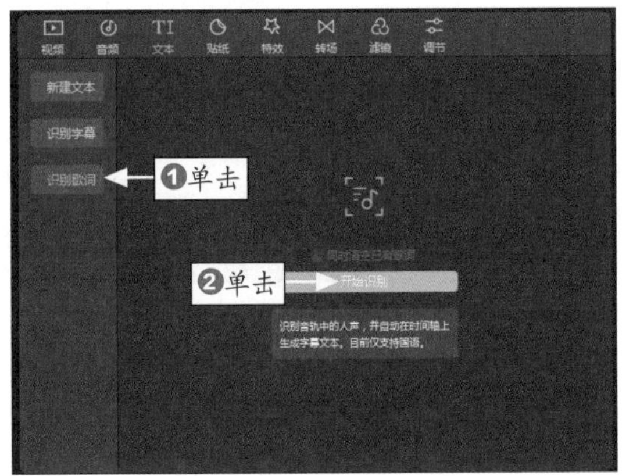

图 13-94　单击“开始识别”按钮

STEP 28 稍等片刻，即可自动生成歌词字幕，如图 13-95 所示。

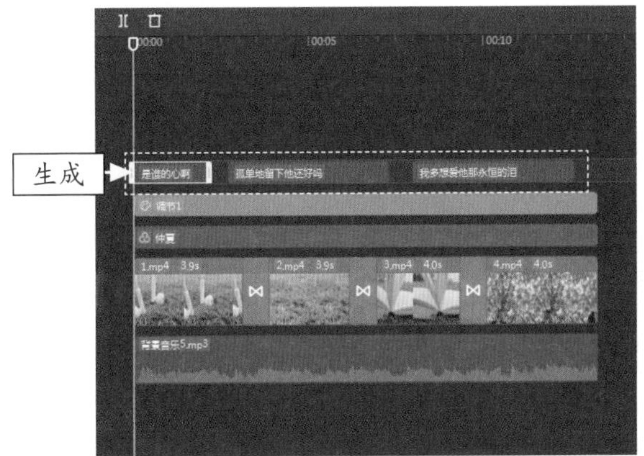

图 13-95　自动生成歌词字幕

STEP 29 在预览窗口中，可以调整歌词字幕的大小和位置，如图 13-96 所示。

图 13-96　调整歌词字幕的大小和位置

STEP 30 在“编辑”操作区的“文本”选项卡中，设置“字体”为“宋体”，如图 13-97 所示。

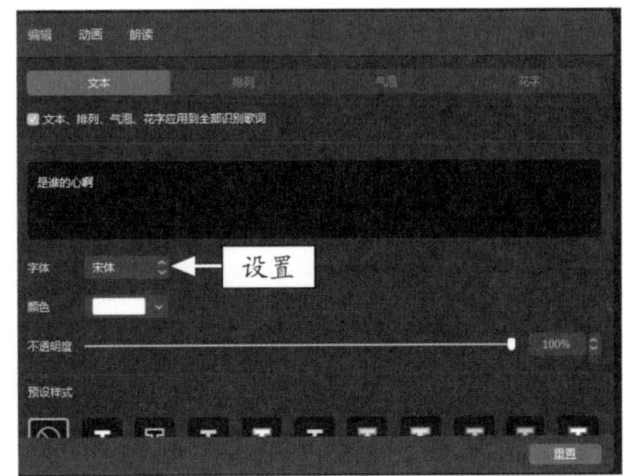

图 13-97　设置“字体”为“宋体”

STEP 31 ❶单击“气泡”选项卡；❷选择合适的气泡模板，如图 13-98 所示。

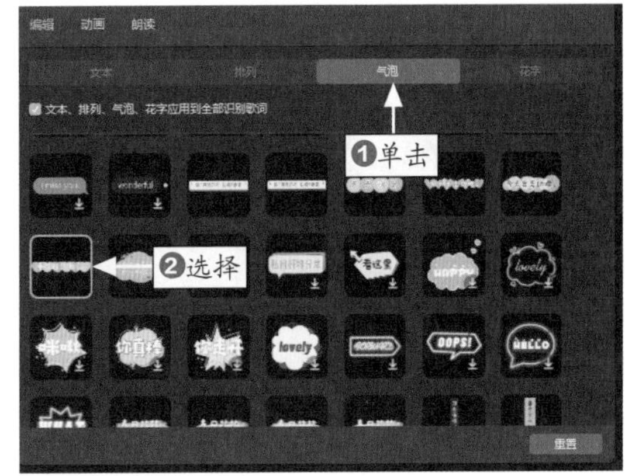

图 13-98　选择合适的气泡模板

STEP 32 ❶单击“动画”操作区的“循环”选项卡；❷选择“晃动”选项，如图 13-99 所示。

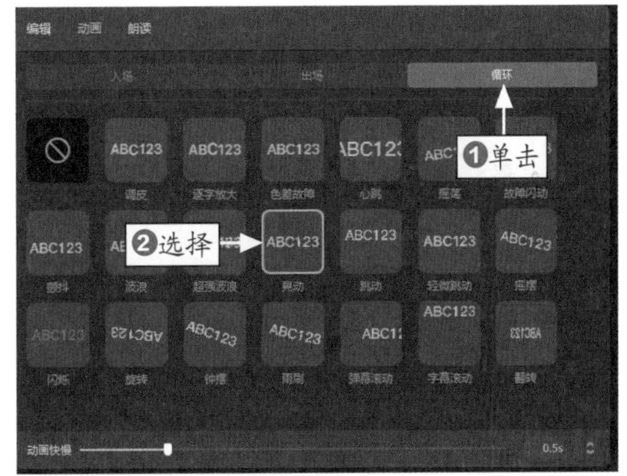

图 13-99　选择“晃动”选项

STEP 33 使用上述同样的方法，为其他几段歌词字幕添加动画效果，如图 13-100 所示。

专家指点

为歌词字幕添加动画效果后，轨道中的字幕底部会显示一条白色的线，表示该段字幕已经添加了动画效果。在“动画”操作区中，如果用户不喜欢“循环”选项卡中提供的动画效果，那么可以切换到“入场”和“出场”选项卡中，选择自己满意的字幕动画效果。

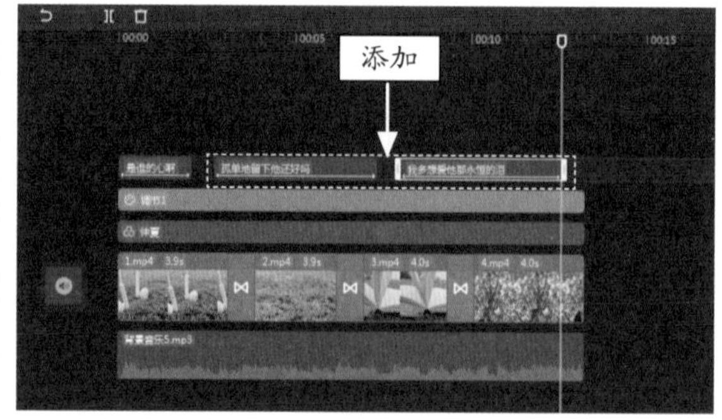

图 13-100　为其他几段歌词字幕添加动画效果

STEP 34 在预览窗口中，单击“播放”按钮▶，预览视频效果，如图 13-101 所示。

图 13-101　预览视频效果

第14章

后期全流程：制作《景色怡人》

章前知识导读

制作一个完整的短视频，即使是最简单的后期处理，其流程也包括了对视频进行基本的剪辑调速、添加动画转场、制作片头片尾以及添加字幕和背景音乐等。本章将用一个完整的案例为读者巩固前文所学，帮助读者在使用剪映进行后期处理时，可以更加地得心应手。

新手重点索引

- 对素材进行变速处理
- 让素材过渡更加衔接
- 制作片头和片尾效果
- 添加字幕和背景音乐

效果图片欣赏

081 对素材进行变速处理

下面主要对视频素材进行剪辑处理，首先导入多个视频素材，然后使用剪映的“变速”功能，对素材的播放速度进行调整，具体操作方法如下。

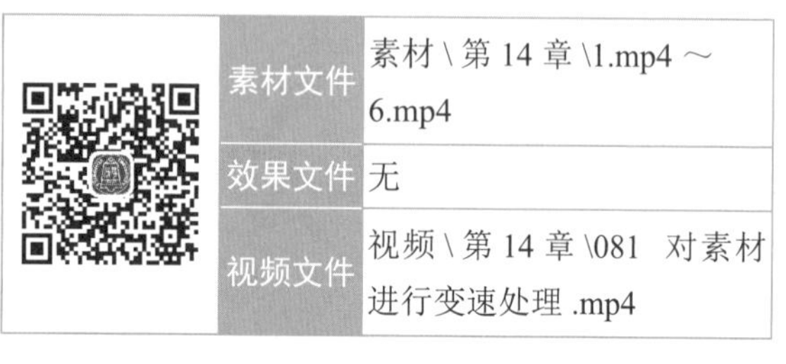

	素材文件	素材 \ 第 14 章 \1.mp4 ～ 6.mp4
	效果文件	无
	视频文件	视频 \ 第 14 章 \081　对素材进行变速处理 .mp4

【操练 + 视频】
——对素材进行变速处理

STEP 01 在剪映中导入 6 个视频素材，如图 14-1 所示。

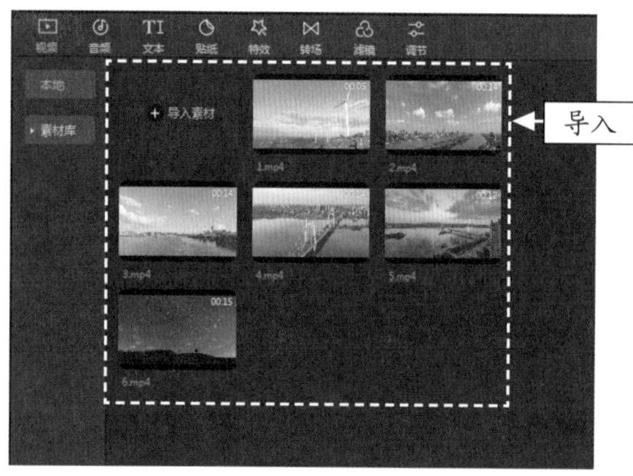

图 14-1　导入 6 个视频素材

STEP 02 将导入的视频依次添加到视频轨道中，如图 14-2 所示。

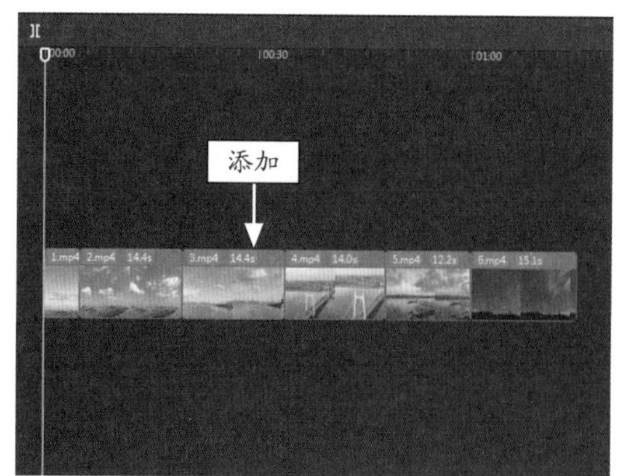

图 14-2　将视频添加到视频轨道

STEP 03 选择第 2 个视频片段，如图 14-3 所示。

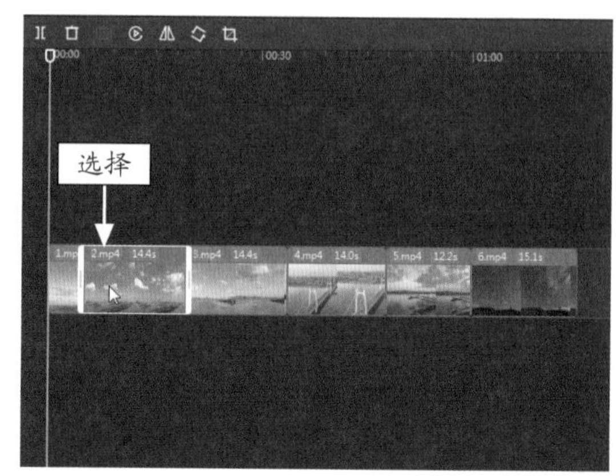

图 14-3　选择第 2 个视频片段

STEP 04 ❶单击“变速”按钮；❷设置“倍数”为 2.0x，如图 14-4 所示。

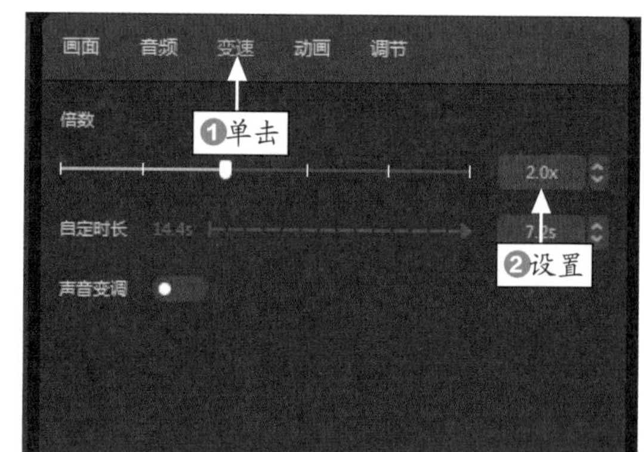

图 14-4　设置“倍数”参数

STEP 05 使用同样的方法，对后面几个视频片段进行变速处理，如图 14-5 所示。

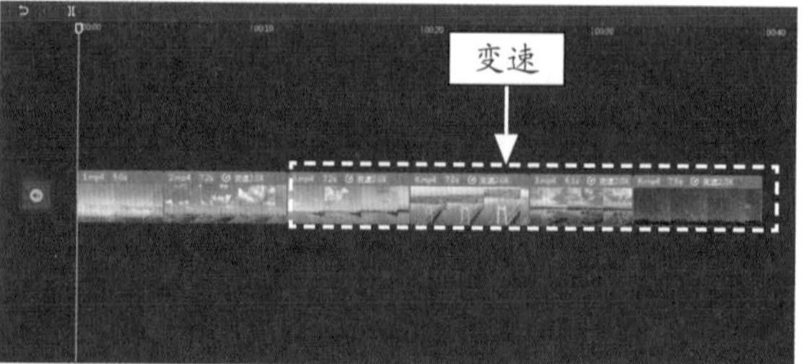

图 14-5　对其他视频片段进行变速处理

STEP 06 在预览窗口中，可以查看视频变速处理后的画面效果，如图 14-6 所示。

图 14-6　查看视频变速处理后的画面效果

082 让素材过渡更加衔接

下面主要为视频素材添加转场效果，让各个素材之间的过渡效果变得更加协调，具体操作方法如下。

	素材文件	无
	效果文件	无
	视频文件	视频 \ 第 14 章 \082　让素材过渡更加衔接 .mp4

【操练 + 视频】
——让素材过渡更加衔接

STEP 01 将时间指示器拖动至前两个视频片段中间的连接处，如图 14-7 所示。

STEP 02 ❶单击“转场”按钮；❷单击“基础转场”选项卡；❸单击“横向拉幕”转场中的添加按钮，如图 14-8 所示。

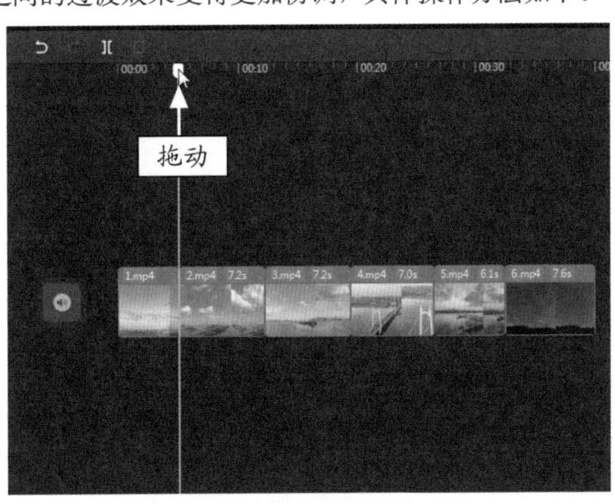

图 14-7　拖动时间指示器

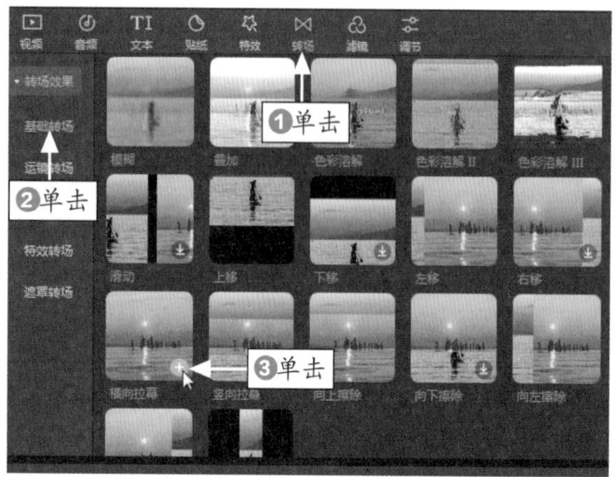

图 14-8　单击“横向拉幕”转场添加按钮

STEP 03 执行操作后，即可在时间指示器的位置处添加“横向拉幕”转场，如图 14-9 所示。

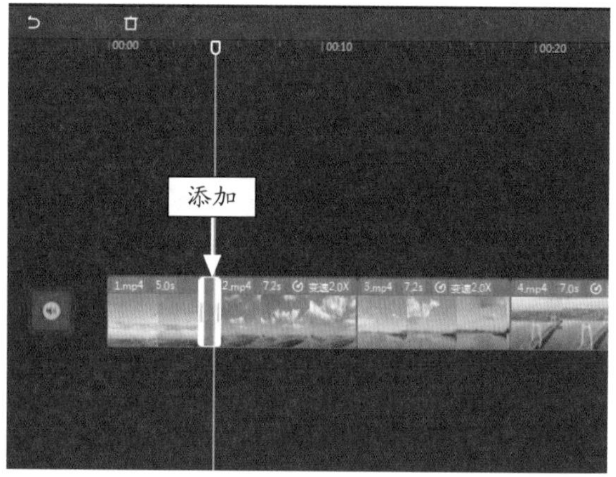

图 14-9　添加“横向拉幕”转场效果

STEP 04 将时间指示器拖动至第 2 个和第 3 个视频片段中间的连接处，如图 14-10 所示。

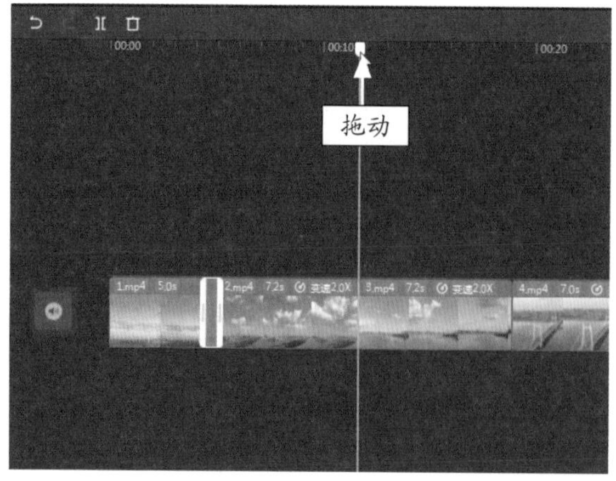

图 14-10　拖动时间指示器

STEP 05 ❶单击“转场”按钮；❷单击“幻灯片”选项卡；❸单击“立方体”转场中的添加按钮⊕，如图 14-11 所示。

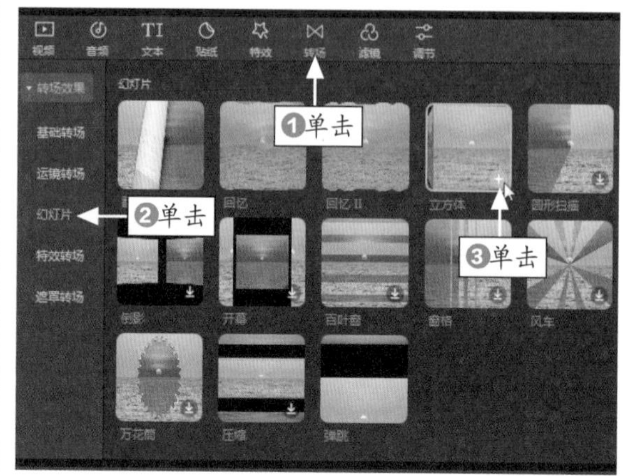

图 14-11　单击“立方体”转场添加按钮

STEP 06 执行操作后，在时间指示器的位置处添加“立方体”转场，如图 14-12 所示。

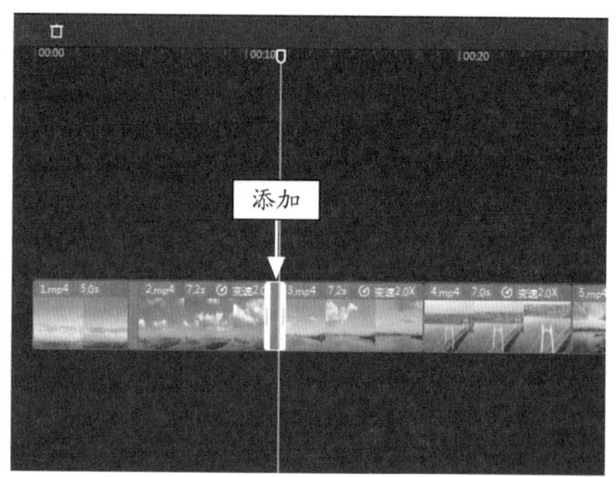

图 14-12　添加“立方体”转场效果

STEP 07 使用同样的操作方法，在其他的视频片段中间的连接处依次添加“风车”“横线”和“画笔擦除”转场效果，如图 14-13 所示。

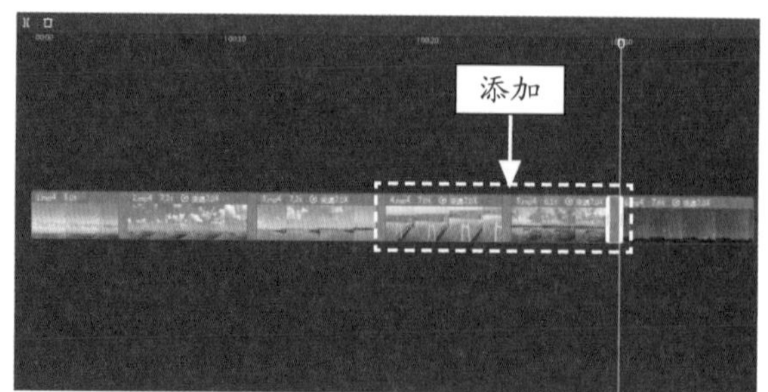

图 14-13　添加其他转场效果

STEP 08 选择第 1 个转场，在“转场”操作区中，设置“转场时长”参数为 2.0s，如图 14-14 所示。

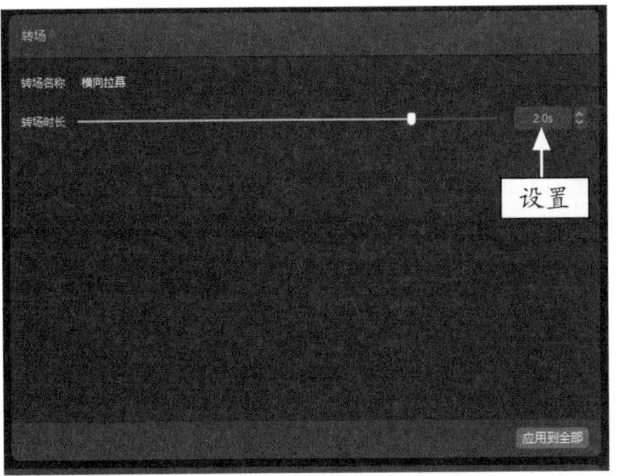

图 14-14　设置“转场时长”参数

STEP 09 执行操作后，将视频轨道中的其他转场时长均调整为 2.0s，如图 14-15 所示。

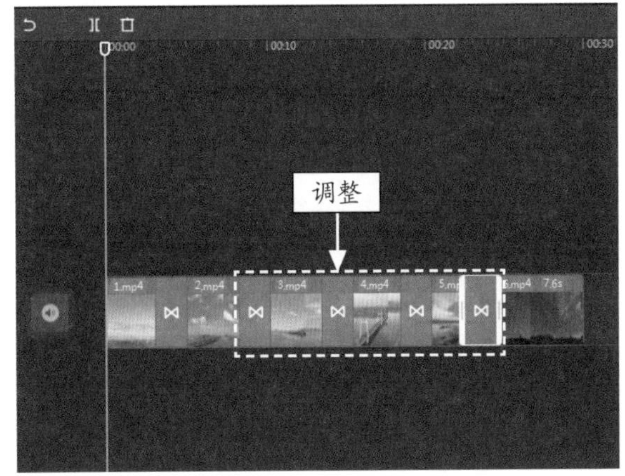

图 14-15　调整其他转场时长

STEP 10 在预览窗口中查看添加转场后的画面效果，如图 14-16 所示。

图 14-16　查看添加转场后的画面效果

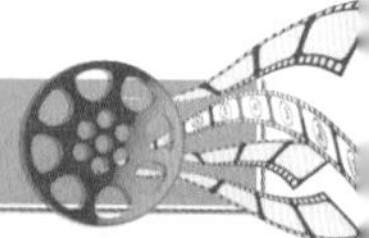

083 制作片头和片尾效果

下面主要为视频添加片头和片尾特效，让作品显得更加专业，具体操作方法如下。

素材文件	无
效果文件	无
视频文件	视频 \ 第 14 章 \083　制作片头和片尾效果 .mp4

【操练 + 视频】——制作片头和片尾效果

STEP 01 ❶单击“特效”按钮；❷单击“基础”选项卡；❸单击“开幕”特效中的添加按钮，如图 14-17 所示。

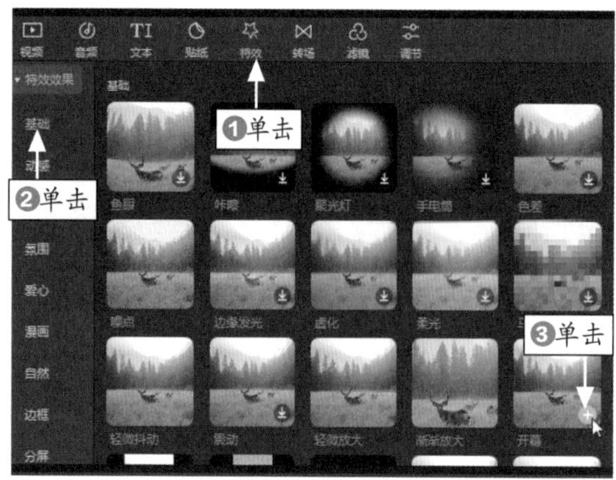

图 14-17　单击“开幕”特效中的添加按钮

STEP 02 执行操作后，在视频的开始位置处添加一个“开幕”特效，并适当调整其时长，如图 14-18 所示。

STEP 03 在“基础”选项卡中，单击“闭幕”特效中的添加按钮，如图 14-19 所示。

STEP 04 在视频的结束位置处添加一个“闭幕”特效，如图 14-20 所示。

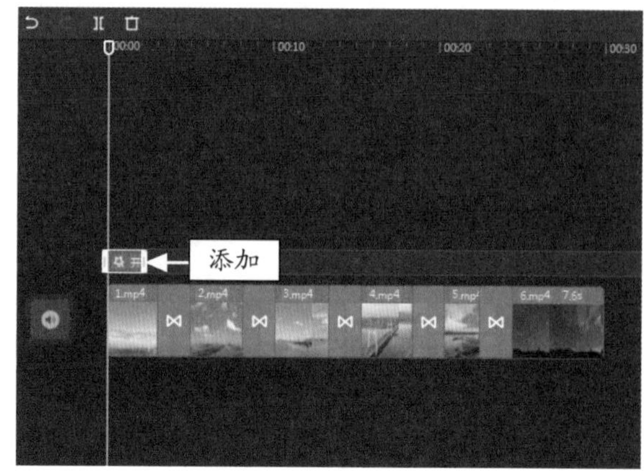

图 14-18　添加“开幕”特效

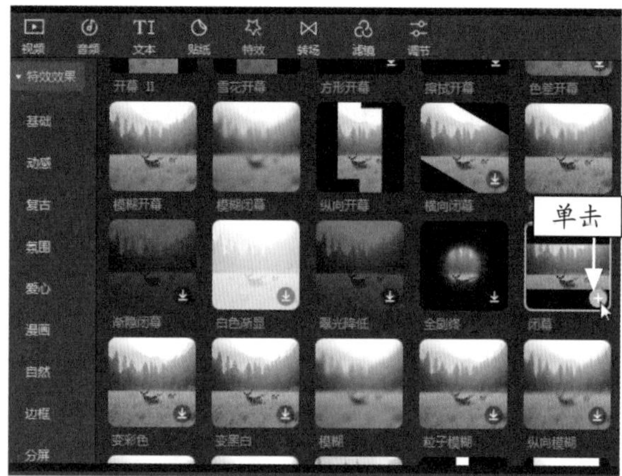

图 14-19　单击“闭幕”特效中的添加按钮

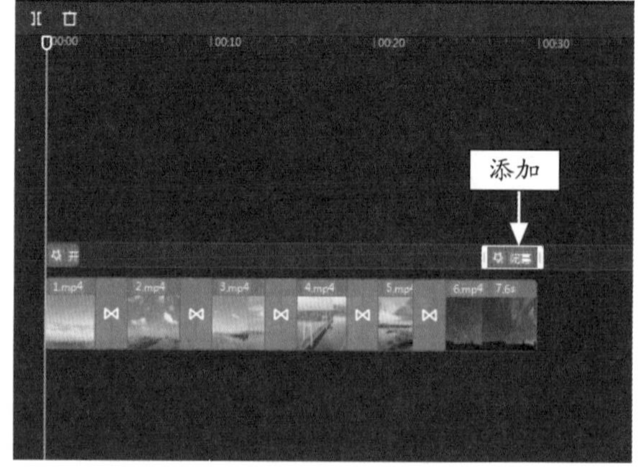

图 14-20　添加“闭幕”特效

STEP 05 在预览窗口中查看制作的片头片尾画面效果，如图 14-21 所示。

图 14-21　查看制作的片头片尾画面效果

084 添加字幕和背景音乐

下面主要介绍为视频添加标题字幕、说明文字和背景音乐等元素，做好这些工作后，即可输出成品视频，具体操作方法如下。

	素材文件	素材 \ 第 14 章 \ 背景音乐 7.mp3
	效果文件	效果 \ 第 14 章 \ 景色怡人 .mp4
	视频文件	视频 \ 第 14 章 \084　添加字幕和背景音乐 .mp4

【操练 + 视频】
——添加字幕和背景音乐

STEP 01 ❶单击“文本”按钮；❷在“新建文本”选项卡中单击相应花字模板中的添加按钮，如图 14-22 所示。

STEP 02 执行上述操作后，在自动生成的文本轨道中添加一个花字文本，如图 14-23 所示。

STEP 03 选择添加的文本，❶单击“编辑”按钮；❷在“文本”选项卡的文本框中输入相应文字，如图 14-24 所示。

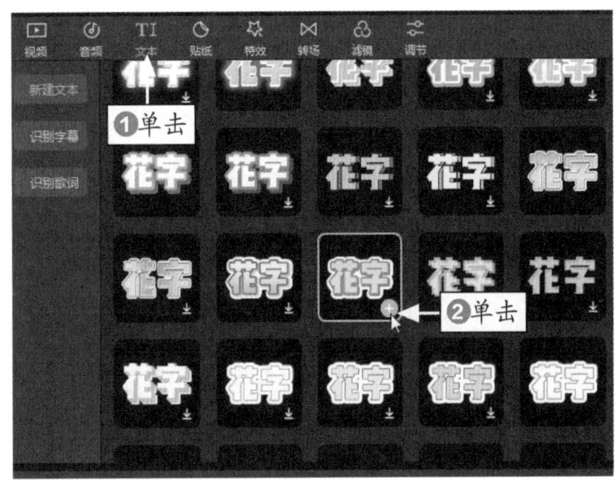

图 14-22　单击花字模板中的添加按钮

图 14-23　添加一个花字文本

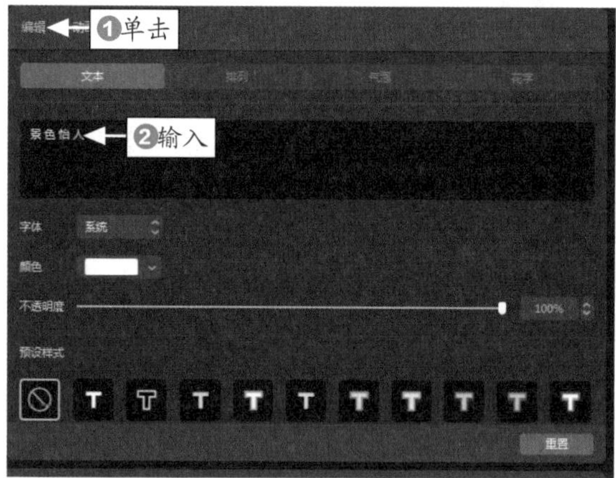

图 14-24　输入相应文字

STEP 04 在预览窗口中，可以通过拖动文字四周控制柄的方式，适当调整文字的大小和位置，如图 14-25 所示。

图 14-25　调整文字的大小和位置

STEP 05 ❶单击“动画”按钮；❷在“入场”选项卡中选择“生长”选项；❸将“动画时长”设置为 2.0s，如图 14-26 所示。

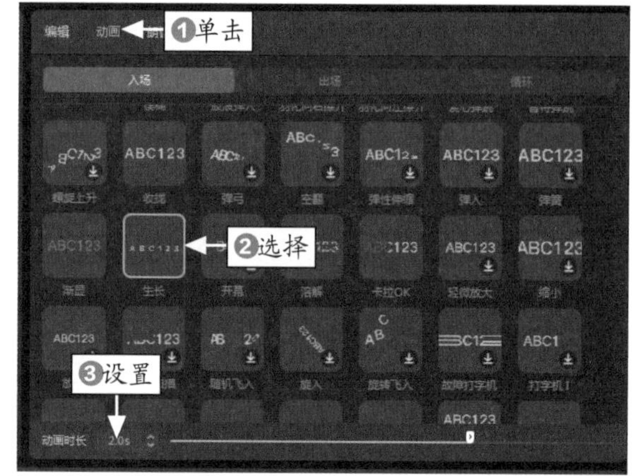

图 14-26　设置“入场动画”时长

STEP 06 将时间指示器拖动至“开幕”特效的结束位置处，在“文本”功能区的“新建文本”选项卡中，单击“默认文本”中的添加按钮，如图 14-27 所示。

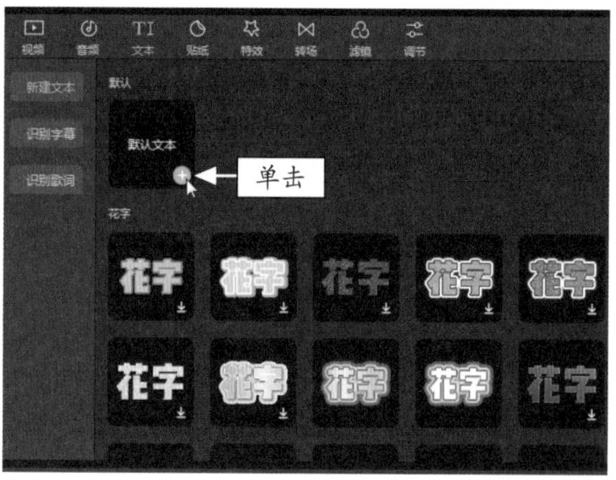

图 14-27　单击“默认文本”中的添加按钮

专家指点

给文字添加“生长”入场动画后，文字可以呈现出一种从小到大、从无到有的动画效果。不仅可以更好地突出视频主题，而且还能给观众带来唯美的视觉体验。

STEP 07 执行操作后，即可新建一个文本，调整其时长，如图 14-28 所示。

STEP 08 ❶在“编辑”操作区的文本框中输入相应文字；❷选择相应的“预设样式”选项，如图 14-29 所示。

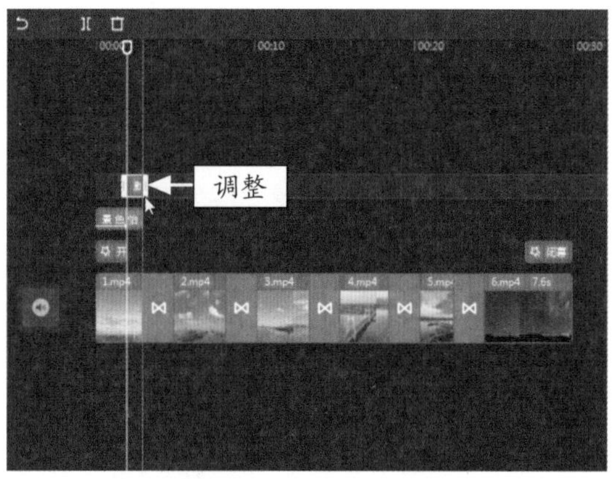

图 14-28　新建一个文本

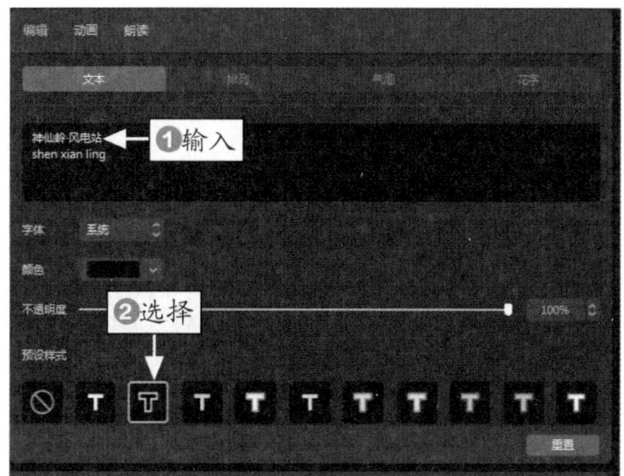

图 14-29　选择相应的“预设样式”

STEP 09 在预览窗口中，适当调整文字的大小和位置，如图 14-30 所示。

图 14-30　调整文字的大小和位置

STEP 10 ❶单击“动画”按钮；❷在“入场”选项卡中选择“向上滑动”选项，添加文本动画效果，如图 14-31 所示。

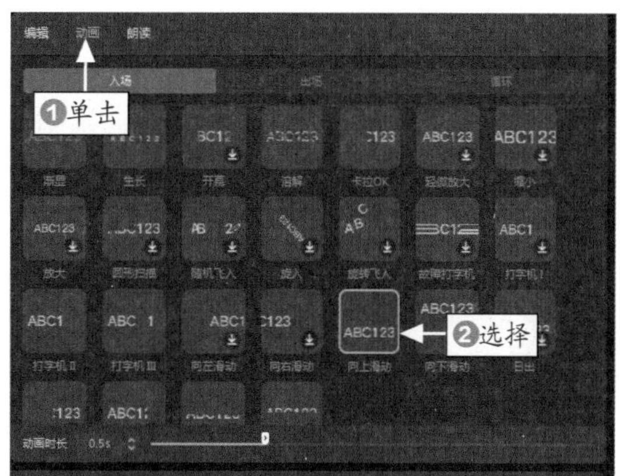

图 14-31　添加文本动画效果

STEP 11 ❶在第 2 条文本轨道中复制文字；❷在适当位置处粘贴文字，如图 14-32 所示。

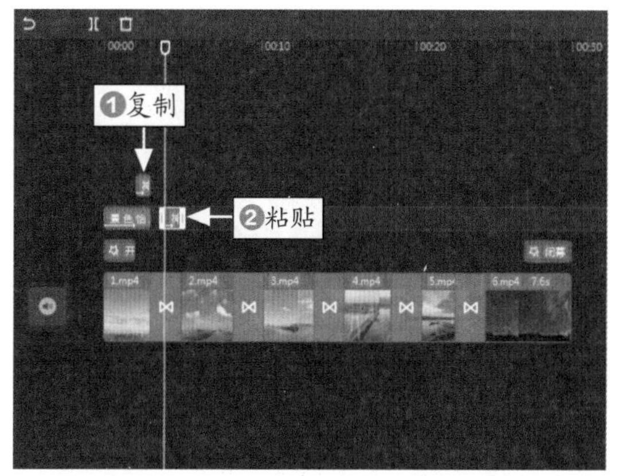

图 14-32　复制并粘贴文字

STEP 12 在“编辑”操作区的文本框中修改文字内容，如图 14-33 所示。

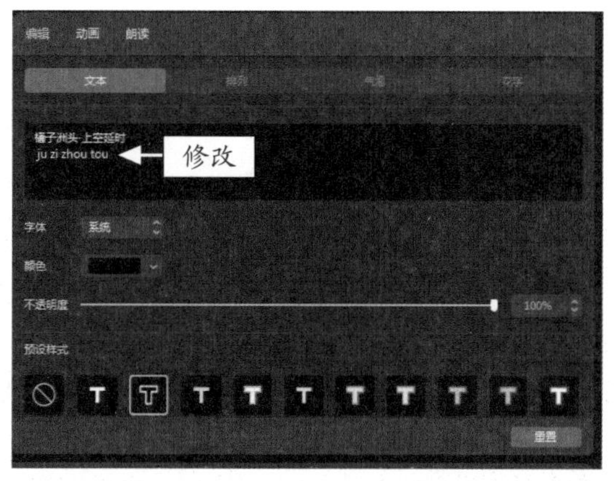

图 14-33　修改文字内容

STEP 13 在第 1 条文本轨道中，适当调整文字的时长，如图 14-34 所示。

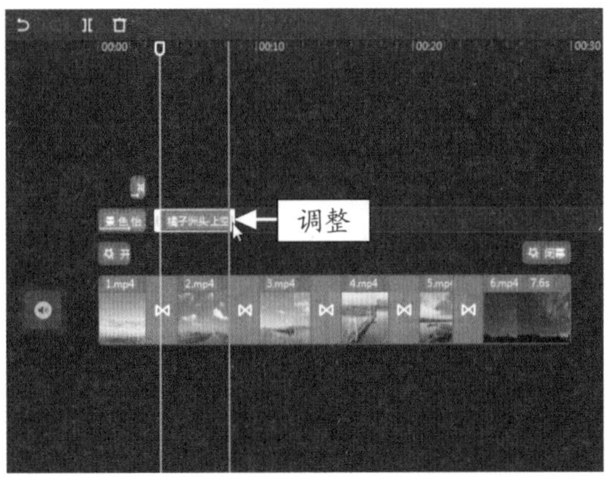

图 14-34 调整文字的时长

STEP 14 使用相同的操作方法，复制并修改文字内容，制作其他的文字效果，如图 14-35 所示。

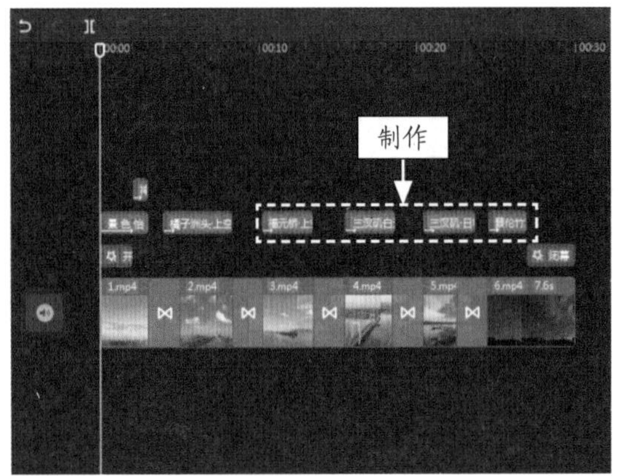

图 14-35 制作其他的文字效果

STEP 15 ❶单击“音频”按钮；❷在“本地”选项卡中单击“导入素材”按钮，如图 14-36 所示。

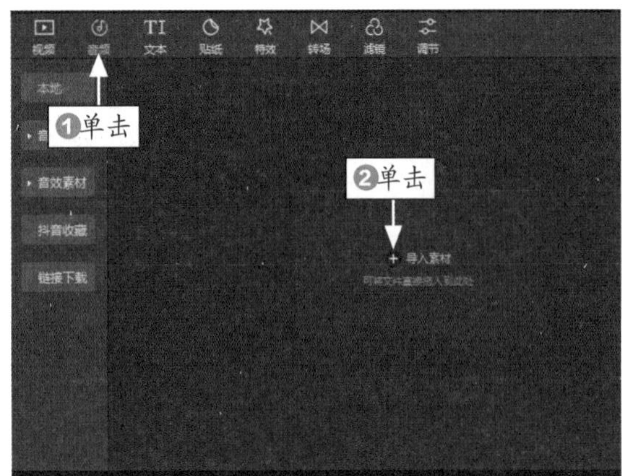

图 14-36 单击“导入素材”按钮

STEP 16 弹出“请选择媒体资源”对话框，❶选择音乐素材；❷单击“打开”按钮，如图 14-37 所示。

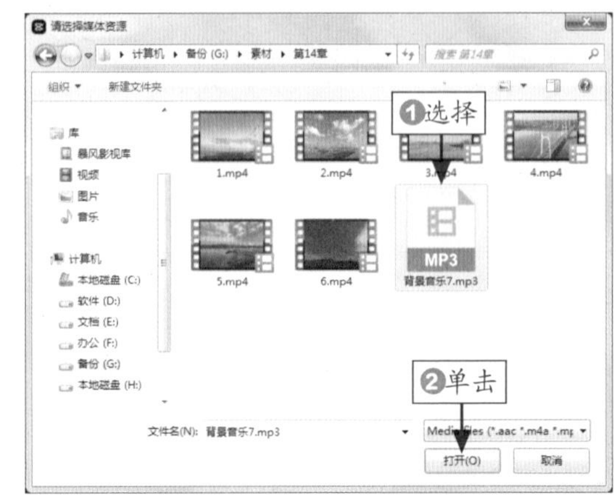

图 14-37 单击“打开”按钮

STEP 17 导入一个本地音乐素材，单击添加按钮，如图 14-38 所示。

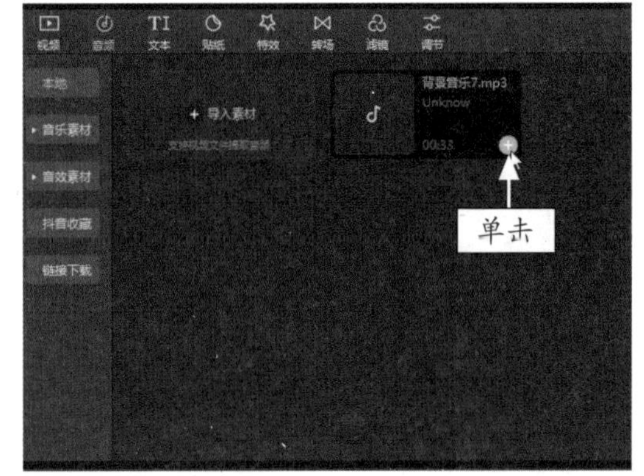

图 14-38 单击添加按钮

STEP 18 在音频轨道中添加背景音乐，如图 14-39 所示。

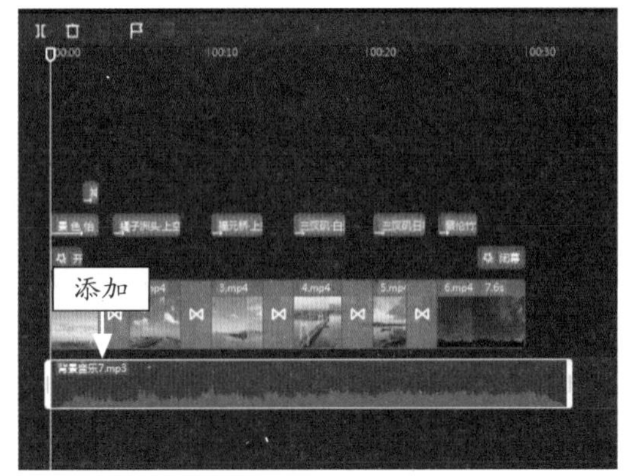

图 14-39 添加背景音乐

STEP 19 拖动音乐素材右侧的白色滑块，适当调整其时长，如图 14-40 所示。

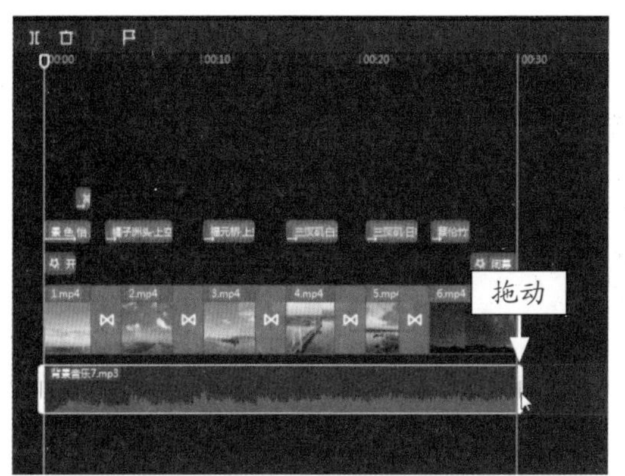

图 14-40　调整背景音乐时长

STEP 20 ❶单击“音频”操作区的“基本”选项卡；❷设置“淡出时长”为 1.0s，如图 14-41 所示。

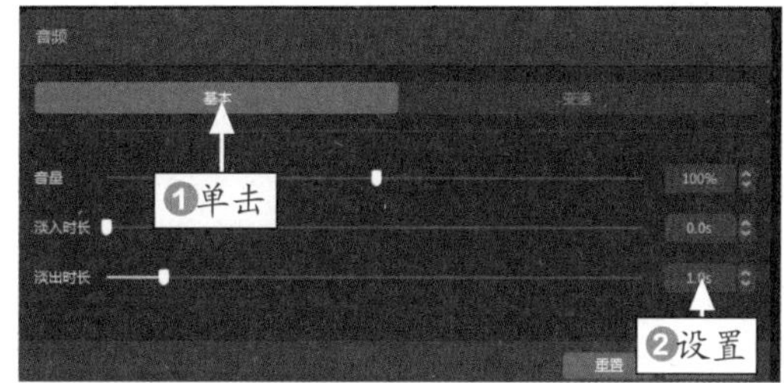

图 14-41　设置“淡出时长”参数

> **专家指点**
>
> 当音频素材时长较长时，除了通过拖动滑块调整时长外，用户也可以将时间指示器拖动至指定位置，单击“分割”按钮，即可将多余的音频分割出来，然后按 Delete 键或单击“删除”按钮，可将多余的音频删除。

STEP 21 单击“播放”按钮，预览视频效果，如图 14-42 所示。

图 14-42　预览视频效果

STEP 22 单击“导出”按钮，如图 14-43 所示。

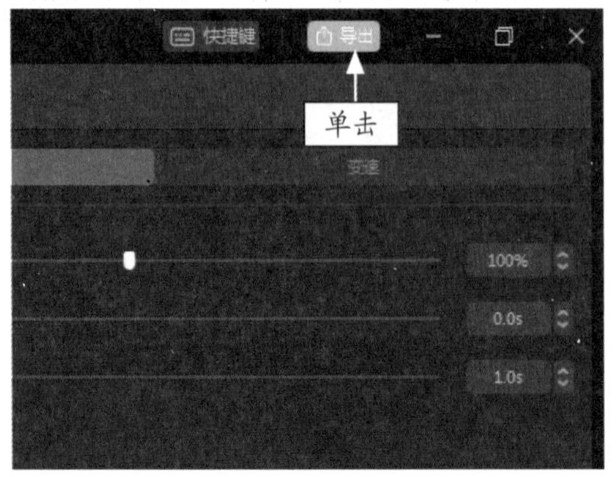

图 14-43 单击“导出”按钮

STEP 23 弹出“导出”对话框，在“作品名称”右侧的文本框中，❶输入相应的名称；❷单击“浏览”按钮，如图 14-44 所示。

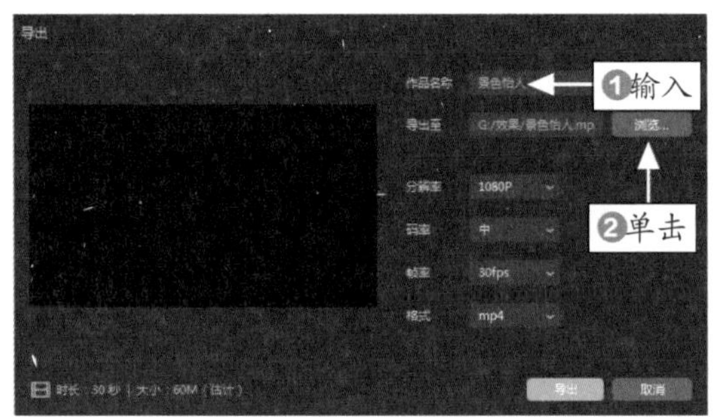

图 14-44 单击“浏览”按钮

STEP 24 弹出“请选择导出路径”对话框，在其中设置视频导出的位置，单击“选择文件夹”按钮，如图 14-45 所示。

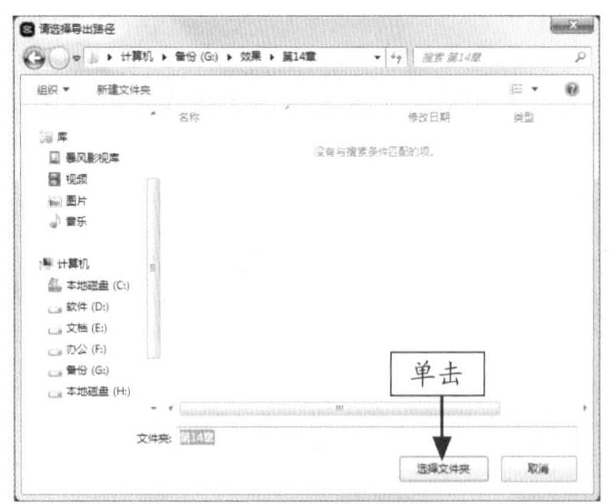

图 14-45 单击“选择文件夹”按钮

STEP 25 返回“导出”对话框，单击“导出”按钮，如图 14-46 所示。

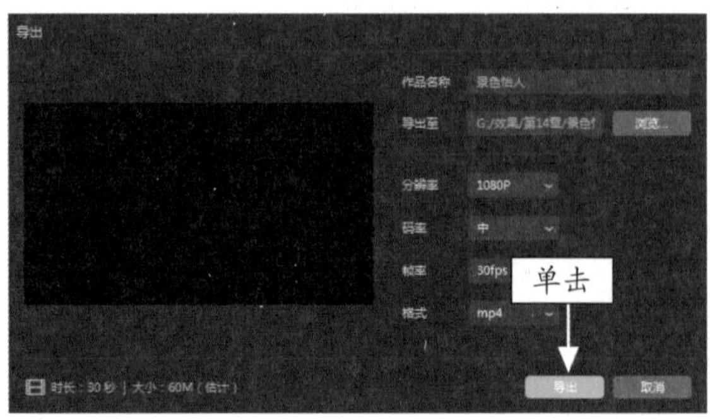

图 14-46 单击“导出”按钮

STEP 26 稍等片刻，待导出完成后，单击“关闭”按钮即可，如图 14-47 所示。

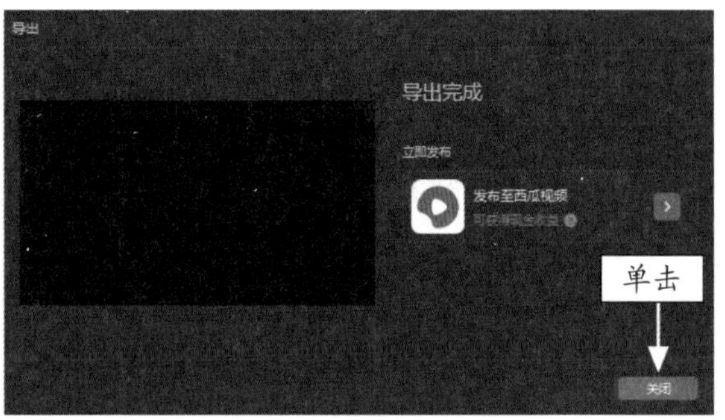

图 14-47 单击“关闭”按钮

STEP 27 打开导出视频的文件夹，在其中可以检查导出的视频，查看是否导出完整，如图 14-48 所示。

图 14-48 查看导出的视频

第15章 短视频进阶：制作《海岛之旅》

章前知识导读

如果用户想要做出观赏性更高、内容更丰富的短视频，就要充分利用剪映提供的特效、转场、文本以及动画等功能进行更高阶的后期处理。本章将以《海岛之旅》为例，带大家轻松玩转剪映的各项功能。

新手重点索引

- 制作超动感卡点片头效果
- 制作画中画场景转换特效
- 使用酷炫的文字展现主题

效果图片欣赏

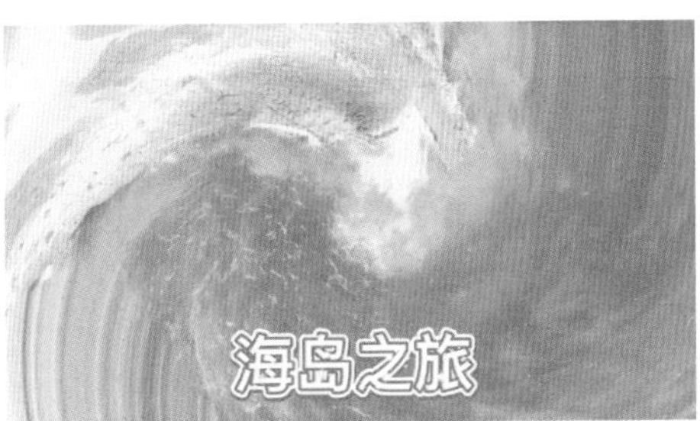

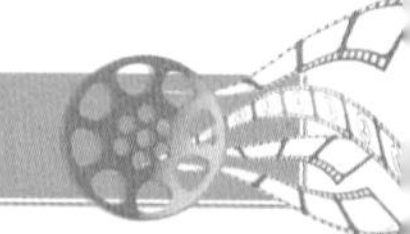

085 制作超动感卡点片头效果

下面主要运用剪映的“裁剪”功能和“向左上甩入”视频动画功能，制作动感的三屏遮罩开场片头效果，具体操作方法如下。

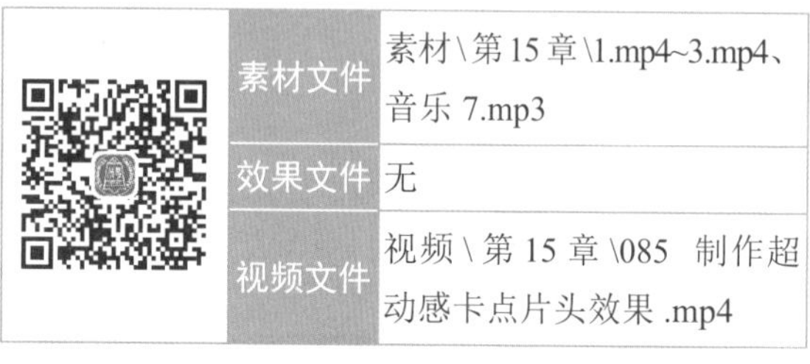

	素材文件	素材 \ 第 15 章 \1.mp4~3.mp4、音乐 7.mp3
	效果文件	无
	视频文件	视频 \ 第 15 章 \085　制作超动感卡点片头效果 .mp4

【操练＋视频】
——制作超动感卡点片头效果

STEP 01 在剪映的“视频”功能区中，❶单击“素材库”选项卡；❷在“黑白场”选项区中单击黑场素材中的添加按钮，如图 15-1 所示。

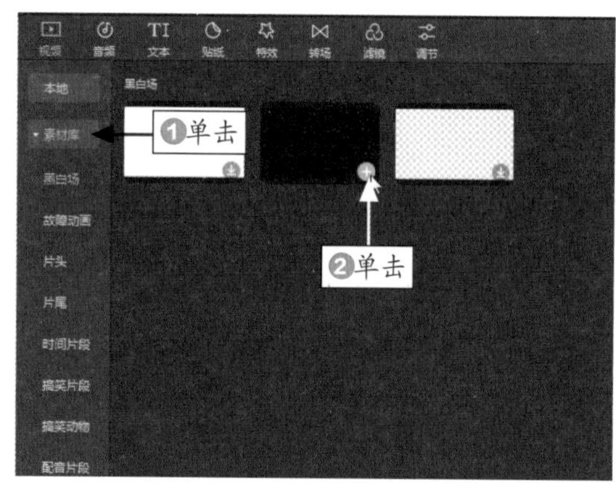

图 15-1　单击黑场素材中的添加按钮

STEP 02 将黑场素材添加至视频轨道中，如图 15-2 所示。

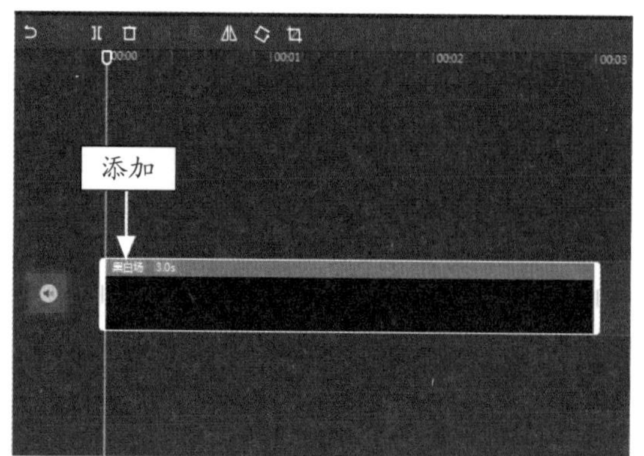

图 15-2　添加黑场素材

STEP 03 ❶单击“本地”选项卡；❷单击“导入素材”按钮，如图 15-3 所示。

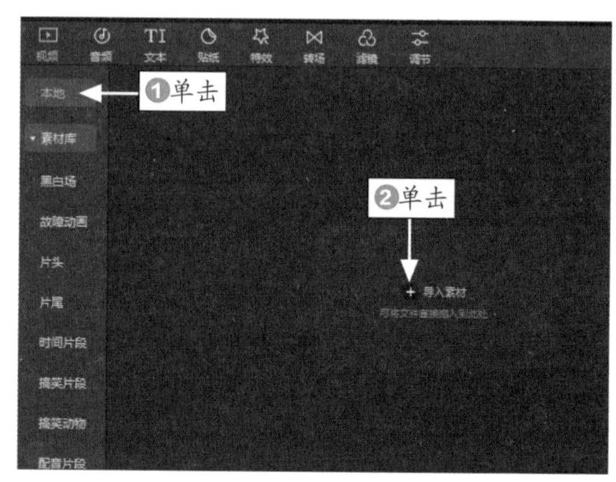

图 15-3　单击“导入素材”按钮

STEP 04 弹出“请选择媒体资源”对话框，❶在其中选择 3 个视频素材；❷单击“打开”按钮，如图 15-4 所示。

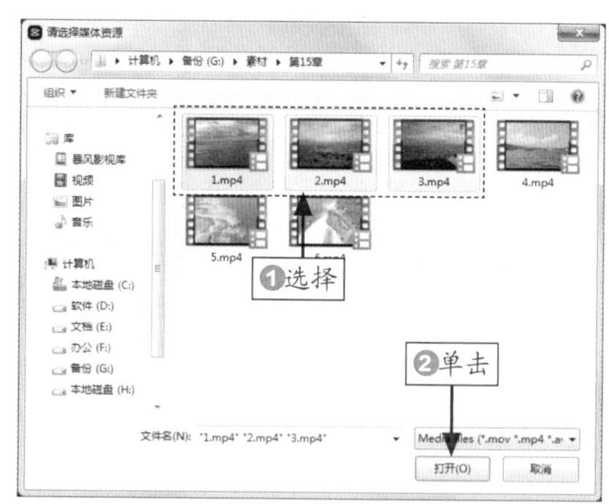

图 15-4　单击“打开”按钮

专家指点

在选择视频素材时，用户在按住 Ctrl 键的同时用鼠标单击素材，这样便可以同时选择多个素材。或者用鼠标将需要的素材框选，也能同时选择多个素材。

如果用户想更加快捷地将视频素材添加到视频轨道上，那么可以直接打开存放素材的计算机文件夹，选择需要添加的视频素材，将其直接拖动到视频轨道或画中画轨道上即可，同时在“视频”功能区中会显示添加到轨道上的素材。

STEP 05 执行操作后，即可导入选择的 3 个视频素材，如图 15-5 所示。

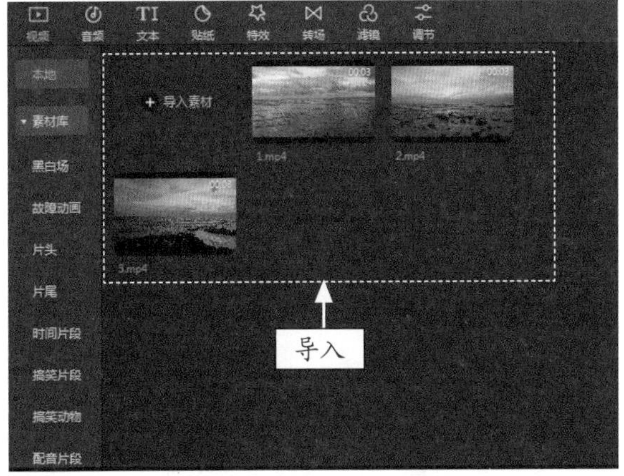

图 15-5　导入 3 个视频素材

STEP 06 依次将相应的视频素材拖动至画中画轨道中，如图 15-6 所示。

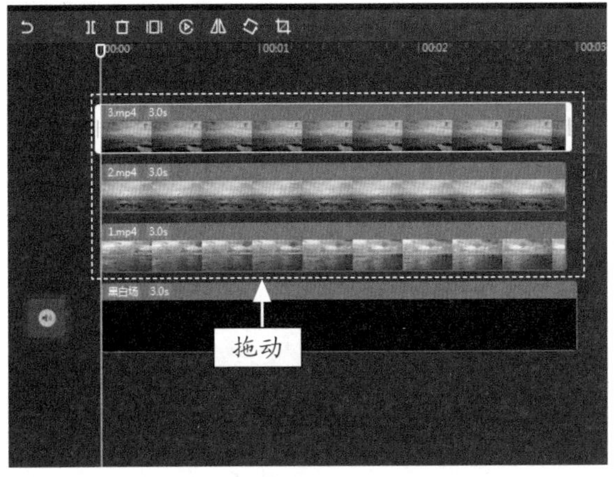

图 15-6　将素材拖动至画中画轨道

STEP 07 ❶选择画中画轨道中的第 1 个视频；❷单击“裁剪”按钮，如图 15-7 所示。

STEP 08 弹出“裁剪”对话框，如图 15-8 所示。

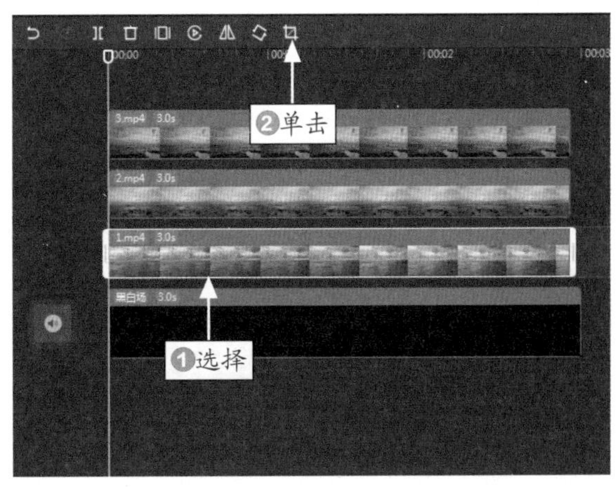

图 15-7　单击“裁剪”按钮

图 15-8　弹出“裁剪”对话框

STEP 09 ❶单击“裁剪比例”右侧的下拉按钮；❷在弹出的下拉列表中选择 9:16 选项，如图 15-9 所示。

图 15-9　选择 9:16 选项

STEP 10 在预览区域中，❶拖动裁剪控制框对画面进行适当裁剪；❷单击“确定”按钮，如图 15-10 所示。

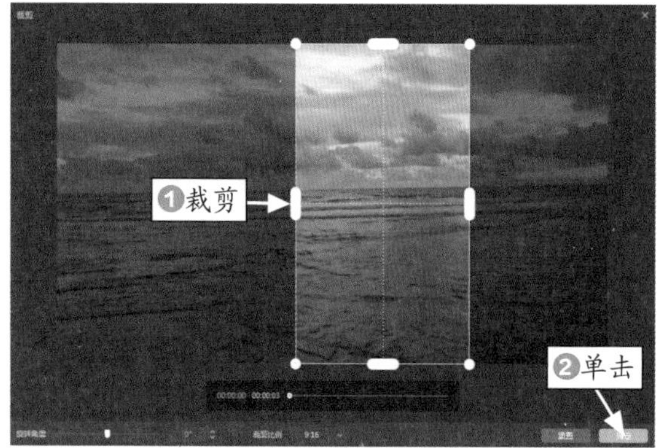

图 15-10　单击“确定”按钮

STEP 11 返回主界面，适当调整画中画轨道中素材的位置，使各个视频的开始位置互相交错，效果如图 15-11 所示。

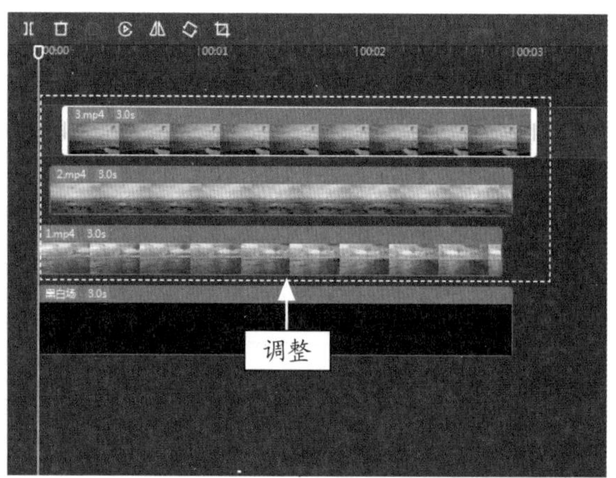

图 15-11　调整画中画轨道中素材的位置

STEP 12 选择画中画轨道中的第 1 个视频素材，在预览窗口中，拖动视频四周的控制柄，调整视频的大小和位置，如图 15-12 所示。

图 15-12　调整视频的大小和位置

STEP 13 使用上述同样的方法，裁剪画中画轨道中的第 2 个视频素材，如图 15-13 所示。

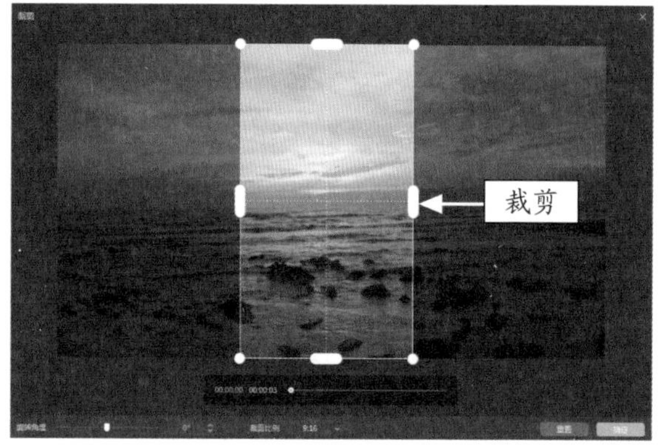

图 15-13　裁剪第 2 个视频素材

STEP 14 在预览窗口中，调整第 2 个视频的大小和位置，如图 15-14 所示。

图 15-14　调整第 2 个视频的大小和位置

STEP 15 继续裁剪画中画轨道中的第 3 个视频素材，如图 15-15 所示。

图 15-15　裁剪第 3 个视频素材

STEP 16 在预览窗口中，调整第 3 个视频的大小和位置，如图 15-16 所示。

图 15-16 调整第 3 个视频的大小和位置

STEP 17 将时间指示器拖动至开始位置处，如图 15-17 所示。

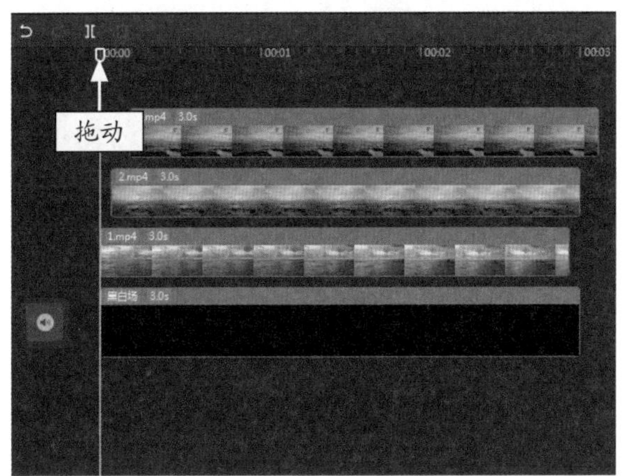

图 15-17 拖动时间指示器

STEP 18 ❶单击“音频”按钮；❷在“本地”选项卡中单击“导入素材”按钮，如图 15-18 所示。

STEP 19 弹出“请选择媒体资源”对话框，❶在其中选择一个音频素材；❷单击“打开”按钮，如图 15-19 所示。

STEP 20 执行操作后，即可在“音频”功能区中导入音频素材，如图 15-20 所示。

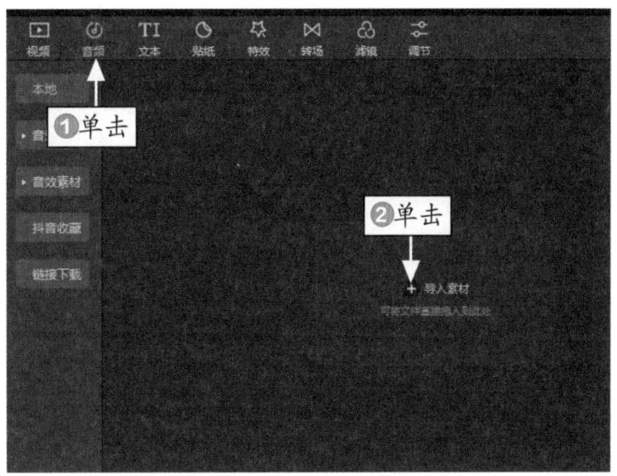

图 15-18 单击“导入素材”按钮

图 15-19 单击“打开”按钮

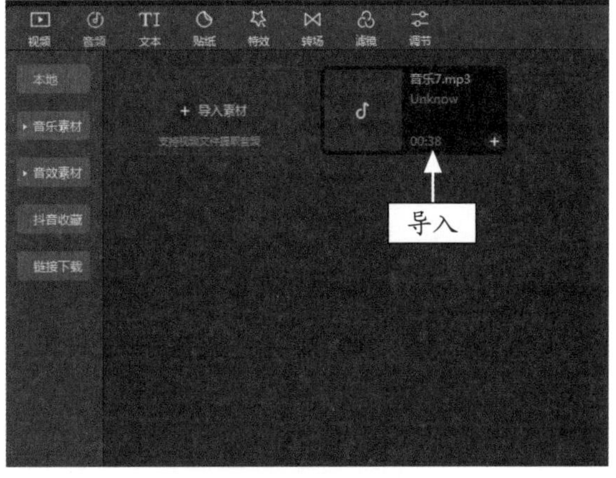

图 15-20 导入音频素材

STEP 21 将音频素材添加到音频轨道上，如图 15-21 所示。

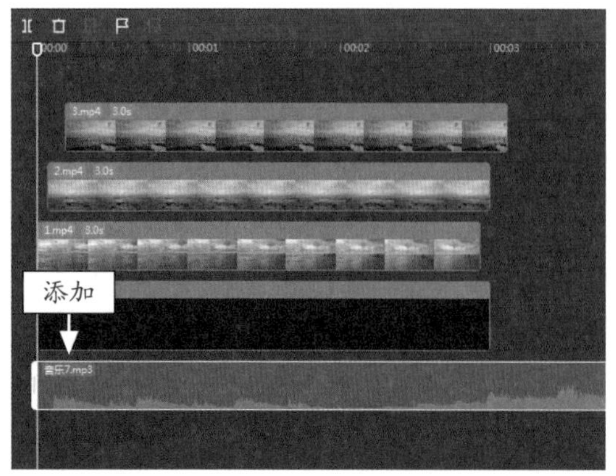

图 15-21　添加音频素材

STEP 22 ❶将时间指示器拖动至合适位置；❷单击“手动踩点”按钮，如图 15-22 所示。

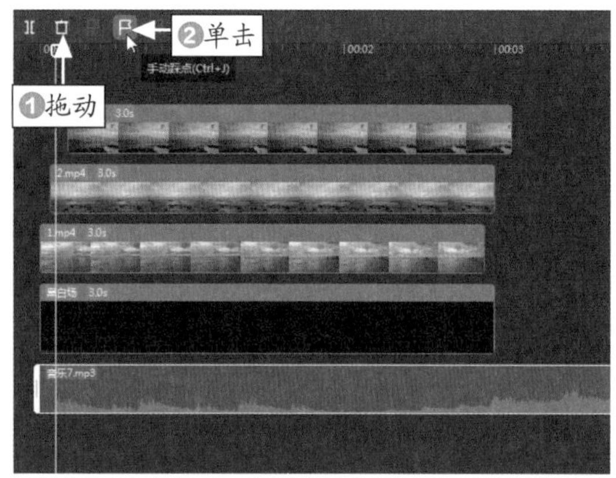

图 15-22　单击“手动踩点”按钮

STEP 23 执行操作后，即可在音频素材上添加一个节拍点，如图 15-23 所示。

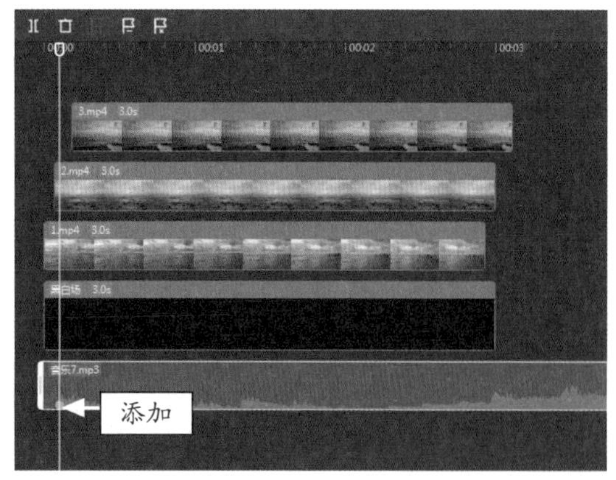

图 15-23　添加一个节拍点

STEP 24 使用上述同样的方法，再次添加 3 个节拍点，如图 15-24 所示。

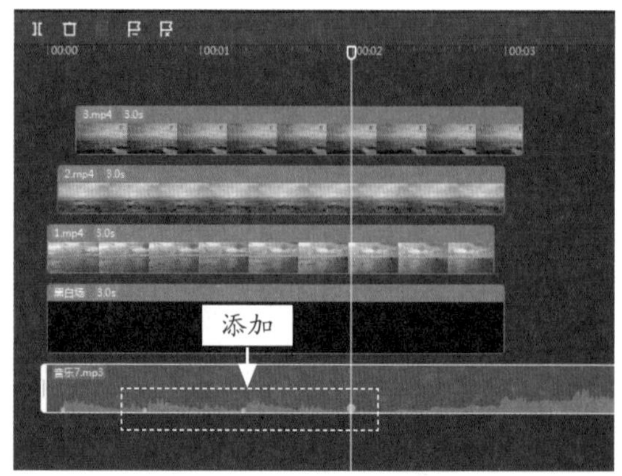

图 15-24　再次添加 3 个节拍点

STEP 25 用拖动的方式，将画中画轨道中 3 个视频的开始位置与音频上的前 3 个节拍点依次对齐，如图 15-25 所示。

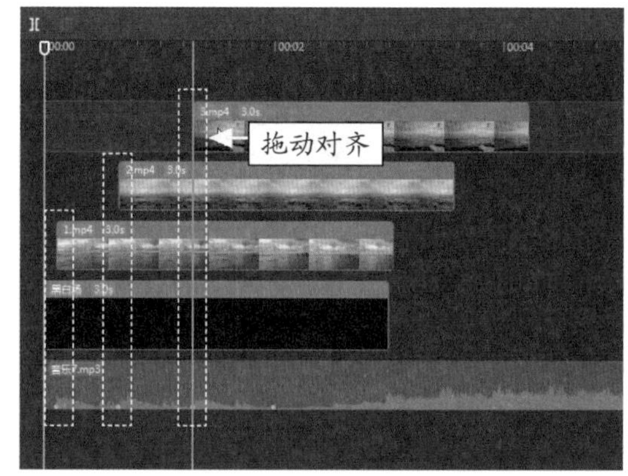

图 15-25　拖动视频对齐节拍点

STEP 26 执行操作后，调整视频轨道和画中画轨道上素材的时长，使素材的结束位置与第 4 个节拍点对齐，如图 15-26 所示。

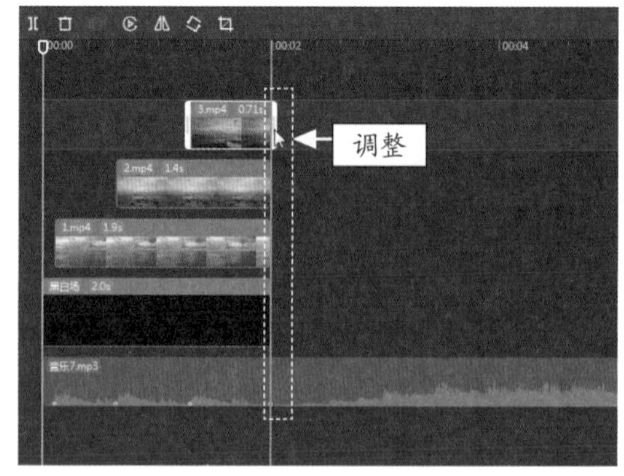

图 15-26　调整素材时长

STEP 27 选择画中画轨道中的第 1 个视频，在“动画”操作区中，❶单击“入场”选项卡；❷选择“向左上甩入”选项，添加动画效果，如图 15-27 所示。

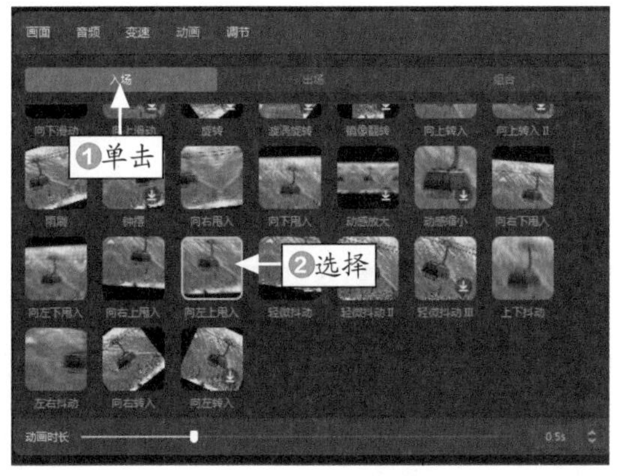

图 15-27　选择“向左上甩入”选项

STEP 28 使用上述相同的操作方法，为画中画轨道中的另外两个视频添加“向左上甩入”入场动画，效果如图 15-28 所示。

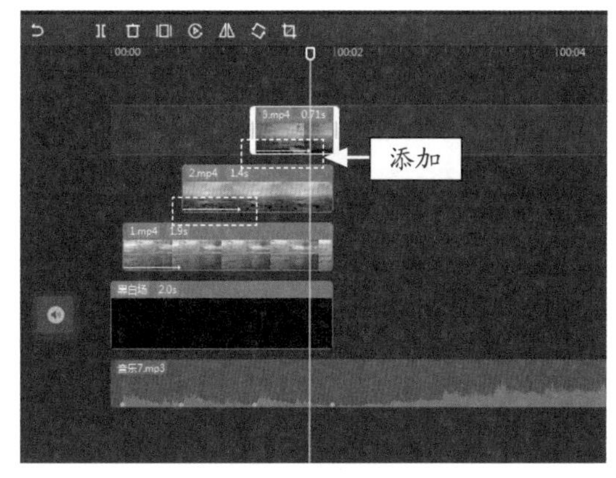

图 15-28　添加入场动画效果

STEP 29 在预览窗口中，单击“播放”按钮▶，查看制作的卡点片头效果，如图 15-29 所示。

图 15-29　查看制作的卡点片头效果

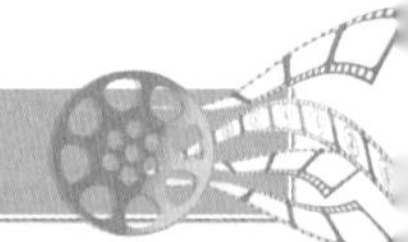

086 制作画中画场景转换特效

下面主要运用剪映的“素材库”功能制作一个画中画场景转换特效，同时给各个素材添加不同的转场效果，让视频的主体部分更加精彩，具体操作方法如下。

	素材文件	素材 \ 第 15 章 \4.mp4~6.mp4
	效果文件	无
	视频文件	视频 \ 第 15 章 \086　制作画中画场景转换特效 .mp4

【操练 + 视频】
——制作画中画场景转换特效

STEP 01 ❶在“视频”功能区中，❷单击“素材库”选项卡；❸在“片头”选项区中选择一个素材，如图 15-30 所示。

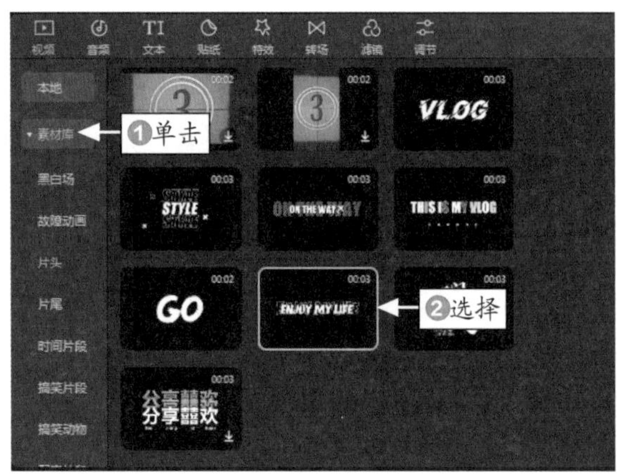

图 15-30　选择一个素材

STEP 02 将选择的片头素材添加至视频轨道中的合适位置处，如图 15-31 所示。

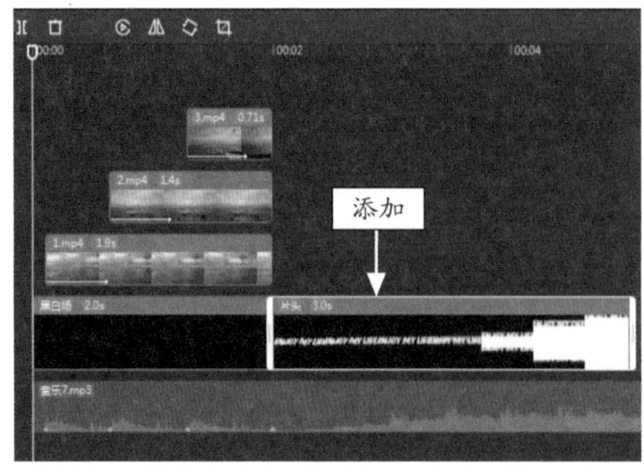

图 15-31　添加片头素材

STEP 03 在“视频”功能区中，❶单击“本地”选项卡；❷导入另外 3 个视频素材，如图 15-32 所示。

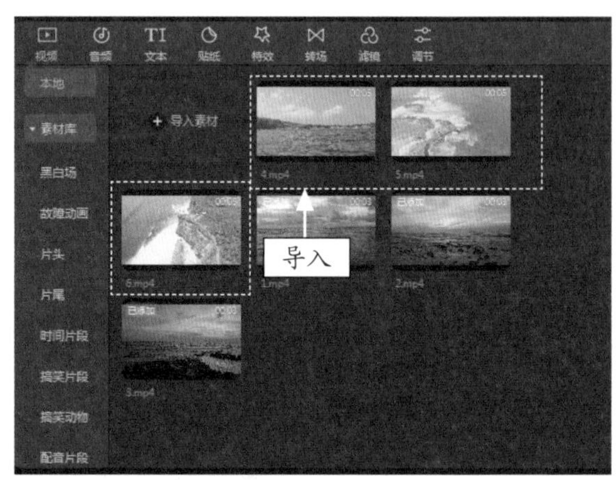

图 15-32　导入 3 个视频素材

STEP 04 将 4.mp4 添加到画中画轨道中的合适位置，如图 15-33 所示。

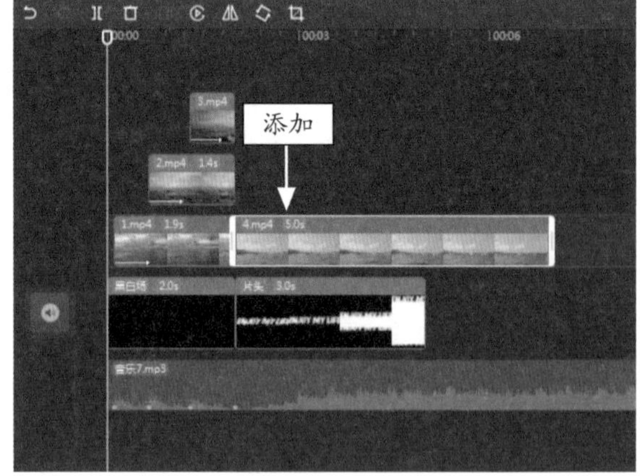

图 15-33　添加视频素材至画中画轨道上

STEP 05 ❶单击“画面”按钮；❷设置“混合模式”为“正片叠底”，如图 15-34 所示。

STEP 06 在预览窗口中可以查看视频合成效果，如图 15-35 所示。

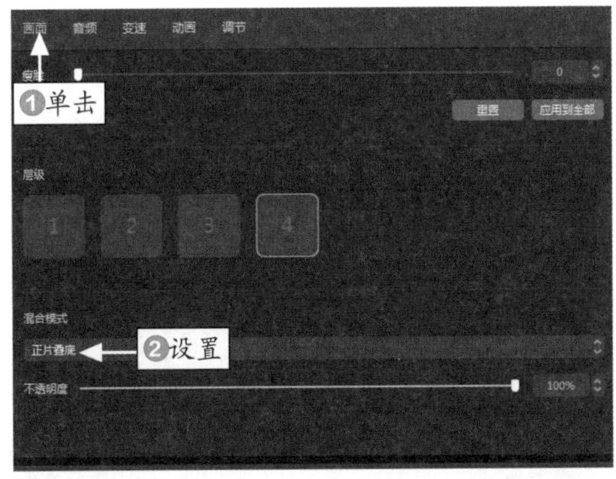

图 15-34 设置“混合模式”为“正片叠底”

图 15-35 查看视频合成效果

STEP 07 ❶将时间指示器拖动至片头素材的结束位置；❷选择 4.mp4 视频；❸单击“分割”按钮，如图 15-36 所示。

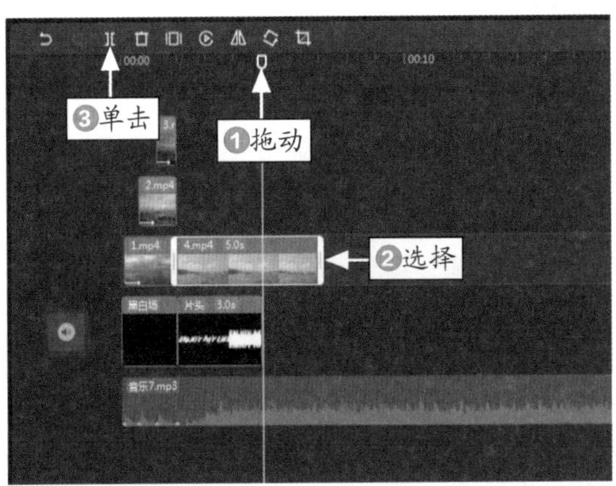

图 15-36 单击“分割”按钮

STEP 08 执行操作后，即可将 4.mp4 视频分割为两段，如图 15-37 所示。

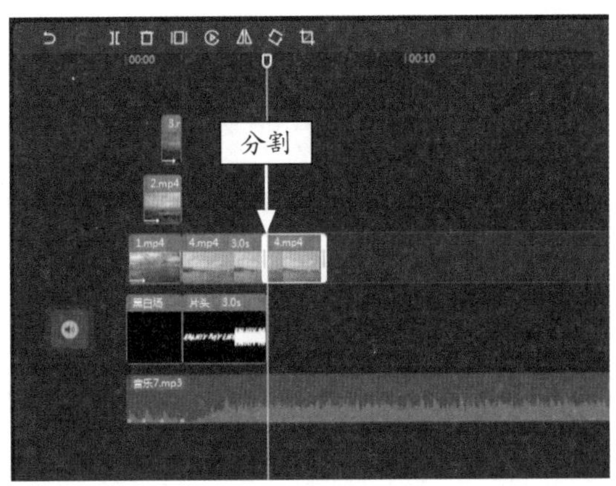

图 15-37 分割视频素材

STEP 09 将分割后的视频片段拖动至视频轨道中片头素材的后面，如图 15-38 所示。

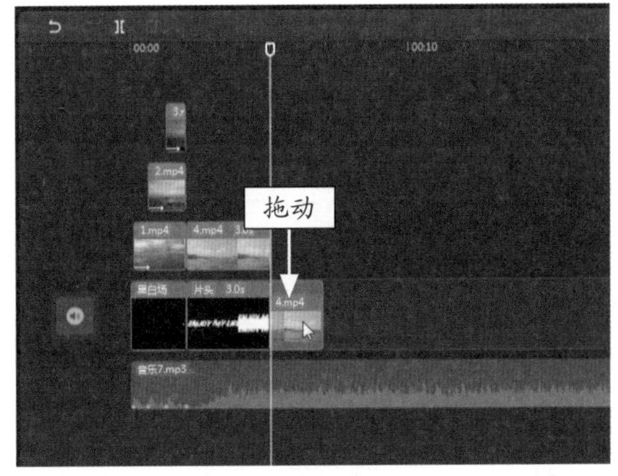

图 15-38 拖动分割后的视频片段

STEP 10 将“视频”功能区中的 5.mp4 视频素材和 6.mp4 视频素材依次添加到视频轨道中，如图 15-39 所示。

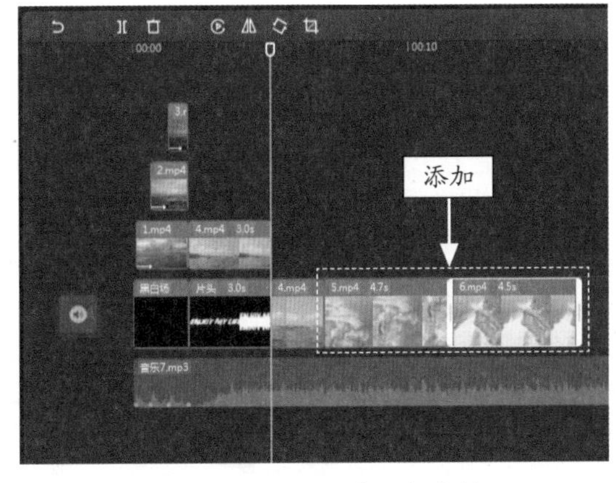

图 15-39 添加两个视频素材

STEP 11 将时间指示器拖动至视频轨道上的 4.mp4 视频和 5.mp4 视频之间，如图 15-40 所示。

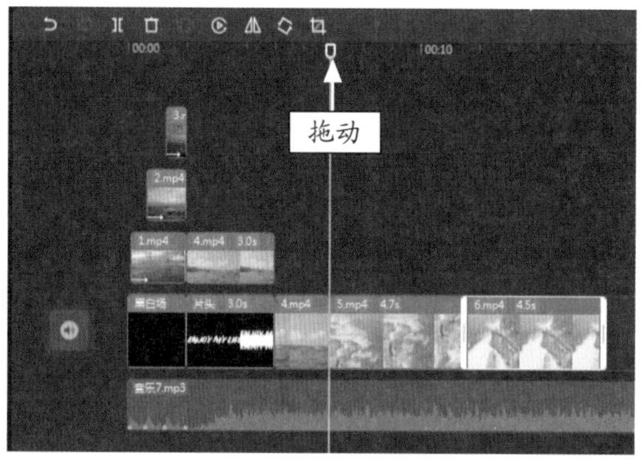

图 15-40 拖动时间指示器

STEP 12 ❶单击"转场"按钮；❷单击"遮罩转场"选项卡；❸选择"圆形遮罩"转场，如图 15-41 所示。

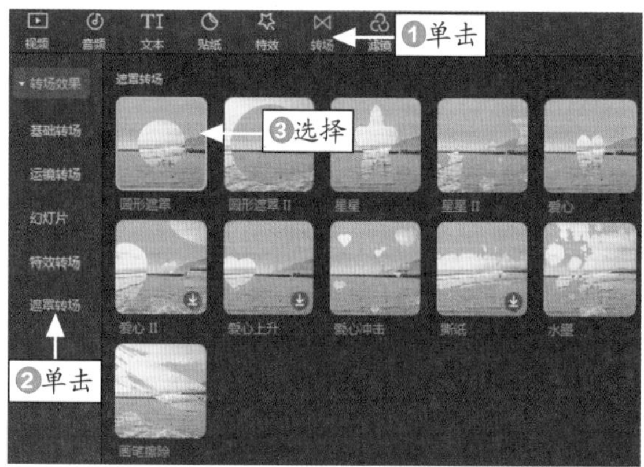

图 15-41 选择"圆形遮罩"转场

STEP 13 单击添加按钮，在相应视频素材的连接处添加"圆形遮罩"转场效果，如图 15-42 所示。

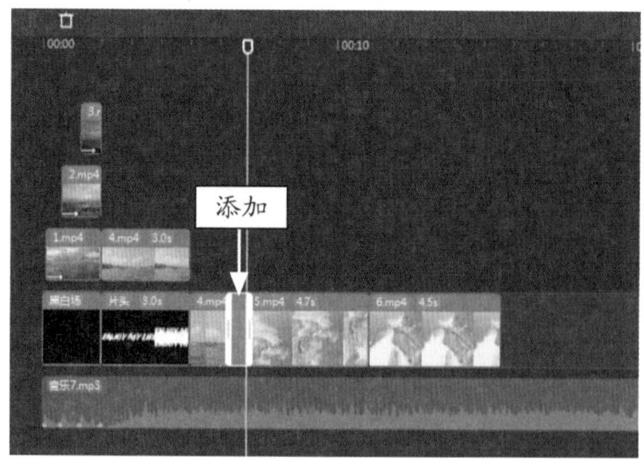

图 15-42 添加"圆形遮罩"转场效果

STEP 14 将时间指示器移动至最后两个视频素材之间，如图 15-43 所示。

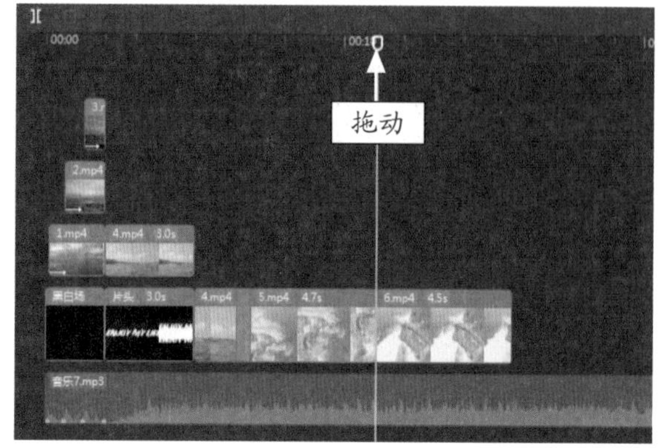

图 15-43 再次拖动时间指示器

STEP 15 在"转场"功能区中，❶单击"特效转场"选项卡；❷单击"漩涡"转场中的添加按钮，如图 15-44 所示。

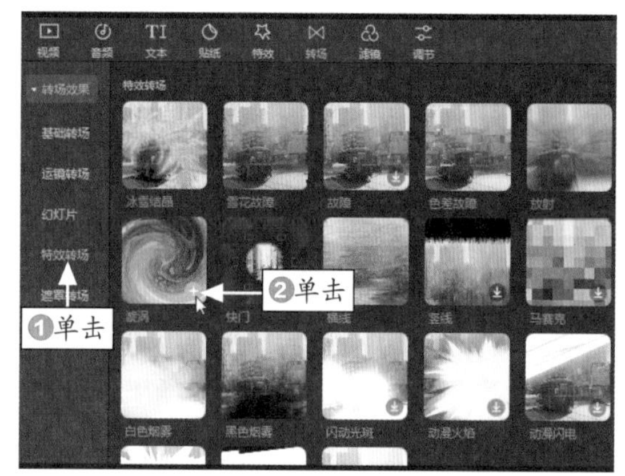

图 15-44 单击"漩涡"转场中的添加按钮

STEP 16 执行上述操作后，即可在最后的两个视频素材之间添加"漩涡"转场，如图 15-45 所示。

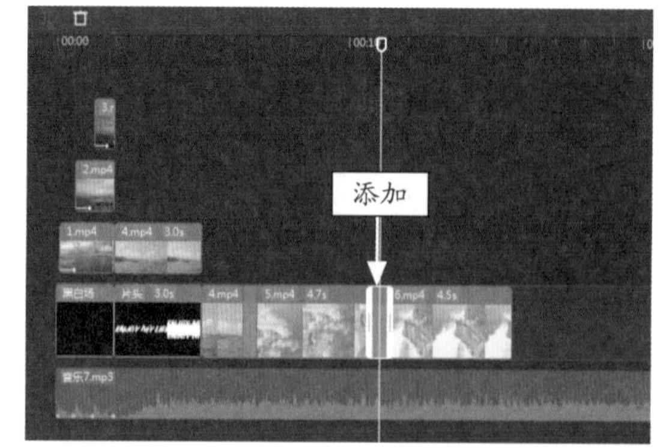

图 15-45 添加"漩涡"转场

STEP 17 在预览窗口中，单击“播放”按钮▶，查看制作的画中画场景转换效果，如图 15-46 所示。

图 15-46　查看制作的画中画场景转换效果

087 使用酷炫的文字展现主题

下面主要运用剪映的“文本”“特效”“滤镜”和“贴纸”等功能，制作出酷炫的主题文字展示效果，为短视频作品锦上添花，具体操作方法如下。

	素材文件	无
	效果文件	效果 \ 第 15 章 \ 海岛之旅 .mp4
	视频文件	视频 \ 第 15 章 \087　使用酷炫的文字展现主题 .mp4

【操练 + 视频】
——使用酷炫的文字展现主题

STEP 01 拖动时间指示器至相应位置，如图 15-47 所示。

STEP 02 ❶单击“文本”按钮；❷在“新建文本”选项卡中单击“默认文本”中的添加按钮+，如图 15-48 所示。

STEP 03 执行操作后，即可添加一个默认文本，如图 15-49 所示。

STEP 04 ❶单击“编辑”按钮；❷在“文本”选项卡的文本框中输入相应的文字内容，如图 15-50 所示。

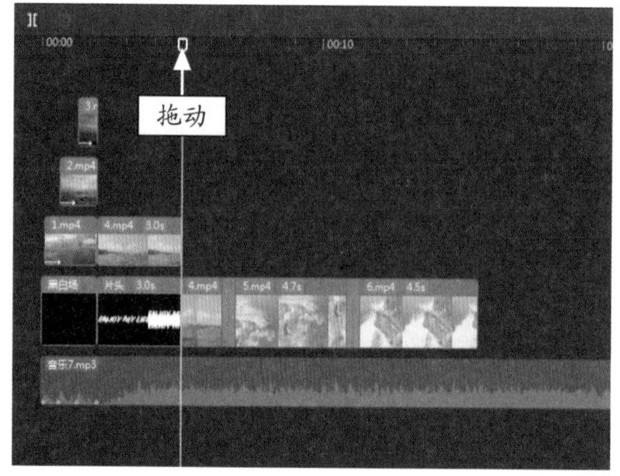

图 15-47　拖动时间指示器

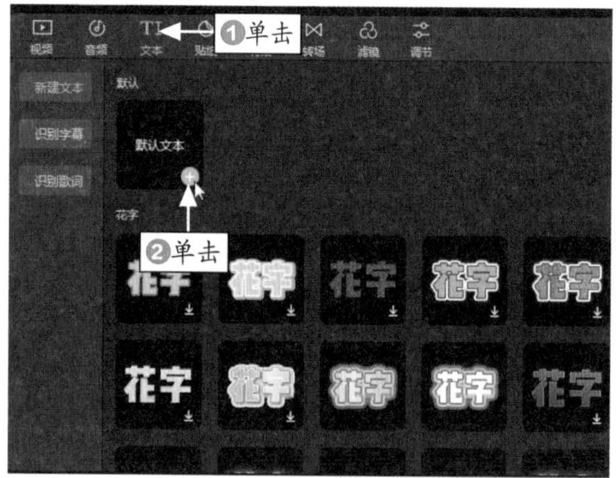

图 15-48　单击“默认文本”中的添加按钮

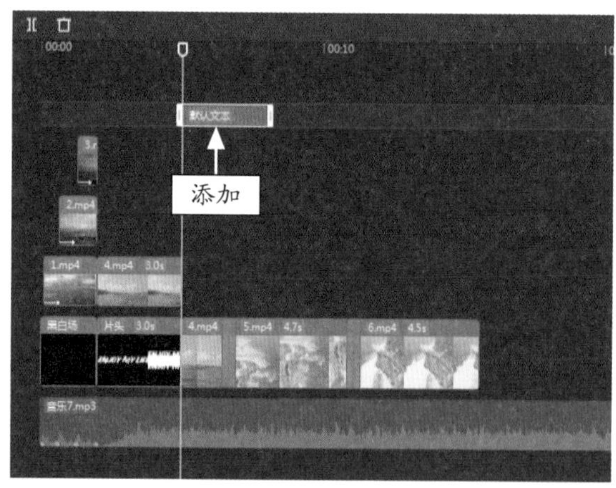

图 15-49　添加一个默认文本

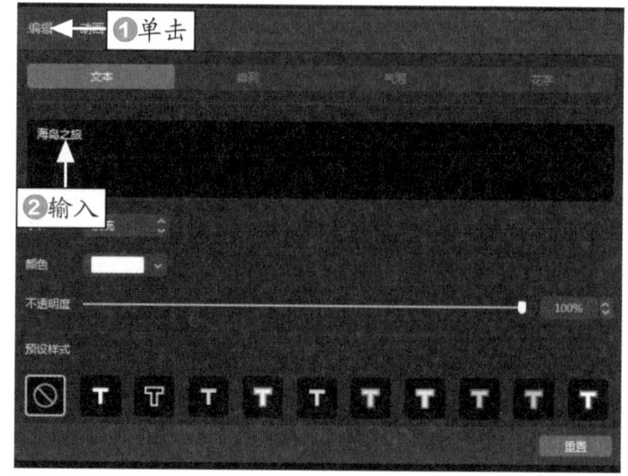

图 15-50　输入相应的文字内容

STEP 05 ❶单击“花字”选项卡；❷选择一个与视频颜色稍微有些反差的花字模板，突出文字效果，如图 15-51 所示。

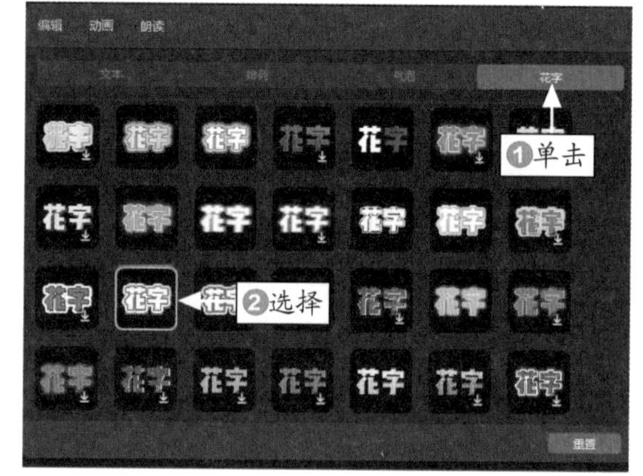

图 15-51　选择一个花字模板

STEP 06 在预览窗口中，适当调整文字的大小和位置，如图 15-52 所示。

图 15-52　调整文字的大小和位置

STEP 07 在文本轨道中，调整文本的时长，如图 15-53 所示。

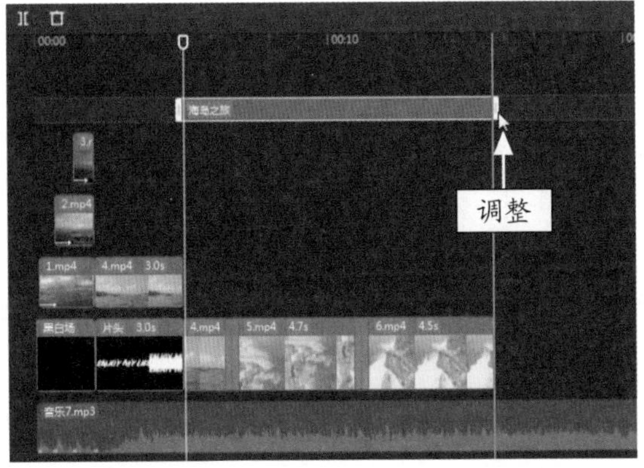

图 15-53　调整文本的时长

STEP 08 ❶单击“动画”按钮；❷在“入场”选项卡中选择“放大”选项；❸设置“动画时长”为 6.0s，如图 15-54 所示。

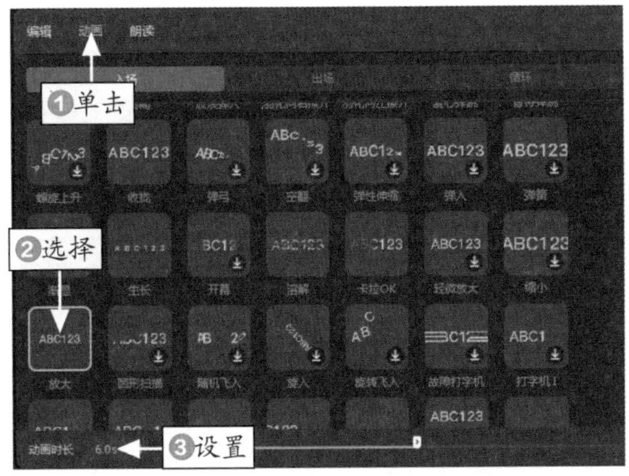

图 15-54　设置“动画时长”参数

STEP 09 ❶单击“出场”选项卡；❷选择“闭幕”选项；❸设置“动画时长”为 3.0s，如图 15-55 所示。

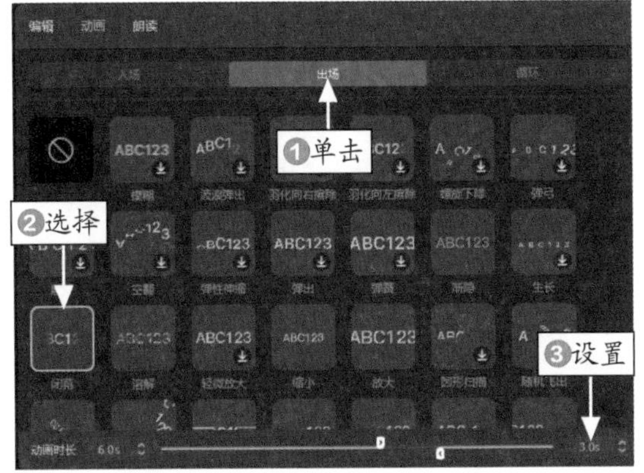

图 15-55　设置“出场动画”选项

STEP 10 ❶单击“特效”按钮；❷在“氛围”选项卡中选择“泡泡”选项，如图 15-56 所示。

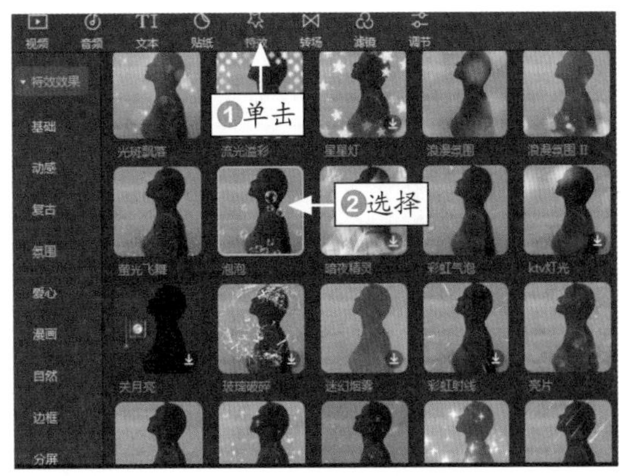

图 15-56　选择“泡泡”选项

STEP 11 单击添加按钮，在文字的起始位置处添加一个“泡泡”特效，并适当调整其时长，如图 15-57 所示。

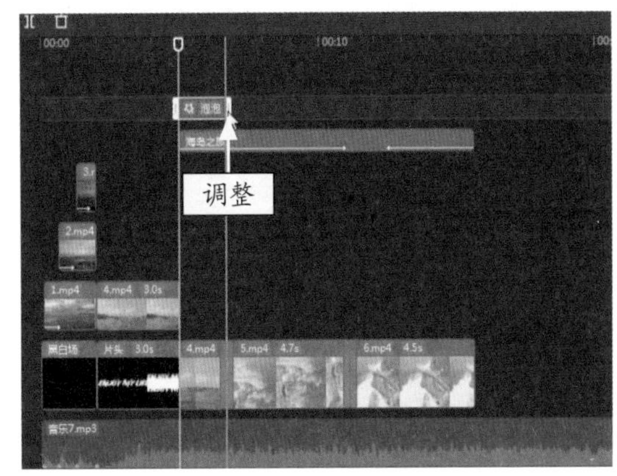

图 15-57　添加“泡泡”特效

STEP 12 在“氛围”选项卡中单击“暗夜精灵”特效中的添加按钮，如图 15-58 所示。

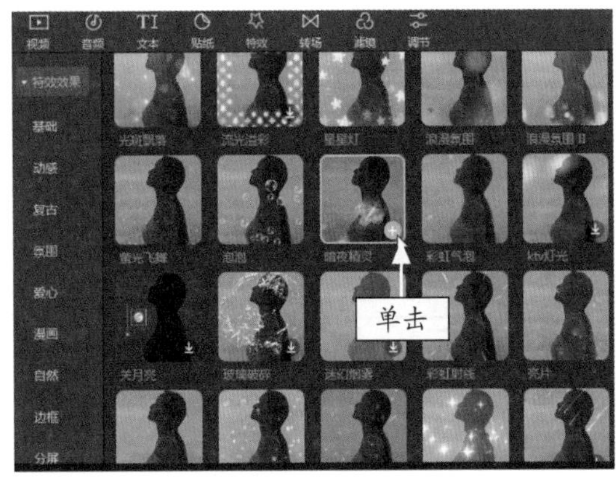

图 15-58　单击“暗夜精灵”添加按钮

STEP 13 在文字的中间位置处添加一个“暗夜精灵”特效，并适当调整其时长，如图 15-59 所示。

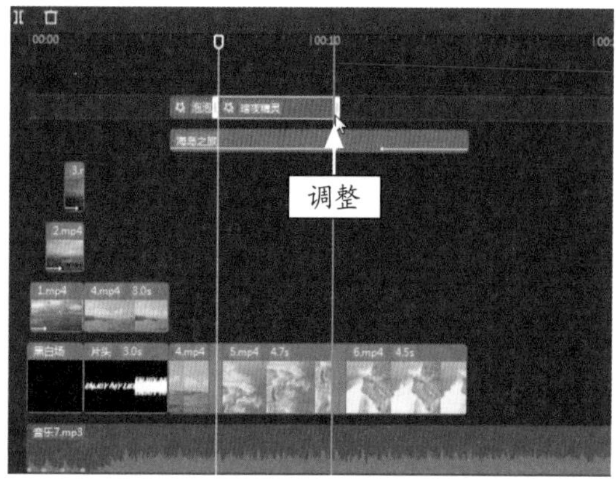

图 15-59 调整“暗夜精灵”特效的时长

STEP 14 在“氛围”选项卡中，单击“蝴蝶”特效中的添加按钮，如图 15-60 所示。

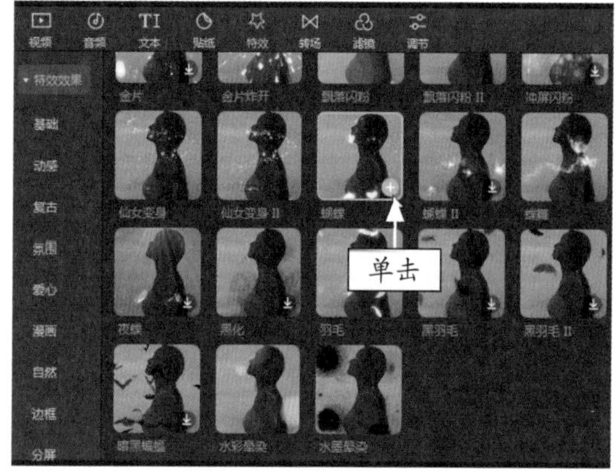

图 15-60 单击“蝴蝶”特效中的添加按钮

STEP 15 在文字的结束位置处添加“蝴蝶”特效，如图 15-61 所示。

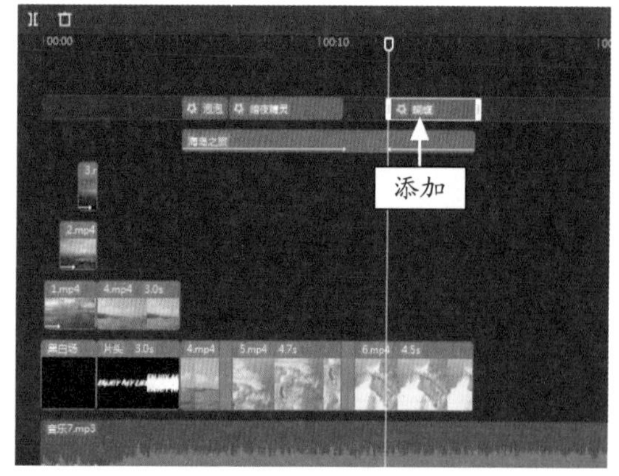

图 15-61 添加“蝴蝶”特效

STEP 16 将时间指示器拖动至第 4 个音频节拍点的位置，如图 15-62 所示。

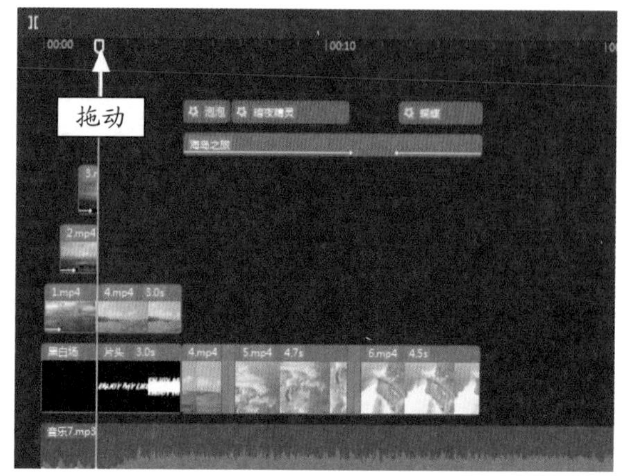

图 15-62 拖动时间指示器

STEP 17 ❶单击“滤镜”按钮；❷在“清新”选项卡中单击“淡奶油”滤镜中的添加按钮，如图 15-63 所示。

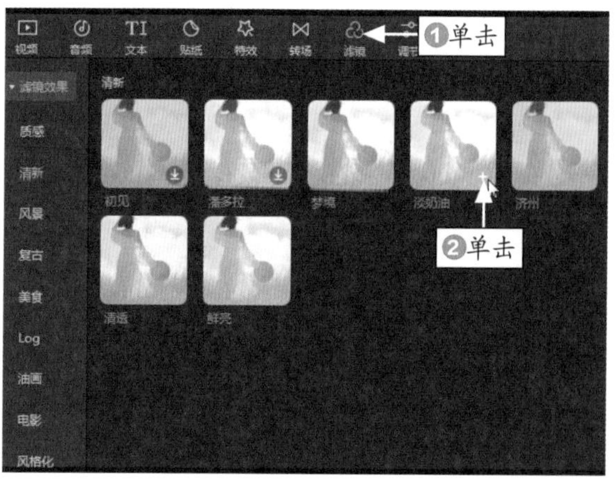

图 15-63 单击“淡奶油”中的添加按钮

STEP 18 执行操作后，即可新增一条轨道，在其中添加一个“淡奶油”滤镜，并调整其时长，增加视频画面中的蓝色调效果，更好地衬托文字，如图 15-64 所示。

STEP 19 ❶单击“贴纸”按钮；❷在“氛围”选项卡中选择一种星光贴纸，如图 15-65 所示。

STEP 20 将星光贴纸添加至贴纸轨道中，并适当调整贴纸的时长，如图 15-66 所示。

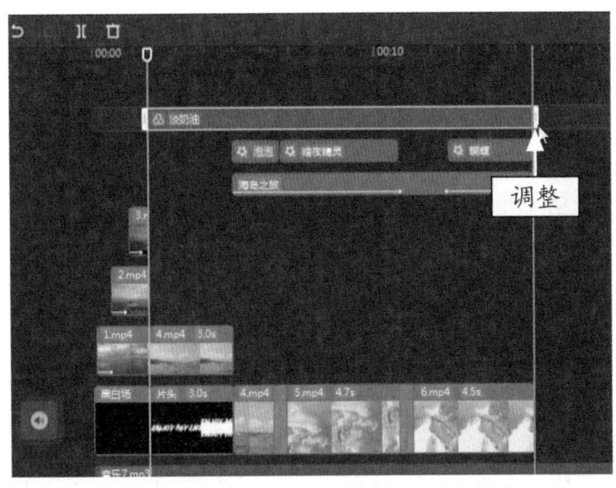

图 15-64　添加“淡奶油”滤镜并调整时长

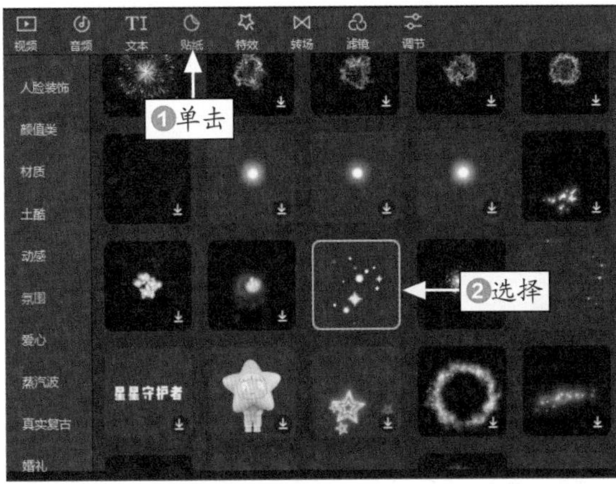

图 15-65　选择一种星光贴纸

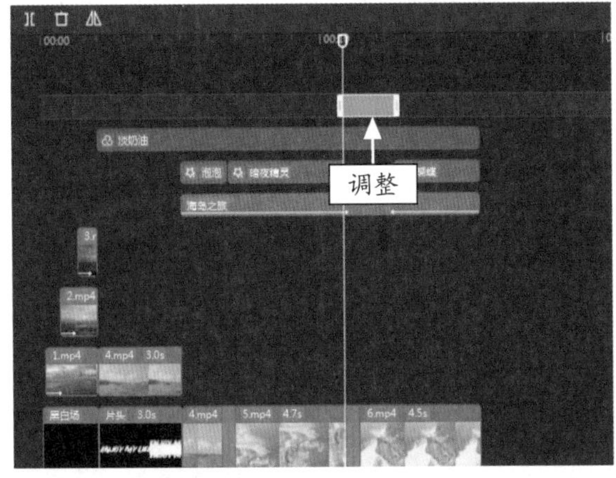

图 15-66　调整贴纸的时长

STEP 21 在预览窗口中，适当调整贴纸的大小和位置，如图 15-67 所示。

STEP 22 复制并粘贴多个贴纸，如图 15-68 所示。

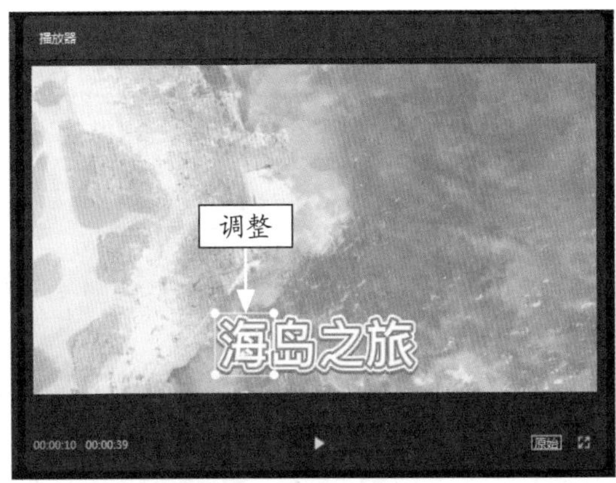

图 15-67　调整贴纸的大小和位置

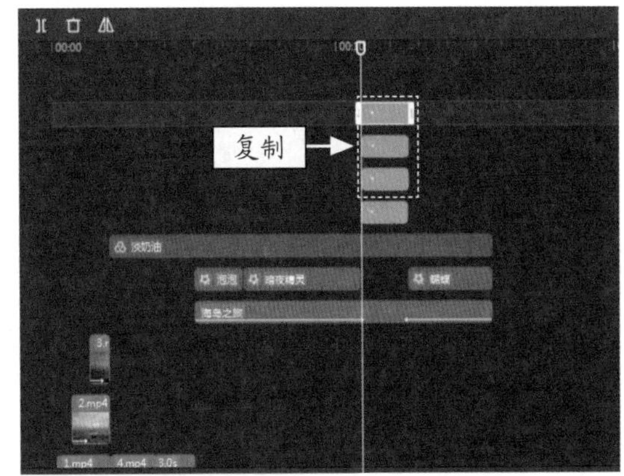

图 15-68　复制并粘贴多个贴纸

STEP 23 在预览窗口中，适当调整复制贴纸的位置，如图 15-69 所示。

图 15-69　调整复制贴纸的位置

STEP 24 ❶将时间指示器拖动至视频的结束位置处；❷选择音频素材；❸单击“分割”按钮，如图 15-70 所示。

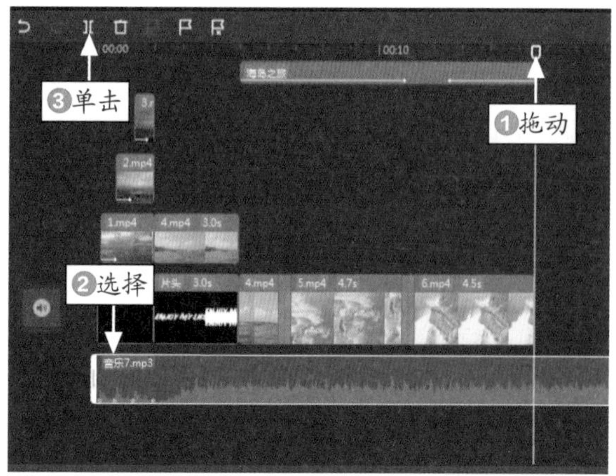

图 15-70　单击“分割”按钮

STEP 25 ①选择分割的后一段音频；②单击“删除”按钮，如图 15-71 所示。

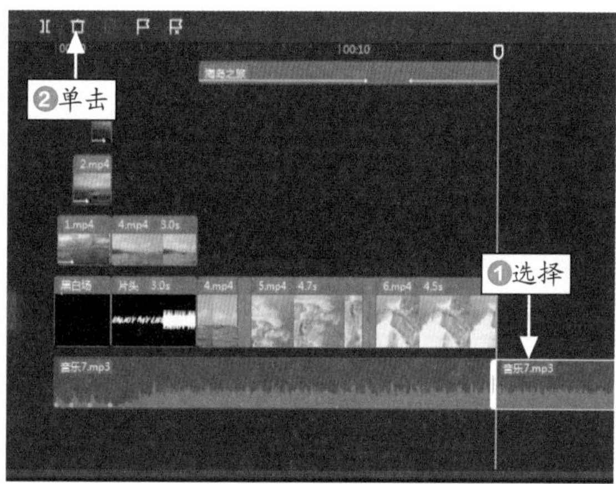

图 15-71　单击“删除”按钮

STEP 26 执行操作后，①删除后一段音频；②选择剩下的音频，如图 15-72 所示。

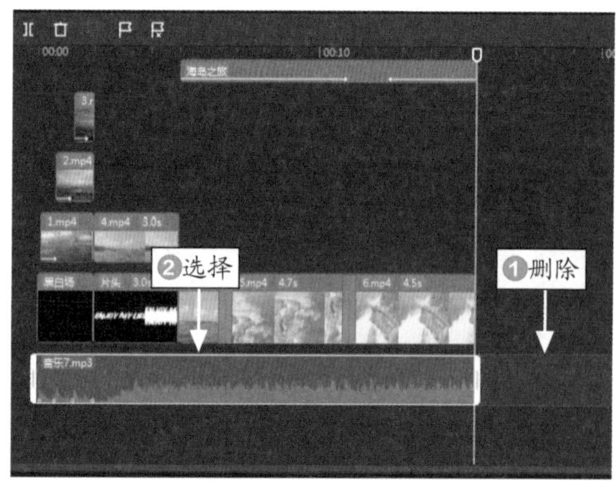

图 15-72　选择剩下的音频

STEP 27 ①单击“音频”按钮；②在“基本”选项卡中设置“淡出时长”为 1.0s，如图 15-73 所示。

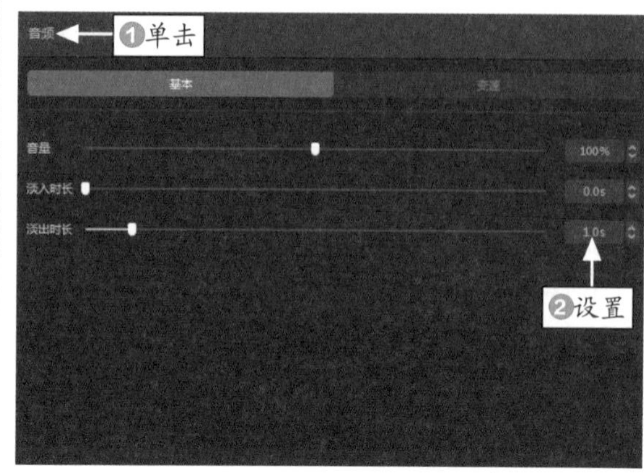

图 15-73　设置“淡出时长”参数

STEP 28 执行操作后，音频素材的结束位置处会显示一个黑色的阴影标记，表示淡出时长，如图 15-74 所示。

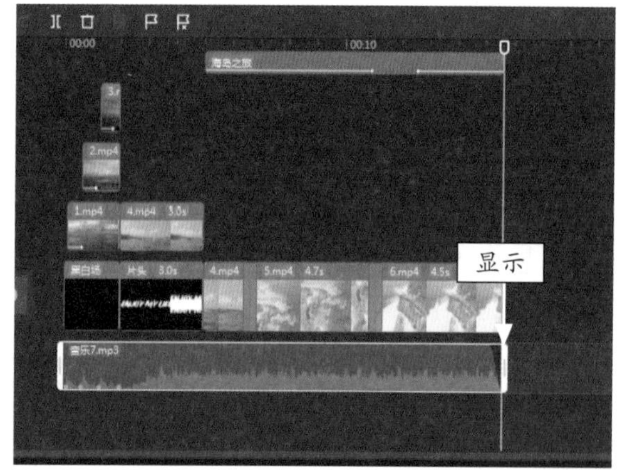

图 15-74　显示一个阴影标记

STEP 29 在预览窗口中，单击“播放”按钮，查看完整的视频效果，如图 15-75 所示。

图 15-75　查看完整的视频效果

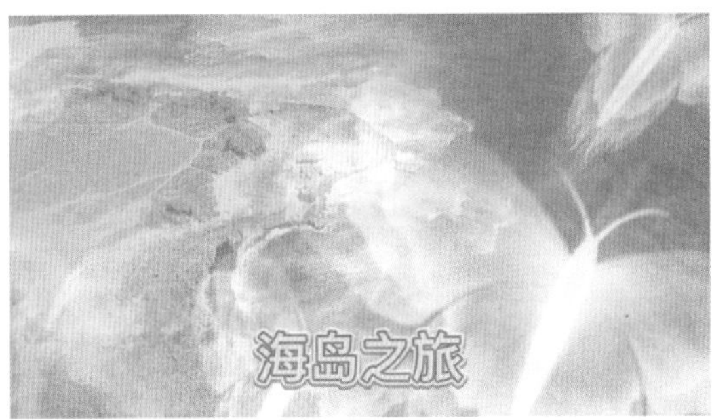

图 15-75　查看完整的视频效果（续）

STEP 30 单击“导出”按钮，如图 15-76 所示。

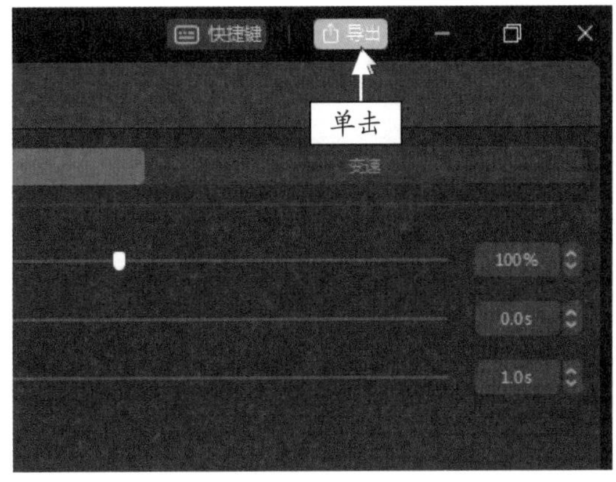

图 15-76　单击“导出”按钮

STEP 31 弹出“导出”对话框，在“作品名称”右侧的文本框中，❶输入相应的名称；❷单击“浏览”按钮，如图 15-77 所示。

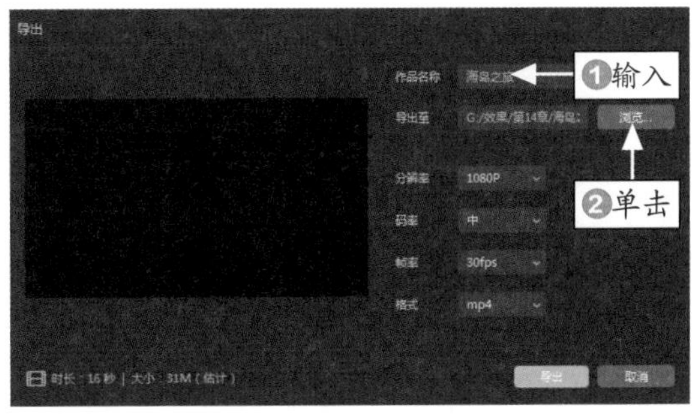

图 15-77　单击“浏览”按钮

STEP 32 弹出“请选择导出路径”对话框，在其中设置视频导出的位置，单击“选择文件夹”按钮，如图 15-78 所示。

图 15-78　单击“选择文件夹”按钮

STEP 33 返回“导出”对话框，单击“导出”按钮，即可开始导出并显示导出进度，如图 15-79 所示。

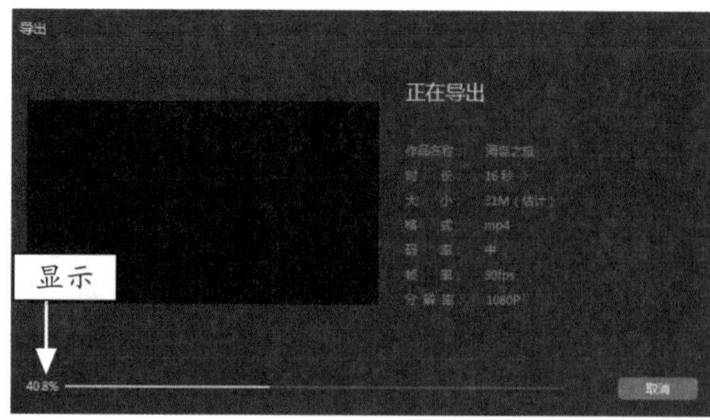

图 15-79　显示导出进度

STEP 34 稍等片刻，待导出完成后，单击“关闭”按钮即可，如图 15-80 所示。

图 15-80　单击“关闭”按钮